Projektcontrolling in der IT

Prof. Dr. Martin Kütz lehrt Wirtschaftsinformatik an der Hochschule Anhalt und ist geschäftsführender Gesellschafter des Beratungsunternehmens TESYCON GmbH. Er verbindet langjährige praktische Erfahrungen in IT-Management und IT-Beratung mit einem starken Interesse an theoretischen und methodischen Fragestellungen. Seine Erfahrungen gibt er in Lehrveranstaltungen, Beratungsprojekten, Veröffentlichungen, Vorträgen und Seminaren weiter. Er arbeitet aktiv in der Fachgruppe IT-Controlling der Gesellschaft für Informatik e.V. mit.

Martin Kütz

Projektcontrolling in der IT

Steuerung von Projekten und Projektportfolios

dpunkt.verlag

Martin Kütz
kuetz.martin@tesycon.de

Lektorat: Christa Preisendanz & Vanessa Wittmer
Copy-Editing: Ursula Zimpfer, Herrenberg
Herstellung: Birgit Bäuerlein
Umschlaggestaltung: Helmut Kraus, www.exclam.de
Druck und Bindung: M.P. Media-Print Informationstechnologie GmbH, 33100 Paderborn

Fachliche Beratung und Herausgabe von dpunkt.büchern im Bereich Wirtschaftsinformatik:
Prof. Dr. Heidi Heilmann · heidi.heilmann@augustinum.net

Bibliografische Information der Deutschen Nationalbibliothek
Die Deutsche Nationalbibliothek verzeichnet diese Publikation in der Deutschen Nationalbibliografie; detaillierte bibliografische Daten sind im Internet über http://dnb.d-nb.de abrufbar.

ISBN 978-3-89864-756-4

1. Auflage 2012

Ringstraße 19 B
69115 Heidelberg

5 4 3 2 1 0

Vorwort

Soll man ein Buch über Projektcontrolling schreiben, wo man doch mit Büchern über Projektmanagement ganze Bibliotheken füllen könnte? Die Antwort lautet: Ja. Nicht nur, weil sonst dieses Vorwort nicht geschrieben werden könnte, sondern vor allem, weil das Teilgebiet des Controllings im Projekt- und Portfoliomanagement immer noch unzureichend ausgeleuchtet ist. Dieses Buch will dazu beitragen, diese Lücke zu schließen. Als Autor habe ich hier meine Beobachtungen, Erfahrungen und daraus abgeleitete Schlussfolgerungen niedergelegt. Das beinhaltet naturgemäß eine persönliche und zuweilen auch subjektive Sicht der Dinge. Sie als Leser müssen nun meinen Gedanken-»Wanderungen« folgen. Ich hoffe aber, dass ich als »Wanderführer« passabel bin und Sie für Ihr eigenes Projektcontrolling viele nützliche und nutzbare Hinweise finden. Wenn das gelingt, hat dieses Buch seinen Zweck erfüllt!

Als Autor arbeitet man zwar selbstständig, aber nur mithilfe und durch Mitwirkung anderer entsteht ein lesbares Buch. An dieser Stelle sei daher den Mitarbeitern des dpunkt.verlags für ihre Unterstützung dieses Buchprojektes herzlich gedankt, insbesondere Frau Christa Preisendanz für ihr geduldiges Drängen und Frau Prof. Dr. Heidi Heilmann für ihre fundierte und konstruktive Kritik. Ein weiteres Dankeschön gilt meiner Tochter Britta Kütz, deren Erfahrungen in der Wirtschaftsprüfung ich bei den Ausführungen zur Aktivierung von Projektaufwand nutzen konnte.

Und nun, liebe Leser, überlasse ich Ihnen dieses Buch zur Lektüre. Wenn Sie Anregungen für Verbesserungsmöglichkeiten haben, Fehler entdecken oder Fragen haben, dann würde ich mich über den Dialog mit Ihnen freuen.

Martin Kütz
Köthen, im Februar 2012

Inhaltsübersicht

Inhaltsverzeichnis

1 Einleitung

Steuerungsprozess

In diesem Buch geht es um das Controlling von Projekten und Projektportfolios im Umfeld der IT. Controlling wird dabei im wörtlichen Sinne als Steuerung verstanden und damit als Kernaufgabe des Projekt- und Portfoliomanagements betrachtet. Es geht also weniger darum, eine Art umfassende Stellenbeschreibung für einen Projektcontroller zu erstellen (den es in vielen IT-Projekten und IT-Organisationen gar nicht gibt), sondern darum, den Prozess der Steuerung im Projekt- und Portfolioumfeld der IT zu durchleuchten sowie Aufgaben, Rollen und korrespondierende Methoden zu diskutieren.

Projekt/Prozess/Portfolio

Im zweiten Kapitel dieses Buches werden die grundlegenden Begriffe des Projektes und des Projektportfolios definiert. Es wird eine Abgrenzung zwischen Projekten und Prozessen vorgenommen und herausgearbeitet, dass ein Prozess – überspitzt formuliert – einmal geplant wird und dann immer wieder ausgeführt werden kann, hingegen ein Projekt nur genau einmal ausgeführt wird, aber auch während der Ausführung mehrfach geplant und umgeplant werden muss. Das Projektportfolio wird als Gruppe von Projekten verstanden, die übergreifend zu planen und zu steuern sind. Insofern wird hier durchgängig nur von einer Portfoliosteuerung gesprochen, die die in der Praxis übliche oftmals eigenständig diskutierte Multiprojektsteuerung umfasst.

Organisatorische Fragen

Im dritten Kapitel werden organisatorische Fragen der Projekt- und Portfoliosteuerung behandelt. Hier geht es vor allem darum, die wesentlichen Rollen im Projektcontrolling zu benennen und ihr Zusammenspiel bei der Initiierung, Planung und Durchführung von Projekten sowie der übergreifenden Steuerung von Projektportfolios in IT-Anwenderorganisationen zu beleuchten, also solchen Organisationen, die IT zur Unterstützung ihres Kerngeschäftes und ihrer Geschäftsprozesse nutzen. Grundsätzlich können die hier vorgestellten Rollen jedoch auf andere Kontexte, also z.B. IT-Dienstleister, die ihr Geschäft in Projektform betreiben, ohne Schwierigkeiten übertragen werden.

Rollen

Ausgangspunkt der Überlegungen sind (natürlich) die Rollen des Projektauftraggebers und des Projektauftragnehmers. Hier wird jedoch pointiert noch eine dritte Rolle ins Spiel gebracht, nämlich die Rolle des Projektinvestors. Dahinter steht die für Anwenderorganisationen typische Situation, dass Auftraggeber von IT-Projekten (in der Regel Fachbereiche) und Auftragnehmer von IT-Projekten (in der Regel der IT-Bereich der Organisation) über die Durchführung von Projekten nicht alleine entscheiden dürfen, sondern die eigentliche Projektentscheidung von der obersten Leitung der Organisation bzw. einer von ihr beauftragten und autorisierten Stelle gefällt wird. Die eventuell ungewöhnlich erscheinende Bezeichnung »Projektinvestor« rührt daher, dass die Entscheidung für oder gegen ein IT-Projekt letztlich eine Entscheidung über die Verwendung des (knappen) verfügbaren Kapitals der Organisation ist. Die Rolle des Projektinvestors ermöglicht es zudem, viele Abläufe und Schwierigkeiten in der Projekt- und Portfoliosteuerung sehr klar und verständlich zu modellieren.

Organisation des Projektcontrollings

Neben der Beschreibung der verschiedenen Rollen und ihres Zusammenspiels vor, während und nach einem Projekt wird im dritten Kapitel auch die Frage diskutiert, wie Projektcontrolling organisatorisch zuzuordnen ist. Es wird schnell klar, dass eigentlich jede der beteiligten Rollen im Rahmen ihrer spezifischen Managementaufgaben auch ein geeignetes Controlling benötigt. Aus dem Wirtschaftlichkeitsprinzip ergibt sich dann jedoch die Überlegung, Controllingaufgaben im Projektcontrolling organisatorisch an einer Stelle zu bündeln und von dieser Stelle aus allen beteiligten Verantwortlichen entsprechende Controllingservices anzubieten. Wo man diese Allokation von Controllingaufgaben in der Aufbauorganisation vornehmen sollte, hängt jedoch von verschiedenen Rahmenbedingungen in der konkreten Organisation ab.

Aktivitäten des Projektcontrollings

Im vierten und umfangreichsten Kapitel des Buches wird das eigentliche Projektcontrolling behandelt. Hier geht es um Abläufe, Methoden und Werkzeuge. Das Buch folgt dabei den Phasen der Initiierung, Planung und Durchführung von Projekten, des Projektabschlusses und der nachlaufenden Projektevaluierung. Dieses vierte Kapitel weist einige Besonderheiten auf, die aus der hier eingenommenen spezifischen Sicht auf das Projektcontrolling resultieren.

Rentabilität

Erstens: Als wesentlicher Entscheidungsparameter für oder gegen eine Projektdurchführung wird die Rentabilität betrachtet, also die Vermehrung oder Verzinsung des eingesetzten Kapitals, d.h. des finanziellen Wertes der für das Projekt benötigten Ressourcen. Vor dem Hintergrund der in der Praxis weitgehend akzeptierten und etablierten wertorientierten Unternehmensführung ist die Rentabilität von Projekten das entscheidende Argument in der Durchführungsentscheidung.

Investitionsrechnung

Bei den vorgestellten Methoden der die Projektentscheidung vorbereitenden Investitionsrechnung wird bewusst »nur« auf die statische Investitionsrechnung zurückgegriffen, da man hier die Entscheidungsmechanismen besonders klar erkennen und verfolgen kann. Zudem sind die in der Investitionsrechnung für IT-Projekte berücksichtigten Zeitspannen in der Praxis (mit einer Betriebsphase von üblicherweise 36 Monaten) so knapp bemessen, dass die Diskontierungseffekte der dynamischen Investitionsrechnung die Projektentscheidung noch nicht wesentlich beeinflussen.

Nutzeffekte

Zweitens: Die für die Projektentscheidung wesentlichen Nutzeffekte eines Projektes werden als finanziell bzw. finanziell bewertbar angenommen. Der in der Praxis gebräuchlichen »Ausrede«, die Nutzeffekte von IT-Projekten seien nicht quantifizierbar und schon gar nicht finanziell bewertbar, wird hier bewusst nicht gefolgt. Im Gegenteil: Eine finanzielle Bewertung des Projektnutzens ist immer möglich; die Entscheidungstheorie stellt seit Langem geeignete Werkzeuge zur Verfügung. Das bedeutet allerdings nicht, dass eine solche finanzielle Bewertung des Projektnutzens einfach ist. Sie kann sich extrem schwierig gestalten.

Planung und Vorbereitung

Drittens: Die Unterkapitel über Initiierung, Rentabilität und Planung von IT-Projekten nehmen einen großen Raum ein. Dahinter steht die Erfahrung, dass Vorbereitung und Planung wesentliche Erfolgsfaktoren jedes Projektes darstellen. Projekte mit fundierter Durchführungsentscheidung und sorgfältiger Planung erweisen sich in der Durchführung bei Turbulenzen und Krisen als belastbarer und haben auch bei gravierenden Veränderungen und Umplanungen gute Chancen auf einen erfolgreichen Abschluss. In Analogie zu dem Aphorismus, dass nichts praktischer sei als eine gute Theorie, kann man für IT-Projekte konstatieren, dass nur gute Planung und Vorbereitung die erforderliche Flexibilität in der Durchführung sicherstellen können.

Projektdurchführung

Viertens: In der Steuerung der Projektdurchführung wird konsequent auf sieben Steuerungsdimensionen abgestellt. Die Steuerungsdimensionen »Leistung«, »Qualität«, »Aufwand« und »Termin« folgen dem bekannten »Teufelsquadrat des Projektmanagements«. Hinzu kommen hier die Dimensionen »Änderungen«, »Probleme« und »Risiken«. Damit lässt sich eine konsequente und klar strukturierte Durchführungssteuerung von IT-Projekten realisieren.

Projektsanierung/ Projektabbruch

Fünftens: Explizit werden Projektsanierung und Projektabbruch behandelt. Beides sind Extremsituationen, aber gerade in solchen

Situationen muss Projektcontrolling funktionieren und die erforderliche Managementunterstützung leisten können.

Projektevaluierung

Sechstens: Schließlich wird die Projektevaluierung diskutiert, also die nach Projektabschluss erforderlichen Aktivitäten des Controllings, um die aus dem Projekt resultierenden Folgekosten und Nutzeffekte zu erfassen und gegen die vor Projektbeginn dokumentierten Erwartungen bzw. Versprechungen der Projektinitiatoren abzugleichen. Die Evaluierung eines Projektes muss bereits in der Projektinitiierung angelegt werden; auch das ist ein Grund, warum in diesem Buch der Bereich der planerischen und vorbereitenden Aktivitäten eine gewisse Dominanz zeigt.

Portfoliocontrolling

Im fünften Kapitel wird das die einzelnen Projekte übergreifende Portfoliocontrolling diskutiert. Hier steht die Frage im Vordergrund, wie Portfolios von IT-Projekten entstehen und nach welchen Kriterien sie »optimiert« werden können. Die Diskussion führt zu dem Ergebnis, dass gerade im Portfoliomanagement die Denkweise des Timeboxing hilft, die unvermeidbare Komplexität zu begrenzen und zu beherrschen. Es wird ein Ansatz vorgestellt, mit dem die Zeit und die verfügbaren (Personal-)Ressourcen in standardisierten Einheiten, sogenannten Time & Capacity Container (TCC), dargestellt werden und so die Portfolioaufgabe in ihrer Komplexität deutlich reduzieren können. Natürlich müssen sich alle Projekte dann schon in der Planung an dem vorgegebenen zeitlichen Raster und der vorgegebenen Gruppierung der Ressourcen ausrichten.

Portfolioabwicklung

Für die Abwicklung eines IT-Projektportfolios kann man konsequent auf die Steuerungsdimensionen der einzelnen Projekte und damit auf deren Daten zurückgreifen. Jedoch muss die Portfoliosteuerung ergänzt werden um die Verfolgung des Kapitalbedarfs und Ressourcenbedarfs für das Portfolio insgesamt. Es ist zu beachten, dass ein bestimmtes, zur Verfügung stehendes Kapital möglichst gut durch Projekte ausgenutzt werden kann. Ebenso ist zu beachten, dass auch die benötigten (physischen) Ressourcen einerseits beschränkt sind und andererseits optimal ausgelastet werden müssen.

Fragen/Empfehlungen

Jedes Kapitel des Buches schließt mit einem Unterkapitel »Fragen des Controllings« und einem weiteren Unterkapitel »Empfehlungen für die Praxis«. Das erstgenannte Unterkapitel soll mit einer gewissen inhaltlichen Vollständigkeit alle Themen ansprechen, mit denen sich das Controlling im jeweils spezifischen Gebiet auseinandersetzen sollte. In den Empfehlungen werden bestimmte Erfahrungen und Beobachtungen dokumentiert; diese sind durchaus persönlich geprägt und folgen einer subjektiven Bewertung und Auswahl.

2 Projekt und Portfolio

Sollen Planung, Steuerung und Kontrolle von Projekten und Projektportfolios diskutiert werden, so geht es nicht um das Projektmanagement im Allgemeinen, sondern um diejenige Unterstützung des Projektmanagements, die man unter dem Begriff des Controllings zusammenfasst. Da es spezifische Steuerungsobjekte betrifft, nämlich IT-Projekte und Projektportfolios in der IT, muss zunächst geklärt werden, was ein Projekt ist. Dann sind verschiedene Kategorien von IT-Projekten zu diskutieren. Und schließlich ist zu beschreiben, wie aus Projekten Portfolios gebildet werden. Die daraus resultierenden Aufgaben des Projektcontrollings werden dann in Kapitel 4 dargestellt.

2.1 Projektdefinition

DIN 69901

Es ist üblich (vgl. [Schelle 2011]), in den Projektbegriff über die Norm DIN 69901 einzusteigen. Demnach ist ein Projekt »ein Vorhaben, das im Wesentlichen durch die Einmaligkeit der Bedingungen in ihrer Gesamtheit gekennzeichnet ist, z. B. Zielvorgabe, zeitliche, finanzielle, personelle und andere Begrenzungen, Abgrenzung gegenüber anderen Vorhaben, projektspezifische Organisation«.

Diese Definition signalisiert mit den Formulierungen »im Wesentlichen« und »z. B.«, dass sie einige, aber nicht alle konstituierenden Merkmale eines Projektes nennt. Sie deutet an, dass es weitere typische Merkmale von Projekten gibt, und zwar offenbar so viele, dass man sie nicht aufzählen konnte oder wollte. Außerdem besagt sie, dass nicht die einzelnen Merkmale ein Projekt ausmachen, sondern die jeweils einmalige Kombination dieser Merkmale. Ob man also ein Projekt vor sich hat, kann man nur dann feststellen, wenn man die »Einmaligkeit der Bedingungen in ihrer Gesamtheit« erkennt.

Merkmale eines Projektes

Gleichwohl macht es Sinn, die verschiedenen Merkmale, die ein Projekt ausmachen (können), im Einzelnen zu diskutieren. Die DIN

69901 und einschlägige Literatur (vgl. [Schelle 2011]) nennen die in Tabelle 2–1 aufgeführten Merkmale.

Tab. 2–1
Konstituierende Merkmale von Projekten

DIN 69901	Weitere Merkmale
■ Zielvorgabe ■ Zeitliche Begrenzungen ■ Finanzielle Begrenzungen ■ Personelle Begrenzungen ■ Projektspezifische Organisation	■ Aufgabenmäßige Bestimmung ■ Zeitliche Bestimmung ■ Einmaligkeit ■ Neuartigkeit ■ Komplexität ■ Aufgabenbezogenes Budget ■ Rechtliche und organisatorische Zuordnung ■ Interdisziplinarität ■ Außergewöhnlichkeit

Bei Durchsicht der Literatur (z.B. [Bea/Scheurer/Hesselmann 2008], [Kellner 2001], [Patzak/Rattay 2004], [Wischnewski 2001], [Stöger 2011]) und in Gesprächen mit erfahrenen Projektleitern trägt man schnell weitere Merkmale von Projekten zusammen, die sich in neun Bereiche zusammenfassen lassen (vgl. Tab. 2–2).

Tab. 2–2
Charakterisierende Merkmale von Projekten

Bereich	Bezeichnung	Assoziierte Begriffe
1	Aufgabe und Ergebnis	Aufgabenmäßige Bestimmung/Zielvorgabe/ Zieldefinition/Qualität der Arbeitsergebnisse/ Strukturierung der Projektaufgabe
2	Einmaligkeit	Außergewöhnlichkeit/keine identische Wiederholung möglich/neuartige und unbekannte Probleme
3	Auswirkungen	Neuartigkeit/Veränderung der Auftraggeberorganisation/Längerfristige Auswirkungen
4	Größe und Komplexität	Komplexität/erhebliche Größe/erheblicher Planungs- und Steuerungsaufwand/komplexes Vorhaben mit verschiedenen Techniken und Methoden
5	Interdisziplinarität	Zusammenarbeit von Menschen unterschiedlicher Fachrichtungen und Arbeitsweisen/Zusammenarbeit von Menschen mit unterschiedlichen Kenntnissen und Erfahrungen, mit unterschiedlichen Sprech- und Denkgewohnheiten
6	Zeitlicher Rahmen	Zeitliche Begrenzungen/zeitliche Bestimmung/ Termine/Meilensteine
7	Begrenzte reale und finanzielle Ressourcen	Finanzielle Begrenzungen/aufgabenbezogenes Budget (Investitionen, Kosten)/eigenes und beschränktes Budget/außergewöhnlicher Kapitalbedarf/gezielte Bereitstellung von Ressourcen/ Personelle Begrenzungen/Bereitstellung von Arbeitsmitteln/Bereitstellung von Infrastruktur →

Bereich	Bezeichnung	Assoziierte Begriffe
8	Organisatorischer Rahmen	Projektspezifische Organisation/rechtlich-organisatorische Zuordnung/formalisierte Entscheidung über die Durchführung/Bestimmung des Nutzens bzw. der Sinnhaftigkeit/phasenartige Durchführung/Mitwirkung des Auftraggebers/unterschiedliche und abgrenzbare Aufgaben/förmlicher Abschluss/Kommunikation/Berichterstattung/Strukturierung
9	Risiken	Besondere Risiken/Möglichkeit des Abbruchs/Möglichkeit des Scheiterns/interne Risiken/externe Risiken

Jedes Projekt ist gekennzeichnet durch eine spezifische Kombination dieser neun Merkmalsgruppen. Eine Betrachtung einzelner Merkmalsgruppen führt zu den nachfolgend skizzierten Herausforderungen für das Projektcontrolling.

Aufgabe und Ergebnis

Jedes Projekt muss ein Ziel haben. Entweder soll an seinem Ende ein Ergebnis vorliegen, das unabhängig vom Projekt weiter existiert und genutzt wird, oder es soll eine bestimmte Fragestellung beantwortet werden, die für die Organisation interessant und wertvoll ist.

Veränderliche Ziele

Ein Projektziel kann z.B. ein neues IT-System sein, ein geänderter Prozess in der IT-Organisation oder die Erkenntnis, dass eine bestimmte Technologie oder ein bestimmtes Produkt (noch) nicht für den Einsatz in der eigenen Organisation geeignet ist. Das Ziel mag zu Projektbeginn noch vage sein oder sich im Projektverlauf stark verändern; gerade die erhebliche und mehrfache Änderung der Zielsetzung ist typisch für Projekte – im Gegensatz zu Prozessen, deren Zielsetzung durch die Prozessdefinition vorgegeben ist.

Das Projektziel muss im Umfang, in seinen Merkmalen und deren Ausprägungen spezifiziert sein oder im Verlauf des Projektes spezifiziert werden. Die Erarbeitung des Projektziels erfordert einen erheblichen Aufwand und ist eine der wichtigsten Aufgaben des Projektmanagements.

Das Projektcontrolling muss sicherstellen, dass der Zielerreichungsgrad des Projektes kontinuierlich ermittelt werden kann, auch wenn sich die Zielsetzung des Projektes während der Projektdurchführung verändert.

Einmaligkeit

Projekte sind einmalig und werden nicht identisch wiederholt. Auch wenn sie gleiche Aufgabenstellungen behandeln, werden sie unter stets verschiedenen Rahmenbedingungen durchgeführt und weisen so die in der DIN 69901 genannte Einmaligkeit hinsichtlich der Gesamtheit ihrer Bedingungen auf. Damit stellen sie die einbezogenen Mitarbeiter immer wieder vor Herausforderungen, die man mit Routine und Erfahrung zwar besser meistern kann als ohne, aber in jedem Projekt verlaufen die Dinge anders als erwartet oder geplant und es gibt positive oder negative Überraschungen.

Auch bei Prozessen, insbesondere bei Serviceprozessen, gibt es erhebliche Schwankungen, aber diese Schwankungen spielen sich in einem durch die Prozessdefinition vorgegebenen Rahmen ab. Der Prozess kann nur das leisten, was im Rahmen seiner Definition angedacht ist. Ein Prozess ist stets Routine – für alle Beteiligten.

Singuläre Aufgabenstellung

Die Einmaligkeit eines Projektes wird klarer, wenn man sie vor dem Hintergrund zweier grundlegender Rollen diskutiert, der Rolle des Projektauftraggebers, der das Projektergebnis nutzen will, und der Rolle des Projektauftragnehmers, der das Projektergebnis liefern soll (vgl. Kap. 3). Beispiele von Projektergebnissen aus dem IT-Umfeld sind neue oder erweiterte Anwendungssysteme, der Aufbau eines neuen Rechenzentrums, modernisierte Arbeitsplatzsysteme oder der Betrieb eines Netzwerkes durch einen externen Dienstleister. Vor allem aus der Sicht des Auftraggebers ist das Projekt einmalig. Denn er will (oder muss) mithilfe des Projektes eine singuläre, nicht alltägliche Aufgabe bewältigen. Für den Auftragnehmer mag das Projekt einen gewissen Routinecharakter haben, für den Auftraggeber ist es in der Regel eine Ausnahmesituation.

Für das Projektcontrolling stellt die Einmaligkeit der Projekte eine erhebliche Herausforderung dar, denn sie erschwert die Vergleichbarkeit zwischen unterschiedlichen Projekten und erfordert die spezifische Anpassung der Steuerungsverfahren und -werkzeuge an jedes einzelne Projekt.

Organisationsveränderungen

Die meisten Projekte schaffen ein Ergebnis, das es in der Auftraggeberorganisation zuvor noch nicht gibt – sonst müsste man dieses Projekt nicht durchführen. Das Projektergebnis verändert die Organisation des Projektauftraggebers, und zwar nachhaltig und signifikant.

Prozesse hingegen spielen sich in einem stabilen Umfeld ab. Sie bewahren einen eingeschwungenen Zustand oder wollen ihn wiederherstellen. Und eine kontinuierliche Prozessverbesserung erfolgt aus dem laufenden Prozess heraus.

Beantwortung von Fragen

Andere Projekte beantworten Fragen, die für die Organisation von erheblicher Bedeutung sind. Das Ergebnis dieser Projekte ist die Antwort auf die gestellte Frage; sie führt zu Entscheidungen und beeinflusst so die zukünftige Entwicklung der Organisation nachhaltig.

Projektfolgen

Das Projektcontrolling hat die Aufgabe, die Projektfolgen über das Projektende hinaus zu evaluieren und festzustellen, ob der durch das Projektergebnis entstehende Nutzen und die aus dem Projekt heraus ggf. entstehenden Folgekosten den Erwartungen entsprechen, die der Projektauftraggeber vor Projektbeginn dokumentiert hatte.

Größe und Komplexität

Projekte weisen – relativ zur Organisation des Auftraggebers – eine bestimmte Größe und Komplexität auf. Der Projektauftraggeber kann diese Aufgabe nicht im Rahmen seiner normalen Abläufe und nicht mit seinen vorhandenen Ressourcen realisieren (das mag beim Projektauftragnehmer anders aussehen). Die Projektorganisation steht dementsprechend neben der Linienorganisation des Auftraggebers. Für die Organisation des Projektauftraggebers stellt das Projekt eine unter Umständen erhebliche (zusätzliche) Belastung dar – nicht nur finanziell, sondern auch durch die Beanspruchung von realen Ressourcen, insbesondere von Mitarbeitern, die sich aus den Mitwirkungspflichten des Projektauftraggebers ergeben.

Für das Projektcontrolling besteht in diesem Bereich die große Herausforderung, die für das Projektmanagement notwendige Transparenz bezüglich des Projektzustandes und des Projektfortschrittes herzustellen und aufrechtzuerhalten und so die Beherrschbarkeit des Projektes sicherzustellen.

Interdisziplinarität

Projekte erfordern die Zusammenarbeit unterschiedlicher Menschen, Kompetenzen, Ressourcen, Instanzen. Dass die angestrebten Ergebnisse nicht von der Auftraggeberorganisation alleine erreicht werden können, liegt daran, dass diese nicht die Kapazitäten und auch Kompetenzen hat, die erforderlich sind. Die Durchführung von Projekten stellt daher für alle Beteiligten eine erhebliche Herausforderung und sogar Belastung dar.

Interdisziplinäre Zusammenarbeit findet sich auch in Prozessen. Allerdings ist sie hier geregelt und für die Beteiligten Routine.

Eine wesentliche Aufgabenstellung für das Projektcontrolling besteht darin, zwischen allen am Projekt Beteiligten und vom Projekt Betroffenen die erforderliche Kommunikation zu sichern.

Zeitlicher Rahmen

Das Projektergebnis soll zu einem bestimmten Zeitpunkt verfügbar sein. Der Projektauftraggeber fordert also die Realisierung des Projektergebnisses in einem beschränkten zeitlichen Rahmen.

Auch Prozesse unterliegen zeitlichen Beschränkungen: Sie dürfen nicht beliebig lange laufen und müssen Termine einhalten. Die zeitliche Befristung ist also eine Restriktion, der sowohl Projekte als auch Prozesse unterworfen sind.

Gleichwohl ist die Unterstützung der Terminsteuerung eines Projektes eine der wichtigsten Aufgaben des Projektcontrollings. Je früher ein Projektergebnis zur Verfügung steht, desto eher kann es den erwarteten Nutzen generieren.

Begrenzte Ressourcen

Die Durchführung eines Projektes erfordert Ressourcen, z.B. geeignete Mitarbeiter, technische Komponenten, Software oder Räumlichkeiten. Der Projektauftraggeber muss diese Ressourcen bereitstellen und bezahlen. Das Projekt soll zudem das angestrebte Ergebnis »wirtschaftlich« erstellen. Der Projektauftraggeber wird also nicht bereit bzw. nicht in der Lage sein, über eine bestimmte Grenze hinaus Mittel für ein Projekt zur Verfügung zu stellen.

Außerdem kann der Fall eintreten, dass notwendige Ressourcen dann nicht verfügbar sind, wenn man sie im Projekt eigentlich benötigen würde, z.B. Mitarbeiter oder externe Experten mit einer bestimmten Qualifikation.

Die Einmaligkeit von Projekten zeigt sich auch in der spezifischen Kombination der benötigten und nur beschränkt verfügbaren Ressourcen. Das Projektcontrolling hat die elementare Aufgabe, den Einsatz der Ressourcen und der finanziellen Mittel im Projekt zu steuern.

Projektorganisation

Da das Projektergebnis nicht von der Regelorganisation des Auftraggebers erstellt werden kann, muss es außerhalb dieser Regelorganisation geschaffen werden, und dazu bedarf es einer spezifischen Projektorganisation. Diese entsteht mit der Initiierung des Projektes und löst sich zum Abschluss des Projektes wieder auf. Dann müssen die vom Auftraggeber in das Projekt gegebenen Ressourcen wieder in die Regelorganisation zurückgeführt werden. Auch müssen die vom Auftragnehmer beigestellten und jetzt wieder freien Ressourcen auf einen neuen Einsatz vorbereitet werden.

Projektorganisation und Linienorganisation

Die Projektorganisation steht neben der Linienorganisation und oftmals im Konflikt zu ihr. Das Spannungsverhältnis ergibt sich einerseits aus Ressourcenkonflikten, denn die in das Projekt eingebundenen Ressourcen des Auftraggebers stehen der Linienorganisation vorübergehend nicht (mehr) zur Verfügung. Andererseits betrachten Führungskräfte und Mitarbeiter der Linienorganisation das Projekt kritisch, da es für sie oftmals zu erheblichen Veränderungen führt.

Das Projektcontrolling muss das Projektmanagement bei Aufbau und Erhalt einer aufgabengerechten Organisation des Projektes unterstützen. Für jede Aufgabe im Projekt müssen Verantwortliche benannt werden.

Risiken

Die Einmaligkeit und Neuartigkeit von Projekten bringen es mit sich, dass ihre Entwicklung nicht sicher vorhergesagt werden kann. Es besteht die Gefahr, dass das Projektergebnis nicht bzw. nicht in der aktuellen Konstellation aller Bedingungen realisiert werden kann.

Projekte können sogar gestoppt oder abgebrochen werden. Die Gründe dafür können im Projekt selbst liegen, z.B., weil das angestrebte Projektziel technisch nicht realisierbar ist. Sie können aber auch aus dem Projektumfeld kommen, z.B. weil die Organisation des Projektauftraggebers das Ergebnis nicht mehr benötigt.

Risiken ergeben sich auch aus Größe und Komplexität der Aufgabe. Je größer oder komplexer Projekte sind, desto größer ist die Wahrscheinlichkeit, dass sie das geplante Ziel gar nicht oder nur unvollständig bzw. gegenüber der ursprünglichen Planung ein abweichendes Ziel erreichen. Das Projektcontrolling muss das Projektmanagement bei der Steuerung von Risiken unterstützen.

Vor dem Hintergrund dieser Projektcharakteristika ergibt sich die folgende Definition für Projekte:

Projekt

Ein Projekt ist eine strukturierte Abfolge von Aktivitäten, die von einer Organisation (dem Projektauftragnehmer) im Auftrage einer zweiten Organisation (des Projektauftraggebers) durchgeführt werden, um unter verschiedenen Randbedingungen, Einschränkungen oder Engpässen (insbesondere zeitlicher oder finanzieller Natur) eine Aufgaben- oder Fragestellung so zu bearbeiten, dass das aus dem Projekt entstehende Ergebnis für den Projektauftraggeber von Bedeutung ist und seinen Erwartungen entspricht.

Die Aufgabenstellung ist mindestens für den Projektauftraggeber einmalig. Ihre Durchführung muss spezifisch geplant werden und diese Planung muss in der Regel während des Projektverlaufs wiederholt angepasst und geändert werden. Es besteht ein erhebliches Ergebnis- oder Durchführungsrisiko.

Ergebniskategorien

Im Hinblick auf die Entscheidung, ob ein Projekt durchgeführt werden soll oder nicht, unterscheidet man zwischen

- Projekten, deren Nutzen erst durch den nachfolgenden betrieblichen Einsatz des Projektergebnisses realisiert werden kann (Projekte mit Betriebsphase), und
- Projekten, deren Nutzen bereits mit Vorlage des Projektergebnisses eintritt (Projekte ohne Betriebsphase).

Projekte mit Betriebsphase

Die erste Kategorie umfasst solche Projekte, die man gewöhnlich, wenn man über Projekte spricht, stillschweigend meint. Hier ist das erwartete oder zu erstellende Ergebnis (relativ) klar. Der Projektauftrag hat also etwa die Form: Realisiere ein System X mit den Eigenschaften a, b, c, ... Der Nutzen des Projektes für die Organisation des Projektauftraggebers entsteht durch Einsatz des Projektergebnisses in der anschließenden Betriebsphase.

Projekte ohne Betriebsphase

Bei der zweiten Kategorie stellt sich die Sachlage anders dar. Hier ist zwar die Fragestellung klar, aber es ist nicht sicher, welches Ergebnis das Projekt liefern wird, wie also die Antwort auf die gestellte Frage lauten wird. Solche Projekte sind in der IT durchaus üblich. Man denke etwa an folgende Fragestellungen:

- Ist es sinnvoll, in unserer Organisation das neue Betriebssystem X einzusetzen?
- Welche Möglichkeiten gibt es, um die Leistungsfähigkeit unserer Organisation zu verbessern?

Zweifelsohne werden solche Fragestellungen in Projekten bearbeitet. Der Nutzen wird mit Ende des Projektes realisiert, weil eine offene Frage beantwortet worden ist. Schwierig ist es jedoch – im Verhältnis zu Zeit und Aufwand – den Nutzen der Antwort zu bewerten. Einen Wert hat die Beantwortung solcher Fragen allemal, aber wie groß dieser Wert für die Organisation ist, lässt sich objektiv kaum messen. Insofern stellen Projekte dieses Typs bei der Nutzenbewertung eine besondere Herausforderung für das Projektcontrolling dar (vgl. Abschnitt 4.3.7 und 5.1).

Projekt und Prozess

Eine Grenzziehung zwischen Projekten und Prozessen ist nicht immer einfach. Zwar laufen Prozesse in der Regelorganisation ab und Projekte werden in spezifischen, neben dieser Regelorganisation stehenden Projektorganisationen durchgeführt, aber ebenso wie Projekte sind auch Prozesse komplex, arbeiten interdisziplinär und unterliegen verschiedenen ressourcenbezogenen Begrenzungen sowie unterschiedlichen Risiken.

Planung und Ausführung

Worin besteht dann der Unterschied zwischen Projekten und Prozessen, wenn doch offenbar die Grenzen fließend sind? Nun, vielleicht am ehesten durch die Trennung von Planung und Ausführung. Ein Prozess wird einmal und unabhängig von einer konkreten Durchführung geplant und dann immer wieder im Rahmen der vorgedachten Pfade ausgeführt. Bei einem Projekt wird vor der Durchführung mindestens eine Planung durchgeführt und im laufenden Projekt wird mehrfach nachgeplant und umgeplant. Überspitzt könnte man sagen:

- Prozess = eine Planung/viele Durchführungen
- Projekt = viele Planungen/eine Durchführung

Steuerungssystem

Projekte zeichnen sich nicht nur durch eine aufwendige Planung aus, sondern benötigen darüber hinaus neben der zur jeweiligen Projektaufgabe passenden Organisation ein spezifisches Steuerungssystem. Bei Prozessen hingegen gibt es Steuerungssysteme, die unabhängig von der konkreten Prozessdurchführung sind.

Kennzahlen

Die Individualität eines Projektes lässt sich an seinen spezifischen Kennzahlen beobachten. Projektkennzahlen fokussieren auf das spezifische Projekt. Bei Prozessen hingegen interessiert weniger die einzelne

Durchführung, sondern eher die Summe aller Durchführungen. Bei einem Projekt will man die Einhaltung oder Nichteinhaltung jedes einzelnen Termins wissen, bei Prozessen fragt man eher statistisch nach der »durchschnittlichen« Termineinhaltung. Bei Projekten fragt man nach dem spezifischen Ressourcenverbrauch, bei Prozessen nach dem gesamten Ressourcenverbrauch bzw. der Ausnutzung bereitgestellter Kapazität. Natürlich ist das eine unscharfe Abgrenzung, aber sie zeigt charakteristische Unterschiede.

Managementmethode

Im Zweifelsfalle ist das ein Projekt, was eine Organisation zum Projekt erklärt und was sie mit den Methoden des Projektmanagements steuert. So werden in der Praxis auch Routinetätigkeiten als Projekt geführt – man denke an die sogenannten Wartungsprojekte. Dabei handelt es sich eigentlich nicht um Projekte, denn es werden keine neuen Ergebnisse erstellt. Es sind aber auch keine Prozesse, da die klare vorgedachte Ablaufstruktur fehlt. Eher handelt es sich um reservierte Kapazitäten, die nach Bedarf abgerufen werden. Dass man solche Aktivitäten als Projekt deklariert, hat seine Ursache darin, dass die benötigten Ressourcen, z.B. Entwicklerkapazitäten, parallel auch für »echte« Projekte benötigt werden. Es bestehen also Konflikte beim Ressourceneinsatz und man möchte den Ressourcenverbrauch – wie bei einem Projekt – gezielt verfolgen.

Kleinprojekte

Andererseits werden in vielen Organisationen projektartige Aufgabenstellungen erst dann als Projekt etabliert, wenn der Aufwand eine gewisse Wertgrenze überschreitet. Dann muss die Realisierung der jeweiligen Aufgabe auf Grundlage einer (eventuell vereinfachten) Rentabilitätsbetrachtung (vgl. Abschnitt 4.3) entschieden werden. Liegt der erwartete Aufwand für die vorliegende Aufgabenstellung unter der vorgegebenen Wertgrenze, dann wird die Aufgabe durchgeführt, wenn der Auftraggeber (in der Regel der initiierende Fachbereich) bereit ist, den entstehenden Aufwand zu bezahlen (im Falle einer IT-Leistungsverrechnung) oder einer für ihn reservierten Kapazität an IT-Ressourcen zu entnehmen, und wenn dann die benötigten Ressourcen auch verfügbar sind.

Für das Projektcontrolling sind solche Kleinprojekte unter folgenden Aspekten von Interesse:

- Eine förmliche Durchführungsentscheidung mittels (vereinfachter) Rentabilitätsbetrachtung muss erfolgen.
- Ein hohes oder zunehmendes Volumen von Kleinprojekten bindet IT-Ressourcen, insbesondere Mitarbeiter, verknappt diese für die Durchführung »normaler« Projekte und muss daher über geeignete Auswahl- und Priorisierungsverfahren in das Portfoliocontrolling eingebunden werden.

Kleinprojekte sind in sich kaum oder nur in geringem Umfang strukturiert. Die Steuerung der Durchführung kann den jeweils Verantwortlichen vollständig überlassen werden und erfordert im Gegensatz zu »normalen« Projekten keine spezifischen, vorgegebenen Regelungen.

2.2 Projektportfolio

Gesamtheit von Projekten

In jeder Organisation werden in einer Planungsperiode (in der Regel ein Geschäftsjahr) mehrere Projekte durchgeführt. Neben den Einzelprojekten muss man dann auch die Gesamtheit dieser Projekte betrachten und übergreifend steuern. Warum?

Fachliche Abhängigkeiten

Viele Projekte benötigen die Ergebnisse anderer Projekte, damit sie durchgeführt werden können. Die sich daraus ergebenden Projektketten oder Projektnetze können auf der Zeitachse nur in der Reihenfolge dieser Abhängigkeiten durchgeführt werden, die beteiligten Projekte können also nicht in beliebiger Reihenfolge und nicht zu beliebigen Zeitpunkten durchgeführt werden.

Projektnetz

Solche Projektketten oder Projektnetze entstehen z.B. daraus, dass ein insgesamt zu komplexes und damit riskantes und ressourcenbindendes Projekt in mehrere kleinere Projekte untergliedert wird. So wird man z.B. den Aufbau eines unternehmensweiten Data Warehouse in ein Projekt zum Aufbau des zentralen Datenspeichers, mehrere Projekte zur Anbindung verschiedener operativer und datenliefernder Systeme und mehrere Projekte zum Aufbau unterschiedlicher Data Marts (vgl. [Grob/Reepmeyer/Bensberg 2004, S. 351-357]) unterteilen. Oder es kann zu einem vorhandenen Anwendungssystem verschiedene Änderungs- und Erweiterungsanforderungen geben, die aus technischen oder betriebswirtschaftlichen Gründen in einer bestimmten Reihenfolge abgewickelt werden müssen, insgesamt aber so umfangreich sind, dass die Zusammenfassung in einem Einzelprojekt nicht mehr sinnvoll ist.

Projektprogramm

Einen Sonderfall der Projektnetze stellen Projektprogramme dar. Auch hier tragen die Ergebnisse der Einzelprojekte zu einem übergeordneten Ziel bei und zwischen den Projekten des Programms bestehen verschiedene Abhängigkeiten. Jedoch greifen die Projekte auf unterschiedliche Ressourcen der übergeordneten Organisation zu (vgl. [Brabandt 2000]). Ein Beispiel eines Projektprogramms ist die Integration eines aufgekauften Unternehmens, die unterschiedlichste Projekte erfordert. Darunter gibt es IT-Projekte, aber auch verschiedene Nicht-IT-Projekte.

Superprojekt

Da die termingerechte Bereitstellung von Projektergebnissen von erheblicher wirtschaftlicher Bedeutung ist, müssen Projektnetze in ihrer Gesamtheit als übergreifendes Superprojekt betrachtet werden.

Das gilt einerseits für die Durchführungsentscheidung, die natürlich über die Gesamtaufgabe zu erfolgen hat, und andererseits für die eigentliche Durchführung, die die Vorgänger-Nachfolger-Beziehungen im jeweiligen Projektnetz beachten muss.

Ressourcenbelegung

Auch inhaltlich unabhängige Projekte sind nicht so unabhängig voneinander, wie es auf den ersten Blick erscheint. Denn üblicherweise nutzen die verschiedenen Projekte dieselben Ressourcen: Mitarbeiter, Werkzeuge, technische Infrastrukturen, Räumlichkeiten usw. Die Kapazitäten dieser Ressourcen sind beschränkt. Also müssen Projekte auf der Zeitachse so geplant werden, dass die verfügbaren Ressourcen optimal (was immer das im Einzelnen bedeutet) auf die Projekte verteilt werden.

Dominoeffekte

Wird dann von laufenden Projekten eine Ressource länger benötigt als geplant, steht diese Ressource für das »nächste« Projekt nicht termingerecht zur Verfügung. Da dieses Projekt auf die Ressource warten muss, verspätet es sich daher und greift dann seinerseits verspätet auf andere Ressourcen zu, die den wiederum zeitlich nachfolgenden Projekten dann ebenfalls nicht termingerecht zur Verfügung stehen. Aus der gemeinsamen Nutzung von Ressourcen durch unterschiedliche Projekte ergeben sich also Dominoeffekte, sodass sich (im schlimmsten Fall) durch die verspätete Freigabe einer Ressource in einem einzigen Projekt Probleme für sämtliche nachfolgende Projekte ergeben können. Diese nicht fachlichen Abhängigkeiten können in der Praxis von größerer Bedeutung für das Projektcontrolling sein als die fachlichen Abhängigkeiten in Projektnetzen.

Portfoliomanagement

Die genannten Gründe führen dazu, dass das Projektcontrolling auch die Gesamtheit aller Projekte im Auge behalten muss. Die Gesamtheit aller Projekte, die gemeinsame Ressourcen nutzen müssen, bezeichnet man als Projektportfolio. Geht es um die Frage, welche Projekte durchgeführt werden sollen, so spricht man von Portfoliomanagement bzw. Portfoliosteuerung.

Multiprojektmanagement

Betrachtet man die bereits laufenden Projekte, so ist der Begriff Multiprojektmanagement bzw. Multiprojektsteuerung üblich.

Die unterschiedlichen Begriffe legen den Schluss nahe, man könne Planung und Durchführung von Projektgesamtheiten getrennt betrachten. Dieser Schluss ist falsch! Denn die Projektwelt ist nicht statisch – im Gegenteil. Das Portfolio verändert sich dynamisch, weil neue Projekte hinzukommen, bereits geplante Projekte wieder aus dem Portfolio genommen werden und abgeschlossene Projekte aus dem Portfolio herausfallen. Auch können Projekte aufgrund von Entwicklungen im Umfeld anders priorisiert werden und dadurch zu Umplanungen des Projektportfolios führen.

Portfoliosteuerung

Auch Veränderungen in den bereits laufenden Projekten haben Rückwirkungen bis in das Portfolio hinein. Man denke etwa an Verzögerungen, Änderungen der Projektaufgabe oder Projektabbrüche. All das führt zu Umplanungen im Portfolio. Insofern muss man die geplanten, aber noch nicht gestarteten Projekte und die bereits laufenden Projekte unter dem Aspekt der Steuerung als Einheit betrachten. Daher wird im Folgenden ausschließlich von Portfoliosteuerung gesprochen. Vor diesem Hintergrund wird das Projektportfolio wie folgt definiert:

Projektportfolio

> Ein Projektportfolio ist eine Gruppe von Projekten, die innerhalb eines bestimmten Zeitraums durchzuführen sind und zwischen denen fachliche Abhängigkeiten oder Abhängigkeiten durch gemeinsame Ressourcennutzung bestehen. Diese Projektgruppe muss einer übergreifenden Planung und Steuerung unterworfen werden.

Natürlich kann es fachliche Abhängigkeiten auch zu Projekten außerhalb des Portfolios geben und die gemeinsam genutzten Ressourcen werden vom Portfolio möglicherweise nicht exklusiv genutzt. In einer Organisation können gleichzeitig auch mehrere Portfolios vorhanden sein, z. B. eigene Projektportfolios für spezifische Projektauftraggeber (Fachbereiche) oder für unterschiedliche Projektgrößen (etwa: Großprojekte, normale Projekte, Kleinprojekte).

2.3 Fragen des Controllings

Hinsichtlich der IT-Projekte und IT-Projektportfolios einer Organisation muss das IT-Controlling folgende Fragen stellen und mittels entsprechender Antworten Transparenz schaffen:

- Ist klar definiert, was ein Projekt ist und was nicht?
- Sind die Kriterien klar definiert, nach denen eine Aufgabenstellung als Projekt zu behandeln ist?
- Ist für jedes Projekt bestimmt, ob es sich um ein Projekt mit Betriebsphase oder ein Projekt ohne Betriebsphase handelt?
- Ist klar definiert, welche Projektportfolios geführt werden (sollen)?
- Sind diese Definitionen und Regeln dokumentiert und allen Verantwortlichen bekannt? Werden sie von allen Betroffenen verstanden und akzeptiert?
- Ist für jedes Projekt festgelegt, welchem Portfolio es zugeordnet ist? Ist umgekehrt bekannt und dokumentiert, welche Projekte zu einem bestimmten Portfolio gehören?

2.4 Empfehlungen für die Praxis

- Legen Sie für Ihre Organisation klar und verbindlich fest, welche Aufgaben in Form von Projekten durchzuführen sind und welche Aufgaben im Rahmen der Regelorganisation (Prozessorganisation) bearbeitet werden müssen.
- Mögliche Kriterien, die zur Definition eines Projektes führen, sind:
    - Die Aufgabe erfordert die Mitwirkung von Personen aus unterschiedlichen Teilorganisationen (Unternehmensbereiche, Abteilungen usw.).
    - Die Aufgabe führt zu wesentlichen und längerfristigen Veränderungen in der Regelorganisation.
    - Die Aufgabenstellung hat innovativen Charakter, benötigt außergewöhnlich viel Kapital und bindet das eingesetzte Kapital längerfristig.
    - Die Bewältigung der Aufgabe erfordert Wissen, Kompetenzen oder Qualifikationen, die in der Organisation nicht vorhanden sind.
    - Die Bearbeitung der Aufgabe erfordert einen Ressourceneinsatz, der eine bestimmte (vorgegebene) Grenze überschreitet bzw. von der Regelorganisation nicht (mehr) geleistet werden kann.
- Legen Sie insbesondere für das IT-Change-Management und das Anforderungsmanagement (Requirements Management) fest, welche Änderungen bzw. welche Anforderungen bei ihrer Umsetzung als Projekte zu behandeln sind.
- Legen Sie für Ihre Projekte Größenklassen fest und definieren Sie zu jeder Größenklasse spezifische Anforderungen an Projektmanagement und Projektcontrolling. Sinnvoll sind zwei oder drei Größenklassen (Kleinprojekte/Projekte bzw. Kleinprojekte/Projekte/Großprojekte). Orientieren Sie sich bei der Definition der Größenklassen am erforderlichen Personalaufwand zur Durchführung der Projekte.
- Stellen Sie für jedes Projekt sicher, welchem Portfolio es zugeordnet ist, falls Sie in Ihrer Organisation mehrere Projektportfolios führen.

3 Projektorganisation

Spezifische Organisation

Projekte müssen Aufgaben lösen, die von der Linienorganisation des Auftraggebers (Regelorganisation) nicht bewältigt werden können. Dazu wird für die Dauer des Projektes eine spezifische Organisation »neben der Linie« aufgebaut, die mit Abschluss des Projektes wieder aufgelöst wird. Auch die Steuerung eines Projektportfolios benötigt geeignete organisatorische Strukturen (vgl. [de Rooij 2008]); diese existieren im Gegensatz zur Organisation eines Projektes dauerhaft.

Projektrollen

Damit Projektorganisation und Portfolioorganisation erfolgreich arbeiten können, muss es Rollen und spezifische »Spielregeln« geben. Diese Regeln müssen von allen Beteiligten eingehalten werden.

Organisationsfelder

Wir unterscheiden erstens das Projektumfeld, das das Projekt auslöst, zum Projektabschluss die erarbeiteten Ergebnisse übernimmt und in der nachfolgenden Betriebsphase dafür verantwortlich ist, den erwarteten Nutzen des Projektes zu realisieren, zweitens die eigentliche Projektorganisation, die das Projekt durchführt, und drittens die Projektportfolioorganisation, die übergreifend die gesamte Projektarbeit koordiniert.

In Unternehmen oder der öffentlichen Verwaltung, die IT zur Unterstützung ihrer Geschäftsprozesse einsetzen, wird das Projektumfeld in der Regel durch die verschiedenen Fachbereiche repräsentiert. Die Projektorganisation, obgleich sie stets projektspezifisch aufgebaut wird, ist in vielen Fällen sehr eng mit dem IT-Bereich der Organisation assoziiert und die Portfolioorganisation für IT-Projekte findet man meistens ebenfalls in dem jeweiligen IT-Bereich.

Rollen im Projektumfeld

Die wichtigsten Rollen im Projektumfeld (vgl. Abb. 3–1) sind:

- Projektauftraggeber
- Projektauftragnehmer
- Projektinvestor

Der Projektauftraggeber initiiert das Projekt. Er lässt sich vom (potenziellen) Projektauftragnehmer ein Angebot erstellen, beantragt das

Projekt beim Projektinvestor, um die erforderlichen finanziellen Mittel für das Projekt zu erhalten, und erteilt im Falle der Genehmigung dem Projektauftragnehmer den Projektauftrag.

Der Projektauftraggeber wird in der Regel durch die Leitung desjenigen Fachbereiches repräsentiert, der mit dem Projektergebnis die eigene Teilorganisation oder die eigenen Prozesse verbessern möchte. In Organisationen mit eigenem IT-Bereich wird dessen Leitung den Projektauftragnehmer für IT-Projekte darstellen. Und schließlich wird der Projektinvestor in einem solchen Szenario durch die oberste Leitung der Organisation (Vorstand, Geschäftsführung, Behördenleitung usw.) oder einen von ihr benannten Vertreter repräsentiert.

Für IT-interne Projekte, z.B. die Modernisierung des Rechenzentrums, ist der IT-Bereich sowohl Projektauftraggeber als auch Projektauftragnehmer. Daraus ergibt sich ein Rollenkonflikt, den der Projektinvestor ggf. durch geeignete Kontrollmechanismen auffängt. Für übergreifende Aufgabenstellungen, z.B. die Einführung unternehmensweiter Anwendungen, wird die oberste Leitung auch zum Projektauftraggeber. Das kollidiert mit ihrer Rolle als Projektinvestor und muss ebenfalls durch geeignete Abläufe unter Kontrolle gehalten werden.

Abb. 3–1
Rollen im Projektumfeld

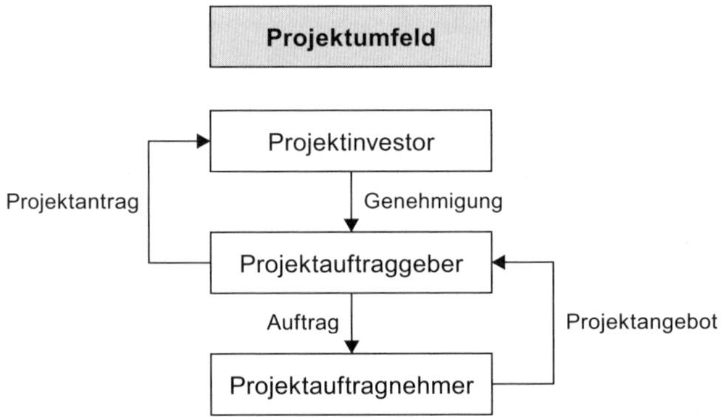

Rollen in der Projektorganisation

Die wichtigsten Rollen in der Projektorganisation (vgl. Abb. 3–2) sind:

- Projektleitung
- Projektteam
- Projektlenkung

Ist das Projekt beauftragt, so führt die Projektleitung das Projekt und das Projektteam. Die Mitglieder des Projektteams berichten an die Projektleitung. Diese wiederum berichtet über den Fortschritt des Projektes an die Projektlenkung und fordert im Bedarfsfall ihre Entscheidungen. Die Projektlenkung ist ein Gremium, das aus hochrangigen Vertretern aus den Organisationen des Projektauftraggebers und des

Projektauftragnehmers sowie Vertretern des Projektinvestors gebildet wird. Sind externe Partner an dem Projekt beteiligt, so entsenden auch sie ggf. hochrangige Vertreter in die Projektlenkung. Die Projektlenkung kann projektspezifisch oder projektübergreifend gebildet werden. Mitglieder der Projektleitung können nicht zugleich Mitglieder der Projektlenkung sein.

Die Projektleitung wird in der Regel durch die Person des Projektleiters wahrgenommen; bei großen Projekten kann es auch ein Projektleiterteam geben. Die Projektleitung für IT-Projekte wird in der Praxis meistens durch entsprechend qualifizierte Mitglieder der Organisation des Projektauftragnehmers, also von Mitarbeitern des IT-Bereiches, übernommen. Das muss aber nicht so sein. Auch externe Projektleiter, die nicht Mitarbeiter der Organisation sind, findet man in etlichen IT-Projekten. Das Gremium der Projektlenkung wird meistens als Projektlenkungsausschuss (PLA) bezeichnet.

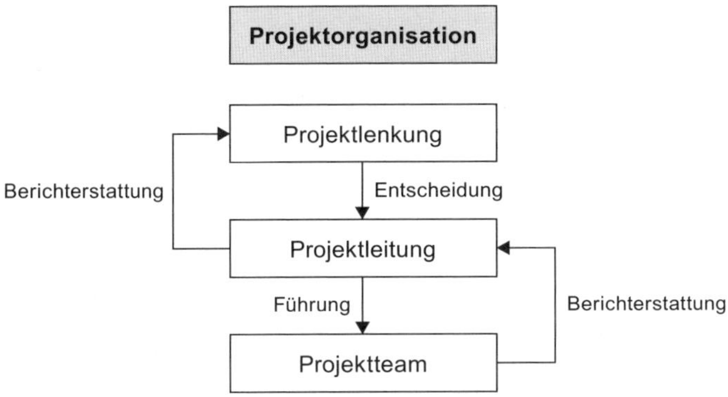

Abb. 3–2
Rollen in der Projektorganisation

Die wichtigsten Rollen in der Portfolioorganisation (vgl. Abb. 3–3) sind:

Rollen in der Portfolioorganisation

- Portfoliomanagement
- Projektausschuss

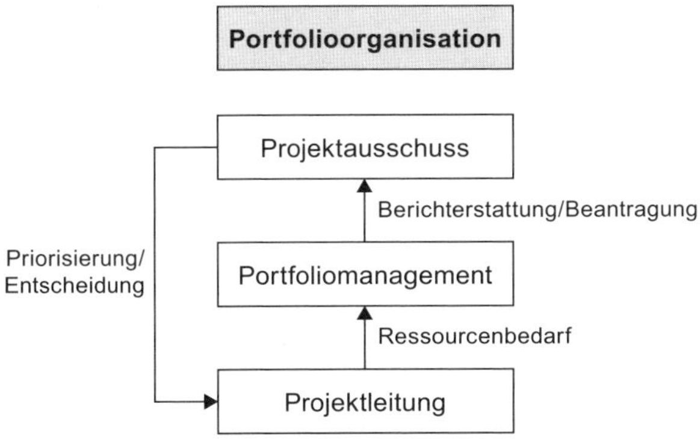

Abb. 3–3
Rollen in der Portfolioorganisation

Aufgrund der Nutzung gleicher Ressourcen sind alle Projekte einem Projektportfolio zugeordnet. Die Projektleitung muss mit dem Portfoliomanagement die Zuordnung der benötigten Ressourcen abstimmen. Das Portfoliomanagement schlägt aus den Projekten, die sich mittels Projektantrag für eine Realisierung qualifiziert haben, dem Projektausschuss die am besten geeigneten Projekte vor und berichtet ihm über den Status des Projektportfolios. Der Projektausschuss priorisiert die vorgeschlagenen Projekte und entscheidet über die Aufnahme in das Projektportfolio.

Das Portfoliomanagement ist dauerhaft etabliert und damit Bestandteil der Regelorganisation. Für IT-Projekte ist es meistens dem IT-Bereich zugeordnet. Es gibt jedoch Unternehmen und andere Organisationen, die das Portfoliomanagement übergreifend über die gesamte Organisation, z.B. in Form eines Project Management Office (PMO; vgl. [Sandrino-Arndt/Thomas/Becker 2010]), etablieren. Der Projektausschuss ist ein Gremium, das aus der obersten Leitung der Organisation gebildet wird oder unmittelbar von ihr eingesetzt wird und sich aus hochrangigen Führungskräften der Organisation zusammensetzt.

Rollenbesetzung im Projektumfeld

Das Projektumfeld bildet die Regelorganisation, aus der heraus die Projekte entstehen. Diese stellt auch die Mitarbeiter, die in der Projektorganisation die benannten Rollen übernehmen. Die Besetzung der Rollen im Projekt mit Vertretern des Projektumfeldes zeigt Tabelle 3–1.

Tab. 3–1
Rollenbesetzung in der Projektorganisation

	Projektlenkung	Projektleitung	Projektteam
Projekt-investor	Vertreter der obersten Leitung der Gesamtorganisation	Üblicherweise nicht vertreten	Üblicherweise nicht vertreten
Projekt-auftraggeber	Vertreter der obersten Leitung der Auftraggeber-organisation	Geeigneter Mitarbeiter der Auftraggeber-organisation (optional)	Mitarbeiter der Auftraggeber-organisation
Projekt-auftragnehmer	Vertreter der obersten Leitung der Auftragnehmer-organisation	Geeigneter Mitarbeiter der Auftragnehmer-organisation	Mitarbeiter der Auftragnehmer-organisation

Auch die Portfolioorganisation wird mit Vertretern der Regelorganisation besetzt. Die Besetzung der Rollen zeigt Tabelle 3–2.

Rollenbesetzung in der Portfolioorganisation

Tab. 3–2
Rollenbesetzung in der Portfolioorganisation

	Projektausschuss	Portfoliomanagement
Projekt-investor	Vertreter der obersten Leitung der Gesamt-organisation	Üblicherweise nicht vertreten
Projekt-auftraggeber	(Ausgewählte) Vertreter der obersten Leitung der Auftraggeberorganisation	Üblicherweise nicht vertreten
Projekt-auftragnehmer	Vertreter der obersten Leitung der Auftragnehmer-organisation	Geeigneter Mitarbeiter der Auftragnehmerorganisation

3.1 Projektauftraggeber

Projektinitiierung

Der Projektauftraggeber ist der Initiator des Projektes. Er will in seinem Verantwortungsbereich aus dem Projektergebnis Nutzen ziehen und muss die für das Projekt erforderlichen Mittel beschaffen. Gegenüber dem Projektinvestor (repräsentiert durch die oberste Leitung der Organisation) muss er das Projekt verantworten!

Nutzenversprechen

Bei Initiierung des Projektes muss er begründen, warum dieses Projekt für die Organisation sinnvoll ist. Er muss den erforderlichen Projektaufwand rechtfertigen, die aus dem Projekt resultierenden Folgekosten erklären und insbesondere die durch das Projekt und sein Ergebnis entstehenden Nutzeffekte begründen. Auch muss er auf die Interdependenzen zwischen Projektaufwand, Folgekosten und zu realisierenden Nutzeffekte hinweisen, ggf. Durchführungsalternativen des Projektes aufzeigen und eine Empfehlung für die »beste« Projektalternative aussprechen. So könnte es z.B. sinnvoll sein, einen höheren Projektaufwand zu akzeptieren, da dies zu niedrigeren Folgekosten oder höheren Nutzeffekten führen kann. In Anwenderorganisationen ist der Projektauftraggeber üblicherweise der Leiter eines Fachbereiches. Bei internen Projekten des IT-Bereiches ist dies ein Verantwortlicher aus dem IT-Bereich; in den meisten Fällen wird es sich um den Leiter des IT-Bereiches handeln.

Nutzenevaluierung

Da man sich durch ein Projekt, das zu (erheblichem) Aufwand führt, Nutzen und Vorteile für die Organisation erhofft, muss der Projektauftraggeber nach Abschluss des Projektes den sich dann tatsächlich ergebenden Nutzen, insbesondere aber Abweichungen des tatsächlich eintretenden Nutzens gegenüber dem in der Projektinitiierung dokumentierten Nutzenversprechen, verantworten.

Projektaufgabe spezifizieren

Darüber hinaus hat der Auftraggeber grundlegende Aufgaben im Hinblick auf das eigentliche Projekt. Vor Beginn des Projektes muss er die Projektaufgabe spezifizieren, also beschreiben und kommunizieren, was er von dem Projektauftragnehmer erwartet. Das ist unter Umständen schwierig, weil nicht klar ist, was genau das Ergebnis sein wird. Die Zielfindung kann auch eine vom Projekt zu erbringende Leistung sein. In jedem Falle muss der Projektauftraggeber aktiv in der Zielfindung mitarbeiten.

Projektergebnis übernehmen

Mit Abschluss des Projektes muss der Auftraggeber das Projektergebnis übernehmen und den Projektauftragnehmer entlasten, also bestätigen, dass die Projektaufgabe gelöst ist und das Projekt beendet werden kann. Dann können die gebundenen Ressourcen freigegeben und in anderen Projekten eingesetzt werden.

Mitwirkungspflichten

Während des Projektes bestehen für den Projektauftraggeber umfangreiche Mitwirkungspflichten. Daher muss er Mitglied der Projektlenkung sein! Er muss den Projektauftragnehmer bei der Durchführung des Projektes aktiv unterstützen, dessen Fragen beantworten und insbesondere bei der Qualitätssicherung der Projektergebnisse mitwirken.

Bereitstellung von Ressourcen

Nicht zuletzt muss der Auftraggeber aus seiner Organisation personelle Ressourcen für das Projekt bereitstellen, also Mitarbeiter, die entsprechendes Fachwissen in das Projekt einbringen. Die Bereitstellung der erforderlichen Kapazität und Expertise aus der Auftraggeberorganisation ist wesentlicher Erfolgsfaktor für Projekte. Geschieht sie nicht oder nur unzureichend, so ist der Projekterfolg gefährdet – Defizite im Projektergebnis, in der Termin- und der Budgeteinhaltung sind die üblichen Folgen.

3.2 Projektauftragnehmer

Lösungsvorschläge

Der Projektauftragnehmer, in der Regel vertreten durch die Leitung des IT-Bereiches der Organisation, möglicherweise aber auch durch eine externe Organisation (z.B. IT-Dienstleister, Beratungsunternehmen) unterbreitet dem Projektauftraggeber im Rahmen der Initiierung des Projektes geeignete Lösungsvorschläge und kalkuliert die erforderlichen realen und finanziellen Aufwände. In dieser Phase wird der Projektauftragnehmer durch einen speziellen Beauftragten oder den zukünftigen Projektleiter vertreten.

Verantwortung

Der Projektauftragnehmer hat in der Phase der Projektinitiierung eine große Verantwortung. Er ist fachkundiger Berater des Projektauftraggebers und muss Alternativen im Hinblick auf die zu lösende Aufgabenstellung erkennen, bewerten und priorisieren können. Seine

Pflicht ist es vor allem, sämtliche relevanten Lösungsalternativen zu erkennen und im Hinblick auf die Aufgabenstellung möglichst neutral, also sowohl im Sinne des Projektauftraggebers als auch im Sinne des Projektinvestors, zu bewerten.

Darüber hinaus werden Projektaufwand und IT-seitige Folgekosten wesentlich durch das Votum des Projektauftraggebers bestimmt. Hier trägt er die entscheidende (Mit-)Verantwortung für den Erfolg des Projektes. Projektauftraggeber und Projektinvestor müssen sich auf ihn verlassen können.

Als verantwortungsvoller Lösungsanbieter muss der Projektauftragnehmer seinem (potenziellen) Auftraggeber unter Umständen empfehlen, das eigentliche Vorhaben zunächst zurückzustellen und im Rahmen eines Vorprojektes die Aufgabenstellung und mögliche Lösungsansätze vertiefend zu untersuchen. Idealerweise sind Projektauftraggeber, also die Fachbereiche einer Organisation, und Projektauftragnehmer, also der IT-Bereich der Organisation, in einem dauerhaften Dialog und können solche Fragen klären, bevor die eigentliche Projektinitiierung beginnt. Am Anfang einer Projektinitiierung sollte also eine konkrete Projektidee stehen, die bereits intensiv geprüft, diskutiert und evaluiert wurde.

Projektleiter

Wird der Projektauftrag erteilt, dann setzt der Projektauftragnehmer einen Projektleiter ein, der die Verantwortung für das Projektergebnis übernimmt. Während des Projektes entsendet der Projektauftragnehmer einen Vertreter in die Projektlenkung.

Aufgaben in der Projektlenkung

Auf der Ebene der Projektlenkung müssen sich Projektauftraggeber und Projektauftragnehmer kontinuierlich austauschen. Gegenüber der Projektleitung sind sie nicht zur Passivität »verdammt«. Im Gegenteil, sie können und müssen ggf. als Projektlenkung gemeinsam und aktiv auf das Projekt und die Projektleitung einwirken.

Aufgaben in der Betriebsphase

Denkt man bei dem Projektauftragnehmer an den IT-Bereich der Organisation, so hat dieser Bereich nicht nur Projektaufgaben, sondern wird in der Regel auch das sich aus dem Projekt ergebende IT-System nachfolgend betreiben. Er ist also nicht nur Dienstleister in der Projektphase, sondern auch in der nachfolgenden Betriebsphase. Damit trägt er Verantwortung für die Evaluierung der Folgekosten, wenn auch nur für die IT-seitigen. Die Erfahrungen aus der Betriebsphase nach bereits abgeschlossenen Projekten muss er für die Initiierung und Planung neuer IT-Projekte nutzen.

3.3 Projektinvestor

Kapital bereitstellen

Der Projektinvestor wird durch einen Vertreter der obersten Leitung der Organisation repräsentiert. In der Regel handelt es sich um ein Mitglied des Vorstandes, der Geschäftsführung, der Behördenleitung usw. oder eine von ihr benannte hochrangige Führungskraft oder ein von ihr eingesetztes Gremium aus hochrangigen Führungskräften der Organisation (in Form eines IT-, Projekt- oder Investitionsausschusses). Der Projektinvestor muss das für das Projekt benötigte Kapital zur Verfügung stellen bzw. für den Einsatz in diesem Projekt freigeben. Unter dem Kapital sind hier einerseits diejenigen finanziellen Mittel zu verstehen, die man zur Durchführung des Projektes unmittelbar benötigt, z.B. für den Kauf von Hardware, Software oder die Bezahlung externer Berater, andererseits aber auch der finanzielle Gegenwert der Arbeitszeit von Mitarbeitern und Nutzung vorhandener Sachmittel, die im Projekt eingesetzt werden sollen, aber alternativ auch für andere Zwecke genutzt werden könnten.

Projektantrag

Das benötigte Kapital wird der Projektinvestor jedoch nur dann bereitstellen bzw. zum Projekteinsatz freigeben, wenn er umfassend über das Projekt informiert wird (in Form eines Projektantrages oder eines sogenannten »Business Case«) und er auf Basis dieser Informationen zu der Überzeugung gelangt, dass das Projekt zu einer für ihn interessanten Verzinsung (Rendite) des eingesetzten Kapitals führt.

Projekte auswählen

Da das verfügbare Kapital beschränkt ist, wird der Projektinvestor nicht alle Projekte finanzieren können, sondern nur die für ihn wichtigsten und rentabelsten Projekte.

Rentabilität

Als zentraler Maßstab für die Wichtigkeit oder Attraktivität eines IT-Projektes wird in diesem Buch die Rentabilität auf das im Projekt eingesetzte Kapital gewählt, denn die Projektbewertung erfolgt mit den Mitteln der Investitionsrechnung und diese stellt die aus einem Projekt heraus entstehenden Liquiditätsüberschüsse in Relation zum eingesetzten Kapital dar. Sie beantwortet also die Frage, ob ein Projekt schlussendlich, also im Verlauf der Betriebsphase, zu einer Vermögenszunahme der Organisation führt. Dass Rentabilität ein besserer und strengerer Maßstab zur Projektbewertung ist als die Wirtschaftlichkeit, der Quotient aus (finanziell bewertetem) Nutzen und Kosten, erkennt man schmerzlich anhand der Tatsache, dass wirtschaftliche Investitionen immer wieder nicht getätigt werden können, weil das dazu benötigte Kapital nicht verfügbar ist bzw. vom Projektinvestor nicht zur Verfügung gestellt wird.

Mindestrendite

Finden sich in der eigenen Organisation keine geeigneten Investitionsmöglichkeiten, wird die oberste Leitung das Kapital am externen

Kapitalmarkt anlegen. Umgekehrt bedeutet das, dass eine Anlage des verfügbaren Kapitals in der eigenen Organisation zu einer Rendite führen muss, die mindestens der am Kapitalmarkt erzielbaren Rendite entsprechen muss.

Projekte begleiten

Während der Durchführung wird der Projektinvestor das Projekt über die Projektlenkung begleiten. Nach Projektabschluss wird er in der Betriebsphase die sich aus dem Projekt ergebenden Folgekosten und Nutzeffekte evaluieren lassen.

3.4 Projektlenkung

Projektlenkungsausschuss

Wird ein Projekt genehmigt, in das Portfolio aufgenommen und dann gestartet, dann wird es von der Projektlenkung begleitet. Dabei handelt es sich üblicherweise um ein Gremium (Projektlenkungsausschuss (PLA)), in dem Vertreter des Projektinvestors, des Projektauftraggebers und des Projektauftragnehmers vertreten sind (vgl. [Ruf/Fittkau 2008, S. 94-97]). Der Projektlenkungsausschuss ist Eskalationsinstanz, oberste Entscheidungsinstanz und Kontrollinstanz für ein Projekt. Werden im Projekt externe Dienstleister eingesetzt, so sind oftmals auch hochrangige Vertreter des externen Dienstleisters in der Projektlenkung vertreten – insbesondere dann, wenn sie die Hauptlast in der Projektdurchführung übernommen haben oder für wesentliche Teilergebnisse des Projektes verantwortlich sind.

Änderungen und Abbruch eines Projektes

Der Projektlenkungsausschuss entscheidet darüber, ob Änderungsanträge in das Projekt übernommen werden, vor allem aber darüber, ob das Projekt abgebrochen oder weitergeführt werden soll. Man kann den Lenkungsausschuss als diejenige Instanz charakterisieren, die das Recht oder Privileg des Projektabbruchs hat. Natürlich wird der Lenkungsausschuss nicht über jeden Änderungsantrag einzeln entscheiden. Da bei IT-Projekten stets von einer gewissen Dynamik und einem daraus resultierenden Änderungsvolumen auszugehen ist, wird man einem Projekt in der Regel ein bestimmtes Änderungsbudget zuordnen, für dessen Nutzung und Verwendung die Projektleitung verantwortlich ist. Der Lenkungsausschuss wird über einzelne Änderungsanträge nur dann beraten und entscheiden, wenn das (finanzielle) Volumen des Änderungsantrages eine bestimmte Größenordnung überschreitet. Ergänzend wird sich der Lenkungsausschuss von der Projektleitung regelmäßig über den Ausschöpfungsgrad des Änderungsbudgets berichten lassen.

Arbeitsweise der Projektlenkung

Der Lenkungsausschuss wird regelmäßig zu vorab festgelegten Terminen zusammentreten und sich von der Projektleitung über Stand und Fortschritt des Projektes berichten lassen. So nimmt er seine Kontrollaufgabe gegenüber dem Projekt wahr. Darüber hinaus tritt der Lenkungsausschuss bei Bedarf zusammen, sei es, weil Mitglieder des Lenkungsausschusses Handlungsbedarf sehen und eine außerplanmäßige Sitzung dieses Gremiums initiieren, sei es, weil die Projektleitung die Unterstützung des Lenkungsausschusses als Eskalationsinstanz benötigt. Gründe für eine außerplanmäßige Sitzung des Lenkungsausschusses sind z.B. gravierende Veränderungen im Projektumfeld, die eine Ausweitung, Einstellung oder Umplanung des Projektes erfordern, oder erhebliche Störungen der Projektarbeit, die wiederum zu einer Einstellung oder Umplanung des Projektes führen und ihre Ursachen z.B. in schwerwiegenden technischen Problemen, Leistungsstörungen externer Partner oder mangelhafter Unterstützung durch den Projektauftraggeber haben können.

Größe des Projektlenkungsausschusses

Der Projektlenkungsausschuss darf nur wenige Mitglieder umfassen und muss entscheidungsfähig sein. Er muss vom Projektleiter direkt ansprechbar sein. Bei Bedarf muss er schnell zusammenkommen und das Projekt unterstützen können. Ein Lenkungsausschuss, der mehrere Wochen Vorlaufzeit für einen Termin benötigt, ist für diese wichtige Aufgabe nicht geeignet!

Projektübergreifende Projektlenkung

Die Projektlenkung kann projektübergreifend angelegt sein. Viele Organisationen haben einen ständigen Lenkungsausschuss, der für alle IT-Projekte zuständig ist – mit Ausnahme einzelner Großprojekte oder ausgewählter Projektgruppen, die einen spezifischen Lenkungsausschuss bekommen.

Die Existenz eines projektspezifischen Projektlenkungsausschusses endet mit dem Abschluss des Projektes. Ein projektübergreifender Projektlenkungsausschuss existiert unabhängig von einzelnen Projekten.

3.5 Projektleitung

Ergebnisverantwortung

Nach der Beauftragung des Projektes übernimmt der Projektleiter dessen Führung. Er hat die Ergebnisverantwortung für das Projekt. Um sie wahrnehmen zu können, muss er die entsprechenden Kompetenzen (Entscheidungsrechte) übertragen bekommen und über die erforderlichen Mittel (Ressourcen) verfügen. Die Projektleitung endet mit dem Projektabschluss und der Übergabe des Projektergebnisses an den Projektauftraggeber.

Herkunft des Projektleiters

Üblicherweise ist der Projektleiter ein Mitglied oder Beauftragter der Auftragnehmerorganisation, denn der Projektauftragnehmer ist für die Erstellung und Lieferung des Projektergebnisses verantwortlich. Manche Organisationen verfolgen jedoch die Philosophie, die Projektleitung einem Mitarbeiter oder Beauftragten der Auftraggeberorganisation zu übertragen. Der Projektleiter für ein IT-Projekt ist dann ein Mitarbeiter desjenigen Fachbereichs, der das Projekt initiiert hat. Damit will man sicherstellen, dass das Projekt die Interessen des Auftraggebers verfolgt.

Tandem-Projektleitung

Sicher erhöht eine solche Lösung die Identifikation der Auftraggeberorganisation mit dem Projekt. Allerdings muss der Mitarbeiter dann zum einen die für die Projektleitung erforderliche Zeit haben und zum anderen die für eine Projektleitung erforderliche Qualifikation besitzen. Das ist beides oftmals nicht gegeben und führt zu sogenannten Tandem-Projektleitungen, in denen sowohl die Auftraggeberorganisation als auch die Auftragnehmerorganisation je einen Projektleiter stellen. Welche der Konzeptionen erfolgversprechender ist, hängt von vielen Faktoren ab, natürlich von der jeweiligen Organisation und ihrer Kultur, vor allem von der Projektmanagementkompetenz der eingesetzten Mitarbeiter und nicht zuletzt auch von der spezifischen Aufgabenstellung des einzelnen Projektes.

Koordination innerhalb der Projektleitung

Setzt man eine Tandem-Projektleitung oder (bei sehr großen Projekten) eine mehrköpfige Projektleitung ein, so muss sichergestellt werden, dass das Projekt nach klaren Regeln geführt wird. Entweder gibt es geeignete Entscheidungs- und Arbeitsregeln für das Projektleiterteam oder innerhalb des Teams besteht eine klare Hierarchie mit einem Hauptprojektleiter als »primus inter pares« und nachgeordneten Co-Projektleitern. Praktische Erfahrungen lassen von mehrköpfigen Projektleitungen eher abraten. Wenn in der Praxis so vorgegangen wird, ist das politisch motiviert, da z.B. zwischen Auftraggeber- und Auftragnehmerorganisation ein erhebliches Misstrauen besteht. Zu empfehlen ist (auch bei sehr großen Projekten) eine klare Hierarchie: Es gibt einen Gesamtprojektleiter und ihm unterstellte Teilprojektleiter. Natürlich muss es Stellvertreterregelungen geben. Die Stellvertreterrolle für den Gesamtprojektleiter übernimmt einer der Teilprojektleiter. Das gilt analog für die Tandem-Projektleitung. Will die Projektauftraggeberseite an zentraler Stelle im Projekt vertreten sein, dann soll sie auch operativ Verantwortung und damit die Gesamtprojektleitung oder eine Teilprojektleitung übernehmen. Übernimmt der Mitarbeiter der Projektauftraggeberseite eine Teilprojektleitung, so kann die unmittelbare Nähe zur Gesamtprojektleitung über eine Stellvertreterregelung sichergestellt werden.

Projekte führen

Entscheidend ist, dass die Projektleitung das Projekt führen kann und es tatsächlich auch tut – und wenn es sein muss, sich auch gegen Auftraggeber- und Auftragnehmerorganisation behauptet. Der einzige Erfolgsmaßstab für eine Projektleitung ist es, das Projektergebnis unter den geplanten und vereinbarten Randbedingungen (Zeit, Budget usw.) zu realisieren. Sie muss für ihr Projekt kämpfen und kämpfen wollen.

3.6 Projektteam

Das Projektteam hat die Aufgabe, das Projekt unter Führung der Projektleitung durchzuführen. Dazu bedarf es verschiedener Menschen unterschiedlicher Qualifikationen und aus verschiedenen Bereichen der Organisation.

Kleine Projekte

Kleine Projekte mit wenigen Teammitgliedern werden sich intern eher informell organisieren. Jeder macht, was er kann und was getan werden muss. Jeder teilt sich allen anderen Mitgliedern des Projektteams mit und jeder weiß daher auch, was die anderen Teammitglieder machen und welchen Arbeitsstand man insgesamt erreicht hat.

Projekthierarchie

Wird die Projektaufgabe größer, muss das Team strukturiert werden. Es müssen Teilprojekte und einzelne in sich abgeschlossene Aufgaben gebildet werden. Dabei »zerlegt« man im Rahmen der Projektplanung und -vorbereitung das Projekt in mehrere Teilprojekte und innerhalb der Teilprojekte wieder in Arbeitspakete. Es entsteht eine Hierarchie von Aufgaben und damit auch eine Hierarchie von Organisationseinheiten in Form von Teilprojektteams und Arbeitspaketteams. In großen Projekten kann es nicht nur die genannten drei Organisationsebenen geben, sondern durchaus weitere Hierarchieebenen.

Dynamik des Projektteams

Das Projektteam kann sich in der personellen Zusammensetzung im Zeitverlauf des Projektes erheblich verändern. Experten stoßen für befristete Zeit zum Projektteam hinzu und verlassen es nach Erledigung ihrer spezifischen Aufgabe wieder. Mitarbeiter verlassen das Projektteam, weil sie z.B. die Organisation insgesamt verlassen oder an anderer Stelle in der Organisation dringender benötigt werden. Neue Mitarbeiter kommen in das Projekt, weil sie z.B. eine ausgeschiedene Person ersetzen müssen oder weil im Projekt nach einem (angenommenen) Änderungsantrag zusätzliche Aufgaben entstanden sind. Diese neuen Mitarbeiter müssen in die Projektorganisation integriert werden. Eine bestimmte Person kann nacheinander oder gleichzeitig Mitglied unterschiedlicher Teilprojekt- oder Arbeitspaketteams sein.

Kernteam

Trotz dieser Dynamik muss das Projektteam die Kontinuität der Projektarbeit und die Stabilität der Projektorganisation sicherstellen. Daher sollte es ein Kernteam geben, das dem Projekt vom Projektstart bis zum Projektabschluss zur Verfügung steht. Auch in der Projektleitung und den Teilprojekt- und Arbeitspaketleitungen sollte es idealerweise keine personellen Veränderungen während der Projektlaufzeit geben. Hohe Personalfluktuation auf den verschiedenen Führungsebenen und im Kernteam eines Projektes sind in der Regel ernste Signale für ein drohendes Scheitern des Projektes.

Zuordnung von Verantwortung

Die Projektorganisation folgt einem klaren Prinzip. So wie es für das Projekt insgesamt einen verantwortlichen Projektleiter gibt, muss es auch für jede nachgelagerte Teilorganisation einen Verantwortlichen geben, also Teilprojektleiter und Arbeitspaketverantwortliche. Für jede definierte Aufgabe im Projekt muss ein konkreter Mensch Treiber sein und verantwortlich zeichnen.

Innerhalb der Teams mag man lange und intensiv diskutieren, um die Lösung einer Fragestellung zu finden, aber letztlich sind Zeit und Mittel beschränkt und Projektauftraggeber und Projektinvestor erwarten die in Auftrag gegebenen Ergebnisse. Das erfordert Entscheidungen, die im Zweifelsfall nicht per Abstimmung möglich sind. Dafür muss der jeweilige Leiter die Verantwortung übernehmen (auch können und wollen, sonst ist er oder sie für diese Aufgabe nicht geeignet). Projekte erfordern also klare Weisungsbefugnisse und Berichtspflichten.

Unterstellung der Mitarbeiter

Die Mitarbeiter des Projektteams sind während des Projektes der Projektleitung in dem Sinne disziplinarisch unterstellt, dass der Projektleiter eine umfassende Weisungsbefugnis (bezogen auf die Projektaufgabe) hat und insbesondere entscheidet, ob er einen Mitarbeiter in das Projektteam aufnimmt oder ihn aus dem Projekt »entlässt«. Das gilt natürlich für externes Personal, das von Beratungs- oder Dienstleistungsfirmen für das Projekt zugekauft wird, aber es gilt ebenso für alle Mitarbeiter der eigenen Organisation. Der Projektleiter muss entscheiden können, wen er in seinem Team haben möchte und wen er (natürlich mit entsprechender Begründung) in seinem Projektteam nicht akzeptieren kann.

Die vorgenannte Weisungsbefugnis ist bei Mitarbeitern unproblematisch, die dem Projekt mit ihrer gesamten Arbeitskapazität zugeordnet sind.

Bei Mitarbeitern, die dem Projekt nur zu Teilen ihrer Arbeitszeit zur Verfügung stehen, ist das nicht unproblematisch. Hier kommt es in der Praxis immer wieder zu Konfliktsituationen, in denen geklärt werden muss, wer akut den größeren »Anspruch« auf den konkreten Mitarbeiter hat. Solche Konflikte können zwischen verschiedenen Projekten, aber auch zwischen Projekten und Linienaufgaben auftreten. Das gilt nicht nur für Mitarbeiter, sondern – wenn auch meist in abgeschwächter Form – für alle im Projekt eingesetzten Ressourcen.

Kapazität der Mitarbeiter

Um die vorgenannten Konflikte bei der Einsatzsteuerung von Mitarbeitern im Projekt zu vermeiden, aber auch, weil der häufige Wechsel zwischen unterschiedlichen Aufgaben zu Ineffizienzen durch Rüstzeiten führt, sollten Mitarbeiter einem Projekt mit 100 % ihrer Kapazität zur Verfügung stehen – vielleicht nicht während der gesamten Projektlaufzeit, sondern nur für bestimmte Zeiträume. Projektorganisationen sollten eher weniger Mitglieder umfassen, aber auf die verfügbaren Mitarbeiter dann einen umfassenden Zugriff haben. Die Praxis zeigt immer wieder, dass Mitarbeiter, die einem Projekt nur einen Tag pro Woche oder sogar weniger zur Verfügung stehen, eigentlich für das Projekt wertlos sind.

Hierarchischer Rang der Mitarbeiter

Es muss sichergestellt werden, dass in einem Projekt die Regelorganisation »ausgeschaltet« wird und nur die Projektorganisation gilt. Aufgrund der Projektaufgabe kann es sinnvoll sein, dass zwei Mitarbeiter in der Projektorganisation ein anderes Unterstellungsverhältnis haben als in der Regelorganisation. So kann es z.B. geschehen, dass der Vorgesetzte in der Regelorganisation im Projekt »nur« Experte ist und dort an einen Teilprojektleiter oder einen Arbeitspaketverantwortlichen berichtet, der ihm in der Linie unterstellt ist bzw. in der Regelorganisation einen niedrigeren hierarchischen Rang hat. Das ist zugegebenermaßen eine nicht alltägliche Konstellation und sie ist natürlich psychologisch für alle Beteiligten nicht ganz einfach, aber die Mitarbeiter eines Projektes müssen professionell damit umgehen (können). Wenn man Projektmanagement als wesentlich für moderne Organisationen ansieht, dann muss man auch die Wechsel von Rollen und Unterstellungsverhältnissen als normal akzeptieren.

3.7 Portfoliomanagement

Koordination von Ressourcen

Das Portfoliomanagement wird in der Regel von einem Vertreter der Auftragnehmerorganisation wahrgenommen. Da alle Projekte des Portfolios auf dieselben Ressourcen zugreifen, muss die Ressourcennutzung projektübergreifend koordiniert werden.

Konflikte zwischen Projekten und Ressourcen

Vielfach ist der Portfoliomanager (insbesondere im IT-Umfeld) auch der Verantwortliche für die (personellen) Ressourcen, also Leiter derjenigen Organisationseinheit, der diese Ressourcen zugeordnet sind. Damit hat er eine Doppelrolle. Er muss einerseits dafür sorgen, dass die Projekte optimal mit Ressourcen versorgt werden, und andererseits sicherstellen, dass »seine« Ressourcen möglichst gut durch Projekte ausgelastet werden.

Vor diesem Hintergrund wird er dem Projektleiter geeignet erscheinende Mitarbeiter für dessen Projekt anbieten oder vorschlagen. Der Projektleiter muss jedoch stets das Recht haben, einen bestimmten Mitarbeiter mit entsprechender Begründung abzuweisen oder sogar einen Mitarbeiter, der sich als ungeeignet erweist, aus seinem Projekt auch wieder zu »entlassen«.

Ist der Projektleiter selbst dem Portfoliomanager disziplinarisch unterstellt, so muss diese Unterstellung mit Übernahme der Projektleitungsaufgabe in gewisser Weise ruhen. Der Projektleiter ist während des Projektes der Projektlenkung unterstellt und darf auch nur mit deren Zustimmung abgelöst oder ausgetauscht werden.

Konflikte zwischen Projekt und Linie

Hat die entsprechende Teilorganisation des IT-Bereiches neben der Projektarbeit auch Aufgaben im Linienbereich, z. B. im Betrieb oder in der Wartung von Systemen, dann muss zudem eine Balance zwischen dem Ressourceneinsatz in Projekten und dem Ressourceneinsatz in Linienaufgaben hergestellt werden. Hier entstehen immer wieder erhebliche Konflikte, die vom Portfoliomanager gelöst werden müssen.

Natürlich ist aus Projekt- und auch Portfoliosicht die Priorität der Projektarbeit gegenüber der Linienarbeit zu fordern, aber so einfach sind die Verhältnisse in der Praxis eben nicht, insbesondere dann, wenn der Portfoliomanager zugleich Ressourcenlieferant für Projekte und Verantwortlicher für Linienaufgaben ist, die er mit den unterstellten Mitarbeitern lösen muss. In seiner Rolle als Portfoliomanager muss er jedoch dafür Sorge tragen, dass die Projekte möglichst ungehindert arbeiten können. Der Projektleiter wird und muss eine bedarfsgerechte Ressourcenbereitstellung fordern. Ist das nicht möglich, wird er das Problem in die Projektlenkung eskalieren.

Project Management Office

Die vorstehend beschriebenen Probleme entstehen aus Rollenkonflikten, wenn Portfoliomanagement, Personalverantwortung für Mitarbeiter und eventuell auch noch Linienaufgaben in einer Führungsaufgabe zusammengefasst sind. Zusätzlich ergibt sich aus der Interdisziplinarität der Projekte, dass gerade im personellen Bereich Ressourcen aus unterschiedlichen Organisationseinheiten in Projekten gemeinsam eingesetzt werden müssen. Daher gehen etliche Organisationen dazu über, Portfoliomanagement und Ressourcenmanagement strukturell zu trennen. Sie richten sogenannte Project Management Offices (vgl. [Sandrino-Arndt/Thomas/Becker 2010]) ein, die sich auf das Portfoliomanagement konzentrieren und projektübergreifend Dienstleistungen, z. B. im Bereich administrativer Aufgaben, erbringen.

Bezüglich der Ressourcenversorgung der Projekte wird der Portfoliomanager zum Makler. Er beschafft für die Projekte benötigte Mitarbeiter, sei es aus der eigenen Organisation, sei es aus externen Quellen. Natürlich treten die beschriebenen Konflikte nach wie vor auf. Aber der Portfoliomanager schließt nun mit den internen und externen Ressourcenlieferanten mehr oder weniger formalisiert Verträge, deren Einhaltung er kontrollieren und einfordern kann. Konflikte werden transparent und müssen zwischen den Kontrahenten diskutiert werden. Lösungen müssen gefunden und ausgehandelt werden.

3.8 Organisation des Projektcontrollings

Zur Projektorganisation gehört auch die Ausgestaltung des Projektcontrollings. Controlling ist integraler Bestandteil jeder Managementaufgabe, auch das Projektmanagement und das Portfoliomanagement erfordern ein spezifisches, auf die Aufgabe abgestimmtes Controlling.

Controllerdienst

Fasst man unter Controlling all jene unterstützenden Managementtätigkeiten zusammen, die sich mit der Vorbereitung, Unterstützung und Nachverfolgung von Entscheidungen befassen, so werden diese Aktivitäten für größere, komplexe Aufgabenstellungen im Sinne einer Arbeitsteilung im Management auf Experten verlagert: die Controller. Sie entlasten die jeweiligen Manager und ermöglichen ihnen die Konzentration auf die eigentlichen Entscheidungs-, Führungs- und Durchsetzungsaufgaben. Gibt es in einer Organisation oder Teilorganisation mehrere Controller, so werden sie ggf. in einer speziellen, als »Controllerdienst« bezeichneten Organisationseinheit zusammengefasst (vgl. [Deyhle 2003, S. 137-139]).

Im Sinne der unterstützenden Managementtätigkeiten müssen alle Verantwortlichen im Umfeld von IT-Projekten oder IT-Projektportfolios entweder persönlich ein Projektcontrolling betreiben oder aber einschlägige Aufgaben des Projektcontrollings auf spezielle (Projekt-) Controller übertragen. In diesem Kontext sind nun zwei Fragen zu beantworten. Erstens: Wie stark sollte man Controllingaufgaben in einem zentralisierten Controllerdienst zusammenfassen? Zweitens: Wo sollte man einen solchen Controllerdienst in der Strukturorganisation einbinden?

Um eine optimale organisatorische Umsetzung zu finden, sollte das Projektcontrolling in folgende Bereiche aufgeteilt werden:

- Vor dem Start eines Projektes
- Während der Durchführung eines Projektes
- Nach Abschluss eines Projektes
- Portfolio von Projekten

Controlling vor dem Projektstart

Vor dem Start eines Projektes liegt das Projektcontrolling zwangsläufig in der Verantwortung des Projektumfeldes, denn Projekt, Projektmanagement und Projektorganisation gibt es ja noch nicht.

Entscheidungsbedarf

In dieser Phase müssen aber die wichtigsten Projektentscheidungen überhaupt getroffen werden. Zunächst muss entschieden werden, ob das Projekt überhaupt durchgeführt werden soll. Nach einer positiven Durchführungsentscheidung sind dann die wesentlichen Eckdaten der Projektdurchführung festzulegen, für IT-Projekte also z.B., ob man Individualsoftware oder Standardsoftware einsetzen will, ob man das Projekt insgesamt oder Teile des Projektes an externe Dienstleister übertragen will, welche Technologien und Werkzeuge man nutzen will, usw. Auf Basis dieser Festlegungen müssen dann alle erforderlichen Maßnahmen durchgeführt werden, damit das Projekt tatsächlich starten kann.

Projektcontrolling und Projektinvestor

Betrachtet man nun die drei für die Phase vor dem Projektstart wichtigen Rollen des Projektauftraggebers, des Projektauftragnehmers und des Projektinvestors, so sollte man das Projektcontrolling dort organisatorisch zuordnen, wo die Einheitlichkeit der Zielsetzung gegeben ist, denn nur dort ist eine effektive Managementunterstützung durch das Controlling möglich. Diese Stelle in der Organisation ist hier eindeutig der Projektinvestor. Da er das Projekt finanzieren muss, kann letztlich nur er entscheiden, ob und wie das Projekt im Sinne der Gesamtorganisation durchgeführt werden soll.

Projektcontrolling und Projektauftraggeber

Der Projektauftraggeber, also in der Regel ein Fachbereich der Organisation, hat, bezogen auf das Projekt, partikuläre Interessen. Er will das Projekt »haben«, um seinen Verantwortungsbereich zu optimieren. Diese lokale Optimierung muss aber nicht zwingend zum Optimum für die Gesamtorganisation führen.

Projektcontrolling und Projektauftragnehmer

Ähnliches gilt für den Projektauftraggeber, den internen IT-Bereich. Auch er wird (möglicherweise) versuchen, mit einem Projekt eigene Interessen zu verfolgen. Beispielsweise könnte der IT-Bereich im Interesse seiner Mitarbeiter eine individuelle Softwareentwicklung präferieren, obgleich es leistungsstarke, preiswerte Standardsoftware gibt. Oder er könnte sich bei der Auswahl von Technologien und Werkzeugen zu sehr daran orientieren, welche Qualifikationen die eigenen Mitarbeiter haben, und »blind« im Hinblick auf neue Werkzeuge und Methoden sein, die der aktuellen Aufgabenstellung aber möglicherweise angemessener wären.

Projektcontrolling und Zentralcontrolling

Wenn man davon ausgeht, dass das Projektcontrolling in der Phase vor dem Projektstart eigentlich dem Projektinvestor zuzuordnen ist, dann wäre dieser Bereich eigentlich von dem der obersten Leitung zugeordneten Zentralcontrolling abzudecken. Die Praxis zeigt jedoch, dass das in der Regel nicht möglich ist bzw. nicht funktioniert. Das mag daran liegen, dass zentrale Controllingbereiche eher auf langfristige, strategische Fragen der Gesamtsteuerung konzentriert sind und IT-Projekte in dieser Perspektive eben »zu operativ« sind.

Projektcontrolling und CIO

Weitere Überlegungen führen dazu, das Projektcontrolling dieser Phase der IT-Governance zuzuordnen, die vom Chief Information Officer (CIO) wahrgenommen wird. Mit diesem CIO ist hier nicht der vielfach und fälschlicherweise so bezeichnete IT-Leiter gemeint, denn er wäre ja für IT-Projekte der Projektauftragnehmer und ihm würde daher die erforderliche Neutralität fehlen. Hier ist mit dem CIO die oberste für die Informationswirtschaft insgesamt verantwortliche Person gemeint, die im Auftrag der obersten Leitung festlegt, wer in der Organisation welche IT-Leistungen erbringen darf oder muss und wer in der Organisation welche IT-Leistungen nutzen darf oder muss. Da man beim CIO die für IT-Projekte erforderliche IT-Kompetenz annehmen kann, ist diese Stelle ideal geeignet, das Projektcontrolling vor dem Projektstart zu übernehmen.

Projektcontrolling und Project Management Office

Alternativ könnte das Projektcontrolling vor dem Projektstart einem zentralen Project Management Office (PMO) zugeordnet werden. Ist das PMO in die CIO-Organisation integriert, dann liegt eine Spielart der CIO-Variante vor. Hat die Organisation jedoch ein übergreifendes PMO, das nicht nur strategische Projekte wie Großinvestitionen, Mergers & Acquisitions, Innovationen usw. steuert, sondern auch die operativen Projekte, dann sind konsequenterweise auch IT-Projekte dort einzubeziehen. Allerdings muss dann sichergestellt werden, dass das PMO für die Behandlung von IT-Projekten auch über die erforderliche IT-Kompetenz verfügt.

Vergleicht man CIO- und PMO-Variante, so erscheint eine Zuordnung des Projektcontrollings für IT-Projekte zur CIO-Organisation die sinnvollere Variante zu sein, insbesondere dann, wenn der CIO wirklich das gesamte Informationswesen einer Organisation steuert, das ja weit über den IT-Bereich hinausreicht.

Projektcontrolling ohne CIO-Organisation

Was aber ist zu tun, wenn es keine eigenständige CIO-Organisation gibt? Das ist eigentlich der Normalfall, denn man findet einen dedizierten CIO nur in Großorganisationen, z.B. Konzernunternehmen oder Bundes- oder Landesbehörden. Es muss jedoch eine IT-Governance in jeder Organisation geben, mithin auch eine dafür verantwortliche Person. Sie wird möglicherweise nicht den Titel eines CIO tragen, aber sie ist CIO. Ihr sollte dann konsequenterweise auch das Projektcontrolling vor dem Projektstart zugeordnet werden.

Delegation des Projektcontrollings

Diese Person muss das Projektcontrolling natürlich nicht persönlich übernehmen oder von einem eigenen Controllerdienst (vgl. [Deyhle 2003, S. 137-139]) durchführen lassen, sondern kann es auch geeignet delegieren. Sinnvoll erscheint eine Übertragung an denjenigen Controllerdienst, der den IT-Bereich der Organisation betreut. Das ist eine durchaus übliche Vorgehensweise. Allerdings muss allen beteiligten Mitarbeitern klar sein, dass der beauftragte Controllerdienst an dieser Stelle nicht für den IT-Leiter tätig ist, sondern einen Mandanten hat und im Rahmen dieses Mandats auch dessen Weisungen unterliegt.

Ist der Leiter des IT-Bereichs zugleich auch CIO der Organisation (was nicht zu empfehlen ist, aber praktiziert wird), dann muss er sich darüber im Klaren sein, dass er unterschiedliche Rollen wahrnimmt, zwischen denen Konflikte auftreten (können). Für solche Fälle muss durch geeignete Prozesse sichergestellt sein, dass die eventuell konfligierenden Interessen von Projektauftragnehmer und Projektinvestor nicht zu Fehlentscheidungen führen und insbesondere die Interessen der obersten Leitung gewahrt werden.

Informationspflichten des Projektcontrollings

Es ist darauf hinzuweisen, dass das Projektcontrolling, wie auch immer es realisiert wird, alle Beteiligten und Betroffenen angemessen mit Informationen zum Projekt versorgen muss, insbesondere neben dem Projektinvestor auch Projektauftragnehmer und Projektauftraggeber.

Projektcontrolling und externe Dienstleister

Werden IT-Projekte komplett durch externe Dienstleister realisiert, gilt das vorstehend Ausgeführte analog. Natürlich wird der (potenzielle) externe Projektauftragnehmer ein eigenes Controlling durchführen. Aber dieses Projektcontrolling kann dem eigenen Projektcontrolling der beauftragenden Organisation nur nachgeordnet sein. Keinesfalls kann der externe Partner das Projektcontrolling vor dem Projektstart übernehmen, denn gerade er hat in dieser Phase starke wirtschaftliche Eigeninteressen, denn er will das Projekt akquirieren und den Auftrag für die Durchführung bekommen.

Controlling während des Projektes

Ist ein Projekt gestartet, so hat es einen Projektleiter, eine spezifische Projektorganisation und ein definiertes Ergebnis. Mithin kann und muss es auch das Projektcontrolling übernehmen. Neben der Unterstützung der Projektleitung muss das Projektcontrolling auch die Informationsversorgung für Projektauftraggeber, Projektauftragnehmer und Projektinvestor bezüglich dieses spezifischen Projektes sicherstellen. Adressat ist die Projektlenkung, in der die drei genannten Rollen angemessen vertreten sind.

In kleineren Projekten ist das Projektcontrolling integraler Bestandteil der Projektmanagementaufgabe. In sehr großen Projekten kann sich die Projektleitung einen eigenen Controllerdienst »leisten«. In den Bereichen zwischen diesen beiden Extremen wird man das Projektcontrolling möglicherweise an eine Stelle außerhalb des Projektes übertragen.

Auslagerung des Projektcontrollings

Für eine Auslagerung des Projektcontrollings aus dem Projekt kommen wieder die CIO-Organisation oder eine eventuell vorhandene PMO-Organisation infrage. Ebenso ist eine Integration in das Controlling des IT-Bereiches denkbar. Analog zur Phase vor dem Projektstart erscheint eine Allokation des Projektcontrollings in der CIO-Organisation am sinnvollsten.

Projektcontrolling und Projektauftraggeber

Von einer Zuordnung des Projektcontrollings zu den Controllerdiensten der verschiedenen Fachbereiche ist eher abzuraten, da hier sowohl die erforderliche IT-Kompetenz als auch die benötigte Kompetenz im IT-Projektmanagement zumeist nicht gewährleistet werden kann. Außerdem ist dann ein für alle (IT-)Projekte einheitliches Controlling praktisch kaum zu garantieren.

Projektcontrolling und externer Dienstleister

Wird ein Projekt vollständig von einem externen Dienstleister realisiert, dann wird dieser in der Regel auch den Projektleiter stellen und diesem wiederum obliegt das Projektcontrolling. Allerdings ist es in dieser Konstellation ratsam, dass die Projektlenkung ein eigenes Projektcontrolling außerhalb der Projektleitung etabliert. Dieses projektexterne Controlling sollte idealerweise der CIO-Organisation zugeordnet werden. Werden viele oder alle IT-Projekte an externe Dienstleister vergeben, sollte das projektexterne Controlling für alle Projekte von ein und derselben Stelle übernommen werden.

Controlling nach Projektabschluss

Nach Abschluss eines Projektes endet die Aufgabe des Projektcontrollings, falls es sich um ein Projekt ohne Betriebsphase handelt. Bei einem Projekt mit Betriebsphase müssen sich ein Controlling der Projektfolgekosten und ein Controlling des Projektnutzens anschließen.

Verteiltes Projektcontrolling

Geht man davon aus, dass die Nutzeffekte eines Projektes (ausschließlich) in der Organisation des Projektauftraggebers, also im Fachbereich, entstehen, dann muss das einem Projekt nachlaufende Nutzencontrolling vom jeweiligen Fachbereichscontrolling übernommen werden. Für die Folgekosten eines Projektes stellt sich das ein wenig anders dar, denn Folgekosten entstehen bei IT-Projekten vor allem im IT-Bereich (für den Betrieb von IT-Systemen), aber auch in der Organisation des Projektauftraggebers, z.B. für Datenerfassung, Qualitätsmanagement oder Stammdatenpflege. Also müssen die betroffenen Bereiche das jeweils für sie relevante Folgekostencontrolling übernehmen.

Allerdings besteht bei einem solchen Vorgehen die Gefahr, dass die Zuordnung zum auslösenden Projekt verloren geht und die Organisation im Nachhinein nicht mehr evaluieren kann, ob sich die Rentabilitätsversprechen des Projektantrages bewahrheitet haben oder nicht.

Zentrale Koordination

Daher liegt nach dem Projektabschluss eine ähnliche Situation vor wie vor dem Projektstart. Es ist letztlich wieder die oberste Leitung der Organisation, also der Projektinvestor, die wissen will und muss, ob die getätigte Projektinvestition rentabel war. Damit ergibt sich auch hier die Empfehlung, das nachlaufende Projektcontrolling über den CIO koordinieren zu lassen. Im Gegensatz zur Phase vor dem Projektstart und zur Projektdurchführung kann das Projektcontrolling nun aber nicht mehr in einer Person oder Stelle konzentriert werden, sondern die vorgenannten Teilbereiche dieses Projektcontrollings müssen dezentral erfolgen, da die Verantwortungen dezentral zugeordnet sind. Aber die Koordination über eine zentrale Stelle ist unabdingbar.

Projektcontrolling und Kostenrechnung

Betrachtet man das Projektcontrolling mit der Brille des Kostenrechners, so führt das zu der Forderung einer projektspezifischen Kostenträgerrechnung, die den gesamten Lebenszyklus eines Projektes von der Initiierung bis zum Ende der Betriebsphase abdecken kann. Für die Kostenrechnung des IT-Bereiches hat das erhebliche Konsequenzen. Versteht sich der IT-Bereich als interner Dienstleister, der ein Portfolio von spezifischen IT-Services anbietet, dann wird er eine an Services orientierte Kostenträgerrechnung betreiben, um z.B. die Stückkosten seiner Services bestimmen zu können. Diese muss durch eine projektspezifische Kostenträgerrechnung ergänzt werden. Das IT-Controlling muss dann kostenrechnerische Vorgänge sowohl den betroffenen IT-Services als auch den betroffenen IT-Projekten zuordnen.

Fasst man die Überlegungen zum Controlling einzelner Projekte zusammen, so ergibt sich das in Tabelle 3–3 dargestellte Resultat.

Tab. 3–3
Organisation des Projektcontrollings

	Vor dem Projektstart	Während des Projektes	Nach dem Projekt
Managementebene	Projektinvestor	Projektleitung	Projektinvestor
Verantwortliche Stelle	CIO-Funktion Alternativ: PMO-Funktion	Projektleiter Bei externer Projektdurchführung: CIO-Funktion bzw. PMO-Funktion zusätzlich	CIO-Funktion Alternativ: PMO-Funktion
Durchführung	Controllerdienst der CIO-Funktion bzw. PMO-Funktion	Projektcontroller	Controllerdienst der CIO-Funktion bzw. PMO-Funktion
Delegationsoptionen	Controllerdienst des IT-Bereiches	Controllerdienst der CIO-Funktion bzw. PMO-Funktion	Controllerdienst des IT-Bereiches
Zuarbeit durch	Projektauftraggeber für erwartete Nutzeffekte Projektauftraggeber und Projektauftragnehmer für erwartete Projektfolgekosten und erwarteten Projektaufwand		Projektauftraggeber für tatsächliche Nutzeffekte Projektauftraggeber und Projektauftragnehmer für tatsächliche Projektfolgekosten

Controlling für das Portfoliomanagement

Die Entscheidung, welche Projekte in das Projektportfolio aufgenommen werden sollen oder dürfen, obliegt der obersten Leitung der Organisation. Insofern muss sie auch das entsprechende Controlling übernehmen. Analog zu den Überlegungen für das Projektcontrolling vor dem Start und nach dem Abschluss eines Projektes ist das Portfoliocontrolling dann auch eine Aufgabe, die der CIO-Funktion der Organisation zugeordnet werden muss, bzw. eine Aufgabe des übergreifenden PMO. Haben CIO- bzw. PMO-Funktion keinen eigenen Controllerdienst, dann kann diese Controllingaufgabe an einen vorhandenen Controllerdienst übertragen werden; im Falle der CIO-Funktion also typischerweise an das IT-Controlling. Jedoch muss auch hier durch geeignete Prozesse sichergestellt werden, dass das Portfoliocontrolling im Sinne der obersten Leitung der Organisation arbeitet und nicht durch partikuläre Interessen des IT-Managements verfälscht werden kann. Das Portfoliocontrolling muss natürlich den Informationsbedarf des übergeordneten Projektausschusses decken.

3.9 Assoziierte Rollen

Neben den bislang diskutierten Kernrollen im Bereich des Projektmanagements gibt es einige assoziierte Rollen:

- Information Security Management
- Datenschutz
- Mitarbeitervertretung
- Revision

Diese Rollen müssen vom Projektcontrolling mit geeigneten Informationen versorgt werden.

Information Security Management

Jedes IT-Projekt befasst sich mit der Bearbeitung und Speicherung von Daten, die schutzwürdige Güter der Organisation darstellen und vielfältigen Bedrohungen und Risiken ausgesetzt sind. Daher sollte ein Verantwortlicher für das Information Security Management (ISM, vgl. [Burgartz/Röhrig 2011]) standardmäßig in IT-Projekte eingebunden werden.

Datenschutz

Der betriebliche Datenschutzbeauftragte erfüllt eine gesetzlich vorgeschriebene Aufgabe (vgl. Bundesdatenschutzgesetz (BDSG), Stand: 14.8.2009). Er sorgt dafür, dass bei der Verarbeitung personenbezogener Daten die Rechte der Betroffenen auf informationelle Selbstbestimmung gewahrt und die Bestimmungen der Datenschutzgesetze eingehalten werden. Außerdem führt er das Verfahrensverzeichnis und muss jedes IT-Verfahren hinsichtlich der Belange des Datenschutzes prüfen. Insofern ist auch er standardmäßig in IT-Projekte einzubinden.

Mitarbeitervertretung

Die in IT-Projekten erstellten oder veränderten IT-Systeme verändern Geschäftsprozesse und damit Arbeitsinhalte der Mitarbeiter. Den Mitarbeitervertretungen (Betriebsrat, Personalrat) stehen gesetzlich verbriefte Informationsrechte zu (vgl. [Wöhe/Döring 2008, S. 63-67]), aus denen sich für das Projektmanagement entsprechende Informationspflichten ergeben. Bei Änderungen der Arbeitsinhalte müssen die Mitarbeitervertretungen zustimmen. Von dieser Zustimmung hängt es ab, ob neue oder geänderte IT-Systeme in Produktion gehen können. Bei großen Projekten sollten Repräsentanten der Mitarbeitervertretung in die Projektlenkung aufgenommen werden.

Es ist zu empfehlen, die Mitarbeitervertretung möglichst früh, also idealerweise bereits bei der Initiierung eines Projektes, einzubeziehen. So lassen sich Verständnis für die Projektaufgabe und Akzeptanz der Vorgehensweise schaffen und gewährleisten. Darüber hinaus zeigt sich in der Praxis immer wieder, dass die Mitglieder der Vertretungsorgane oftmals erfahrene Mitarbeiter der Organisation sind und vor diesem Hintergrund wertvolle fachliche Hinweise und Anregungen in das Projekt geben können.

Revision

Die Revision einer Organisation prüft im Auftrag der obersten Leitung, ob vorgegebene Regelungen und Arbeitsvorschriften eingehalten werden und die implementierten Kontrollen wirksam sind (vgl. [Grupp 2002]). Im Sinne der Wirtschaftlichkeit sollte die Revision daher schon den Aufbau neuer Verfahren und Abläufe sowie die Realisierung darin genutzter Systeme aktiv begleiten, damit die Aspekte der Revisionssicherheit und der Revisionsfähigkeit schon in der Konzeption angemessen berücksichtigt werden (können).

Einbindung in die Projektarbeit

Je nach Art des Projektes werden die vorgenannten Rollen spezifisch berücksichtigt. Die entsprechenden Stellen müssen auf jeden Fall über die Projekte informiert werden. Das sollte schon mit der Initiierung der Projekte beginnen. In vielen Fällen werden Vertreter dieser Rollen bei der Erstellung des Projektantrages und bei der Durchführung des Projektes als Gutachter oder Experten mit einbezogen. Eine gezielte Einbindung in die Projektlenkung ist fallweise sinnvoll.

3.10 Fragen des Controllings

Das Controlling sollte hinsichtlich der Projektorganisation folgende Fragen stellen und durch entsprechende Antworten Transparenz schaffen:

- Ist die Rolle des Projektauftraggebers (analog: des Projektauftragnehmers) klar (einer bestimmten Teilorganisation) zugeordnet und ist eine verantwortliche Person benannt? Ist diese Person autorisiert, gegenüber dem Projektauftragnehmer (analog: Projektauftraggeber) verbindliche Aussagen zu machen und Entscheidungen zu treffen?

- Falls der Repräsentant einer Rolle (Projektauftraggeber, Projektauftragnehmer, Projektinvestor, Projektleiter, Portfoliomanager) bestimmte Entscheidungen nicht (mehr) allein treffen kann, gibt es dann Instanzen und Prozesse, um die erforderlichen Entscheidungen in angemessener Zeit herbeizuführen?
- Gibt es für den Repräsentanten einer Rolle (Projektauftraggeber, Projektauftragnehmer, Projektinvestor, Projektleiter, Portfoliomanager) einen Stellvertreter, der bei seiner Abwesenheit alle erforderlichen Entscheidungen treffen und Weisungen geben kann? Falls der Stellvertreter nur Platzhalter ist, also Anfragen entgegennehmen, aber nicht selbst bearbeiten kann, gibt es dann Instanzen und Prozesse, um die erforderlichen Entscheidungen in angemessener Zeit herbeizuführen?
- Ist die Rolle des Projektleiters klar zugeordnet und eine verantwortliche Person benannt? Stehen dieser Person alle Kompetenzen (Entscheidungsrechte) und Mittel (Ressourcen) zur Verfügung, um die Projektaufgabe erfüllen zu können? Kann diese Person insbesondere budgetwirksame Entscheidungen in angemessenem Umfang treffen und durchsetzen?
- Falls die Projektleitung aus mehreren Personen gebildet wird, sind dann Verantwortungen und Entscheidungsbefugnisse im Projektmanagementteam klar geregelt? Ist ein hauptverantwortlicher Gesamtprojektleiter benannt?
- Ist die Rolle des Projektinvestors klar zugeordnet und eine verantwortliche Person benannt bzw. ein geeignetes Gremium mit dieser Aufgabe betraut worden? Ist diese Person bzw. das Gremium autorisiert, gegenüber Projektauftraggeber und Projektauftragnehmer verbindliche Aussagen zu machen und Entscheidungen zu treffen?
- Ist die Rolle des Portfoliomanagers klar zugeordnet und eine verantwortliche Person benannt worden? Stehen dieser Person alle Kompetenzen (Entscheidungsrechte), insbesondere im Bereich der Ressourcenbeschaffung, und Mittel (Ressourcen) zur Verfügung, um die Portfoliomanagementaufgabe erfüllen zu können?
- Sind die Aufgaben des Projektcontrollings klar definiert? Kennen die entsprechenden Mitarbeiter das zu unterstützende Management und dessen Informationsbedarf?
- Ist bei Delegation von Projektcontrollingaufgaben an bestehende Controllerdienste sichergestellt, dass das zu unterstützende Management adäquat und neutral unterstützt wird und die Projektcontrollingaufgabe nicht durch andere Aufgaben dieses Controllerdienstes beeinträchtigt oder verfälscht werden kann?

- Sind alle Mitglieder des Projektteams klar benannt? Wissen diese Personen, welches ihre Aufgaben im Projekt sind und haben sie die dazu erforderliche Zeit? Hat die entsendende Organisationseinheit dem Projekteinsatz im geplanten und erforderlichen Umfang zugestimmt?
- Ist die Einsatzintensität aller Mitglieder des Projektteams so, dass sie in der Lage sind, sich in ihre Aufgabe sorgfältig einzuarbeiten, Ergebnisse in der geforderten Menge und Qualität zu erarbeiten und diese Arbeitsergebnisse dann im Projekt zu übergeben?
- Stehen die benannten Mitglieder des Projektteams auch im geplanten Zeitraum zur Verfügung? Sind Urlaube und erforderliche Dienstreisen bekannt?
- Falls für das Projekt neue Mitarbeiter eingestellt oder externe Experten eingesetzt werden sollen, ist sichergestellt, dass die erforderlichen Rekrutierungs- oder Beschaffungsprozesse rechtzeitig anlaufen? Sind die entsprechenden Instanzen und Personen informiert (Personalabteilung, Einkaufsabteilung) und haben sie die Übernahme dieser Aufgabe bestätigt?
- Stehen der Projektorganisation und ihren Mitgliedern die erforderlichen Arbeitsmittel zur Verfügung? Zum Beispiel Räume, Arbeitsplätze inkl. Rechner- und Kommunikationsausstattung?
- Hat das Projekt eine klar definierte Lenkungs- und Eskalationsinstanz? Ist der Lenkungsausschuss arbeits- und entscheidungsfähig? Kann der Lenkungsausschuss von Projektbeteiligten, insbesondere vom Projektleiter, angerufen werden und kann er dann in angemessener Zeit zusammentreten, die aktuellen Fragen behandeln und erforderliche Entscheidungen treffen?
- Sind im Lenkungsausschuss Projektauftraggeber, Projektauftragnehmer, Projektinvestor und ggf. andere wesentliche Projektpartner angemessen vertreten?
- Ist der Lenkungsausschuss befugt, die notwendigen Entscheidungen zu treffen, also insbesondere z.B. über einen Projektabbruch zu entscheiden?
- Hat die Projektorganisation insgesamt eine angemessene Größe und Komplexität? Wurden die richtigen Personen ausgewählt? Ist sie groß genug, um die Projektaufgabe erfolgreich zu bewältigen, aber dabei möglichst klein (im Sinne der Anzahl beteiligter Personen)?
- Ist allen Mitgliedern der Projektorganisation klar, wer im Projekt mitarbeitet, welche Aufgaben und Verantwortung jeder hat und welche Kommunikations-, Berichts- und Entscheidungswege definiert sind?

- Sind bei Existenz eines Project Management Office dessen Aufgaben klar definiert und die Kompetenzen gegenüber Projektauftraggeber und Projektauftragnehmer präzise abgegrenzt?
- Ist bei Existenz eines Project Management Office klar geregelt, in welchen Bereichen es gegenüber der Projektleitung weisungsbefugt ist (Governance) und in welchen Bereichen es für die Projektleitung Dienstleister ist? Ist klar geregelt, ob und welche Dienstleistungen die Projekte vom Project Management Office abnehmen müssen und welche sie abnehmen können?
- Sind Sicherheitsmanagement, Datenschutz, Mitarbeitervertretung und Revision geeignet über das Projekt informiert und in die Projektorganisation eingebunden?

3.11 Empfehlungen für die Praxis

Beim Aufbau einer Projektorganisation haben sich folgende Ansätze und Vorgehensweisen bewährt:

- Sorgen Sie für klare Zuordnung von Rollen und entsprechender Verantwortung auf konkrete Personen.
- Bilden Sie kleine und arbeitsfähige Teams, vermeiden Sie Mitarbeit im Projekt mit weniger als 20 % eines Vollzeitmitarbeiters (also weniger als 1 Tag pro Woche); empfehlenswert ist eine Projektmitarbeit mit mindestens 40 % einer Vollzeitkraft (also mindestens zwei Tage pro Woche).
- Übertragen Sie dem Projektleiter ausdrücklich die erforderlichen Weisungsbefugnisse. Eine Nichtbefolgung muss für die jeweiligen Mitarbeiter zu entsprechenden Konsequenzen führen. Im Extremfall müssen Abmahnungen oder »Entlassung« aus dem Projekt möglich sein.
- Sorgen Sie dafür, dass der Projektlenkungsausschuss neben den geplanten, regulären Sitzungen im Bedarfsfall in höchstens 48 Stunden zu einer außerplanmäßigen Sitzung zusammentreten kann.
- Minimieren Sie die Mitglieder des Projektlenkungsausschusses. Zu empfehlen sind drei, jedoch nicht mehr als fünf Personen.
- Sorgen Sie für eine klare Zuordnung von Aufgaben und die Umsetzung von Maßnahmen nach dem 3-W-Prinzip (Wer macht was bis wann?).

- Benennen Sie alle benötigten Ansprechpartner in der Auftraggeberorganisation (Fachbereich); diese Personen müssen dem Projekt kurzfristig zur Verfügung stehen können.
- Beziehen Sie Information Security Management, Datenschutz, Mitarbeitervertretung und Revision schon in der Projektinitiierung mit ein.
- Stellen Sie klare Regeln für die Kommunikation im Projekt und die Kommunikation mit projektexternen Stellen auf. Wer muss welche Informationen wann und in welcher Form an wen liefern? Wie und mit welchen Reaktionszeiten muss der Adressat auf die erhaltene Information reagieren? Legen Sie auch die Informationspflichten projektexterner Stellen fest (z.B. der Organisation des Projektauftraggebers).
- Nutzen Sie konsequent die Möglichkeiten der aktuellen Informations- und Kommunikationstechnologien. Regeln Sie die Ablage bzw. Archivierung ausgehender und eingehender Informationen.
- Stellen Sie die Erreichbarkeit aller Projektteammitglieder auch bei Abwesenheit vom Arbeitsplatz (z.B. wegen Dienstreise) sicher – im Zeitalter des Mobiltelefons eigentlich unproblematisch.
- Es besteht Informationspflicht aller Projektteammitglieder gegenüber der Projektleitung – ohne Wenn und Aber.
- Schaffen Sie Vertreterregelungen und dokumentieren Sie diese; stellen Sie die Handlungsfähigkeit der benannten Vertreter sicher.
- Dokumentieren Sie die Projektorganisation (muss für jedes Mitglied der Organisation zugänglich sein).

4 Projektcontrolling

Nach den Überlegungen zur Organisation des Projektcontrollings in Abschnitt 3.8 geht es nun in diesem Kapitel um die verschiedenen spezifischen Aufgaben des Projektcontrollings. Dabei soll klar werden, dass Projektcontrolling zwar ein eigenständiges Thema ist, aber nur dann erfolgreich sein kann, wenn es nahtlos in das Projektmanagement integriert ist.

Projektlebenszyklus

Für das Controlling einzelner Projekte wird ein Projektlebenszyklus (vgl. [Bea/Scheurer/Hesselmann 2008, S. 70], [Demleitner 2006, S. 18], [Fiedler 2008, S. 103-104]) mit den folgenden Phasen zugrunde gelegt:

- Projektinitiierung
- Projektplanung
- Projektdurchführung
- Projektabschluss
- Betriebsphase

In diesen Phasen hat das Controlling unterschiedliche Aufgaben und setzt dementsprechend verschiedene Methoden und Werkzeuge ein. Die Zuordnung zu den verschiedenen Bereichen der Projektorganisation zeigt Abbildung 4–1.

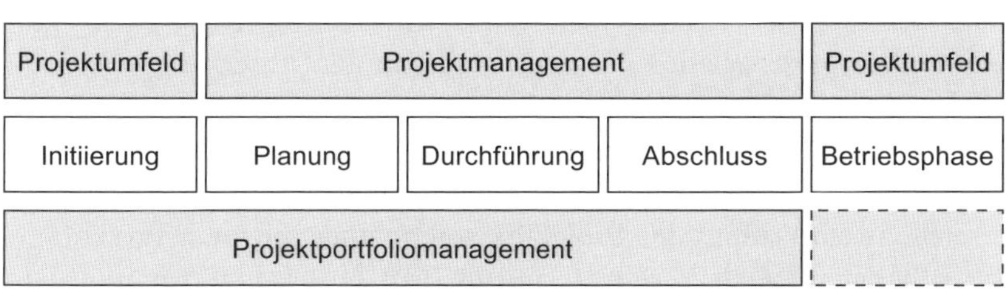

Abb. 4–1
Projektlebenszyklus

4.1 Definition und Abgrenzung

Bevor Aufgaben, Methoden und Verfahren des Projektcontrollings diskutiert werden, ist es sinnvoll, den Begriff des Controllings noch einmal inhaltlich zu beleuchten. Was ist Controlling? Und was unterscheidet Controlling von Management?

Controlling

Der Begriff »Controlling« ist aus dem englischen Verb »to control« abgeleitet. Das bedeutet ins Deutsche übersetzt »steuern«. Steuern aber heißt, dass Entscheidungen zu treffen sind und umgesetzt bzw. durchgesetzt werden müssen. Steuerung in diesem Sinne ist eine originäre Aufgabe des Managements. Sind »Management« und »Controlling« Synonyme?

Regelkreis

Betrachtet man Management als zielorientiertes Entscheiden, dann muss dafür Sorge getragen werden, dass die Ziele festgelegt und geplant werden, Entscheidungsbedarf erkannt wird und erkannt werden kann, Entscheidungen vorbereitet werden und die tatsächliche Entwicklung im Anschluss an Planungen und Maßnahmen festgestellt, analysiert und bewertet wird. Es hat sich bewährt, Steuerungsprozesse in Form von Regelkreisen darzustellen. Ausgangspunkt ist der aus dem Qualitätsmanagement bekannte PDCA-Cycle (vgl. [Dohle/Schmidt/Zielke/Schürmann 2009, S. 20-22]), der hier geeignet erweitert wurde und die Phasen Zielvereinbarung, Planung, Umsetzung & Monitoring, Abweichungsanalyse, Kommunikation & Reporting und Korrekturmaßnahmen umfasst (vgl. Abb. 4–2).

Projektauftraggeber und Projektauftragnehmer vereinbaren unter den Vorgaben des Projektinvestors Ziele (Phase: Zielvereinbarung), dann wird geplant (Phase: Planung) und umgesetzt (Phase: Umsetzung und Monitoring). Aus der Umsetzung heraus werden Istdaten erfasst und gegen die Plandaten abgeglichen (Phase: Abweichungsanalyse). Die Ergebnisse werden durch die Projektleitung an den Lenkungsausschuss kommuniziert (Phase: Kommunikation und Reporting). Wurde das angestrebte Projektergebnis erreicht, wird das Projekt abgeschlossen (Phase: Ende). Konnte man keine Abweichungen zwischen Plan- und Istdaten feststellen, kann man wieder in die Umsetzung wechseln. Gibt es beherrschbare Abweichungen, werden Korrekturmaßnahmen initiiert (Phase: Korrekturmaßnahmen), bevor man wieder zur Umsetzung übergeht. Stellt sich heraus, dass die geplanten Ziele nicht mehr erreichbar sind, muss der Projektauftragnehmer mit dem Projektauftraggeber neue Ziele vereinbaren, mit dem Projektinvestor und dem Lenkungsausschuss abstimmen und das Projekt umplanen.

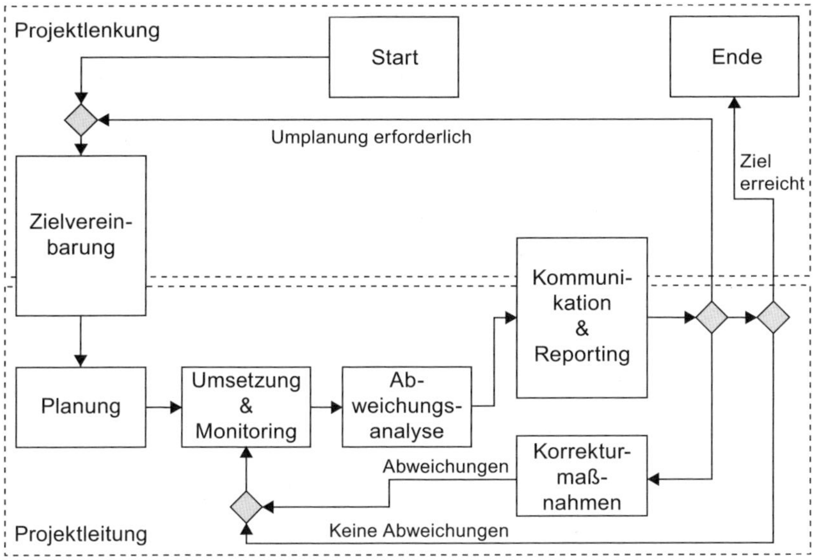

Abb. 4–2
Regelkreis des Projektcontrollings

Management-unterstützung

Mit Controlling wird vor diesem Hintergrund ein Tätigkeitsfeld bezeichnet, das dem Management die Konzentration auf den eigentlichen Bewertungs- und Entscheidungsprozess erlaubt, ihm erforderliche Informationen geeignet bereitstellt und Vorschläge für die Bewertung der aktuellen Sachlage und daraus abzuleitende Planungen und Entscheidungen erarbeitet. Controlling soll das Management beraten und kritisch begleiten.

Die Controller bzw. Controllingexperten kann man sich als das Ergebnis einer Arbeitsteilung im Management vorstellen. In kleinen Organisationen trifft der Manager nicht nur Entscheidungen, er bereitet sie auch selbst vor. Er plant und analysiert Istdaten. In großen Organisationen gibt es Experten, die sich auf die analysierenden und entscheidungsunterstützenden Tätigkeiten spezialisiert haben. Das sind die Controller, die Manager unterstützen und als »Lotse, Warner, Störenfried« begleiten (vgl. [Kargl 2007, S. 5]). Gibt es in einem bestimmten Umfeld mehrere Controller, so werden sie organisatorisch in einer Stelle zusammengefasst, die man als Controllerdienst bezeichnet (vgl. [Deyhle 2003, S. 137-139]).

Die vorstehende Charakterisierung von Controlling gilt analog für das Projektgeschehen. Hier wird das Projektmanagement durch Controllingexperten bei der Führung und Steuerung von Projekten unterstützt. Analog gilt das auch für das Portfoliomanagement. Daraus ergeben sich die nachfolgenden Definitionen:

Projektcontrolling

Projektcontrolling ist integraler und unverzichtbarer Bestandteil des Projektmanagements. Es stellt die zur Unterstützung der Projektsteuerung benötigten Verfahren, Methoden und Werkzeuge bereit. Es sorgt durch Beschaffung und Bereitstellung geeigneter Daten dafür, dass optimale Transparenz im Projekt geschaffen und erhalten wird und auf dieser Basis »gute« Entscheidungen getroffen werden können.

Sofern das Projektcontrolling nicht durch das Projektmanagement selbst, sondern durch spezielle andere Mitarbeiter wahrgenommen wird, sind diese Projektcontroller als Dienstleister und kritische Berater für das Projektmanagement tätig.

Herausforderungen

Die Herausforderung für das Projektcontrolling besteht in der Einmaligkeit jeder Projektsituation, die eine hohe Flexibilität im Controlling erfordert. Methoden und Werkzeuge müssen immer wieder variiert und an die spezifische Situation angepasst werden. Noch stärker als in anderen Bereichen muss Controlling im Projektgeschehen die richtige, zeitnahe und adressatengerechte Informationsversorgung aller »Stakeholder« eines Projektes sicherstellen. Controlling sorgt für die Kommunikation aller am Projekt Beteiligten und stellt insbesondere sicher, dass im Projekt keine »babylonische Sprachverwirrung« aufkommt.

4.2 Projektinitiierung

Ablauf der Projektinitiierung

In der Projektinitiierung entstehen in einer Organisationseinheit (dem potenziellen Projektauftraggeber, z.B. einem Fachbereich, Standort, Geschäftsbereich) zunächst mehr oder weniger vage Projektideen. Diese werden innerhalb der Organisationseinheit diskutiert und bewertet, dann verworfen oder bestätigt, zuvor informell mit derjenigen Instanz diskutiert, die ggf. anschließend die Rolle des Projektinvestors übernehmen soll.

Machbarkeitsstudie

Wird die Projektidee bestätigt, dann werden alle relevanten Informationen beschafft, zusammengestellt und bewertet. Die Ergebnisse dieser Arbeiten werden bei großen und komplexen Aufgabenstellungen in einem spezifischen Dokument zusammengestellt, der sogenannten Machbarkeitsstudie (Feasibility Study; vgl. [Bea/Scheurer/Hesselmann 2008, S. 87-92]).

Kommt man in der Machbarkeitsstudie zu dem Ergebnis, dass man die ursprünglich positiv bewertete Projektidee verwerfen muss, z.B., weil die Realisierungsrisiken zu hoch sind, die erwarteten Nutzeffekte nicht belegbar sind usw., dann wird kein Projektantrag mehr gestellt. Im positiven Fall wird auf Basis der Machbarkeitsstudie der Projektantrag (Business Case) erstellt, der zusammenfassend und managementorientiert beschreibt, was gemacht werden soll, welche

Mittel benötigt werden und welchen Nutzen das Projekt der Organisation bringen soll. Über den Projektantrag wird vom Projektinvestor entschieden. Entweder verweigert er seine Unterstützung, dann wird der Projektantrag abgelehnt. Oder er ist bereit, das Projekt zu finanzieren. Dann ist der Projektantrag genehmigt und das Projekt hat sich für den anschließenden Portfolioprozess qualifiziert (vgl. Abb. 4–3).

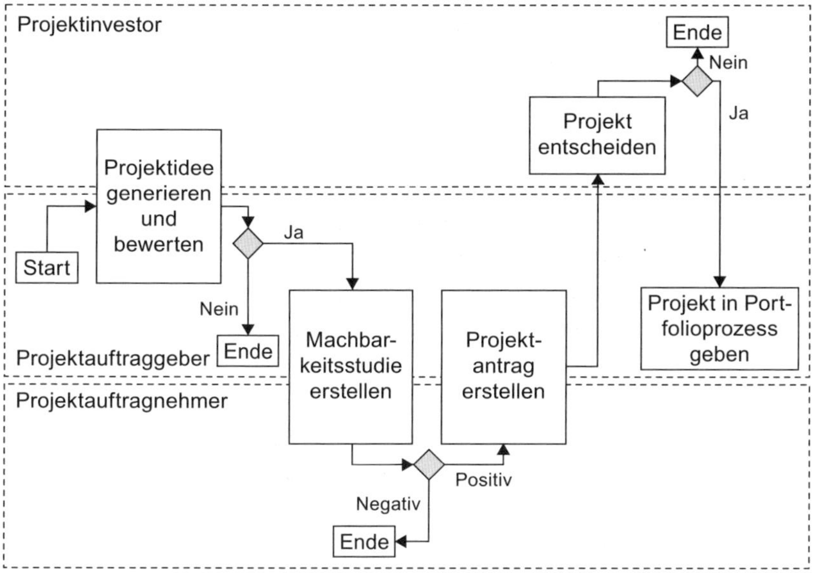

Abb. 4–3 *Ablauf einer Projektinitiierung*

Erstellung eines Projektantrages

Die Erstellung eines Projektantrages kann formlos oder in einem streng formalisierten Prozess ablaufen. Wichtig ist, dass die Projektidee einen »Eigentümer« hat, der sich damit identifiziert und die Initiierung eines Projektes so lange vorantreibt, bis klar ist, dass man das hinter der Projektidee stehende Vorhaben nicht weiterverfolgen oder einen Projektantrag stellen sollte.

Inhalte des Projektantrages

Der Projektantrag muss bestimmte Inhalte aufweisen (vgl. Tab. 4–1 und 4–2; vgl. [Ruf/Fittkau 2008, S. 103-104]). Tabelle 4–1 zeigt die wesentlichen Inhalte eines solchen Projektantrages und wäre für kleinere Projekte als Dokumentationsvorlage geeignet. Tabelle 4–2 hingegen zeigt eine detaillierte Dokumentenstruktur, die man für große und komplexe Projekte benötigt.

Tab. 4–1 Struktur eines Projektantrages (einfach)

Inhalte eines Projektantrages	
1.	Grund/Auslöser für das Projekt
2.	Kurzbeschreibung und Inhalte des Projektes
3.	Erwarteter Nutzen
4.	Organisatorische und wirtschaftliche Auswirkungen des Projektes
5.	Erwartete Projektdauer und Termine
6.	Erwarteter Ressourcenbedarf
7.	Vorschläge für die Projektorganisation
8.	Risiken des Projektes

Tab. 4–2 Struktur eines Projektantrages (für komplexe Projekte)

Projektantrag	
1.	**Zusammenfassung für das Management (»Management Summary«)**
1.1	Ausgangslage und Aufgabenstellung
1.2	Ziel und angestrebtes Ergebnis des Projektes
1.3	Wesentliche Eckdaten des Projektes (Rentabilität, Termine, Finanzen, Ressourcen, Risiken)
2.	**Projektbeschreibung**
2.1	Ausgangssituation (Grund/Auslöser für das Projekt)
2.2	Zielsituation (unter Einsatz des Projektergebnisses zu erreichende Situation)
2.3	Rahmenbedingungen (zugrunde gelegte Annahmen und Erwartungen)
2.4	Geplantes Projektergebnis
2.5	Geplanter Projektablauf (Leistungserstellung, Termine, Aufwand)
2.6	Projektrisiken
2.7	Zusammenhänge mit anderen Projekten
2.7.1	Benötigte Ergebnisse anderer Projekte
2.7.2	Ergebnisse dieses Projektes als Voraussetzung zur Durchführung anderer Projekte
2.8	Wechselwirkungen des Projektes mit dem Projektportfolio (Mögliche Termin- und Ressourcenkonflikte, sofern nicht unter 2.7.1 und 2.7.2 erfasst)
3.	**Rentabilitätsnachweis**
3.1	Grundlagen
3.2	Erwartete Nutzeffekte des Projektes
3.2.1	Finanzielle Nutzeffekte
3.2.2	Finanziell bewertbare Nutzeffekte
3.2.3	Nicht finanziell bewertbare Nutzeffekte →

Projektantrag	
3.	**Rentabilitätsnachweis** (Fortsetzung)
3.3	Projektaufwand
3.3.1	Finanziell bewerteter Aufwand
3.3.2	Personeller Aufwand
3.3.3	Investitionsanteil (aktivierbarer Aufwand)
3.3.4	Liquiditätsbedarf
3.4	Folgeaufwände in der Betriebsphase (Kosten ohne Abschreibungen, Abschreibungen, personeller Aufwand, Liquiditätsbedarf)
3.5	Rentabilität und Bewertung des Projektes
3.6	Budgetauswirkungen des Projektes (Synchronisierung der Projektdaten mit den Planungsperioden der Organisation)
3.7	Position des Projektes im Projektportfolio (Rangreihenfolge, Realisierungszeitraum)
4.	**Projektevaluierung (nach Projektabschluss)**
4.1	Evaluierung des Projektaufwandes
4.2	Evaluierung der Nutzeffekte (finanzielle, finanziell bewertbare und nichtfinanzielle Nutzeffekte)
4.3	Evaluierung des Betriebsaufwandes (betreiberseitig, nutzerseitig)
4.4	Organisation/Verantwortliche/Termine
5.	**Projektorganisation**
5.1	Projektleitung
5.2	Projektteam
5.3	Mitwirkung der Fachbereiche (Projektauftraggeber, andere Fachbereiche)
5.4	Lenkungsausschuss/Eskalationswege
5.5	Behandlung von Änderungsanträgen
5.6	Qualitätssicherung
5.7	Projektcontrolling/Reporting/Informationsversorgung

Projekt und Machbarkeitsstudie

Überschreitet der Aufwand zur Erstellung einer Machbarkeitsstudie die Untergrenzen des Aufwandes für die Definition von Projekten (z. B. in Form des erforderlichen Personalaufwandes oder finanziellen Aufwandes), dann kann es erforderlich sein, die Durchführung einer Machbarkeitsstudie selbst als Projekt zu beantragen.

In der Praxis ist die Vorgehensweise üblich, die Machbarkeitsstudie als erste Phase eines Projektes zu betrachten und das genehmigte Projekt bei negativem Ausgang der Studie abzubrechen. Diesem Ansatz wird hier nicht gefolgt, denn wenn die Machbarkeit eines Projektes nicht sicher ist, dann müssen Aussagen über die vollständige Durchführung des Projektes notwendigerweise vage sein, und es besteht ein erhebliches Risiko, dass selbst bei positivem Ausgang der Machbarkeitsstudie das Projekt so stark überarbeitet und umgeplant werden muss, dass der Projektantrag praktisch neu gestellt werden müsste.

Projektausschuss

Die Bewertung der Projektanträge erfolgt durch den Projektinvestor. Sie kann übergreifend im (IT-) Projektausschuss zusammengefasst werden, der für das Portfoliomanagement etabliert wurde. In diesem Projektausschuss sind dann nicht nur Vertreter der Unternehmensleitung, sondern auch der Fachbereiche und der IT vertreten sind.

Entscheidung über einen Projektantrag

Liegt der Projektantrag vor, dann wird in einem zumeist streng formalisierten Prozess darüber entschieden, ob das beantragte Projekt umsetzungswürdig ist und in den Portfolioprozess gegeben werden kann (vgl. Tab. 4–3).

Tab. 4–3 *Entscheidungsoptionen für einen Projektantrag*

Behandlung eines Projektantrages	
1.	Ablehnung des Projektantrages
2.	Rückweisung des Projektantrages mit der Aufforderung zur Nachbesserung und erneuter Vorlage
3.	Genehmigung des Projektantrages mit Auflagen
4.	Genehmigung des Projektantrages ohne Auflagen

Bedeutung des Projektantrages

Der Projektantrag legt den zeitlichen und finanziellen Rahmen des angedachten Projektes verbindlich fest. Wird das Projekt genehmigt, kann es nachfolgend nur noch vom Projektantrag abweichen, wenn diese Änderungen ebenfalls genehmigt werden. Der Projektantrag ist somit die grundlegende Referenz für alle nachlaufenden Aktivitäten. Insbesondere für die Planung bildet er ein ggf. unbequemes Korsett.

Aufwand der Projektinitiierung

Die Projektinitiierung, insbesondere die Erstellung eines Projektantrages, verursacht Aufwand. Für größere Projekte kann die Erstellung des Projektantrages selbst sich in der Größenordnung eines kleinen Projektes bewegen. Wer muss diesen Aufwand tragen? Handelt es sich um Projektaufwand?

Projektgemeinkosten

Man muss davon ausgehen, dass der Aufwand der Projektinitiierung nicht dem daraus resultierenden Projekt angelastet werden darf, weil das beantragte Projekt möglicherweise nicht genehmigt wird. Würde man nämlich den Initiierungsaufwand den genehmigten und dann realisierten Projekten zuordnen, so läge eine ungleiche Behandlung der Projektanträge je nach Ausgang der Genehmigungsentscheidung vor. Analog gilt das, wenn die Projektinitiierung zu einem früheren Zeitpunkt, z.B. nach Vorlage der Machbarkeitsstudie, abgebrochen würde.

Der Aufwand für eine Projektinitiierung ist also kostenrechnerisch den (Projekt-)Gemeinkosten zuzuordnen.

Kostenzuordnung

Den Aufwand der Projektinitiierung muss grundsätzlich der Projektinitiator tragen, also derjenige Fachbereich einer Organisation, der als Projektauftraggeber von den Nutzeffekten des angedachten Projektes im Falle einer Durchführung profitieren würde. Ob er auch den Aufwand des Projektauftragnehmers tragen muss, wenn es sich dabei um den IT-Bereich der Organisation handelt, darüber kann man streiten. Den IT-seitigen Aufwand einer Projektinitiierung kann man einerseits als kostenpflichtige Leistung des IT-Bereiches interpretieren, andererseits aber auch als Akquisitionsaufwand dieses potenziellen Projektauftragnehmers. Wie man das innerhalb einer Organisation regelt, hängt sicherlich vom spezifischen Kontext ab. Es sollte aber eine klare und eindeutige Regelung geben.

Planung der Initiierungskosten

Muss der initiierende Fachbereich die gesamten Kosten einer Projektinitiierung tragen (was eine innerbetriebliche Verrechnung der IT-Leistungen voraussetzt), so muss er im Rahmen seiner Jahresplanung entsprechende Mittel bei der obersten Leitung der Organisation beantragen, einerseits für die vom IT-Bereich in Rechnung gestellten Leistungen einer Projektinitiierung, andererseits aber auch für den entsprechenden eigenen Aufwand.

Werden die IT-Leistungen nicht verrechnet, müssen die Initiierungskosten sowohl im IT-Bereich als auch im Fachbereich als Projektgemeinkosten ausgewiesen werden. Sie sollten vor allem im IT-Bereich nicht auf Projekteinzelkosten oder Serviceeinzelkosten umgelegt werden, denn die daraus entstehenden höheren Kostensätze könnten zu Fehlbewertungen der Wettbewerbsfähigkeit des eigenen IT-Bereiches führen.

Zentrales Initiierungsbudget

Natürlich könnte man auch ein zentrales Budget für Projektinitiierungen schaffen, das z.B. vom Projektausschuss verwaltet wird. Aber dann müsste man Prozesse und Regeln aufstellen, mit denen Mittel aus diesem Budget abgerufen werden könnten. Auch erscheint es im Sinne eines sparsamen Umgangs mit knappen Ressourcen und einer verursachungsgerechten Belastung besser, wenn jeder Fachbereich die von ihm erwarteten Mittel für Projektinitiierungen spezifisch plant. Für einen solchen dezentralen Ansatz spricht, dass Machbarkeitsstudien, wenn man sie von externen Dienstleistern oder Beratungsunternehmen durchführen ließe, natürlich eine kostenpflichtige Leistung darstellen würden und die Kosten vom auslösenden Fachbereich zu tragen wären.

Lastenheft/Pflichtenheft

In diesem Zusammenhang stellt sich auch die Frage, wie der Aufwand für die Erstellung von Lastenheften und Pflichtenheften zuzuordnen ist. Ein Lastenheft ist ein Dokument, das aus der Sicht des Projektauftraggebers beschreibt, was das Projekt leisten soll. Ein Pflichtenheft ist ein dazu korrespondierendes Dokument, das aus Sicht des Projektauftragnehmers beschreibt, in welcher Art und Weise die Anforderungen des Lastenheftes realisiert werden sollen (vgl. [Ruf/Fittkau 2008, S. 109-114]).

Es ist davon auszugehen, dass die Zuordnung des entsprechenden Aufwandes davon abhängt, wann diese beiden Dokumente erstellt werden. Erfolgt dies im Rahmen der Projektinitiierung, so handelt es sich kostenrechnerisch wieder um Projektgemeinkosten. Erfolg die Erstellung von Lastenheft und Pflichtenheft nach dem Projektstart, so handelt es sich um Einzelkosten des Projektes.

Üblicherweise entstehen im Rahmen der Projektinitiierung Vorstufen zu beiden Dokumenten, die dem Projektantrag eventuell sogar als eigenständige Anlagen beigefügt werden. Die »Lasten« des Projektes wird man im Projektantrag nach Tabelle 4–2 schwerpunktmäßig in den Punkten 2.2 (Zielsituation), 2.3 (Rahmenbedingungen) und 2.4 (geplantes Projektergebnis) finden, die »Pflichten« analog in den Punkten 2.4 und 2.5 (geplanter Projektablauf). Die endgültigen Fassungen von Lastenheft und Pflichtenheft entstehen üblicherweise erst im eigentlichen Projekt.

4.2.1 Fragen des Controllings

Das Projektcontrolling muss zu einem Projektantrag die folgenden Fragen stellen und durch entsprechende Antworten Transparenz schaffen:

- Ist der Projektantrag vollständig und enthält er alle relevanten Informationen?
- Wurde er in Übereinstimmung mit den entsprechenden Regelungen (Organisationsanweisungen) erstellt?
- Ist die Argumentation vollständig, in sich schlüssig und für sachkundige Dritte, insbesondere den adressierten Projektinvestor, nachvollziehbar?
- Sind Termin- und Aufwandsschätzungen realistisch (soweit sich das im Vorhinein beurteilen lässt)?
- Sind die Projektergebnisse, also das, was das Projekt liefert, z.B. ein Softwaresystem, klar beschrieben und kann ihre Erreichung festgestellt und gemessen werden?
- Sind die Projektziele, also das, was unter Einsatz oder Nutzung der Projektergebnisse erreicht werden soll, klar beschrieben und kann die Erreichung dieser Ziele (in der Betriebsphase) festgestellt und gemessen werden?

- Sind die Nutzeffekte des Projektes realistisch bewertet, insbesondere die nicht finanziellen Nutzeffekte?
- Sind Projektaufwand und Folgekosten des Projektes realistisch bewertet?
- Sind Auftraggeber und Auftragnehmer des Projektes klar definiert und sind verantwortliche Personen benannt?
- Identifiziert sich der Auftraggeber mit dem Projekt?
- Ist die Projektorganisation klar definiert und entspricht sie der Größe und Komplexität der Aufgabenstellung?
- Gibt es für das Projekt eine klar definierte übergeordnete Eskalations- und Entscheidungsinstanz (Lenkungsausschuss)?
- Ist durch die Projektorganisation sichergestellt, dass der Auftraggeber im Projekt aktiv vertreten ist und seinen Auftraggeberpflichten nachkommen kann?
- Ist das erforderliche Personal sowohl IT-seitig als auch fachseitig, sowohl intern als auch extern, der Qualifikation nach, der benötigten Menge nach und in den geplanten Zeiträumen grundsätzlich verfügbar oder sind Engpässe in den personellen Ressourcen bereits erkennbar oder absehbar?
- Wurde die Rentabilitätsrechnung gemäß dem definierten Verfahren durchgeführt und ist die Rechnung plausibel und nachvollziehbar?
- Sind die möglichen Risiken des Projektes klar adressiert und nach ihren potenziellen Auswirkungen und Eintrittswahrscheinlichkeiten bewertet?
- Sind die Voraussetzungen für das Projekt und Abhängigkeiten zu anderen, insbesondere vorlaufenden Projekten vollständig und klar dokumentiert?
- Ist der Projektantrag sorgfältig geprüft und qualitätsgesichert?
- Wird die Entscheidung über den Projektantrag dokumentiert und ist sie für alle Betroffenen nachvollziehbar?

4.2.2 Empfehlungen für die Praxis

Der Projektantrag ist Grundlage von Entscheidungen über zum Teil erhebliche Kapitalvolumina und mit deutlichen, langfristigen Auswirkungen. Daher sollten Projektanträge konsequent für alle Projekte nach einem einheitlichen Vorgehen erstellt, behandelt und sorgfältig qualitätsgesichert werden. Im Einzelnen führt das zu folgenden Empfehlungen:

- Erstellen Sie für jedes Projekt einen Projektantrag, für Kleinprojekte eventuell einen vereinfachten Projektantrag.
- Jeder Projektantrag enthält eine Betrachtung zur Rentabilität des benötigten Kapitals.

- Bilden Sie alle Mitarbeiter, die Projekte initiieren und vorbereiten, im Umgang mit den entsprechenden Regelungen aus.
- Führen Sie regelmäßig Wiederholungs- bzw. Auffrischungsschulungen durch, die einerseits das erforderliche Wissen über die Inhalte eines Projektantrages und andererseits die Kenntnis über die Durchführung einer Projektbeantragung vermitteln.
- Lassen Sie alle Projektanträge durch einen neutralen (sachkundigen) Dritten qualitätssichern.
- Der Projektantrag muss gegenüber dem Projektinvestor vom Projektauftraggeber vertreten werden – das ist für IT-Projekte in vielen Fällen die Fachseite.
- Lassen Sie die Entscheidung über Projektanträge aus dem IT-Umfeld entweder im allgemeinen Investitions- oder Projektausschuss oder einem daraus ausgegliederten Fachgremium für IT-Investitionen bzw. IT-Projekte treffen.
- Führen Sie für jeden Projektantrag eine förmliche Annahme oder Ablehnung durch. Dokumentieren Sie die Entscheidung schriftlich.

4.3 Rentabilität von Projekten

Aufwand in Projekt- und Betriebsphase

Die Durchführung eines Projektes verursacht Aufwand. Dieser Aufwand entsteht durch Beschaffung von Wirtschaftsgütern (z.B. Hardware und Software) und Verbrauch von Ressourcen, z.B. Arbeitsleistung von Mitarbeitern. Aufwand entsteht nicht nur während des Projektes, sondern auch nach Abschluss des Projektes, wenn nämlich das Ergebnis des Projektes (in der IT in der Regel ein neues oder geändertes System) produktiv eingesetzt wird. Der Aufwand führt zu Auszahlungen, also einer Verringerung des Geldvermögens der Organisation.

Ziel: Steigerung des Vermögens

Organisationen werden Projekte nur dann durchführen, wenn sich der daraus resultierende Aufwand für sie »lohnt«. Doch was bedeutet »Es lohnt sich«? Aus dem Projekt müssen sich Nutzeffekte ergeben, die zu Einzahlungen führen, die in der Summe die Auszahlungen mindestens kompensieren. Per Saldo muss das Geldvermögen der Organisation durch das Projekt zunehmen.

Rentabilität

Den durch das Projekt bewirkten anteiligen Zuwachs des Geldvermögens bezeichnet man als Rentabilität. Die Sicht der Organisation auf ein Projekt gleicht also der Sicht auf eine Finanzanlage (das ist der Grund, warum in Kapitel 3 die Rolle des Projektinvestors eingeführt wurde). Man investiert einen Teil des Geldvermögens der Organisation in ein Projekt und erwartet eine angemessene Rendite, also Vermögensmehrung, aus dieser Investition. Der Rentabilitätsberechnung eines Projektes seien im Folgenden die in Tabelle 4–4 genannten Annahmen und Konventionen zugrunde gelegt.

Tab. 4–4
Rahmenbedingungen der Rentabilitätsrechnung

Rahmenbedingungen der Rentabilitätsrechnung
Das Projekt wird in S+1 Perioden durchgeführt; die Nummerierung der Projektperioden beginnt mit 0.
Die Auswirkungen des Projektes treten in T Betriebsperioden ein. Den Wert T bezeichnet man als Lebenszyklus des Projektergebnisses. Der Wert S+T+1 wird als Kalkulationsspanne des Projektes bezeichnet.
In jeder Periode der Kalkulationsspanne entstehen Auszahlungen a(t). Die Summe aller Auszahlungen von der Projektperiode 0 bis zur Periode t sei mit A(t) bezeichnet und es sei A=A(S+T). Die Auszahlungen (Liquiditätsabflüsse) a(t) erfolgen zu Beginn der Periode t.
In jeder Periode entstehen (hoffentlich) Einzahlungen (Liquiditätszuflüsse) e(t). Die Summe aller Einzahlungen von der Projektperiode 0 bis zur Periode t sei mit E(t) bezeichnet und es sei E=E(S+T). Die Einzahlungen erfolgen jeweils am Ende der Periode t. Üblicherweise erfolgen in den Projektperioden keine Einzahlungen; also hat man e(0)=e(1)=e(2)=…=e(S)=0.
Üblicherweise sind die Perioden Jahre. Man kann aber ebenso gut Quartale oder Monate wählen.

In der IT werden üblicherweise Projekte mit einer Projektperiode und drei nachfolgenden Betriebsperioden (S=0, T=3) betrachtet, gelegentlich auch fünf (S=0, T=5) und selten mehr als fünf Betriebsperioden.

Finanzielle Bewertung aller Projekteffekte

Grundsätzlich geht man in der Rentabilitätsberechnung davon aus, dass jeglicher entstehende Aufwand, aber auch sämtliche Nutzeffekte, finanziell bewertbar sind, also zu Auszahlungen oder Einzahlungen führen. Diese Sichtweise scheint für IT-Projekte oftmals nicht anwendbar zu sein, da viele IT-Projekte zu Nutzeffekten führen, die sich nicht in finanzieller Form äußern, z.B. höhere Benutzerfreundlichkeit von Systemen, Verbesserung der Außenwirkung der Organisation (Reputationsnutzen), verbesserte Sicherheit usw. Auch werden in der IT in erheblichem Umfang Projekte durchgeführt, um Vorgaben externer Stellen, z.B. Gesetzgeber, oder interner Stellen, z.B. Konzernleitung, zu erfüllen. Im Falle nicht finanzieller Nutzeffekte ist es jedoch mit den Mitteln der Entscheidungstheorie grundsätzlich immer möglich, finanzielle Äquivalente zu nicht finanziellen Nutzeffekten zu ermitteln. Im Fall der sogenannten Muss-Projekte kann man eine finanzielle Nutzenbewertung vornehmen, indem man den Schaden bewertet, den man mit der Durchführung eines entsprechenden Projektes vermeidet. Eine weiterführende Diskussion dieser Problematik erfolgt in den Abschnitten 4.3.7 und 5.1.

Synchronisierung von Projekten und Budget

Jede Organisation will wissen, welche Auswirkungen ein Projekt auf ihre Budgets hat. Um das darzustellen, müsste man eigentlich die Perioden der Kalkulationsspanne so legen, dass sie mit den Budgetperioden synchronisiert sind. Auszahlungen würde man auf den Beginn der Budgetperioden legen, Einzahlungen auf das Ende der Budgetperioden. Es gibt vereinzelt Organisationen, die so vorgehen.

Eine solche Vorgehensweise hat den Vorteil, dass man die Budgeteffekte jedes Projektes sofort aus dem Zahlungsplan des Projektes ablesen kann. Der Nachteil ist allerdings, dass man Projekt- und Betriebsperioden nicht mehr ohne Weiteres unterscheiden könnte. Hier wird der üblichen getrennten Betrachtung von Projekten und Budgets gefolgt.

4.3.1 Daten der Projektbewertung

Um die Rentabilität eines Projektes zu ermitteln, ordnet man ihm ein (fiktives) Vermögenskonto zu und stellt dafür einen Zahlungsplan auf. Dieser Zahlungsplan umfasst für ein Projekt mit S Projektperioden und T Betriebsperioden S+T+2 Zeitpunkte, zu denen Zahlungen auf das Vermögenskonto des Projektes gebucht werden können. Für jeden dieser Zahlungszeitpunkte ermittelt man Einzahlungen und Auszahlungen, bildet den zeitpunktspezifischen Saldo und den zeitpunktspezifischen kumulierten Saldo. Betrachtet man S=0 und T=3, so erhält man den in Tabelle 4–5 dargestellten Zahlungsplan mit fünf Zahlungszeitpunkten. Dabei seien im Folgenden die Projektperioden mit PP und Betriebsperioden mit BP bezeichnet.

Tab. 4–5
Zahlungsplan eines Projektes (Struktur)

	Zeitpunkt	Einzahlung	Auszahlung	Saldo	Kum. Saldo
0	Beginn PP				
1	Ende PP, Beginn BP(1)				
2	Ende BP(1), Beginn BP(2)				
3	Ende BP(2), Beginn BP(3)				
4	Ende BP(3)				
	Σ				

Der Begriff der Einzahlung steht für die finanzielle Wirksamkeit von Nutzeffekten. Tritt der Nutzeffekt ein, dann wird der korrespondierende Betrag dem Vermögenskonto des Projektes gutgeschrieben. Der Begriff der Auszahlung steht für die finanzielle Wirksamkeit von Aufwand. In der Rentabilitätsrechnung für IT-Projekte handelt es sich einerseits um Anschaffungsaufwand, z.B. für den Kauf von Hardware oder Software, und um Kosten, jedoch ohne Abschreibungen. Greift man, insbesondere für die Betriebsphase, auf Kosten zurück, so müssen die Abschreibungen herausgerechnet werden, da man sonst den Anschaffungsaufwand doppelt zählen würde. In der Rentabilitätsrechnung für IT-Projekte sind Abschreibungen nur dann relevant, wenn Steuereffekte berücksichtigt werden sollen (vgl. Abschnitt 4.3.6).

Stammbeispiel

Um das Ganze mit Leben zu füllen, sei das in Tabelle 4–6 dargestellte Beispiel betrachtet, auf das unter dem Begriff »Stammbeispiel« im Verlauf des gesamten Buches immer wieder zurückgegriffen wird.

Tab. 4–6
Zahlungsflüsse eines Projektes (Stammbeispiel)

Periode	Einzahlung	Auszahlung
Projektperiode	0	400
Betriebsperiode 1	160	200
Betriebsperiode 2	440	100
Betriebsperiode 3	440	100

Zahlungs- und Vermögensplan

Ordnet man die Auszahlungen einer Periode dem Beginn der Periode und die Einzahlungen dieser Periode dem Periodenende zu, dann führt das zu dem in Tabelle 4–7 dargestellten Zahlungs- und Vermögensplan (ZVP).

Tab. 4–7
ZVP eines Projektes (Stammbeispiel, Basisvariante)

	Zeitpunkt	Einzahlung	Auszahlung	Saldo	Kum. Saldo	Vermögen
						600
0	Beginn PP	0	400	-400	-400	200
1	Ende PP, Beginn BP(1)	0	200	-200	-600	0
2	Ende BP(1), Beginn BP(2)	160	100	+60	-540	60
3	Ende BP(2), Beginn BP(3)	440	100	+340	-200	400
4	Ende BP(3)	440	0	+440	+240	840
	Σ	1.040	800	+240		

Aus diesem Zahlungs- und Vermögensplan lässt sich unmittelbar ablesen, dass das Projekt einen (kumulierten) Vermögenszuwachs von 240 Geldeinheiten generiert und ihm die Organisation zu Beginn des Projektes einmalig ein Kapital von 600 Geldeinheiten zur Verfügung stellen muss. Dieser Kapitalbedarf ergibt sich aus der hier gewählten Konvention, dass das Projektvermögen nicht unter den Wert 0 absinken darf, denn dann hätte das Projekt Schulden.

Kontinuierliche Zahlungsflüsse

Der projekterfahrene Leser weiß, dass man üblicherweise Einzahlungen und Auszahlungen einer Periode nicht trennt, sondern innerhalb der Periode saldiert. Das entspricht aber nicht der Realität einer Organisation, insbesondere eines Unternehmens, denn es muss zunächst Geld ausgegeben werden, damit die Organisation ihre Leistungen erstellen kann. Erst wenn diese erstellten Leistungen dann auch abgesetzt sind, erhält man aus den entsprechenden Umsätzen Einzahlungen. Wenn man jedoch wie üblich vorgeht und innerhalb einer Periode saldiert, dann erhält man die in Tabelle 4–8 dargestellte Variante A des Zahlungs- und Vermögensplans.

Tab. 4–8
ZVP eines Projektes (Stammbeispiel, Variante A)

	Zeitpunkt	Ein-zahlung	Aus-zahlung	Saldo	Kum. Saldo	Vermögen
						440
0	PP	0	400	-400	-400	40
1	BP(1)	160	200	-40	-440	0
2	BP(2)	440	100	+340	-100	340
3	BP(3)	440	100	+340	+240	680
	Σ	1.040	800	+240		

Die konventionelle Betrachtung führt also dazu, dass die Summen der Einzahlungen und Auszahlungen unverändert bleiben, und damit auch der insgesamt erzielte Überschuss. Allerdings beträgt der Kapitalbedarf des Projektes nun nicht mehr 600 Geldeinheiten, sondern ist durch die rechnerische Verstetigung auf 440 Geldeinheiten gesunken.

Minimale Anzahl von Zahlungszeitpunkten

Anstatt die Projektperioden (im Sinne der zeitlichen Abstände zwischen Buchungszeitpunkten) zu verkleinern, kann man sie im Gegenteil auch vergrößern. Im Extremfall besteht die Kalkulationsspanne nur aus einer einzigen Periode, die mit dem Projektstart beginnt und mit dem Ende der Betriebsphase aufhört. Aus der hier verfolgten Logik, Auszahlungen am Anfang einer Periode zu buchen und Einzahlungen am Ende, ergibt sich dann, dass in diesem Fall sämtliche Auszahlungen aus Projekt- und Betriebsphase zum Projektstart gebucht werden, sämtliche Einzahlungen erst am Ende des Lebenszyklus. Für das Stammbeispiel ergibt sich daraus die in Tabelle 4–9 dargestellte Variante B des Zahlungs- und Vermögensplans.

	Zeitpunkt	Ein-zahlung	Aus-zahlung	Saldo	Kum. Saldo	Vermögen
						800
0	Beginn PP	0	800	-800	-800	0
1	Ende BP(3)	1.040	0	+1.040	+240	1.040
	Σ	1.040	800	+240		

Tab. 4–9
ZVP eines Projektes (Stammbeispiel, Variante B)

In einem solchen »kollabierten« Zahlungs- und Vermögensplan steigt der Kapitalbedarf des Projektes auf die Summe aller Auszahlungen. Der rechnerische Kapitalbedarf eines Projektes hängt also davon ab, wann und wie oft Einzahlungen und Auszahlungen gegeneinander verrechnet werden. Je öfter man das tut, desto niedriger ist der ermittelte Kapitalbedarf. Je seltener man das macht, desto höher fällt der Kapitalbedarf aus.

Datenerfassung

Um die Vorteilhaftigkeit eines angedachten Projektes zu bestimmen, gilt es nun, die zum Projekt gehörenden Einzahlungen und Auszahlungen zu ermitteln und den definierten Zahlungszeitpunkten zuzuordnen. Dabei bietet es sich an, diese Zahlungen nach einem bestimmten Schema zu erheben, um sicherzugehen, dass man sämtliche projektrelevanten Zahlungen erfasst hat.

Projektauszahlungen

Bewährt hat sich für Auszahlungen in der Projektphase die in Tabelle 4–10 dargestellte Struktur, für Auszahlungen in der Betriebsphase die aus Tabelle 4–11.

Dabei sei auf die Auszahlungsposition Nr. 7 in Tabelle 4–10 und 4–11 hingewiesen. Oftmals wird dieser Aufwand in der Rentabilitätsberechnung nicht angesetzt, sondern als eine Art Normalleistung der Fachbereiche angesehen. Von dieser Praxis ist jedoch aus zwei Gründen abzuraten.

Erstens: Der fachbereichsseitige Aufwand für IT-Projekte kann erheblich sein. Man denke an die Lastenhefterstellung, Mitwirkung in der Qualitätssicherung, insbesondere bei Testfallermittlung und Testdurchführung, Durchführung von Abnahmen und Schulung der Fachbereichsmitarbeiter, zudem der Aufwand in der Betriebsphase wie Stammdatenpflege, Prüfung von Verarbeitungsergebnissen, Freigaben von Folgeverarbeitungen usw. Wird dieser Aufwand nicht einbezogen, führt die Rentabilitätsrechnung zu einer überhöht ausgewiesenen Rentabilität des jeweiligen Projektes.

Zweitens: Bezieht man den fachbereichsseitigen Aufwand in die Rentabilitätsrechnung mit ein, wird der auftraggebende Fachbereich »gezwungen«, sich mit dem Projektaufwand und dem nachfolgenden Betriebsaufwand aktiv auseinanderzusetzen. Damit spürt auch er Verantwortung für die Rentabilität »seines« Projektes und kann das nicht (mehr) als (alleinige) Angelegenheit des IT-Bereiches abtun.

Tab. 4–10
Auszahlungen in der Projektphase

Auszahlungen in der Projektphase	
1.	Hardware (Anschaffung, ggf. Miete, Leasing)
2.	Hardwarenahe externe Dienstleistungen (Installation, Inbetriebnahme, Schulung/Einweisung)
3.	Software (Anschaffung, ggf. Miete/Leasing)
4.	Softwarenahe externe Dienstleistungen (Installation, Anpassung, Inbetriebnahme, Schulung/Einweisung)
5.	Fremdleistungen inkl. Beratungshonorare (sofern nicht in den vorgenannten Positionen 1 bis 4 enthalten)
6.	Eigenleistungen IT (Aufwand für eigenes Personal, externe Kräfte über Dienstvertrag, Zeitarbeitskräfte)
7.	Eigenleistungen Fachbereich (Aufwand für eigenes Personal, externe Kräfte über Dienstvertrag, Zeitarbeitskräfte)
8.	Werkzeuge und Systeme für Entwicklung und Test (Anschaffung, Miete, Nutzung)
9.	Abbau- und Entsorgungskosten Altsysteme
10.	Projektservice (Projektbüro)
11.	Anteilige Nebenkosten

Tab. 4–11
Auszahlungen in der Betriebsphase

Auszahlungen in der Betriebsphase	
1.	Hardware (Miete, Leasing)
2.	Hardwarenahe externe Dienstleistungen (Wartung, Pflege, Reparatur)
3.	Software (Miete, Leasing)
4.	Softwarenahe externe Dienstleistungen (Wartung, Pflege, Fehlerbeseitigung)
5.	Fremdleistungen (Beratungshonorare, Zahlungen für Zeitarbeiter, Schulungen)
6.	Eigenleistungen IT (Gehälter, Personalnebenkosten) ■ Administration (z. B. Systeme, Daten) ■ Betrieb ■ Betriebsunterbrechung ■ Support ■ Pflege ■ Wartung ■ Schulung (Trainer, Trainee) ■ Reisekosten →

Auszahlungen in der Betriebsphase (Fortsetzung)	
7.	Eigenleistungen Fachbereich (Gehälter, Personalnebenkosten) ■ Administration (z.B. Benutzerverwaltung) ■ Pflege (z.B. Stammdaten) ■ Betrieb (z.B. Dateneingabe) ■ Betriebsunterbrechung ■ Schulung (Trainer, Trainee) ■ Reisekosten
8.	Anteilige Nebenkosten ■ Versicherungen ■ Nutzung Büroraum ■ Nutzung Sonderflächen (z.B. Technikräume, Besprechungsräume) ■ Arbeitsplatzausstattung ■ Telekommunikation (u.a. Mobiltelefon, Videokonferenz) ■ Energie (Strom, Gas, Wasser, Klima) ■ Allgemeine Dienstleistungen (z.B. Kopierer) ■ Büro- und Verbrauchsmaterial ■ Kapitaldienst (sofern gefordert) ■ Allgemeiner Managementaufwand ■ Asset und Lizenzmanagement ■ Security Management ■ Entsorgung (z.B. Sondermüll, Elektronikschrott)

Projekteinzahlungen

Die Einzahlungen in den Betriebsperioden wird man eher nach den zu erzielenden Effekten untergliedern. Man unterscheidet dabei folgende Bereiche:

- IT (vgl. Tab. 4–12)
- Geschäftsprozesse (vgl. Tab. 4–13)
- Personal (vgl. Tab. 4–14)
- Strategie (vgl. Tab. 4–15)
- Außenwirkungen (vgl. Tab. 4–16)

Tab. 4–12
Einzahlungen in der Betriebsphase (1)

Einzahlungen in der Betriebsphase (IT)	
1.	Nutzungsgradsteigerung ■ Servicefenster erweitern ■ Benutzeranzahl steigern ■ Nutzungsintensität erhöhen ■ Durchlaufzeiten reduzieren ■ Reaktionszeiten senken

2.	Wirkungsgraderhöhung
	■ IT-Kosten senken
	  • Wartungskosten
	  • Lizenzgebühren
	■ Stückkosten senken
	■ Warenkorbkosten senken
	■ Produktivitäten steigern
	■ Kapazitäten anpassen
	■ Leerkosten abbauen
	■ Aufwandstreue erhöhen →

Einzahlungen in der Betriebsphase (IT) (Fortsetzung)	
3.	Stabilitätsverbesserung ■ Verfügbarkeit steigern ■ Downtimes reduzieren ■ Termintreue erhöhen ■ Störungen reduzieren ■ SLA-Verletzungen reduzieren ■ Fehlerquote reduzieren ■ Qualität steigern ■ Risiken reduzieren

Tab. 4–13 Einzahlungen in der Betriebsphase (2)

Einzahlungen in der Betriebsphase (Geschäftsprozesse)	
1.	Integration/Zusammenfassung ■ Prozesse vereinfachen ■ Abläufe standardisieren ■ Medienbrüchen eliminieren ■ Direkten Kundenkontakt herstellen ■ Business Process Reengineering durchführen
2.	Reduktion von Durchlaufzeiten ■ Laufzeiten absolut verkürzen ■ Prozesse parallelisieren ■ Wege- und Transportzeiten eliminieren ■ Liegezeiten abbauen
3.	Automatisierung ■ Personalkosten senken ■ Sachkosten senken ■ Überwachung automatisieren ■ Fehler vermeiden
4.	Kostensenkung ■ Kapitalbindung reduzieren ■ Außenstände reduzieren ■ Beschaffung vereinheitlichen

Tab. 4–14 Einzahlungen in der Betriebsphase (3)

Einzahlungen in der Betriebsphase (Personal)	
1.	Effektivitätssteigerung ■ Organisation von Routinetätigkeiten entlasten ■ Unterschiedliche Tätigkeiten integrieren ■ Ablauforganisation optimieren ■ Overhead abbauen
2.	Produktivitätssteigerung ■ Ressourcenverbrauch reduzieren ■ Lohnkosten senken (Offshoring) ■ Kapazität reduzieren ■ Fluktuation reduzieren
3.	Qualitätsverbesserung ■ Servicemerkmale einhalten ■ Termine einhalten ■ Fehler reduzieren

Einzahlungen in der Betriebsphase (Strategie)	
1.	Entscheidungsunterstützung
2.	Abdeckung strategischer Ziele
3.	Bessere Informationsversorgung für das Management

Tab. 4–15 Einzahlungen in den Betriebsphase (4)

Einzahlungen in der Betriebsphase (Außenwirkungen)	
1.	Wettbewerbsvorteile durch innovative Leistungen realisieren
2.	Kundenzufriedenheit erhöhen ■ Service ■ Qualität ■ Kundenbindung ■ Schnelligkeit
3.	Image verbessern ■ Kunden ■ Wettbewerb ■ Lieferanten ■ Öffentlichkeit
4.	Umsatz steigern
5.	Marktanteile gewinnen

Tab. 4–16 Einzahlungen in der Betriebsphase (5)

4.3.2 Aktivierung von Projektaufwand

Aktivierungsverbote

Wie wirken sich Projekte auf den Jahresabschluss von Unternehmen aus, also auf Bilanz und Gewinn- und Verlustrechnung? Diese Frage konnte man, solange (deutsche) Unternehmen ausschließlich nach »altem« HGB bilanzierten, einfach beantworten. Aufwendungen für den Erwerb von Hardware oder Software mussten aktiviert und nachfolgend abgeschrieben werden. Sämtliche anderen Aufwendungen wurden als Kosten betrachtet und konnten nicht aktiviert werden. Für selbst erstellte immaterielle Vermögensgegenstände, wie sie in der IT z.B. bei der Erstellung von Software geschaffen werden, bestand im HGB ein Aktivierungsverbot.

Immaterielle Vermögensgegenstände

Bei einer Bilanzierung nach IAS/IFRS sieht das erheblich anders aus. Hier besteht auch und gerade für selbst erstellte immaterielle Vermögensgegenstände eine Aktivierungspflicht, sofern bestimmte Randbedingungen erfüllt sind. Das »neue« HGB (Stand 1.3.2011, aktualisiert durch BilMoG) sieht hier in § 248 (2) ein Wahlrecht vor: »Selbst geschaffene immaterielle Vermögensgegenstände können als Aktivposten in die Bilanz aufgenommen werden.«

Das hat erhebliche Auswirkungen auf IT-Projekte. Denn während nach »altem« HGB nur Ausgaben für gekaufte Hardware und Software als CAPEX (Capital Expenditure) gebucht werden durften und der überwiegende Projektaufwand, also vor allem die Arbeitsleistung eigener Mitarbeiter und per Dienstvertrag beschäftigter externer Kräfte einschließlich Zeitarbeitskräfte, als OPEX (Operational Expenditure) gebucht werden musste, hat sich im Umfeld von IAS/IFRS der CAPEX-Anteil des Projektaufwandes erheblich ausgeweitet.

Kriterien der Aktivierungsfähigkeit

Damit eine Ressource als Vermögensgegenstand klassifiziert und aktivierungsfähig wird, muss sie bestimmte Kriterien erfüllen (vgl. [Heyd/Lutz-Ingold, S. 25 ff.]):

- Es muss sich um einen wesentlichen Sachverhalt handeln, denn unwesentliche Sachverhalte sind für die Rechnungslegung nach IASB nicht relevant.
- Kontrolle und Verfügungsgewalt über die Ressource müssen bei der Organisation liegen.
- Die Ressource muss das Ergebnis von Ereignissen in der Vergangenheit sein, da zukünftig zu erstellende Vermögenswerte nicht aktiviert werden können.
- Die wirtschaftliche Vorteilhaftigkeit der Ressource muss wahrscheinlich sein.
- Der wirtschaftliche Vorteil aus der Ressource muss der Organisation wahrscheinlich zufließen – und nicht einem Dritten.
- Die Ressource ist zuverlässig bewertbar.

Konkretisierung

Die vorstehenden Formulierungen erscheinen dem Bilanzierungslaien seltsam unbestimmt, aber präzisere Aussagen findet man weder in den Gesetzen noch in entsprechenden Verordnungen oder der korrespondierenden Sekundärliteratur. Was ein »wesentlicher Sachverhalt« ist, muss man im Einzelfall festlegen und mit dem Jahresabschlussprüfer oder den Finanzbehörden abstimmen. Mit einer »Ressource« ist im Kontext von IT-Projekten auf jeden Fall ein Projektergebnis gemeint. Und die zu beantwortende Frage ist, ob ein Projektergebnis ein aktivierungsfähiger oder sogar aktivierungspflichtiger Vermögensgegenstand ist. Für Hardware und gekaufte Software ist die Frage eindeutig zu bejahen (entspricht auch der Praxis nach »altem« HGB). Interessant, aber auch schwierig zu beantworten ist die Frage, ob und wann selbst entwickelte Software und andere Projektleistungen wie z.B. Customizing von Standardsoftware, Implementierungen oder Schulungen zu Vermögensgegenständen führen.

Kriterien für eine Aktivierungspflicht

Für die grundsätzlich als aktivierungsfähig klassifizierten Vermögensgegenstände muss dann ein dreistufiges Kriterienschema durchlaufen werden, um eine Aktivierungspflicht oder möglicherweise auch ein Aktivierungsverbot festzustellen. Stufe 1 umfasst allgemeine Kriterien, Stufe 2 ergänzende Kriterien für selbst erstellte immaterielle Vermögensgegenstände und Stufe 3 dann Kriterien, die ein Verbot der Aktivierung bewirken. Für eine Aktivierung müssen die Kriterien der Stufen 1 und 2 kumulativ erfüllt sein und es darf kein Kriterium der Stufe 3 erfüllt sein. Das hört sich schwieriger an, als es tatsächlich ist.

Kriterien der Stufe 1

Die allgemeinen Ansatzkriterien nach Stufe 1 sind:

- Der Vermögensgegenstand muss identifizierbar sein – also von anderen Vermögensgegenständen klar abgegrenzt werden können. Er muss insbesondere vom Unternehmen getrennt werden können, also verkauft, vermietet oder getauscht werden können.
- Der Vermögensgegenstand muss nicht finanzieller Natur sein, der Nutzen darf also nicht darin bestehen, dass das Unternehmen einen Geldbetrag erhält.
- Der Vermögensgegenstand muss substanzlos sein, darf also keine physische Substanz haben oder diese muss – wie z.B. bei dem Datenträger für eine Software – von untergeordneter Bedeutung sein.
- Der Vermögensgegenstand muss für die Organisation kontrollierbar sein, der wirtschaftliche Vorteil daraus muss also ihr zufließen und sie muss den Zugriff Dritter auf diesen Vorteil beschränken oder ausschließen können.
- Der Vermögensgegenstand muss für die Organisation wahrscheinlich wirtschaftlich vorteilhaft sein.
- Der Vermögensgegenstand muss zuverlässig bewertbar sein.

Hier fallen die erheblichen Redundanzen zu den vorgenannten allgemeinen Kriterien zur Aktivierungsfähigkeit auf, aber das ist offenbar von den Autoren der entsprechenden Regelwerke gewollt.

Kriterien der Stufe 2

Die ergänzenden Kriterien der Stufe 2 für selbst erstellte immaterielle Vermögensgegenstände lauten:

- Der Vermögensgegenstand muss technisch realisierbar sein.
- Die Organisation muss die Absicht zur Fertigstellung und anschließenden Nutzung haben.
- Die Organisation muss die Fähigkeit besitzen, den Vermögensgegenstand zu nutzen oder zu vermarkten.
- Der Vermögensgegenstand muss die Fähigkeit haben, zukünftig einen wirtschaftlichen Nutzen zu erzielen.
- Die Organisation muss die erforderlichen Ressourcen zur Verfügung haben, um den Vermögensgegenstand fertigzustellen und dann zu nutzen oder zu vermarkten.
- Alle zurechenbaren Ausgaben (zur Erstellung des Vermögensgegenstandes) müssen diesem zuverlässig zurechenbar und verlässlich bewertbar sein.

Kriterien der Stufe 3

Selbst wenn nun alle vorgenannten Kriterien erfüllt wären, könnte es sein, dass der betrachtete Vermögensgegenstand nicht aktiviert werden darf, nämlich dann, wenn eines der Kriterien der Stufe 3 erfüllt ist:

- Das immaterielle Gut entspricht nicht der Definition eines immateriellen Vermögensgegenstandes nach IAS 38.8 (identifizierbar, nichtmonetär, ohne physische Substanz).
- Die Ausgaben führen zu einem selbst geschaffenen Firmenwert.
- Es handelt sich um Forschungsausgaben.
- Es handelt sich um Ausgaben für selbst geschaffene Markennamen, Drucktitel, Verlagsrechte, Kundenlisten sowie ihrem Wesen nach ähnliche Sachverhalte.
- Die Ausgaben zählen nicht zu den Anschaffungs- und Herstellkosten (AHK), selbst wenn sie die Kriterien nach IAS 38.18 – 38.67 erfüllen (zu den AHK vgl. HGB § 255).
- Die Ausgaben sind entstanden für immaterielle Vermögensgegenstände, die im Rahmen eines Unternehmenszusammenschlusses erworben wurden und nicht die Ansatzkriterien nach IAS 38.18 – 38.67 erfüllen.
- Ausgaben für Gründung, Ingangsetzung und Erweiterung des Geschäftsbetriebes
- Ausgaben für Aus- und Weiterbildungsaktivitäten
- Ausgaben für Werbekampagnen und Maßnahmen, die der Verkaufsförderung dienen
- Ausgaben für die Verlegung und Reorganisation des gesamten Unternehmens oder eines seiner Teile
- Ausgaben für immaterielle Vermögensgegenstände, die in früheren Perioden bereits als Aufwand erfasst wurden
- Nachträgliche Ausgaben für Markennamen, Drucktitel, Kundenlisten und ihrem Wesen nach ähnliche Werte

Darüber hinaus werden noch weitere, grundsätzliche Ansatzbeschränkungen genannt:

- Immaterielle Werte, die im Zusammenhang mit dem Humankapital des Unternehmens stehen
- Immaterielle Werte wie z.B. ein treuer Kundenstamm, Marktanteile, Kundenbeziehungen, Kundenloyalität, sofern keine rechtlichen Ansprüche geltend gemacht werden können
- Nachträgliche Ausgaben für immaterielle Güter, die nach deren Erwerb oder Fertigstellung anfallen

Anwendung auf Software

Der Leser wird feststellen, dass die positiven Kriterien, die zu einer Aktivierungspflicht führen (wenn nicht ein Kriterium der Stufe 3 dagegenspricht), für selbst erstellte Software ohne Zweifel zutreffen. In der Praxis wird es vor allem darauf ankommen, dass man den geschaffenen Vermögensgegenstand zweifelsfrei identifizieren und abgrenzen kann. Man sollte sich daher fragen, ob die Software ggf. als eigenständiges Produkt vermarktbar wäre. Ist das der Fall, muss aktiviert werden.

Anschaffungskosten

Anschaffungs- und Herstellkosten von immateriellen Vermögensgegenständen sind aktivierbar. § 255 HGB Abs. (1) sagt zu den Anschaffungskosten: »Anschaffungskosten sind die Aufwendungen, die geleistet werden, um einen Vermögensgegenstand zu erwerben und ihn in einen betriebsbereiten Zustand zu versetzen, soweit sie dem Vermögensgegenstand einzeln zugeordnet werden können.« Das ist relevant für die Einführung von Standardsoftware, denn Customizing- und Implementierungsaufwand sind demnach Anschaffungskosten und aktivierbar.

Forschungsausgaben

Bei den Negativkriterien der Stufe 3 ist besonders darauf hinzuweisen, dass Forschungsausgaben nicht aktiviert werden dürfen. Dieses Kriterium ist insbesondere für die Projekte ohne Betriebsphase von Bedeutung. Den Aufwand z.B. für die Untersuchung der Frage »Ist ein Einsatz des Betriebssystems X in unserer Organisation möglich und sinnvoll?« kann man nicht aktivieren.

Auch bei Projekten mit Betriebsphase sind etliche Ergebnisse als »Forschung« klassifizierbar. So hat die in Projekten immer wieder erforderliche Beantwortung grundlegender Fragen wie die Auswahl von Technologien, Werkzeugen oder Methoden Forschungscharakter und der dazu korrespondierende Aufwand ist demzufolge nicht aktivierbar. § 255 Abs. (2a) HGB sagt dazu: »Forschung ist das eigenständige und planmäßige Suchen nach neuen wissenschaftlichen oder technischen Erkenntnissen oder Erfahrungen allgemeiner Art, über deren technische Verwertbarkeit und wirtschaftliche Erfolgsaussichten grundsätzlich keine Aussagen gemacht werden können.« In Zweifelsfällen gilt: »Können Forschung und Entwicklung nicht verlässlich voneinander unterschieden werden, ist eine Aktivierung ausgeschlossen.«

Aus- und Weiterbildung

Außerdem ist darauf hinzuweisen, dass Ausgaben für Aus- und Weiterbildung nicht aktiviert werden dürfen. Das gilt z.B. für die Einführung einer Standardsoftware. Der entstehende erhebliche Aufwand für die Schulung der IT-Mitarbeiter und der Benutzer ist nicht aktivierungsfähig.

Wartung und Pflege

Nachträgliche Ausgaben nach Fertigstellung, also der Aufwand für Wartung und Pflege der Software, dürfen nicht aktiviert werden. Dies ist von erheblicher Bedeutung für das Releasemanagement, denn dort stellt sich die Frage, wann ein Release oder eine neue Version der Software einen neuen, eigenständigen Vermögensgegenstand darstellt.

IAS/IFRS dürfte hier tendenziell eher ablehnend eingestellt sein, denn es gibt eine spezielle Auslegung (SIC 6), dass Kosten der Anpassung vorhandener Software im Jahr des Entstehens als Aufwand zu erfassen sind. Sie können nur dann aktiviert werden, wenn ein über den ursprünglichen wirtschaftlichen Vorteil hinausgehender zusätzlicher Vorteil erzeugt wird, der zuverlässig ermittelt und der angepassten Software zugerechnet werden kann. Das dürfte aber nur selten der Fall sein.

Es ist zu empfehlen, das konkrete Vorgehen auf jeden Fall mit dem Rechnungswesen der Organisation abzustimmen. Gegebenenfalls macht es sogar Sinn, den Jahresabschlussprüfer der Organisation einzubinden.

4.3.3 Kennzahlen der Projektbewertung

Barwert

Es sei zunächst der aus dem Projekt entstehende Vermögenszuwachs betrachtet:

$$B = E - A$$

Diesen Vermögenszuwachs mit den kumulierten Einzahlungen $E=E(S+T)$ und den kumulierten Auszahlungen $A=A(S+T)$ über die gesamte Kalkulationsspanne des Projektes (vgl. Tab. 4–3) bezeichnet man als Barwert des Projektes bzw. der Investition. Der Barwert ist in den hier genutzten Zahlungs- und Vermögensplänen enthalten. Man findet ihn in der jeweils letzten Zeile (Σ) in der Spalte »Saldo«. In der Spalte »Kumulierter Saldo« findet man den Barwert in der Zeile für das Ende der letzten einbezogenen Betriebsperiode.

Der Barwert ist die Grundgröße der gesamten Rentabilitätsrechnung, sagt aber über die Vorteilhaftigkeit eines Projektes recht wenig aus. Er benennt zwar den absoluten Betrag des Vermögenszuwachses, sagt aber nicht, mit welchem Vermögenseinsatz er erzielt wurde.

Relativer Barwert

Daher sollte man den Barwert, wenn man ihn als Kenngröße (Metrik) zur Bewertung eines Projektes heranzieht, geeignet modifizieren. Es wird daher der relative Barwert RB betrachtet, bei dem der Barwert auf dasjenige Kapital K bezogen wird, das vom Projektinvestor bereitgestellt werden muss, damit das Vermögenskonto des Projektes während der gesamten Kalkulationsspanne einen nicht negativen Saldo ausweist. Damit erhält man folgende Berechnungsformel:

$$RB = B / K$$

Dabei hängt der Kapitalbedarf K von der spezifischen Berechnungsform ab, also den gewählten Buchungszeitpunkten für den Zahlungs- und Vermögensplan (ZVP) des Projektes.

Der Barwert hat eine Schwäche. Er reagiert nicht, wenn sich Einzahlungen und Auszahlungen periodenweise um den gleichen Betrag erhöhen oder sinken. Das zeigt das in Tabelle 4–17 und Tabelle 4–18 dargestellte, modifizierte Stammbeispiel.

Periode	Einzahlung	Auszahlung
Projektperiode	0	400
Betriebsperiode 1	260	300
Betriebsperiode 2	540	200
Betriebsperiode 3	540	200

Tab. 4–17
Zahlungsflüsse eines Projektes (Stammbeispiel, modifiziert)

	Zeitpunkt	Ein-zahlung	Aus-zahlung	Saldo	Kum. Saldo	Vermögen
						700
0	Beginn PP	0	400	-400	-400	300
1	Ende PP, Beginn BP(1)	0	300	-300	-700	0
2	Ende BP(1), Beginn BP(2)	260	200	+60	-640	60
3	Ende BP(2), Beginn BP(3)	540	200	+340	-300	400
4	Ende BP(3)	540	0	+540	+240	940
	Σ	1.340	1.100	+240		

Tab. 4–18
ZVP eines Projektes (Stammbeispiel, modifiziert)

Gegenüber dem Stammbeispiel ist der absolute Barwert unverändert. Der relative Barwert sinkt allerdings, da in der hier angewandten Betrachtungsweise der Kapitalbedarf um 100 Geldeinheiten gestiegen ist. Würde man wie üblich Einzahlungen und Auszahlungen innerhalb der jeweiligen Perioden saldieren, dann würde sich auch der relative Barwert nicht verändern.

Stabilitätskennzahl

Vor diesem Hintergrund wird in etlichen Organisationen ergänzend zum Barwert eine Stabilitätskennzahl STK (vgl. [Kütz 2005, S. 273]) gebildet, die wie folgt definiert ist:

$$STK = B / (E + A) = RB \cdot [K / (E + A)]$$

Für das Stammbeispiel hat STK etwa den Wert 0,13 und für das modifizierte Stammbeispiel ergibt sich etwa 0,098. Die Stabilitätskennzahl ist ein einfacher Risikoindikator. Mit wachsendem Zahlungsvolumen werden sich Störungen in größeren Schwankungen dieses Volumens niederschlagen, da den relativen Abweichungen größere absolute Beträge entsprechen.

Rentabilität

Eine weitere Kenngröße zur Beurteilung der Vorteilhaftigkeit eines Projektes ist die Rentabilität, die als Quotient aus dem Endvermögen am Ende der Kalkulationsspanne und dem Startvermögen zu Beginn des Projektes definiert ist:

$$R = (K + B) / K = 1 + RB$$

Die Rentabilität beschreibt also die relative Vermögensentwicklung der Organisation durch das Projekt.

Wirtschaftlichkeit

Nimmt man an, dass sämtliche Zahlungsabflüsse zu Beginn des Projektes und sämtliche Zahlungszuflüsse am Ende der Kalkulationsspanne gebucht werden, dann gilt:

$$W = (B + A) / A = E / A$$

In diesem Fall wird die Rentabilität zur Wirtschaftlichkeit des Projektes, denn Wirtschaftlichkeit ist das Verhältnis von Output (=Einzahlungen) und Input (=Auszahlungen).

Für das Stammbeispiel erhält man:

$$R = (B + K) / K = (240 + 600) / 600 = 140\,\%$$

$$W = (B + A) / A = (240 + 800) / 800 = 130\,\%$$

Rentabilität und Kapitalbedarf

Anhand der Rentabilität (analog ist das auch für den relativen Barwert möglich) lässt sich folgende Überlegung anstellen. Wenn man den Kapitalbedarf des Projektes senken könnte, dann ließe sich die Rentabilität des Projektes steigern, im Extremfall bis ins Unendliche, denn das Vermögen des Unternehmens würde sich vergrößern, ohne dass man eigenes Kapital einsetzen würde. Es handelt sich um eine projektspezifische Variante des bekannten Leverage-Effektes (vgl. [Wöhe/Döring 2008, S. 661-662]).

Fremdfinanzierung eines Projektes

Das wäre zum Beispiel möglich, indem man den Kapitalbedarf des Projektes über einen Kredit fremdfinanzieren würde. Dann würden bei entsprechenden Vereinbarungen mit dem Kreditgeber in der Projektphase keine Auszahlungen anfallen. Dafür hätte man dann in den Betriebsphasen zusätzliche Auszahlungen durch die Zahlungen an den Kreditgeber.

Wie sich das auswirkt, zeigt das Stammbeispiel (vgl. Tab. 4–19), wenn man den Kapitalbedarf von 600 Geldeinheiten komplett fremdfinanziert (Bereitstellung der Mittel zum Zeitpunkt Nr. 0) und die Rückzahlung des Kredites zu den Zeitpunkten Nr. 2, 3 und 4 in Raten von 45, 300 und 345 (inkl. Zinsen) erfolgen soll. Insgesamt müssen also 690 Geldeinheiten an den externen Kreditgeber gezahlt werden. Der Barwert sinkt um die zusätzlichen Zinsausgaben in Höhe von 90 Geldeinheiten auf 150 Geldeinheiten. Dieses Projekt hätte eine unendlich hohe Rentabilität, da kein eigenes Kapital eingesetzt wird. Allerdings wird der externe Kapitalgeber in einem solchen Fall einen deutlich höheren Zinssatz fordern, der wiederum den Barwert reduzieren würde.

Tab. 4–19
ZVP eines Projektes (Stammbeispiel, Fremdfinanzierung)

	Zeitpunkt	Ein-zahlung	Aus-zahlung	Saldo	Kum. Saldo	Vermögen
						0
0	Beginn PP	0 600	400	200	200	200
1	Ende PP, Beginn BP(1)	0	200	-200	0	0
2	Ende BP(1), Beginn BP(2)	160	100 45	15	15	15
3	Ende BP(2), Beginn BP(3)	440	100 300	40	55	55
4	Ende BP(3)	440	0 345	95	150	150
	Σ	1.640	1.490	150		

Return on Investment

Eine weitere Rentabilitätskennzahl ist der ROI (Return on Investment), der analog dem ROI für das Unternehmen insgesamt gebildet wird (vgl. [Wöhe/Döring 2008, S. 908], [Brugger 2009, S.181-183]). Er bezeichnet den mittleren Kapitalrückfluss während der Kalkulationsspanne, bezogen auf das investierte Kapital. Man erhält mit der Kalkulationsspanne S+T+1

$$ROI = \frac{(K + B) / (S + T + 1)}{K} = \frac{R}{S + T + 1}$$

Mit T=3 (Betriebsphase von drei Perioden) und S=0 (Projektphase von einer Periode) erhält man für das Stammbeispiel (vgl. Tab. 4–7):

$$\text{ROI} = (B + K) / [(S + T + 1) \cdot K] = (240 + 600) / 4 \cdot 600 = 35\,\%$$

Amortisationsdauer

Und schließlich stellt sich die Frage, wie lange es dauert, bis das eingesetzte Kapital wieder vollständig zurückgeflossen ist. Dazu betrachtet man die Folge der Barwerte:

$$B(t) = E(t) - A(t)$$

In erster Näherung sucht man denjenigen Wert t, für den zum ersten Mal $B(t) \geq 0$ ist. Da die Folge der Barwerte B(t) jedoch mehrere Vorzeichenwechsel haben kann, ist es besser, die Nummer D desjenigen Zahlungszeitpunktes zu suchen, für die gilt:

$$B(t) \geq 0 \text{ für } 0 \leq D \leq t \leq S + T + 1$$

Die Amortisation erfolgt also in der Periode, die mit dem Zeitpunkt D abschließt; die Amortisationsdauer beträgt D-1 Perioden. Im Zahlungs- und Vermögensplan kann man die Amortisationsdauer aus der Spalte der kumulierten Salden ablesen; im Stammprojekt ist D=4 (vgl. Tab. 4–7), also erfolgt die Amortisation in der vierten Periode der Kalkulationsspanne.

Näherungsweise ist

$$D^{\sim} = 1 / ROI$$

Für das Beispielprojekt erhält man $D^{\sim}=1/0{,}35\approx 2{,}86$, also eine optimistische Schätzung, da die Formel von einem gleichbleibenden Kapitalrückfluss über die gesamte Kalkulationsspanne hinweg ausgeht.

Vergleich der Kenngrößen

Betrachtet man die bislang untersuchten Größen Rentabilität, ROI und Amortisationsdauer, so erhält man bei vorgegebener Kalkulationsspanne S+T+1 folgende Beziehung

$$R = 1 + RB = (S + T + 1) \cdot ROI = (S + T + 1) / D^{\sim}$$

Er genügt bei vorgegebener Kalkulationsspanne, eine dieser Größen für die Projektbewertung auszuwählen. Im Folgenden wird die Kenngröße »Rentabilität« genutzt.

Rentabilität von Kleinprojekten

Die Vorteilhaftigkeit von Kleinprojekten muss man in der gleichen Weise untersuchen wie die Vorteilhaftigkeit von Projekten. Es sind also der Aufwand für die eigentliche Auftragsbearbeitung, die daraus resultierenden Betriebsaufwände und die generierten Nutzeffekte abzuschätzen.

Um den Aufwand der Rentabilitätsbetrachtung in der Relation zur Größe des Kleinprojektes angemessen zu halten, wendet man hier aber vereinfachte Verfahren an. So vernachlässigt man die Dauer des Kleinprojektes und betrachtet nur eine Betriebsperiode. Der Kapitalbedarf umfasst also den eigentlichen Projektaufwand und die resultierenden Betriebskosten für eine Betriebsperiode. Der am Ende dieser Periode realisierte Nutzen des Kleinprojektes muss dann so groß sein, dass die vereinfachte Rentabilität der folgenden Beziehung genügt:

$$R = \frac{\mathrm{N}}{K + A} \geq 1 + \frac{RB\ (S + T + 1)}{S + T + 1}$$

RB(S+T+1) ist die vom Unternehmen für Projekte mit der Kalkulationsspanne S+T+1 erwartete Mindestrendite im Sinne eines relativen Barwerts, N der finanzielle Gegenwert des generierten Nutzeffektes.

Erwartet man also bei einer Kalkulationsspanne von 4 Perioden einen relativen Barwert von 20 %, so wird man für Kleinprojekte, also nach einer Periode, einen relativen Barwert von 5 % erwarten.

Wertbeitrag von Projekten

In der IT wird der Wertbeitrag seit einiger Zeit intensiv diskutiert (vgl. [Stoll 2008, S. 118-123]). Dahinter steht die berechtigte Frage, in welchem Ausmaß IT zum Wert und zur Wertsteigerung des Unternehmens beiträgt. Die Forderung nach einem solchen Wertbeitrag gilt auch und gerade für Projekte.

Um den Wertbeitrag eines Projektes zu messen, muss man ihn geeignet definieren. Folgt man den Überlegungen der wertorientierten Unternehmensführung (vgl. [Stiefl/von Westerholt 2008]), so ist der Wertbeitrag derjenige Vermögenszuwachs, der verbleibt, wenn man den Barwert des Projektes um diejenigen Auszahlungen reduziert, die der Projektinvestor periodenweise für die Bereitstellung des benötigten Kapitals fordert. Dahinter steht die Vorstellung, dass der Kapitalgeber für die bereitgestellten finanziellen Mittel eine Art Dividende erwartet, die das Projekt periodenweise an ihn zahlen muss.

Damit ist der Wertbeitrag neben Rentabilität, ROI und Amortisationsdauer ein weiteres Maß für die Vorteilhaftigkeit von Projekten und kann wie folgt definiert werden: Der Wertbeitrag eines Projektes ist der Anteil des Barwertes, der auf dem Vermögenskonto des Projektes verbleibt, nachdem man die Zinserwartungen der Eigen- und Fremdkapitalgeber periodenweise befriedigt hat.

Die Ermittlung eines solchermaßen definierten Wertbeitrages zeigt Tabelle 4–20 anhand des Stammbeispiels. Dazu sei ein Kapitalzins von 10 % angenommen, der periodenweise nachschüssig auf das in der betrachteten Periode noch gebundene Kapital zu zahlen ist.

Tab. 4–20
Wertbeitrag eines Projektes (Stammbeispiel)

	Zeitpunkt	Ein-zahlung	Aus-zahlung	Zins auf Kapital	Saldo	Kum. Saldo	Ver-mögen
							644
0	Beginn PP	0	400	0	-400	-400	244
1	Ende PP, Beginn BP(1)	0	200	40	-240	-640	4
2	Ende BP(1), Beginn BP(2)	160	100	64	-4	-644	0
3	Ende BP(2), Beginn BP(3)	440	100	65	+275	-369	275
4	Ende BP(3)	440	0	37	+403	+34	678
	Σ	1.040	800	206	+34		

Der Wertbeitrag des Projektes beträgt 34 Geldeinheiten. Der Kapitalbedarf steigt auf 644 Geldeinheiten. Insofern beträgt der relative Wertbeitrag des Projektes 5,3 %. Der ursprüngliche Barwert des Projektes betrug 240 Geldeinheiten; davon hat der Projektinvestor 206 Geldeinheiten als geforderte »Gebühren« für die Kapitalbereitstellung abgezogen.

4.3.4 Anschluss- und Erweiterungsprojekte

In vielen IT-Projekten geht es nicht darum, ein völlig neues System zu realisieren, sondern darum, ein vorhandenes System auszutauschen, zu modernisieren oder zu erweitern. Einen identischen Systemaustausch wird es im IT-Umfeld praktisch nicht geben, da sich Technologien und Kosten ständig ändern. Auch wird ein Systemaustausch, man denke etwa an einen Releasewechsel bei Standardsoftware, in der Regel mit einer Erweiterung der Funktionalität einhergehen.

Insofern sind im Hinblick auf die Rentabilitätsbetrachtung für Projektanträge zwei Konstellationen zu unterscheiden, einerseits Anschlussprojekte, in denen ein Altsystem vollständig durch ein gleichartiges Nachfolgesystem abgelöst wird, andererseits Erweiterungsprojekte, in denen ein vorhandenes System zwar erweitert wird, z.B. durch neue Module oder Funktionalitäten, aber im Wesentlichen erhalten bleibt. Erweiterungsprojekte weisen gegenüber Anschlussprojekten einige Besonderheiten auf, sodass eine unterschiedliche Betrachtung beider Projektkategorien sinnvoll ist.

Anschlussprojekte

Projektantrag

Zunächst ist ein Anschlussprojekt wie ein beliebiges Projekt zu behandeln. Kapitalbedarf, Aufwand und Nutzeffekte müssen in bekannter Weise ermittelt werden. Kapitalbedarf und Aufwand lassen sich in der Regel ohne (wesentliche) Probleme ermitteln. Bei den Nutzeffekten besteht allerdings das Problem, dass Anschlussprojekte eigentlich keinen grundsätzlich neuen Nutzen generieren, sondern »nur« das bisherige Nutzenniveau erhalten oder verbessern. Insofern müssen Anschlussprojekte auf die jeweils vorausgehenden Einführungs- oder Anschlussprojekte referenzieren und können die dort zugrunde gelegten Nutzeffekte übernehmen – natürlich nach kritischer Prüfung und ggf. korrigiert.

Ein solches Vorgehen ist auf jeden Fall dann gerechtfertigt, wenn sich die Betriebsphasen aufeinanderfolgender Einführungs- und Anschlussprojekte nicht überlappen (vgl. Abb. 4–4). Denn in die Entscheidung für ein vorlaufendes Projekt wurden nur Effekte innerhalb der Kalkulationsspanne einbezogen. Nach Ablauf der Kalkulationsspanne sind diese Nutzeffekte, evtl. in abgeschwächter oder abgeänderter Form, wieder »frei« und können von einem nachfolgenden Projekt »genutzt« werden.

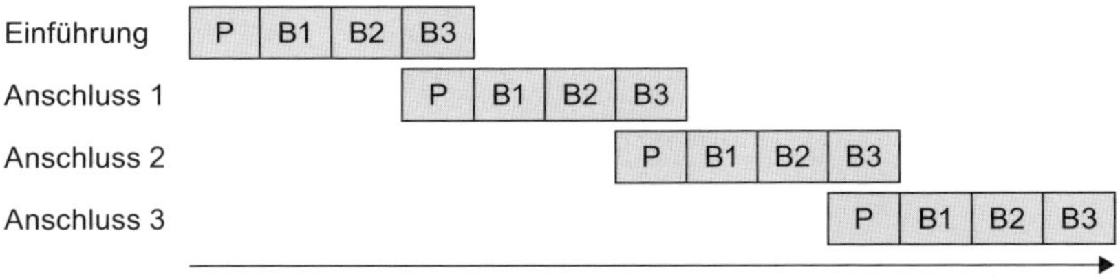

Abb. 4–4
Folge von Anschlussprojekten

Die in Abbildung 4–4 dargestellte Staffelung der Projekte nimmt an, dass Nutzeffekte erst nach Beginn der Betriebsphase und nicht schon in der Projektphase eintreten.

Optimaler Projektzeitpunkt

Wird ein Anschlussprojekt zu früh gestartet, also so, dass die auslaufende Betriebsphase des Vorgängerprojektes und die anlaufende Betriebsphase des Anschlussprojektes sich zeitlich überlappen, wird die Kalkulationsspanne des Vorgängerprojektes verkürzt. In der Regel geht das mit einer Rentabilitätsverschlechterung einher. Zwar werden Folgekosten des Vorgängerprojektes vermieden, zugleich können aber auch erwartete Nutzeffekte nicht mehr generiert werden. Diesen entgangenen Vermögenszuwachs muss dann das Anschlussprojekt in seine Rentabilitätsberechnung übernehmen. Seine Rentabilität wird sich dadurch verschlechtern. Anschlussprojekte dürfen also nicht zu früh durchgeführt werden.

Verschiebt sich ein Anschlussprojekt zeitlich nach hinten, sodass zwischen dem Ende der Kalkulationsspanne des Vorgängerprojektes und dem Betriebsphasenbeginn des Anschlussprojektes eine zeitliche Lücke entsteht, dann führt das, wenn die zeitliche Verschiebung keine Veränderungen der Anschlussprojektdaten bewirkt, dazu, dass Vorgängerprojekt und Anschlussprojekt in der Summe zwar den gleichen Vermögenszuwachs generieren, aber gegenüber einem passgenauen zeitlichen Anschluss (Ende Kalkulationsspanne des Vorgängerprojektes = Beginn Betriebsphase des Anschlussprojektes) wird mehr Zeit benötigt. Das führt zu einer Verschlechterung der Gesamtrentabilität über beide Projekte.

Den Effekt zeigt Tabelle 4–21; dabei sind Ein- und Auszahlungen bereits zeitpunktweise saldiert.

Tab. 4–21
Auswirkungen Nutzenentgang

Zeitpunkt Nr.	Salden Projekt 1	Salden Projekt 2	Salden Projekt 2 modifiziert
0	-100		
1	-20		
2	60	-100	-100
3	60	-20	-20
4	60	60	0
5		60	60
6		60	60

Übernimmt also das Folgeprojekt den entgangenen (Netto-)Nutzen des Vorgängerprojektes, so sinkt im vorstehenden Beispiel die Rentabilität des Folgeprojektes von 150 % auf 100 %. Ein solches Projekt hat praktisch keine Chance auf Genehmigung des Projektantrages.

Referenzierung auf Vorgängerprojekt

Die Referenzierung auf das Vorgängerprojekt wirkt sich hingegen (bei geeigneter zeitlicher Staffelung) positiv auf die Rentabilität aus. Dazu sei das in Tabelle 4–22 dargestellte Beispiel aus Einführungsprojekt und erstem Anschlussprojekt betrachtet.

Tab. 4–22
Rentabilität von Anschlussprojekten (1)

Nr.	Einfühungs-projekt	Anschluss-projekt	Kombinier-tes Projekt	kumulierte Salden	Vermögens-konto
					120
0	-100		-100	-100	20
1	-20		-20	-120	0
2	60		60	-60	60
3	60	-100	-40	-100	20
4	60	-20	40	-60	60 (-60)
5		60	60	0	120 (-60)
6		60	60	60	180 (-60)
7		60	60	120	240 (-60)

Die Spalte »Vermögenskonto« zeigt, dass man das Austauschprojekt vollständig aus dem Einführungsprojekt heraus finanzieren kann, also kein neues Kapital bereitstellen muss. Man kann sogar zum Buchungszeitpunkt Nr. 4 dem Vermögenskonto 60 Geldeinheiten entnehmen, die im Nachgang nicht mehr benötigt werden.

ROI von Anschlussprojekten

Der Projektinvestor kann die Situation nun wie folgt interpretieren: Zum Zeitpunkt 0 investiert er 120 Geldeinheiten in das Einführungsprojekt. Zum Zeitpunkt 4 erhält er Kapital und Barwert zurück, behält den Barwert und reinvestiert 120 Geldeinheiten in das Austauschprojekt. In diesem Projekt erzielt er eine Rentabilität von 150 % bereits in 3 Perioden. Bei dieser Betrachtungsweise hat das Austauschprojekt einen höheren ROI als das Einführungsprojekt. Und es hat vor allem einen höheren ROI als bei isolierter Betrachtung.

Das führt zu der Erkenntnis: Kann man ein Austauschprojekt vollständig aus dem Kapital des Vorgängerprojektes finanzieren, so reduziert sich die Kalkulationsspanne dieses Projektes auf die Betriebsphase und die Rentabilität des eingesetzten Kapitals steigt. Die Einbeziehung des Vorgängerprojektes ist aber nur dann möglich, wenn man auf seine Kapital-, Aufwands- und Nutzendaten zurückgreifen kann!

Ergänzende Fragestellungen

Jetzt sind noch zwei Fragen zu beantworten:

- Wie muss man rechnen, wenn man nicht das erste Anschlussprojekt nach dem Einführungsprojekt betrachtet, sondern spätere Anschlussprojekte?
- Wie muss man rechnen, wenn das Anschlussprojekt einen so hohen Kapitalbedarf hat, dass er aus dem im Vorgängerprojekt gebundenen Kapital nicht gedeckt werden kann, also zusätzliches Kapital bereitgestellt werden muss?

Projektübergreifendes Vermögenskonto

Will man die erste Frage beantworten, so muss man auf die Kontostände des Vorgängerprojektes zurückgreifen können. Daraus kann man erkennen, ob das Anschlussprojekt mit dem vorhandenen Kapital finanziert werden kann und wie viel Kapital der Projektinvestor am Ende der Kalkulationsspanne des Vorgängerprojektes abziehen kann. Die Folge von Einführungsprojekt und Anschlussprojekten muss also über ein gemeinsames Vermögenskonto abgebildet werden.

Anschlussprojekte mit zusätzlichem Kapitalbedarf

Um zu zeigen, wie man die zweite Fragestellung beantwortet, sei wieder ein Beispiel betrachtet (vgl. Tab. 4–23).

Tab. 4–23 *Kapitalbedarf für Anschlussprojekte*

	Vorgänger-projekt	Anschlussprojekt Variante 1		Anschlussprojekt Variante 2	
Nr.	Vermögen	Salden	Vermögen gesamt	Salden	Vermögen gesamt
2	60		60		60
3	120	-100	20	-150	-30
4	180	-50	30 (-30)	-40	-10
5		60	90 (-30)	90	80
6		80	170 (-30)	90	170
7		80	250 (-30)	90	260

Für das Anschlussprojekt in der Variante 1 argumentiert man wie folgt: Zum Ende der Kalkulationsspanne des Vorgängerprojektes (Zeitpunkt 4) muss der Projektinvestor 150 Geldeinheiten in das Anschlussprojekt (re-)investieren, die aber auf dem Vermögenskonto aus dem Vorgängerprojekt heraus bereits vorhanden sind. Zudem kann er 30 Geldeinheiten aus dem Vermögenskonto abziehen. Aufgrund der verkürzten Kalkulationsspanne von drei Perioden hat das Anschlussprojekt einen ROI von 48,9 %. Bei isolierter Betrachtung als eigenständiges Projekt wäre die Kalkulationsspanne vier Perioden lang und das Projekt würde nur einen ROI von 36,7 % erzielen.

Für das Anschlussprojekt in der Variante 2 muss man wie folgt argumentieren: Zum Zeitpunkt 3 muss der Projektinvestor 40 Geldeinheiten für dieses Projekt bereitstellen und zum Zeitpunkt 4 kann er weitere 150 Geldeinheiten aus dem Vorgängerprojekt (re-)investieren. Würde man dieses Anschlussprojekt isoliert betrachten, so müsste der Projektinvestor zum Zeitpunkt 3 insgesamt 190 Geldeinheiten bereitstellen. Dies würde über vier Perioden zu einem Endvermögen von 270 Geldeinheiten führen und damit zu einer Rentabilität von 142,1 % und einem ROI von 35,5 %. Betrachtet man dieses Anschlussprojekt in Verbindung mit dem Vorgängerprojekt, so führen die zum Zeitpunkt 3 bereitgestellten 40 Geldeinheiten bei einer Rentabilität von 142,1 % zu einem Endvermögen von 56,8 Geldeinheiten. Das restliche Endvermögen von 213,2 Geldeinheiten entsteht dann (rechnerisch) aus den zum Zeitpunkt 4 (re-)investierten 150 Geldeinheiten aus dem Vorgängerprojekt. Aufgrund der reduzierten Kalkulationsspanne führt das aber für diesen Teil des benötigten Kapitals zu einem ROI von 47,4 %. Man muss also den Kapitaleinsatz nach den unterschiedlichen Bindungsdauern aufteilen.

Erweiterungsprojekte

Isolierte Betrachtung

Werden bestehende Systeme erweitert, so ist man geneigt, die Frage der Rentabilität darauf zu reduzieren, dass man die Ein- und Auszahlungen, die dieser Erweiterung zuzuordnen sind, ermittelt und auf Basis dieser Zahlen die übliche Rentabilitätsrechnung durchführt.

Verbundene Betrachtung

Bei genauem Hinsehen ist die Sachlage allerdings komplexer. Denn die Erweiterung setzt auf einem bestehenden System auf. Sie kann ohne dieses System nicht genutzt werden. Nach ihrer Realisierung ist sie sogar integraler Bestandteil dieses Systems.

Versetzte Kalkulationsspannen

Das bereits vorhandene System ist im Einsatz und befindet sich mitten in oder bereits am Ende seiner Kalkulationsspanne. Es stellt sich dann sofort die Frage, ob man eventuell kurz vor dem Ende der

Kalkulationsspanne noch eine Erweiterung vornehmen darf. Tabelle 4–24 zeigt die Problematik exemplarisch.

Nr.	Salden vorhandenes System	Salden Erweiterung	Barwert Gesamtsystem
0	-100		-100
1	-20		-120
2	60	-30	-90
3	60	-10	-40
4	60	20	40
5		20	
6		20	

Tab. 4–24
Barwert Erweiterungsprojekt

Würde man das vorhandene System zum Ende seiner Kalkulationsspanne (Zeitpunkt Nr. 4) stilllegen, könnte die Erweiterung lediglich einen Barwert von -20 Geldeinheiten realisieren. Für das Gesamtsystem würde der Barwert auf 40 Geldeinheiten sinken. Das wird kein Projektinvestor akzeptieren.

Fallunterscheidungen

Für eine systematische Betrachtung von Erweiterungsprojekten müssen drei Fälle unterschieden werden:

- Fall 1:
  Die Betriebsphase des Erweiterungsprojektes wird so verkürzt, dass sie mit der Betriebsphase des zugrunde liegenden Systems endet.
- Fall 2:
  Die Betriebsphase des zugrunde liegenden Systems wird so verlängert, das sie mit der Betriebsphase des Erweiterungsprojektes endet.
- Fall 3:
  Die Erweiterung erfolgt auf einem dauerhaft eingesetzten System. Ihre Kalkulationsspanne überlappt entweder Einführungsprojekt und Anschlussprojekt oder zwei aufeinanderfolgende Anschlussprojekte.

Fall 1

Wird die Betriebsphase des Erweiterungsprojektes verkürzt, dann muss das Erweiterungsprojekt im Rahmen einer verkürzten Kalkulationsspanne hinreichend rentabel sein. Anderenfalls wird es der Projektinvestor nicht genehmigen. Allerdings ergibt sich dann eine Konstellation, die aus der Diskussion der Anschlussprojekte heraus bereits bekannt ist. Das zeigt das in Tabelle 4–25 dargestellte Beispiel.

Tab. 4–25
Erweiterungsprojekt mit verkürzter Betriebsphase (1)

Nr.	Salden Basissystem	Salden Erweiterung	Vermögenskonto
			120
0	-100		20
1	-20		0
2	60	-20	40
3	60	-10	90
4	60	33	183

Was ist das Besondere an diesem Beispiel? Bei isolierter Betrachtung hätte das Erweiterungsprojekt keine Chance auf Genehmigung. In Kombination mit dem Basissystem sieht das jedoch anders aus. Das Erweiterungsprojekt kann mit dem vorhandenen Kapital finanziert werden. Mit der Erweiterung kann der Projektinvestor die Rentabilität des bereits eingesetzten Kapitals erhöhen.

Vorgehen ohne Kapitalbedarf

Daraus ergibt sich folgende Regel: Erweiterungen mit verkürzter Betriebsphase kann man immer dann genehmigen, wenn kein zusätzliches Kapital zugeführt werden muss und die Erweiterung selbst einen positiven Barwert aufweist.

Vorgehen mit Kapitalbedarf

Analog kann man daraus das Vorgehen ableiten, wenn zur Finanzierung der Erweiterung zusätzliches Kapital erforderlich ist. Das zeigt exemplarisch Tabelle 4–26.

Tab. 4–26
Erweiterungsprojekt mit verkürzter Betriebsphase (2)

Nr.	Salden Basissystem	Salden Erweiterung	Vermögenskonto
			120
0	-100		20
1	-20		0
2	60	-70	-10 + 10
3	60	-20	30 + 10
4	60	105	195 + 10

In diesem Beispiel muss man zum Zeitpunkt Nr. 2 weiteres Kapital in Höhe von 10 Geldeinheiten bereitstellen. Nimmt man an, dass der Projektinvestor für dieses zusätzliche Kapital dieselbe Verzinsung fordert wie für das im Basissystem investierte Kapital, nämlich 12,5 % pro Periode, so müssen diese 10 Geldeinheiten in zwei Perioden einen Barwert in Höhe von 25 %, also 2,5 Geldeinheiten generieren. Bei dieser Verzinsungserwartung müssten zum Zeitpunkt Nr. 4 insgesamt 192,5 Geldeinheiten auf dem Vermögenskonto gebucht sein. Tatsächlich sind es jedoch gemäß Tabelle 4–26 205 Geldeinheiten. Durch die Erweiterung wird demnach ein zusätzlicher Barwert in Höhe von 12,5 Geldeinheiten generiert.

Fall 2

Bei dieser Betrachtungsweise muss man die Laufzeit des Basissystems geeignet verlängern. Das kann man aber so betrachten, als ob (parallel zur Erweiterung) ein Anschlussprojekt mit verkürzter Betriebsphase durchgeführt wird. Das sei exemplarisch in Tabelle 4–27 betrachtet.

Tab. 4–27 *Erweiterungsprojekt mit verlängerter Betriebsphase des Basissystems (1)*

Nr.	Basissystem	Erweiterungsprojekt	Anschlussprojekt
0	-100		
1	-20		
2	60	-30	
3	60	-10	-100
4	60	20	-20
5		20	60
6		20	60

Fasst man Basissystem und Anschlussprojekt zusammen, gelangt man zu der in Tabelle 4–28 dargestellten Datenkonstellation.

Tab. 4–28 *Erweiterungsprojekt mit verlängerter Betriebsphase des Basissystems (2)*

Nr.	Salden Basissystem	Vermögen Basissystem	Salden Erweiterung	Vermögen gesamt
		120		120
0	-100	20		20
1	-20	0		0
2	60	60	-30	30
3	-40	20	-10	-20 + 20
4	40	60	20	40 + 20
5	60	120	20	120 + 20
6	60	180	20	200 + 20

Dieses Ergebnis ist wie folgt zu interpretieren: Das Basissystem generiert einen durchschnittlichen Vermögenszuwachs von 12,5 % pro Periode der Kalkulationsspanne. Das Anschlussprojekt mit der verkürzten Betriebsphase kann aus dem Kapital des Basissystems finanziert werden. Über sechs Perioden muss das eingesetzte Kapital von 120 Geldeinheiten dann aber zu einem Endvermögen von 210 Geldeinheiten führen. Geht man davon aus, bleiben jedoch von dem zusätzlich für die Erweiterung einzusetzenden Kapital in Höhe von 20 Geldeinheiten nur 10 Geldeinheiten übrig, was einem negativen Barwert entspricht. Das Erweiterungsprojekt lohnt sich in diesem Fall daher nicht.

Fall 3

Jetzt sei ein Basissystem mit regulärem Anschlussprojekt (vollständige Kalkulationsspanne) und einer zusätzlichen Erweiterung betrachtet (vgl. Tab. 4–29).

Tab. 4–29 *Erweiterungsprojekt auf langfristig eingesetztem Basissystem*

Nr.	Salden B	Salden A	Salden E	Salden aggregiert	Vermögen aggregiert
					120
0	-100			-100	20
1	-20			-20	0
2	60		-30	30	30
3	60	-100	-10	-50	-20 + 20
4	60	-20	20	60	40 + 20
5		60	20	80	120 + 20
6		60	20	80	200 + 20
7		60		60	260 + 20
B = Basissystem; A = Anschlussprojekt; E = Erweiterung					

Die Situation ist folgendermaßen zu interpretieren:

- Würde man nur Basisprojekt und Anschlussprojekt durchführen, so müsste man 120 Geldeinheiten an Kapital bereitstellen und hätte nach 7 Perioden ein Endvermögen von 240 Geldeinheiten.
- Das Anschlussprojekt benötigt zum Zeitpunkt Nr. 3 Kapital in Höhe von 20 Geldeinheiten und führt in drei Perioden zu einem (Differenz-)Endvermögen von 40 Geldeinheiten. Das entspricht einer Rentabilität von 200 % bzw. einer durchschnittlichen Verzinsung des eingesetzten Kapitals in Höhe von 33,3 %.

Vor dem Hintergrund des Basissystems mit regelmäßigen Anschlussprojekten stellt die Erweiterung eine für den Projektinvestor attraktive Investition dar. Bei der Rentabilitätsbetrachtung muss man also auf das dahinter stehende Basissystem referenzieren können und dessen Datensatz mit einbeziehen.

4.3.5 Kauf oder Miete

In jedem Projekt stellt sich die Frage, ob es sinnvoller ist, eingesetzte Hardware- oder Softwarekomponenten zu kaufen oder zu mieten bzw. zu leasen.

Wenn man ein Gerät kauft, dann entsteht eine dem Kaufpreis entsprechende Auszahlung zum Beschaffungszeitpunkt. Das stellt in vielen Projekten eine wesentliche Determinante des Kapitalbedarfs dar.

Auswirkungen auf die Projektphase

Kann man das gleiche Gerät mieten oder leasen, so müssen oftmals noch während des Projektes erste (monatliche) Miet- bzw. Leasingzahlungen erfolgen, aber diese führen in der Summe zu wesentlich niedrigeren Auszahlungen in der Projektphase als im Falle eines Kaufes. Das reduziert den Kapitalbedarf des Projektes.

In der Praxis gibt es immer wieder Situationen, dass ein Projekt durchführbar wird, weil die benötigte Hardware oder Software nicht gekauft werden muss, sondern gemietet werden kann. Das ist immer dann der Fall, wenn das für eine Kauflösung benötigte Kapital nicht verfügbar ist oder von der obersten Leitung der Organisation nicht für diesen Zweck freigegeben wird.

Auswirkungen auf die Betriebsphase

In der Betriebsphase müssen Miet- bzw. Leasingzahlungen geleistet werden. Sie erhöhen die Auszahlungen. Da der Vermieter bzw. Leasinggeber des Gerätes mit der Vermietung ein profitables Geschäft betreibt, wird die Summe aller Mietzahlungen bzw. Leasingraten höher sein als der Kaufpreis des Gerätes. Also reduziert sich der Barwert des Projektes.

Veränderung der Rentabilität

Im Folgenden werden der Kapitalbedarf und Barwert sowohl der Kaufvariante als auch der Mietvariante und der daraus zu errechnende relative Barwert betrachtet. B und K seien Barwert und Kapitalbedarf der Kaufvariante, ΔB und ΔK seien die Rückgänge von Barwert und Kapitel, wenn man von der Kauflösung auf eine Mietlösung wechselt. Dann ist

$$\frac{B - \Delta B}{K - \Delta K} > \frac{B}{K} \Leftrightarrow \frac{\Delta B}{B} < \frac{\Delta K}{K}$$

Anforderungen an den Barwert

Die Rentabilität einer Mietlösung ist also dann größer als die Rentabilität der korrespondierenden Kauflösung, wenn der Barwert prozentual weniger sinkt als der Kapitalbedarf. Würde also der Kapitalbedarf um 30 % sinken, so müsste der Barwert um weniger als 30 % sinken, damit die Mietlösung gegenüber der Kauflösung rentabler ist.

Anforderungen an die Miete

Man kann die (bessere) Rentabilität einer Mietlösung auch an der Höhe der periodischen Miete festmachen. Dazu sei angenommen, dass die Kauflösung ein Startkapital K benötigt und am Ende der Kalkulationsspanne (also nach S+T+1 Perioden) zu einem Endkapital K+B führt. Wenn ein Objekt mit dem Kaufpreis Z so gemietet wird, dass pro Periode der Kalkulationsspanne eine Miete M zu zahlen ist, dann reduziert sich das Startkapital um den Betrag Z, erhöht sich jedoch wieder um S+1 Mietzahlungen. Das Endkapital reduziert sich um die in der Betriebsphase zu zahlenden Mieten. Die Rentabilität der Mietlösung ist dann größer als die Rentabilität der Kauflösung, wenn gilt:

$$\frac{K + B - T \cdot M}{K - Z + (S + 1) \cdot M} > \frac{K + B}{K}$$

Daraus ergibt sich nach einigen Umformungen:

$$M < \frac{\frac{K + B}{K} \cdot Z}{T + \frac{K + B}{K} \cdot (S + 1)}$$

Gleichzeitig muss

$$M > \frac{Z}{S + T + 1}$$

gelten. Ist also S=0 und T=3 und hat die Kauflösung eine Rentabilität von 150%, dann ist die Mietlösung rentabler als die Kauflösung, wenn folgende Beziehung gilt:

$$\frac{Z}{4} < M < \frac{1{,}5}{3 + 1{,}5} \cdot Z = \frac{Z}{3}$$

Die Miete pro Periode muss also im Beispiel mehr als 25% des eingesparten Kaufpreises betragen, weil ansonsten das Geschäft für den Vermieter nicht interessant wäre. Sie darf aber auch nicht mehr als 33,3% des eingesparten Kaufpreises betragen, weil sich ansonsten die Rentabilität des Projektes verschlechtern würde.

4.3.6 Steuereffekte

Steuersatz

Bisher wurde die Rentabilitätsdiskussion »weltfremd« geführt. Es wurde nämlich ignoriert, dass eine Einzahlung, die man dem Projekt zuordnet, dem Unternehmen gar nicht zu 100% zur Verfügung steht. Gewinnrelevante Einzahlungen müssen nämlich versteuert werden. Geht man von einem (durchschnittlichen) Gewinnsteuersatz st aus, so steht eine gewinnrelevante Einzahlung X dem Unternehmen letztlich nur in einer Höhe von X·(1–st) zur Verfügung, weil auf die Einzahlung in Höhe von X eine Steuerzahlung in Höhe von X·st zu leisten ist. Umgekehrt schlägt eine gewinnrelevante Auszahlung Y (also Kosten) nur mit einem Betrag in Höhe von Y·(1−st) »zu Buche«, weil das Unternehmen auf die Kosten Y eine Minderung seiner Steuerlast in Höhe von Y·st erhält. Diese Steuerreduktion wird dem Projekt als Einzahlung zugerechnet. Was bedeutet das für die Projektrentabilität?

Auswirkungen auf Liquiditätsflüsse

Dazu sei angenommen, dass sämtliche Einzahlungen e(1), e(2), ... und sämtliche Auszahlungen a(1), a(2), ... der Betriebsphase gewinnrelevant sind. Da hier Liquiditätsflüsse betrachtet werden, entsteht zu jeder Einzahlung e(t) eine Auszahlung in Form einer Steuerzahlung in Höhe von e(t)·st. Zu einer Auszahlung a(t) korrespondiert eine Steuererstattung in Höhe von a(t)·st.

Für die Projektauszahlungen a(0) muss folgende Unterscheidung vorgenommen werden. Dazu werde a(0)=P+C betrachtet. Dabei sind P die gewinnrelevanten Auszahlungen in der Projektperiode. Sie führen in der Projektperiode zu einer Steuererstattung in Höhe von P·st. C ist zwar eine Auszahlung, aber sie ist nicht gewinnrelevant. Dahinter verbergen sich die »echten« Investitionen, also der Kauf von Hardware oder Software. Dieser Geldabfluss ist im Augenblick der Zahlung nicht gewinnrelevant, denn der Geldabfluss wird kompensiert durch einen entsprechenden Zuwachs des Anlagevermögens (Bilanziell hat ein Aktivtausch stattgefunden).

Auswirkungen auf Abschreibungen

Die nach dem Projekt erfolgende Nutzung der gekauften Geräte führt dann zu Verschleiß und Wertverlust, der in Form von Abschreibungen gewinnrelevant wird. Abschreibungen sind Kosten, reduzieren den Gewinn des Unternehmens und führen zu einer Reduktion der Steuerlast bzw. (kalkulatorischen) Steuererstattungen. In der Betriebsphase gibt es also dann in jeder Periode Geldzuflüsse in Höhe von C·st/T (unter der Annahme, dass die beschafften Anlagegüter linear über T Perioden abgeschrieben werden). Es sei hier ausdrücklich darauf hingewiesen, dass nicht die Abschreibungen selbst für die Rentabilitätsbetrachtung relevant sind, sondern die von ihnen ausgelösten Steuereffekte.

Man nehme nun für das Stammbeispiel an, dass der Steuersatz 30 % beträgt, also st=0,3 ist. Außerdem seien 50 % der Projektauszahlungen, also C=200 Geldeinheiten, »echte« Investitionen. Man nehme weiter an, dass Steuererstattungen am Ende der Perioden erfolgen und Steuerzahlungen zu Beginn der Perioden (als Steuervorauszahlung) erforderlich sind. Das führt dann zu dem in Tabelle 4–30 dargestellten Zahlungs- und Vermögensplan.

Tab. 4–30
ZVP eines Projektes nach Steuern (Stammbeispiel)

	Zeitpunkt	Art der Zahlung	Ein-zahlung	Aus-zahlung	Saldo	Kum. Saldo	Ver-mögen
							588
0	Beginn PP	P C e(0)·s		200 200 0	-400	-400	188
1	Ende PP, Beginn BP(1)	e(0) a(1) e(1)·s P·s	0 60	 200 48 	-188	-588	0
2	Ende BP(1), Beginn BP(2)	e(1) a(2) e(2)·s a(1)·s C·s/T	160 60 20	 100 132 	+8	-580	8
3	Ende BP(2), Beginn BP(3)	e(2) a(3) e(3)·s a(2)·s C·s/T	440 30 20	 100 132 	+258	-322	266
4	Ende BP(3)	e(3) a(3)·s C·s/T	440 30 20		+490	+168	756
	Σ		1.280	1.112	+168		

Für das Stammbeispiel sinkt der Kapitalbedarf bei einer Nach-Steuer-Betrachtung leicht auf 588 Geldeinheiten (vor Steuern: 600 Geldeinheiten) und der Barwert sinkt auf 168 Geldeinheiten (vor Steuern: 240 Geldeinheiten). Damit ergibt sich nach Steuern eine Rentabilität von 128,6 %.

Steuereffekte bei Leasing

Betrachtet man eine Projektfinanzierung mittels Leasing und will hier die Steuereffekte erfassen, muss man zwei Grundformen des Leasings unterscheiden, das Leasing ohne Aktivierung (Operate Leasing, vgl. [Wöhe/Döring 2008, S. 616-619]) und das Leasing mit Aktivierung (Finance Leasing).

Im ersten Fall sind die zu zahlenden Leasingraten in vollem Umfang Kosten, reduzieren den Gewinn des Unternehmens und führen zu Liquiditätszuflüssen in Form von Steuerrückzahlungen.

Im zweiten Fall führt das Leasing zu einer Bilanzverlängerung. Einerseits muss das Leasingobjekt beim Leasingnehmer aktiviert und nachfolgend abgeschrieben werden. Andererseits wird auf der Passivseite der Bilanz ein dazu korrespondierender (fiktiver) Kredit eingestellt, für den Zinszahlungen und Tilgungen zu leisten sind. Abschreibungen und Zinszahlungen mindern den Gewinn und führen zu Liquiditätszuflüssen in Form von Steuergutschriften. Die Tilgungsanteile haben steuerlich keine Effekte.

4.3.7 Projekte mit Optionen

Umfeldänderungen

Bisher wurden stets Projekte betrachtet, die in geschlossener Form kalkuliert werden. Dazu wurde eine Zahlungsreihe mit den Einzahlungen und Auszahlungen für das jeweilige Projekt aufgestellt. Außerdem wurde von stabilen Umfeldbedingungen ausgegangen, die schon zum Zeitpunkt der Projektantragstellung feststehen. Aber sind nicht folgende Szenarien realistischer?

- Ein Projekt wird unter der Annahme gestartet, dass die geschäftliche Entwicklung positiv verläuft. Es besteht jedoch die Möglichkeit, dass sich noch während des laufenden Projektes die Entwicklung verschlechtert. Dann wird man das Projektergebnis und das Projekt an die geänderte Umfeldsituation anpassen.
- Ein Projekt wird unter der Annahme gestartet, dass eine Standardsoftware die geeignete Lösung darstellt. Es kann aber passieren, dass man im Projektverlauf die Untauglichkeit der geplanten Standardsoftware feststellt, z.B., weil der Lieferant der Software sein Unternehmen schließt, und man zu einer Individualentwicklung übergehen muss. Dadurch verändern sich Projektaufwand und Betriebskosten des Projektergebnisses.
- In einem Projekt ohne Betriebsphase ist eine Sequenz von Fragen derart zu beantworten, dass man nach jeder beantworteten Frage das Projekt entweder beenden kann oder eine Folgefrage klären muss, die den Projektaufwand erhöht (vgl. Abb. 4–5).

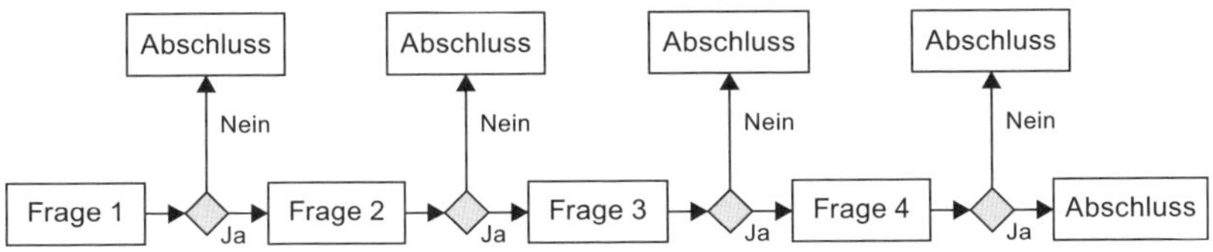

Abb. 4–5
Projekt mit Fragensequenz

- In einem Projekt ohne Betriebsphase ist eine anfängliche Frage zu beantworten. Je nach Antwort müssen anschließend unterschiedliche Folgefragen bearbeitet werden, die zu unterschiedlichen Aufwänden führen (vgl. Abb. 4–6).

Abb. 4–6
Projekt mit Fragenbaum

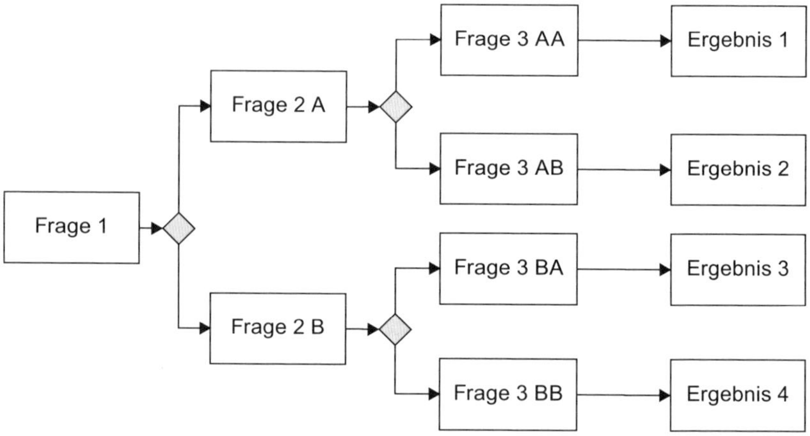

Allen beschriebenen Projekten ist gemein, dass das bereits angelaufene Projekt nachjustiert werden muss, und zwar in Abhängigkeit von der eintretenden Umfeldentwicklung. Wenn man solche Konstellationen bereits zum Zeitpunkt des Projektantrages erkennen kann, dann sollte man sie auch in der Rentabilitätsrechnung berücksichtigen (können). Wie kann man hier vorgehen?

Projekt mit Betriebsphase

Dazu sei wieder das Stammbeispiel betrachtet (vgl. Tab. 4–6, Abschnitt 4.3.1). Nun werde ein zweiter Umfeldzustand erwartet, der sich in den Einzahlungen manifestiert (vgl. Tab. 4–31).

Tab. 4–31
Projekt mit zwei Umfeldzuständen (Stammbeispiel)

	Zeitpunkt	E-1	E-2	A	S-1	KS-1	S-2	KS-2
0	Beginn PP	0	0	400	-400	-400	-400	-400
1	Ende PP, Beginn BP(1)	0	0	200	-200	-600	-200	-600
2	Ende BP(1), Beginn BP(2)	160	60	100	+60	-540	-40	-640
3	Ende BP(2), Beginn BP(3)	440	340	100	+340	-200	240	-400
4	Ende BP(3)	440	340	0	+440	+240	340	-60
	Σ	1.040	740	800	+240		-60	

E-1 = Einzahlung im Umfeldzustand 1; E-2 = Einzahlung im Umfeldzustand 2;
A = Auszahlung; S-1 = Saldo 1; S-2 = Saldo 2;
KS-1 = Kumulierter Saldo 1; KS-2 = Kumulierter Saldo 2

Mittlere Rentabilität

Im zweiten Umfeldzustand ist der Barwert des Projektes negativ, der Kapitalbedarf steigt auf 640 Geldeinheiten. Zum Zeitpunkt der Projektantragstellung weiß man nicht, welcher Umfeldzustand eintreten wird. Nimmt man nun an, dass der Zustand »1« mit einer Wahrscheinlichkeit von 70 % und der Zustand »2« mit einer Wahrscheinlichkeit von 30 % eintreten wird, dann erzielt das Projekt mit 70 %iger Wahrscheinlichkeit eine Rentabilität von 140 % und mit einer 30 %igen Wahrscheinlichkeit eine Rentabilität von 91 %. Der Erwartungswert der Rentabilität wäre dann 70 % · 140 % + 30 % · 91 % = 125 %.

Auswirkungen von Umplanungen

Man nehme nun aber an, man könnte bei Eintreten des zweiten Umfeldzustandes (während des laufenden Projektes) das Projekt geeignet umplanen, die Auszahlungen anpassen und so die in Tabelle 4–32 dargestellte neue Situation herbeiführen.

Tab. 4–32
Projekt mit zwei Umfeldzuständen (Stammbeispiel) mit Umplanung

	Zeitpunkt	E-1	E-2	A-1	A-2	S-1	KS-1	S-2	KS-2
0	Beginn PP	0	0	400	300	-400	-400	-300	-300
1	Ende PP, Beginn BP(1)	0	0	200	150	-200	-600	-150	-450
2	Ende BP(1), Beginn BP(2)	160	60	100	60	+60	-540	0	-450
3	Ende BP(2), Beginn BP(3)	440	340	100	60	+340	-200	+280	-170
4	Ende BP(3)	440	340	0	0	+440	+240	+340	+170
	Σ	1.040	740	800	570	+240		+170	

E-1 = Einzahlung im Umfeldzustand 1; E-2 = Einzahlung im Umfeldzustand 2;
A-1 = Auszahlung 1; A-2 = Auszahlung 2;
S-1 = Saldo 1; S-2 = Saldo 2;
KS-1 = Kumulierter Saldo 1; KS-2 = Kumulierter Saldo 2

Die Rentabilität für Zustand »1« ist nach wie vor 140 %, im Zustand »2« kann man nun einen Wert von 138 % erzielen. Während man bei der passiven Betrachtung mit einer Wahrscheinlichkeit von 30 % einen negativen Barwert erreicht, kann man bei einer Anpassung des Projektes (in diesem Beispiel) immerhin noch einen Barwert von 170 Geldeinheiten realisieren und das bei reduziertem Kapitalbedarf. Legt man dem Projektantrag den größten Kapitalbedarf in Höhe von 600 Geldeinheiten und den schlechtesten Barwert von 170 Geldeinheiten zugrunde, dann weist das Projekt mindestens eine Rentabilität von 128 % auf.

Projekte ohne Betriebsphase

Auch für die Projekte ohne Betriebsphase können ähnliche Überlegungen angestellt werden. Man nehme an, dass eine Frage beantwortet werden soll und dies einen Aufwand von 100 Geldeinheiten erfordert. Man nehme weiter an, dass man ein positives Ergebnis erhalten kann, dem ein Wert von 250 Geldeinheiten zuzuordnen ist, aber auch ein negatives Ergebnis, das den Wert 0 hat. Im positiven Fall erhält man einen Barwert von 150 Geldeinheiten, im negativen Fall einen Barwert von -100 Geldeinheiten.

Nimmt man nun aber an, dass bei negativem Ausgang noch einmal 50 Geldeinheiten aufzuwenden sind und man dann ein Ergebnis erhält, das einen Wert von 200 Geldeinheiten haben möge, so muss man im ungünstigsten Fall einen Aufwand von 150 Geldeinheiten erbringen, erhält aber auch einen Gegenwert von wenigstens 200 Geldeinheiten, mithin eine Rentabilität von mindestens 133 %.

Reale Optionen

Beide Beispiele zeigen, dass ein nachträglicher Eingriff in das Projekt dazu beitragen kann, die Rentabilität zu verbessern. Allerdings muss man dann entsprechende Szenarien der Umfeldentwicklung identifizieren, darauf reagierende Projektveränderungen modellieren und die jeweiligen Rentabilitäten ermitteln. Die Ergebnisse der Rentabilitätsberechnung können so sicherer und belastbarer werden. Aber die Ergebnisqualität beruht nach wie vor auf den Annahmen über die zukünftige Entwicklung. Der nicht unerhebliche Aufwand lohnt sich sicherlich nur bei großen und insbesondere riskanten Projekten (der interessierte Leser sei in diesem Zusammenhang auf die Theorie der realen Optionen hingewiesen, die hier zum Einsatz kommen kann, vgl. [Hommel/Scholich/Vollrath 2001]).

Natürlich kann man nun durch geeignete Szenarien und Eintrittswahrscheinlichkeiten riskante Projekte »schönrechnen«, aber das gilt ebenso für die konventionelle Herangehensweise mit nur einem Szenario. Es ist unabhängig von den angewandten Methoden und Vorgehensweisen eine der wichtigen Aufgaben des Projektcontrollings, im Rahmen der Projektinitiierung sämtliche Annahmen, auf denen die Rentabilitätsrechnungen beruhen, transparent zu machen und zu dokumentieren. Insbesondere verdeckte und implizite Annahmen müssen erkannt und dokumentiert werden.

4.3.8 Nicht finanzielle Nutzeffekte

Fehlende Einzahlungen

Bislang wurde davon ausgegangen, dass man es in Projekten ausschließlich mit finanziellen Größen zu tun hat. Bei den Auszahlungen handelt es sich in der Regel um reale Zahlungsbewegungen. Auf der Einzahlungsseite ist die Situation schwieriger, komplexer, undurchsichtiger. Denn viele Nutzeffekte, die im Rahmen von Projekten diskutiert werden, sind zwar real und werden von allen Beteiligten und Betroffenen gesehen, aber Zahlungseingänge lassen sich diesen Nutzeffekten nur schwer zuordnen (vgl. Tab. 4–33).

Nutzeffekt	Finanzielle Bewertung
Verringerung von Risiken, Vermeidung von Schadensfolgen	Finanzieller Wert des erwarteten vermiedenen Schadens Annahmen: mögliche Schadenshöhe
Steigerung der Qualität, Vermeidung von Fehlern	Finanzieller Wert des vermiedenen Aufwandes für Schadensbehebung und Nachbesserung Annahmen: Fehlervolumen und normaler oder durchschnittlicher Aufwand für Fehlerbehebung/ Nachbesserung
Positive Effekte für Öffentlichkeitsarbeit, Marketing, Werbung	(Erwartete) zusätzliche Umsätze/Deckungsbeiträge/ Gewinne, die auf diese Maßnahmen zurückgeführt werden können Annahmen: Volumen und Stärke der Effekte
Verbesserung der Kundenbindung	(Erwartete) zusätzliche Umsätze mit Stammkunden, die auf diese Maßnahmen zurückgeführt werden können Annahmen: Stärke der Effekte
Entwicklung neuer Produkte und Leistungen	(Erwartete) zusätzliche Umsätze/Deckungsbeiträge/ Gewinne, die auf diese Maßnahmen zurückgeführt werden können
Verbesserung der allgemeine (IT-)Infrastruktur	Kostensenkungen und Effizienzsteigerungen, die auf die Maßnahmen zurückgeführt werden können
Aus- und Weiterbildung/ Qualifizierung von Mitarbeitern	Effizienzsteigerungen, die auf diese Maßnahmen zurückgeführt werden können, ggf. auch Einsparung von Kosten für externe Spezialisten oder Dienstleister
Erprobung neuer (IT-)Produkte, Technologien, Systeme	Finanzieller Wert des Wissens, ob diese Produkte, Technologien oder Systeme für die Organisation sinnvoll nutzbar sind oder nicht

Tab. 4–33
Bewertung nicht finanzieller Nutzeffekte

Muss man demnach nicht finanzielle Nutzeffekte ignorieren oder kann man sie in die Rentabilitätsberechnung von Projekten einbeziehen?

Nutzenpunkte

Für die folgenden Überlegungen sei vereinfachend davon ausgegangen, dass sämtliche (nichtfinanziellen) Nutzeffekte nach einem einheitlichen System von Nutzenpunkten quantifiziert werden können. Jedem identifizierten Nutzeffekt wird eine bestimmte Anzahl dieser Nutzenpunkte zugeordnet. Wird ein bestimmter Nutzeffekt höher bewertet als ein anderer Nutzeffekt, dann wird ihm auch eine größere Anzahl von Nutzenpunkten zugeordnet. Ein bestimmter Nutzeffekt kann in Analogie zu finanziellen Nutzeffekten beliebig groß sein, also beliebig viele Nutzenpunkte zugeordnet bekommen.

Periodenweise Erfassung

In Analogie zu den finanziellen Effekten sei weiter angenommen, dass die Nutzenbewertung zeitabhängig und zu den im Zahlungsplan festgelegten Zeitpunkten durchgeführt werden kann. Das erlaubt es, die Ausprägung einzelner Nutzeffekte im Zeitverlauf darzustellen. Es sei außerdem angenommen, dass die einzelnen Nutzeffekte additiv zum Gesamtnutzen zusammengefasst werden können.

Nutzenpunkte und Rentabilität

Nun ist zu überlegen, wie man die Rentabilität eines Projektes bewerten kann, wenn Teile des Nutzens als Einzahlungen zu verschiedenen Zeitpunkten in Erscheinung treten und andere Teile des Nutzens in Form von Nutzenpunkten zu den verschiedenen Zeitpunkten des Zahlungsplans gemessen werden können.

Ruft man sich die verschiedenen Projektkennzahlen ins Gedächtnis, so kommt man zu folgendem Ergebnis:

- Der Barwert ist eine Summe aus finanziellen Größen. Gemischte Summen aus Geldeinheiten und Nutzenpunkten machen keinen Sinn.
- Damit scheiden auch Rentabilität, ROI und Amortisationsdauer aus, denn alle sind auf den Ausdruck $B+K=E-A$ zurückführbar.

Es bleibt nur der Versuch, den Rentabilitätsbegriff zu verallgemeinern. Um ein Projekt zu bewerten, betrachtet man den folgenden Rentabilitätsvektor

$$(RE; RA; RN) = (E / K; A / K; N / K)$$

Dominierende Projekte

Dabei seien E, A und K in der bekannten Weise definiert, N sei der Wert für den nicht finanziellen Nutzen (den man also in einer einheitlichen Größe quantifizieren muss). Das Projekt ist umso vorteilhafter für den Projektinvestor, je größer die Quotienten E/K und N/K und je kleiner der Quotient A/K ist. Mit einem Vorzeichenwechsel bei $RA=A/K$ erhält man (RE; -RA; RN) und die Vorteilhaftigkeit des Projektes steigt, wenn mindestens eine der drei Zielgrößen im Wert steigt. Betrachtet man nun zwei Projekte $(RE_1; -RA_1; RN_1)$ und $(RE_2; -RA_2; RN_2)$, für die gilt: $RE_1 \geq RE_2$, $-RA_1 \geq -RA_2$ und $RN_1 \geq RN_2$, dann ist das erste Projekt mindestens so interessant wie das zweite Projekt; es dominiert das zweite Projekt (vgl. [Laux 2007, S. 82-88]).

Äquivalente Projekte

Man betrachte nun zwei Projekte P_1 und P_2, für die gilt: $-RA_1=-RA_2$, $RE_1>RE_2$ und $RN_1<RN_2$, z.B. (3; -1; 0) und (1; -1; 2). Nun kann man gedanklich folgendes Experiment durchführen. Man geht vom ersten Projekt aus und reduziert den Wert des ersten Parameters: $P_1{}^*=(3-x; -1, 0)$. Für $x>0$ bedeutet das, dass $P_1{}^*$ weniger vorteilhaft ist als P_1. In einem zweiten Schritt erhöht man den dritten Parameter und erhält $P_1{}^{**}=(3-x; -1; 0+y)$. Bei einem vorgegebenen Wert von x kann man dann einen Wert von y finden, sodass P_1 und das (fiktive) Projekt $P_1{}^{**}$ aus Sicht des Projektinvestors gleich vorteilhaft sind. Das gilt insbesondere dann, wenn man $x=2$ wählt. Mit dieser Wahl unterscheiden sich die beiden Projekte $P_1{}^{**}$ und P_2 nur noch in der dritten Variablen RN. Sollte nun y=2 sein, dann sind P_1** und P_2 für den Projektinvestor gleichwertig, also auch P_1 und P_2. Ist y>2(y<2), so folgt analog daraus, dass P_1(P_2) vorteilhafter ist als P_2(P_1).

Was zeigt diese Überlegung? Sie zeigt, dass es (unter der Randbedingung, dass E und N unabhängig voneinander verändert werden können) möglich ist, zu nicht finanziellen Nutzeffekten äquivalente finanzielle Nutzeffekte zu »konstruieren«.

Umrechnung von Nutzeffekten

Im einfachsten Fall besteht zwischen E und N eine lineare Beziehung der Art $N=\alpha \cdot E$, sodass man eine verallgemeinerte Rentabilität in folgender Form erhält:

$$R = (E + \alpha \cdot E - A) / K$$

Diese Überlegungen bedeuten Folgendes: Hat man ein Projekt mit nichtfinanziellen Nutzeffekten (entweder ausschließlich nicht finanziellen Nutzeffekten oder gemischt finanziellen und nicht finanziellen Nutzeffekten), so lässt sich ein (fiktives) Projekt finden, das ausschließlich finanzielle Nutzeffekte ausweist und von gleicher Vorteilhaftigkeit wie das Ausgangsprojekt ist. Würde man das »konstruierte« Projekt zur Realisierung zulassen, also einen entsprechenden Projektantrag genehmigen, so muss man auch das Ausgangsprojekt zur Realisierung zulassen.

Weitere Bewertungs- und Projektvergleichstechniken werden im Portfoliocontrolling (vgl. Abschnitt 5.1) diskutiert.

4.3.9 Unsicherheit

Geschätzte Werte im Projektantrag

Die Rentabilitätsbetrachtung von Projekten wird durchgeführt, bevor die Projekte gestartet werden, denn sie ist Grundlage der Projektentscheidung. Daher sind alle in die Berechnungen eingehenden Werte Schätzungen und damit naturgemäß »falsch«. Jeder Parameter wird im Rahmen der Umsetzung (hoffentlich) einen Wert annehmen, der mit dem geschätzten Wert gut übereinstimmt, aber in fast allen Fällen wird es mehr oder weniger große Abweichungen geben.

Rentabilität als Schätzung

Die Rentabilitätsbetrachtung für Projekte muss diese Unsicherheit mit einbeziehen. Daher ist eine Aussage »Das Projekt wird eine Rentabilität von 150% haben« eigentlich nicht korrekt. Vorsichtigerweise müsste man sagen: »Wir erwarten, dass das Projekt eine Rentabilität von etwa 150% haben wird.« Und es ist sicherlich für die Bewertung des Projektes von Bedeutung, zu wissen, wie stark die reale Rentabilität von der geschätzten Rentabilität abweichen kann und wie sicher oder unsicher die Renditeerwartung des Projektes eingeschätzt wird.

Methodische Ansätze

Um die Unsicherheiten der Projektrentabilität zu erfassen, gibt es verschiedene methodische Ansätze:

- Sensitivitätsanalysen
- Risikoanalysen
- Szenarioanalysen

Sensitivitätsanalyse

Bei der Sensitivitätsanalyse wird entweder geprüft, wie sich die Rentabilität ändert, wenn man die Eingangsgrößen für die Rentabilitätsberechnung verändert. Man spricht dann von einer Zielgrößenänderungsrechnung. Oder es wird ermittelt, wie stark die Eingangsgrößen von den zugrunde gelegten Werten abweichen dürfen, ohne dass die geforderte Mindestrentabilität unterschritten wird. Man spricht hier von einer Bandbreiten- oder Kritische-Werte-Rechnung. Als weiteres Werkzeug wird das totale Differenzial betrachtet.

Risikoanalyse

Unter einer Risikoanalyse (vgl. [Königs 2006, S. 30-41]) versteht man den Ansatz, dass man die Eingangsgrößen der Rentabilitätsberechnung als Zufallsvariablen ansieht und – wie auch immer man dazu kommt – aus den Wahrscheinlichkeitsverteilungen dieser Eingangsgrößen die Wahrscheinlichkeitsverteilung der Rentabilität ableitet. Mathematisch geht es um die Faltung von Wahrscheinlichkeitsverteilungen. Dieser Ansatz wird hier nicht weiter diskutiert, da die praktische Nutzbarkeit eher niedrig zu bewerten ist.

Szenarioanalyse

Bei der Szenarioanalyse (vgl. [Königs 2006, S. 39]) wählt man eine begrenzte Menge an Konstellationen der Eingangsgrößen aus (sogenannte Szenarien) und ermittelt die zugehörigen Rentabilitätswerte. Diese Szenarien empfindet man als besonders wahrscheinlich, typisch oder prägnant. Die Unsicherheit der Rentabilität wird dann anhand der ausgewählten Szenarien diskutiert.

Man unterscheidet für die folgenden Überlegungen Auszahlungen in der Betriebsphase und Auszahlungen in der Projektphase, also $A = A_P + A_B$ mit $A_P = A_P(S+1)$ und $A_B = A(S+1) - A_P$. Ausgangspunkt ist die Rentabilität in der Form $R = (E - A_P - A_B)/K$. So kann man untersuchen, wie sich Änderungen der Projektauszahlungen auf die Rentabilität auswirken. Als Zahlenbeispiel sei wieder das Stammbeispiel mit einer errechneten Rentabilität von $R = 140\,\%$, Betriebsauszahlungen von 400 Geldeinheiten und Projektauszahlungen von 400 Geldeinheiten verwendet.

Kritische-Werte-Rechnung

Es sei mit der Kritische-Werte-Rechnung (vgl. [Bea/Scheurer/Hesselmann 2008, S. 373-374]) begonnen und angenommen, dass die Organisation eine Mindestrentabilität von $R_{min} = 130\,\%$ fordert. Die zu untersuchende Frage lautet: Wie weit dürfen

- Einzahlungen sinken,
- Betriebsauszahlungen steigen,
- Projektauszahlungen steigen,
- Kapitalbedarf steigen,

ohne dass die Mindestrentabilität unterschritten wird? Dazu muss die folgende Gleichung untersucht werden:

$$1 + \frac{E - A_B - A_P}{K} \geq R_{\min}$$

Durch Einsetzen der Werte erhält man $E \geq 980$, $A_B \leq 460$, $A_P \leq 460$ und $K \leq 800$. Gegenüber den zugrunde gelegten Werten dürften die Einzahlungen um etwa 5,8 % sinken, die Betriebsauszahlungen um 15 % steigen, die Projektauszahlungen um 15 % steigen und der Kapitalbedarf um 33,3 % steigen. Diese Werte gelten aber nur dann, wenn die übrigen Eingangsgrößen unverändert bleiben! Für den Kapitalbedarf heißt das, dass Einzahlungen und Auszahlungen unverändert bleiben und sich (in der hier durchgeführten statischen Betrachtung, also ohne Einbeziehung von Diskontierung) nur zeitlich verlagern dürfen. Bei dem betrachteten Projekt kann die geforderte Mindestrentabilität schon bei relativ geringen negativen Veränderungen nicht mehr gehalten werden.

Zielgrößenänderungsrechnung

Betrachtet sei nun die Zielgrößenänderungsrechnung (vgl. [Kütz 2005, S. 238-239]). Hier ist die Frage, wie sich die Rentabilität ändert, wenn sich eine Eingangsgröße ändert. Auch hier betrachtet man

$$R = 1 + \frac{E - A_B - A_P}{K}$$

Wenn man jeweils nur eine der vier Eingangsgrößen E, A_B, A_P und K variiert und die anderen 3 Eingangsgrößen auf dem im Projektantrag zugrunde gelegten Wert fixiert, ergeben sich für die Rentabilität die in Abbildung 4–7 dargestellten Veränderungen.

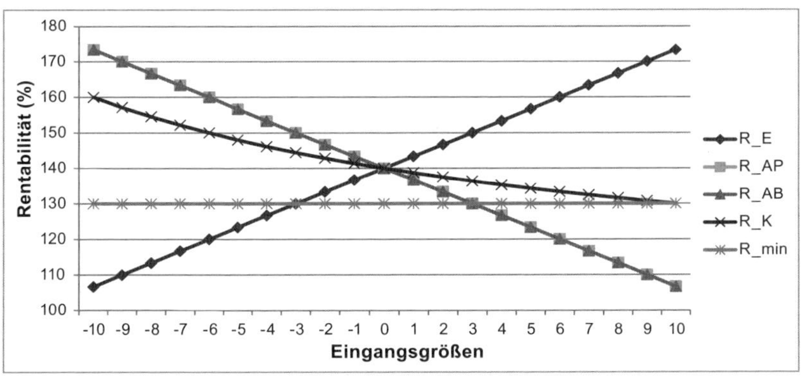

Abb. 4–7 *Zielgrößenänderungsrechnung (Stammbeispiel)*

Die Eingangsgrößen wurden wie folgt variiert:

- Für den Wert 0 ist E=1.040, A_P=400, A_B=400, K=600.
- Für die Werte 1, 2, 3, ... werden die Eingangsgrößen jeweils um 20 Einheiten erhöht.
- Für die Werte -1, -2, -3, ... werden die Eingangsgrößen jeweils um 20 Einheiten reduziert.

Totales Differenzial

Abschließend sei das totale Differenzial betrachtet, das wie folgt definiert ist:

$$dR = \frac{\partial R}{\partial E} \cdot dE + \frac{\partial R}{\partial A_P} \cdot dA_P + \frac{\partial R}{\partial A_B} \cdot dA_B + \frac{\partial R}{\partial K} \cdot dK$$

Mathematisch beschreibt das totale Differenzial eine Tangentialebene an die Fläche

$$R = 1 + \frac{E - A_P - A_B}{K}$$

im vierdimensionalen Raum, die durch den Punkt mit den Koordinaten geht, die den Werten der Eingangsgrößen der Rentabilitätsrechnung entsprechen. Das totale Differenzial ist somit eine Näherungslösung (Approximation) für die Veränderung, die sich ergibt, wenn die Eingangsgrößen (geringfügig) von den ursprünglichen Werten abweichen.

Mit den partiellen Ableitungen

$$\frac{\partial R}{\partial E} = K^{-1}, \ \frac{\partial R}{\partial A_P} = -K^{-1}, \ \frac{\partial R}{\partial A_B} = -K^{-1} \text{ und } \frac{\partial R}{\partial K} = (E - A_P - A_B) \cdot (-K^{-2})$$

erhält man als totales Differenzial:

$$dR = \frac{1}{K} \cdot dE - \frac{1}{K} \cdot dA_P - \frac{1}{K} \cdot dA_B - \frac{E - A_P - A_B}{K^2} \cdot dK$$

Darin müssen K=600, A_P=400, A_B=400 und E=1.040 gesetzt werden. Man erhält also:

$$dR = \frac{1}{600} \cdot dE - \frac{1}{600} \cdot dA_P - \frac{1}{600} \cdot dA_B - \frac{240}{360000} \cdot dK$$

Nimmt man nun an, dass sich die Einzahlungen um 20 Einheiten reduzieren, die Projektauszahlungen und die Betriebsauszahlungen um jeweils 20 Einheiten ansteigen und der Kapitalbedarf um 40 Einheiten ansteigt, so erhält man als Aussage aus dem totalen Differenzial, dass die Rentabilität etwa um 12,7 Prozentpunkte sinken würde. Damit würde sie einen Wert von etwa 127,3 % annehmen und unter der geforderten Mindestrentabilität liegen.

Im Gegensatz zu der Zielgrößenänderungsrechnung hat das totale Differenzial den Vorteil, dass man gleichzeitige Veränderungen mehrerer Eingangsgrößen vornehmen und darstellen kann. Da es ein Näherungsverfahren ist, kann man es allerdings nur anwenden, wenn man kleinere Änderungen betrachtet.

Szenarioanalyse

Die Szenarioanalyse wählt charakteristische Fälle aus und verdeutlicht so, in welchen Größenordnungen sich die Rentabilitätskenngrößen des Projektes bewegen. Sie zeigt mögliche Risiken exemplarisch auf und ist sehr gut für die Managementkommunikation geeignet. Man kann sie als Spielart der Zielgrößenänderungsrechnung auffassen.

Auswahl von Szenarien

Entscheidend ist die »richtige« Auswahl der Szenarien. Werden die Szenarien geschickt gewählt, geben sie ein zutreffendes Bild der vorhandenen Risiken. Werden sie ungeschickt gewählt, kann ein zu optimistischer oder zu pessimistischer Eindruck entstehen. Damit kann man dem Verfahren natürlich den Vorwurf machen, durch geschickte Auswahl und Darstellung der Szenarien könne man zum gewünschten Ergebnis kommen. Diese Gefahr besteht durchaus. Allerdings muss man entgegnen, dass die Adressaten solche Versuche im Prinzip erkennen können und dann der Projektantrag scheitern könnte. Außerdem ist dringend zu empfehlen, nicht nur die gewählten Szenarien, sondern auch die Gründe für die Auswahl genau dieser Szenarien zu kommunizieren. Für das Stammbeispiel könnte eine Szenarioanalyse die in Tabelle 4–34 dargestellte Form haben (ohne Begründung der Szenarioauswahl).

Tab. 4–34
Szenarioanalyse (Stammbeispiel)

Szenario	Beschreibung	Einzahlungen	Auszahlungen Betrieb	Auszahlungen Projekt	Kapialbedarf	Rentabilität
1	Ausgangssituation	1.040	400	400	600	140%
2	Projektauszahlungen 20% höher als geplant; Einzahlungen und Betriebsauszahlungen wie geplant	1.040	400	480	680	124%
3	Projektauszahlungen wie geplant; Einzahlungen wie geplant; Betriebsauszahlungen 10% höher als geplant	1.040	440	400	620	132%
4	Projektauszahlungen 20% höher als geplant; Einzahlungen 10% höher als geplant; Betriebsauszahlungen 10% höher als geplant	1.144	440	480	700	132%
5	Projektauszahlungen 10% höher als geplant; Einzahlungen 10% niedriger als geplant; Betriebsauszahlungen wie geplant	936	400	440	640	115%

4.3.10 Dynamische Investitionsrechnung

Zum Einstieg sei zunächst wieder das Stammbeispiel betrachtet (vgl. Tab. 4–35).

Tab. 4–35
ZVP eines Projektes (Stammbeispiel)

	Zeitpunkt	Ein-zahlung	Aus-zahlung	Saldo	Kum. Saldo	Vermögen
						600
0	Beginn PP	0	400	-400	-400	200
1	Ende PP, Beginn BP(1)	0	200	-200	-600	0
2	Ende BP(1), Beginn BP(2)	160	100	+60	-540	60
3	Ende BP(2), Beginn BP(3)	440	100	+340	-200	400
4	Ende BP(3)	440	0	+440	+240	840
	Σ	1.040	800	+240		

Jetzt sei angenommen, man hätte ein vergleichbares Projekt mit leicht geänderten Daten (siehe Tab. 4–36).

Tab. 4–36
ZVP eines Projektes (Vergleichsprojekt)

	Zeitpunkt	Ein-zahlung	Aus-zahlung	Saldo	Kum. Saldo	Vermögen
						600
0	Beginn PP	0	400	-400	-400	200
1	Ende PP, Beginn BP(1)	0	200	-200	-600	0
2	Ende BP(1), Beginn BP(2)	300	100	200	-400	200
3	Ende BP(2), Beginn BP(3)	370	100	+270	-130	470
4	Ende BP(3)	370	0	+370	+240	840
	Σ	1.040	800	+240		

Zeitlicher Verlauf von Zahlungsflüssen

Nach der bisherigen Betrachtung sind die Rentabilitäten beider Projekte gleich, nämlich 140 %. Allerdings wird man in der Praxis dazu neigen, das zweite Beispiel dem Stammbeispiel vorzuziehen. Warum? Nun, durch die zeitlich andere Verteilung der Zahlungsflüsse hat das zweite Beispiel den Vorteil, dass hier zu früheren Zeitpunkten im Zahlungsplan mehr finanzielle Mittel zurückgeflossen sind als im Stammbeispiel. Diese Mittel sind dementsprechend wieder verfügbar und können an anderer Stelle eingesetzt werden.

Hinzu kommt das Risiko. Finanzielle Mittel, über die noch nicht wieder verfügt werden kann, bergen für den Investor immer ein Verlustrisiko. Denn es kann ja z.B. das hinter dem Zahlungsplan stehende IT-System vollständig oder teilweise zerstört werden. Dann können damit keine oder nur noch Teile der erwarteten Nutzeffekte realisiert werden. Wie kann man das in der Rentabilitätsermittlung rechnerisch ausdrücken?

Risikoaspekt

Der Ansatz, das rechnerisch darzustellen, heißt Wiederanlage (des verfügbaren Kapitals). Fließen finanzielle Mittel aus einem Projekt früh zurück, dann kann man sie an anderer Stelle erneut anlegen und damit weitere Renditen erwirtschaften. Im einfachsten Fall kann man sagen, dass diese Mittel bei einer Bank festverzinslich angelegt werden. Analog kann man eine Auszahlung, die in der Zukunft getätigt werden muss, so »finanzieren«, dass man heute einen geringeren Betrag erhält, diesen bis zum Zeitpunkt der Zahlung bei einer Bank festverzinslich anlegt und dann den angelegten Betrag zuzüglich der inzwischen aufgelaufenen Zinsen verwendet, um die dann fällige Auszahlung zu tätigen. Für eine Einzahlung, die man in der Zukunft erhält, kann man sich heute einen geringeren Betrag im Voraus auszahlen lassen, diesen dann bei einer Bank festverzinslich anlegen, sodass man zum geplanten Fälligkeitstermin über den angelegten Betrag und aufgelaufene Zinsen genau den fälligen Betrag zur Verfügung hat.

Wiederanlage von Kapital

Die Analogie zur Finanzanlage bei der Bank zeigt auch gleich die Rechenmethode der Bewertung. Wenn man heute einen Betrag X bei der Bank zum Zinssatz p anlegt, so hat man nach einer Periode ein Bankguthaben von $X \cdot (1+p)$, nach zwei Perioden ein Guthaben von $X \cdot (1+p)^2$, nach m Perioden ein Guthaben in Höhe von $X \cdot (1+p)^m$. Will man umgekehrt in m Perioden – von heute an gerechnet – einen Betrag von Y erhalten, so muss man heute einen Betrag in Höhe von $Y/(1+p)^m$ anlegen, damit er nach Anlage bei einer Bank in m Perioden zu eben dem genannten Guthaben in Höhe von Y führt.

Diskontierung

Diese Rechenmethode nennt man Diskontierung. Die Größe $p>0$ ist der Diskontierungszinssatz. Die Diskontierung führt dazu, dass zukünftige Beträge auf den heutigen Zeitpunkt abgezinst werden (diskontiert) werden. Und je weiter ein Betrag in der Zukunft liegt, desto geringer ist sein heutiger Wert.

Betrachtet werde nun die Rentabilität. Wenn man den Zeiteffekt der einbezogenen Zahlungsflüsse berücksichtigen will, müssen alle Ein- und Auszahlungen auf den aktuellen Zeitpunkt diskontiert, also umbewertet werden. Man erhält

$$a^*(t) = a(t) / (1 + p)^t \text{ und } e^*(t) = e(t) / (1 + p)^{t+1}$$

Daraus ermittelt man entsprechend $A^*(t)$ und $E^*(t)$ sowie $A^* = A^*(S+T+1)$ und $E^* = E^*(S+T+1)$. Auf Basis dieser Größen ergeben sich dann mit den diskontierten Ein- und Auszahlungen und den daraus abgeleiteten Größen

Barwert

$$B^* = E^* - A^*$$

Relativer Barwert

$$RB^* = B^* / K^* \text{ mit } K^* = -\min(B^*(0), B^*(1), \ldots, B^*(S + T + 1))$$

Rentabilität

$$R^* = 1 + RB^*$$

ROI

Die Berechnung des »neuen« ROI* muss man zwar sinngemäß, aber anders aufsetzen, nämlich so, dass man zunächst einen Betrag AN ermittelt, der wie folgt zustande kommt:

$$K^* + B^* = AN / (1 + p)^1 + AN / (1 + p)^2 + AN / (1 + p)^{S+T+1} = AN \cdot Q$$

Damit definiert man den ROI* wie folgt:

$$ROI^* = AN / K^* = (K^* + B^*) / (K^* \cdot Q)$$

Die Größe Q entspricht dem $S+T+1$ in der früher aufgestellten Formel für den ROI. Lässt man den Zinssatz p auf 0 sinken, ergibt sich wieder der früher dargestellte, traditionelle ROI.

Amortisationsdauer

Die Amortisationsdauer ergibt sich analog zu der früher aufgestellten Regel (vgl. Abschnitt 4.3.3), nur dass jetzt mit den aus diskontierten Werten gebildeten Größen gerechnet werden muss. Eine Näherungsformel ist hier nicht mehr möglich.

Wahl des Diskontierungszinssatzes

Nun stellt sich die Frage, was passiert, wenn man den Diskontierungszinssatz p variiert. Es war ja $p>0$ angenommen. Lässt man p immer weiter sinken, betrachtet also $p \to 0$, so ergeben sich die ursprünglichen Formeln. Lässt man p dann ansteigen, so werden die einzelnen diskontierten Werte dem Betrage nach immer kleiner. Ist $R^* > 1$, also der Barwert positiv, so werden die Rentabilitäten bei genügend großen Werten von p auf 1 sinken und – wenn p weiter steigt – gegen den Wert 0 gehen. Interessant ist nun derjenige Wert von p, für den R^* den Wert 1 annimmt. Das bedeutet ja, dass das im Projekt eingesetzte Kapital sich durch das Projekt weder vermehrt noch vermindert. Man betrachtet also die Gleichung $R^* = 1 + RB^* = 1$. Daraus ergibt sich sofort $B^* = 0$.

Interner Zinssatz

Einen Wert von p, für den diese Gleichung gilt, bezeichnet man als internen Zinssatz des Projektes (IRR = Internal Rate of Return, vgl. [Bea/Scheurer/Hesselmann 2008, S. 452-453]). Da die Gleichung, wenn man sie nach p auflösen will, Ausdrücke der Form $(1+p)^T$ enthält, sind hier die Nullstellen eines Polynoms der Ordnung T zu ermitteln. Aus der Algebra ist bekannt, dass diese Gleichung T unterschiedliche (komplexwertige) Lösungen enthält. Hier interessieren jedoch nur die reellwertigen Nullstellen. Es kann also mehrere interne Zinssätze p geben, die zu einer Rentabilität von 1 führen.

Projekte, bei denen dies der Fall ist, müssen allerdings schon sehr exotische Zahlungsflüsse aufweisen. Investitionen (vgl. Stammbeispiel), die anfänglich nur Zahlungsabflüsse und dann ab einem bestimmten Zeitpunkt ausschließlich Zahlungszuflüsse aufweisen, sind hier unproblematisch. Das lässt sich an Beispielen leicht zeigen, aber auch mathematisch sauber herleiten.

Eignung des internen Zinssatzes

Viel wichtiger ist aber ein anderes Problem. Wenn man den internen Zinssatz von Projekten ermittelt, dann werden zwei unterschiedliche Projekte zu unterschiedlichen Ergebnissen kommen. Das aber heißt, dass jedes der Projekte davon ausgeht, dass die darin verwendeten oder freiwerdenden Mittel zu genau diesem Zinssatz wiederangelegt werden können. Das ist natürlich ein sehr wirklichkeitsfremdes Ergebnis. Der interne Zinssatz ist demnach eine Methode der Projektbewertung, die mit wirklichkeitsfremden Annahmen operiert und daher nicht zu empfehlen ist. Den berühmten IRR (Internal Rate of Return) sollte man endlich aus der Investitionsrechnung verbannen!

Soll- und Habenzinsen

Der Diskontierungszinssatz sollte einheitlich vorgegeben werden. Allerdings bleibt auch hier die kritische Frage, ob der einheitliche Zinssatz »richtig« ist. In der Realität sind ja Habenzinsen und Sollzinsen üblicherweise unterschiedlich – dabei sind die Sollzinsen höher als die Habenzinsen.

Um die unterschiedlichen Diskontierungszinssätze für Auszahlungen und Einzahlungen in die Rentabilitätsberechnung einzubeziehen, sind zwei Ansätze möglich.

Ansatz 1

Die Auszahlungen werden mit dem Anlagezinssatz p auf den Zeitpunkt des (geplanten) Projektbeginns diskontiert. Das Projekt kann diese Gelder dann bis zum Fälligkeitszeitpunkt anlegen. Man hat also $a^*(m)=a(m)/(1+p)^m$. Die Einzahlungen sollen ebenfalls zu Projektbeginn verfügbar sein. Für jede Einzahlung nimmt das Projekt daher einen Kredit auf, der durch die referenzierte Einzahlung abgelöst wird (einmalige Zahlung, die Tilgung und Zinsen umfasst). Damit wird $e^*(m)=e(m)/(1+q)^m$ mit dem Kreditzinssatz q. Ist $q>p$, so werden die Einzahlungen durch die stärkere Diskontierung reduziert und die Rentabilität sinkt.

Ansatz 2

Hier werden die eingehenden Einzahlungen bis zum Ende der Kalkulationsspanne angelegt – zum Habenzinssatz p. Parallel dazu sollen die anstehenden Auszahlungen jeweils mit einem Kredit finanziert werden, der zum Ende der Kalkulationsspanne abgelöst werden muss. Man erhält also $e^*(m)=e(m)\cdot(1+p)^{(T-m)}$ und $a^*(m)=a(m)\cdot(1+q)^{(T-m)}$. Im Gegensatz zu Ansatz 1 bezieht man die Zahlungen nicht auf den

Startzeitpunkt des Projektes, sondern auf das Ende der Kalkulationsspanne. Auszahlungen werden bei q>p stärker aufgezinst als Einzahlungen und reduzieren so die errechnete Rentabilität.

Wendet man das mit einem Anlagezinssatz von 3 % und einem Kreditzinssatz von 6 % auf das Stammbeispiel an, so erhält man die in Tabelle 4–37 dargestellten Ergebnisse.

Tab. 4–37
Kapitalbedarf und Zinsen (Stammbeispiel)

		Ursprüngliche Werte		Ansatz 1		Ansatz 2	
	Zeitpunkt	Einzahlung	Auszahlung	Einzahlung	Auszahlung	Einzahlung	Auszahlung
0	Beginn PP	0	400	0	400	0	505
1	Ende PP, Beginn BP(1)	0	200	0	194	0	238
2	Ende BP(1), Beginn BP(2)	160	100	142	94	170	112
3	Ende BP(2), Beginn BP(3)	440	100	369	92	453	106
4	Ende BP(3)	440	0	349	0	440	0
	Σ	1.040	800	860	780	1063	962
	Barwerte		240		80		101

Es stellt sich abschließend die Frage, ob der Begriff der Wiederanlage (so sehr er auch durch die Herleitung begründet erscheint) sinnvoll ist und die Betrachtungen nicht unnötig verkompliziert. Die Unterscheidung nach Soll- und Habenzinssätzen führt denn auch in den beiden zuvor diskutierten Ansätzen zu Ergebnissen, die nicht unmittelbar einsichtig sind. Es erscheint daher sinnvoll, den Diskontierungszinssatz p abstrakt als Bewertungsparameter zu betrachten, um die zu unterschiedlichen Zeitpunkten entstehenden Beträge vergleichbar zu machen.

4.3.11 Fragen des Controllings

Das Controlling sollte hinsichtlich der Rentabilitätsrechnung folgende Fragen stellen und durch entsprechende Antworten Transparenz schaffen:

- Wird für jedes Projekt eine Rentabilitätsrechnung nach einem standardisierten Vorgehen durchgeführt und in den Projektantrag integriert? Können unterschiedliche Projekte auf Basis ihrer Rentabilitätsdaten miteinander verglichen werden, sodass eine Auswahl der für die Organisation vorteilhaftesten Projekte möglich wird?

- Werden für jedes Projekt der Projektaufwand, die sich ggf. aus dem Projekt ergebenden Folgekosten und Nutzeffekte vollständig und plausibel dokumentiert?
- Werden die erwarteten Nutzeffekte einschließlich des Weges ihrer Ermittlung vollständig und nachvollziehbar im Projektantrag dokumentiert? Werden finanzielle und nicht finanzielle Nutzeffekte klar unterschieden? Können nicht finanzielle Nutzeffekte nach einem standardisierten Verfahren bewertet und damit vergleichbar gemacht werden?
- Ist klar dokumentiert, welcher Anteil des Projektaufwandes aktiviert werden muss? Wurde die Art der Abschreibung bestimmt und sind die daraus resultierenden Abschreibungen dokumentiert?
- Wurden Anschlussprojekte auf ihre jeweiligen Vorgängerprojekte bezogen und mit deren Lebenszyklusdaten abgestimmt?
- Wurden Erweiterungsprojekte auf das zugrunde liegende Basissystem bezogen und mit dessen Lebenszyklus abgestimmt?
- Kann aufgrund der Rentabilitätsdaten eine klare Empfehlung für eine Kauf- oder Mietalternative ausgesprochen werden?
- Wurden Fragen des »Make or Buy« untersucht und hinreichend beantwortet, z.B. Erstellung von Individualsoftware vs. Kauf von Standardsoftware oder Eigenerstellung von IT-Leistungen vs. Erbringung durch einen externen Dienstleister (Outsourcing)?
- Wurde für die Ergebnisse der Rentabilitätsrechnung eine Risiko- oder eine Sensitivitätsanalyse durchgeführt? Bleibt das Projekt auch unter geänderten Rahmendaten für die Organisation rentabel?
- Sind alle Annahmen, die der Rentabilitätsrechnung zugrunde liegen, ausgewiesen und dokumentiert?
- Ist die Rentabilitätsrechnung qualitätsgesichert?

4.3.12 Empfehlungen für die Praxis

Mittels Rentabilitätsrechnung wird festgestellt, wie interessant das betrachtete Projekt für die Organisation ist. Außerdem dient die Rentabilitätsrechnung dazu, bei knappen Ressourcen die für die Organisation rentabelsten Projekte zu bestimmen. Das führt zu folgenden Empfehlungen für die Praxis:

- Etablieren Sie eine einheitliche Rentabilitätsrechnung für Ihre Projekte. Das vorgegebene Berechnungsverfahren muss für alle Projektanträge verbindlich sein. Für Kleinprojekte kann eine vereinfachte Rentabilitätsrechnung durchgeführt werden, aber diese ist dann verbindlich vorgeschrieben.

- Falls es in Ihrer Organisation ein etabliertes Verfahren der Investitionsrechnung gibt, setzen Sie das auch für IT-Projekte ein. IT-Projekte müssen auch mit anderen Projekten in Ihrer Organisation vergleichbar sein und sie müssen sich dem Wettbewerb um das knappe Kapital stellen.
- Geben Sie den Rechenweg bzw. sogar das Rechenschema und die Anforderungen an die Inputdaten für die Rentabilitätsrechnungen konkret vor. Legen Sie präzise fest, wie mit nicht finanziellen Nutzeffekten umzugehen ist.
- Sorgen Sie dafür, dass Projektaufwand und Folgekosten vollständig in die Rentabilitätsbetrachtung einbezogen werden, also sowohl der Aufwand auf der Seite des Projektauftragnehmers (IT-Bereich) als auch auf der Seite des Projektauftraggebers (Fachbereiche).
- Geben Sie klare Regeln vor, nach denen entschieden wird, ob ein beantragtes Projekt für eine Realisierung infrage kommt oder abgelehnt wird. Zum Beispiel indem Sie Grenzwerte für die Rentabilitätskennzahlen vorgeben, die die Projekte gemäß Projektantrag übertreffen müssen (Mindestrentabilität, maximale Amortisationsdauer).
- Richten Sie für Systeme mit Anschluss- oder Erweiterungsprojekten übergreifende Vermögenskonten ein, die von allen Anschluss- und Erweiterungsprojekten referenziert werden müssen.
- Fordern Sie von jedem Projektantrag eine Sensitivitätsanalyse der Rentabilitätsdaten nach vorgegebenem Vorgehen.
- Legen Sie im Projektantrag fest, wie nach Projektabschluss die erwarteten Nutzeffekte ermittelt und gemessen werden sollen (vgl. Abschnitt 4.7): Was soll gemessen werden? Wie soll es gemessen werden? Wer soll es messen? Wer soll verantwortlich sein?

4.4 Projektplanung

Hat sich ein Projekt für die Realisierung qualifiziert und wurde es im Portfolioprozess für eine Realisierung vorgesehen, dann wird es beauftragt. Im Rahmen der Beauftragung wird eine Projektleitung etabliert und eine Projektlenkung eingerichtet. Der Projektleiter stellt ein (erstes) Projektteam zusammen und beginnt einerseits mit der Planung und andererseits mit der Vorbereitung des Projektes.

Die Projektplanung ist unverzichtbare Grundlage der Steuerung in der Projektdurchführung, denn Abweichungen lassen sich nur im Abgleich gegen die Planung feststellen.

Planungsstufen

Die Projektplanung folgt einer bestimmten Logik, wie sie in Abbildung 4–8 dargestellt ist.

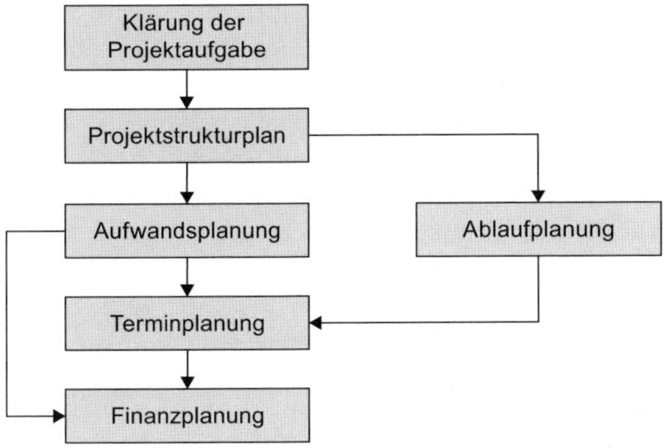

Abb. 4–8
Planungslogik für ein Projekt

Übersicht Planungsablauf

Wenn die Projektaufgabe klar und vollständig beschrieben ist, werden daraus alle Aktivitäten des Projektes abgeleitet und im Projektstrukturplan (PSP, vgl. [Bea/Scheurer/Hesselmann 2008, S. 139-144]), dem Verzeichnis sämtlicher zur Erreichung des Projektzieles erforderlicher Aktivitäten, dokumentiert.

Auf Basis des Projektstrukturplans werden dann Arbeitspakete (vgl. [Bea/Scheurer/Hesselmann 2008, S. 142]), die kleinsten geplanten Einheiten eines Projektes, definiert und deren Ressourcenbedarf ermittelt (Aufwandsplanung). Parallel dazu werden die Abhängigkeiten zwischen den verschiedenen Arbeitspaketen bestimmt, da viele Arbeitspakete die Ergebnisse anderer Arbeitspakete benötigen. Dies führt zur Ablaufplanung und daraus ergibt sich in Verbindung mit den verfügbaren Ressourcen die Terminplanung des Projektes. Den Abschluss der Planung bildet die Projektion der Ablauf-Zeit-Struktur des Projektes auf die finanzielle Sphäre; sie führt zur Finanzplanung des Projektes.

4.4.1 Projektaufgabe

Pflichten des Projektauftraggebers

Vor Einstieg in die Projektplanung ist zu prüfen, ob die Projektaufgabe so umfassend und präzise definiert ist, dass man eine solide Planung darauf aufbauen kann. Ist das nicht der Fall, muss hier nachgearbeitet werden. Dabei muss der Projektauftraggeber seinen Mitwirkungspflichten nachkommen.

Der Projektleiter muss diese Mitwirkung einfordern und sicherstellen. Kommt der Projektauftraggeber seinen Pflichten (schon) an dieser Stelle nicht nach, wird das Projekt mit hoher Wahrscheinlichkeit scheitern. Der Projektleiter sollte sich nicht scheuen, dieses Problem in den Lenkungsausschuss zu eskalieren und sogar den Abbruch des soeben begonnenen Projektes vorzuschlagen.

Aufwand und Zeitbedarf

Die Klärung der Projektaufgabe erfordert Aufwand und Zeit. Dieser Aufwand muss im Projektantrag vorgesehen sein. Die Klärung der Projektaufgabe darf weder oberflächlich noch unter Zeitdruck erfolgen. Wer hier »spart«, muss dafür erfahrungsgemäß in der Projektdurchführung und in der Betriebsphase mit höherem Aufwand »bezahlen«, z.B. durch umfangreiche und aufwendige Anpassungsmaßnahmen. Die bekannte Regel »Je länger ein Fehler im System ist, desto aufwendiger wird seine Beseitigung« muss die Phase der Projektvorbereitung ausdrücklich einbeziehen.

Checkliste

Die Klärung der Projektaufgabe sollte mit der in Tabelle 4–38 dargestellten Checkliste unterstützt werden.

Tab. 4–38 *Klärung der Projektaufgabe (Checkliste)*

Klärung der Projektaufgabe
Sind alle Beteiligten (Projektauftraggeber, Projektauftragnehmer, Projektinvestor) der Meinung, dass das Projekt auf Basis der vorliegenden Informationen konkret planbar ist? Wurden fachliche Anforderungen und (IT-)technische Lösungsansätze bereits hinreichend spezifisch ausformuliert?
Welche Bedenken gegen die Planbarkeit des Projektes gibt es möglicherweise? Von welcher Seite?
Sind die Funktionalitäten des Projektergebnisses hinreichend geklärt, sodass eine sinnvolle Planung möglich ist?
Sind die Qualitätsmerkmale des Projektergebnisses für eine sinnvolle Planung hinreichend geklärt?
Ist klar, welches Know-how und welche Expertise für die Projektdurchführung benötigt werden?
Ist klar, wie die Qualitätssicherung der Projektergebnisse erfolgen soll?
Ist klar, wie die Abnahme der Projektergebnisse durch den Projektauftraggeber erfolgen soll?
Sind die technologischen Grundlagen so weit geklärt, dass eine Projektdurchführung möglich ist?
Sind die Grundlagen des an den Projektabschluss anschließenden Betriebs so weit geklärt, dass eine zielgerichtete Projektdurchführung möglich ist?
Sind Randbedingungen und Mengengerüste, unter denen das Projektergebnis eingesetzt und genutzt werden soll, im Sinne der Planungsfähigkeit des Projektes hinreichend geklärt?
Ist die Umsetzungsstrategie des Projektes mit allen Beteiligten abgestimmt?
Ist die gewählte Umsetzungsstrategie realistisch?

4.4.2 Projektstrukturplan

Arbeitsergebnisse

Ist die Projektaufgabe planungsfähig dokumentiert, so sind anschließend die Arbeitsergebnisse im Einzelnen zu bestimmen. Es muss ein vollständiger Katalog der Teil-, Zwischen- und Endergebnisse des Projektes erstellt werden.

Arbeitspakete

Die zur Realisierung der Arbeitsergebnisse erforderlichen Aktivitäten werden beschrieben und in Arbeitspaketen dokumentiert. Als Arbeitspaket bezeichnet man die kleinste zu planende Einheit eines Projektes. Die Steuerung eines Projektes betrachtet in der größten Detaillierung Arbeitspakete. Die Steuerung innerhalb dieser Arbeitspakete obliegt den jeweiligen Arbeitspaketverantwortlichen.

Aufteilung und Zusammenfassung von Aufgaben

Ein (Zwischen-)Ergebnis des Projektes kann zu mehreren Arbeitspaketen führen. Jedes Arbeitspaket muss einen greifbaren und bewertbaren Arbeitsstand ausweisen. Ein solcher Arbeitsstand ist möglicherweise noch nicht an anderer Stelle im Projekt nutzbar. Umgekehrt kann es bei Arbeitsergebnissen, die mit geringem Aufwand erstellt werden können, sinnvoll sein, die Erstellung mehrerer Ergebnisse in einem Arbeitspaket zusammenzufassen.

Bildung von Arbeitspaketen

Arbeitspakete sind demnach praxisgerechte Aufteilungen oder Zusammenfassungen von Projektarbeiten. Ihre Bildung erfolgt in zwei Stufen. Auf der ersten Stufe werden vorläufige Arbeitspakete auf Basis der identifizierten Arbeitsergebnisse gebildet. Auf der zweiten Stufe werden dann die endgültigen Arbeitspakete erstellt. Sie können entweder durch Übernahme, Aufteilung oder Zusammenfassung vorläufiger Arbeitspakete entstehen.

Regeln für die Bildung von Arbeitspaketen

Für die Bildung endgültiger Arbeitspakete lassen sich folgende Regeln angeben:

- Arbeitspakete müssen aus der Sicht des Projektcontrollings eine Größe haben, die sie steuerungsfähig macht.
- Arbeitspakete sollten innerhalb eines Projektes nach Aufwand und zeitlicher Dauer eine gewisse Homogenität aufweisen.

Berichtswesen als Taktgeber

Was bedeutet das praktisch? Das Regelkreismodell der Projektsteuerung führt in Verbindung mit dem obligatorischen Wirtschaftlichkeitsprinzip dazu, dass konsolidierte Istdaten über das gesamte Projekt nicht kontinuierlich, sondern periodisch erhoben, berichtet und ausgewertet werden. Aufgrund praktischer Erfahrungen ist ein vierzehntäglicher Rhythmus zu empfehlen, denn eine wöchentliche Berichterstattung führt zu einer großen bürokratischen Belastung aller Projektverantwortlichen und eine monatliche Berichterstattung bemerkt Fehlentwicklung im Projekt zu spät. Ein Projekt, das 6 bzw. 12 Monate dauert, hat bei wöchentlicher Berichterstattung 27 bzw. 53 Berichtszeitpunkte, bei vierzehntäglicher Berichterstattung 14 bzw. 27 Berichtszeitpunkte und bei monatlicher Berichterstattung nur noch 7 bzw. 13 Berichtszeitpunkte (Alle Werte beinhalten den Startzeitpunkt des Projektes).

Dauer von Arbeitspaketen

Arbeitspakete sollten vor diesem Hintergrund so »geschnitten« werden, dass sie 2, 4 oder 6 Wochen zur Fertigstellung benötigen. Längere Laufzeiten von Arbeitspaketen sind nicht zu empfehlen.

Kapazität von Arbeitspaketen

Neben der zeitlichen Befristung sollten Arbeitspakete auch personell optimal »geschnitten« werden. Um die Potenziale der Selbstorganisation zu nutzen, sollten Arbeitspaketteams i.d.R. nicht mehr als drei Personen umfassen. Bei drei Vollzeitkräften hätte man in einer Zwei-Wochen-Periode eine Kapazität von 30 Personentagen zur Verfügung. Das stellt eine sinnvolle Größe für Arbeitspakete dar.

Diese Normierung von Arbeitspaketen erscheint willkürlich und einer optimalen Projektabwicklung abträglich. Allerdings zeigen praktische Erfahrungen immer wieder, dass eine starke Streuung von Arbeitspaketaufwänden bzw. der Laufzeiten von Arbeitspaketen ein Indiz für ungeklärte Inhalte und unvollständige Planung darstellt. Die Projektverantwortlichen sollten daher in der Lage sein, stark streuende Aufwände und Laufzeiten bei den Arbeitspaketen explizit zu erklären. Im Portfoliomanagement werden weitere Argumente diskutiert, die für eine starke Homogenisierung von Arbeitspaketen sprechen.

Formular

Für jedes Arbeitspaket muss es eine genaue Beschreibung der Aufgaben und zu erstellenden Arbeitsergebnisse geben. Dieses Dokument ist der Arbeitsauftrag, der an den Arbeitspaketverantwortlichen übergeben wird. Eine beispielhafte Struktur einer Arbeitspaketdokumentation zeigt Tabelle 4–39.

Tab. 4–39
Formular Arbeitspaket

<table>
<tr><th colspan="3">Arbeitspaket</th></tr>
<tr><td rowspan="2">(Teil-)Projekt:</td><td rowspan="2">AP-Nr.:</td><td>Version:</td></tr>
<tr><td>Datum:</td></tr>
<tr><td colspan="3">Beschreibung des Arbeitspaketes:</td></tr>
<tr><td colspan="3">Ergebnisse:</td></tr>
<tr><td colspan="3">Lösungswege und Tätigkeiten:</td></tr>
<tr><td colspan="3">Vorlaufende Arbeitspakete:</td></tr>
<tr><td colspan="3">Nachlaufende Arbeitspakete:</td></tr>
<tr><td colspan="3">Voraussetzungen:</td></tr>
<tr><td colspan="3">Probleme/Risiken:</td></tr>
<tr><td colspan="3">Verantwortlich:</td></tr>
<tr><td colspan="2">Mitarbeiter</td><td>Starttermin:</td></tr>
<tr><td>Name</td><td>Aufwand (PT)</td><td>Endtermin:</td></tr>
<tr><td>1.</td><td></td><td rowspan="2">Aufwand AG intern/ extern (PT):</td></tr>
<tr><td>2.</td><td></td></tr>
<tr><td>3.</td><td></td><td rowspan="2">Aufwand AN intern/ extern (PT):</td></tr>
<tr><td>4.</td><td></td></tr>
<tr><td colspan="2">Weitere Ressourcen</td><td rowspan="4">Bemerkungen:</td></tr>
<tr><td colspan="2">1.</td></tr>
<tr><td colspan="2">2.</td></tr>
<tr><td colspan="2">3.</td></tr>
</table>

Arbeitspaketkategorien

Betrachtet man die Arbeitspakete und ihre Arbeitsergebnisse, so finden sich einerseits Arbeitsergebnisse, die in ihrer Gesamtheit das Projektergebnis ausmachen oder Vorstufen des Projektergebnisses darstellen. Softwaremodule sind Beispiele für Arbeitsergebnisse, die im Projektergebnis »verbaut« werden. Spezifikationsdokumente sind Zwischenergebnisse, die selbst nicht in das Projektergebnis eingehen, aber Vorstufen zu den endgültigen Komponenten des Projektergebnisses darstellen.

Andererseits müssen Arbeiten durchgeführt werden und ihren Niederschlag in Arbeitspaketen finden, die sicherstellen, dass das angestrebte Projektergebnis realisiert wird, aber selbst keine Ergebnisse liefern, die man in irgendeiner Form im Projektergebnis wiederfindet.

Die Aufwände für Projektmanagement, Projektcontrolling oder Qualitätsmanagement sind Beispiele dieser Kategorie von Arbeitspaketen.

Die erste Gruppe der Aktivitäten lässt sich als ergebnisbestimmende Aufgaben, die zweite Gruppe als ergebnissichernde Aufgaben eines Projektes bezeichnen. Letztere können in hohem Maße projektübergreifend organisiert und z.B. durch ein Project Management Office (vgl. [Sandrino-Arndt/Thomas/Becker 2010]) erbracht werden. Der Projektstrukturplan muss beide Kategorien von Arbeitspaketen umfassen, um die Projektaufgabe vollständig zu beschreiben.

Ergebnisbestimmende Aufgaben

Typische ergebnisbestimmende Aufgaben eines Projektes nennt Tabelle 4–40.

Tab. 4–40 *Ergebnisbestimmende Projektaufgaben*

Ergebnisbestimmende Aufgaben eines Projektes
Klärung der Projektaufgabe und Projektziele
Erstellung des (endgültigen) Lastenheftes
Erstellung des (endgültigen) Pflichtenheftes
Konzept- und Spezifikationserstellung
Modellerstellung/Erstellung von Prototypen
Entwicklung/Realisierung
Qualitätssicherung/Test
Fehler- und Mängelbeseitigung
Installation/Einrichtung/Customizing
Produktionsvorbereitung/Schulung/Dokumentation
Pilotbetrieb/Probebetrieb

Ergebnissichernde Aufgaben

Typische ergebnissichernde Aufgaben eines Projektes nennt Tabelle 4–41.

Tab. 4–41 *Ergebnissichernde Projektaufgaben*

Ergebnissichernde Aufgaben eines Projektes
Projektmanagement/Projektplanung/Projektcontrolling
Qualitätsmanagement (die Qualitätssicherung der Arbeitsergebnisse ist hingegen eine ergebnisbestimmende Tätigkeit)
Werkzeug- und Methodenmanagement
Aufbau/Abbau der Projektinfrastruktur (technisch, organisatorisch)
Reviews und Audits des Projektes
Risikomanagement (als Element des Projektmanagements)
Projektbesprechungen (inkl. Vor- und Nachbereitung)
Projektkommunikation (z.B. Projektberichte, Informationsveranstaltungen)
Lenkungsausschusssitzungen →

Ergebnissichernde Aufgaben eines Projektes (Fortsetzung)
Beschaffung (Personal, Sachmittel, Verbrauchsmaterial)
Schulungen der Projektmitarbeiter
Rechnungsbearbeitung (Eingangsrechnungen, interne Verrechnungen der Projektaufwände)/Obligoverfolgung/Buchhaltung
Raummanagement (Arbeitsplätze, Team- und Besprechungsräume)
Änderungs- und Anforderungsmanagement
Dienstleister- und Lieferantenmanagement
Auswertung der Zeitaufschreibungen/Erstellung von Projektberichten
Reiseorganisation (Tickets, Fahrkarten, Mietwagen, Hotel)
Abschlussarbeiten

Work Breakdown Structure

Der vorläufige Projektstrukturplan entsteht durch stufenweise Zerlegung der Projektaufgabe. Die sich daraus ergebende hierarchische, baumartige Struktur bezeichnet man auch als Work Breakdown Structure (WBS, vgl. Abb. 4–9). Der Projektstrukturplan mit Dokumentation aller ergebnisbestimmenden und aller ergebnissichernden Projektaufgaben ist die »Mutter aller Projektpläne« und alle übrigen Planungen setzen darauf auf. Aus dem vorläufigen Projektstrukturplan entsteht durch Bildung der endgültigen Arbeitspakete der endgültige Projektstrukturplan.

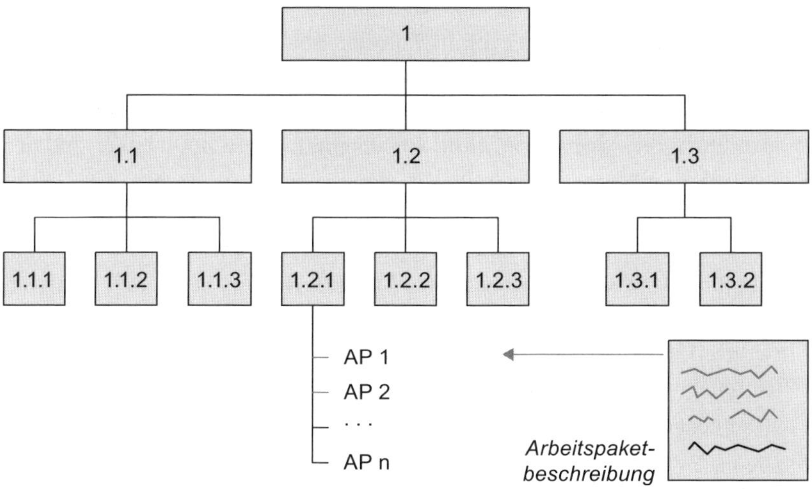

Abb. 4–9
Projektstrukturplan (PSP)

Mindmapping

Bei der Aufstellung des (vorläufigen) Projektstrukturplans bewährt sich die Mindmapping-Technik (vgl. [Patzak/Rattay 2004, S. 299]). Zur Unterstützung gibt es sowohl freie Softwarelösungen als auch kommerzielle Angebote.

Qualitätssicherung

Nachdrücklich ist jedem Planer zu empfehlen, den erstellten Projektstrukturplan einer umfassenden Qualitätssicherung zu unterziehen. Die Erfahrung zeigt, dass gravierende Fehler in der nachfolgenden Termin- und Aufwandsplanung weniger durch Abweichungen bei den einzelnen Arbeitspaketen entstehen, sondern eher dadurch, dass Teilaufgaben des Projektes im Projektstrukturplan fehlen und so nicht nur der Projektaufwand unterschätzt wird, sondern auch Abhängigkeiten und damit verbundene Risiken übersehen werden.

Diese Qualitätssicherung benötigt Zeit und verursacht Aufwand. Das entsprechende Review (vgl. [Spillner/Linz 2010, S. 82-98]) sollte von einem neutralen (sachkundigen) Dritten durchgeführt werden, der selbst nicht in das Projekt involviert und demzufolge weder Zweckoptimist noch Zweckpessimist ist.

4.4.3 Ablaufplanung

Ist die Projektaufgabe vollständig in Arbeitspaketen dargestellt, müssen diese in ihrer logischen Reihenfolge geplant werden, denn viele Teilergebnisse können erst dann erstellt werden, wenn andere Teilergebnisse vorliegen. Das gilt insbesondere für die ergebnisbestimmenden Aufgaben in einem Projekt. Die ergebnissichernden Aufgaben sind hingegen in vielen Fällen so geartet, dass sie mit Beginn des Projektes anlaufen und dann bis zum Ende des Projektes kontinuierlich durchlaufen. Man denke z.B. an Projektmanagement und Projektcontrolling.

Netzplantechnik

Methodisch wird die Ablaufplanung üblicherweise mit der Netzplantechnik unterstützt (vgl. [Bea/Scheurer/Hesselmann 2008, S. 161-183]). Mit ihrer Hilfe kann man die Ablaufstruktur darstellen und dokumentieren. Software zum Projektmanagement basiert in der Regel auf der Netzplantechnik. In einer solchen Software muss man die definierten Arbeitspakete (auch als »Vorgang« oder »Task« bezeichnet) erfassen und ihnen Vorgänger oder Nachfolger zuordnen. Die solchermaßen dokumentierte Ablaufstruktur lässt sich grafisch darstellen und man erhält die bekannten Ganttdiagramme (vgl. [Ruf/Fittkau 2008, S. 124]), die allerdings erst nach Abschluss der Terminplanung ihre volle Aussagekraft erlangen.

Gruppierung von Arbeitspaketen

Um die Komplexität der Projektaufgabe besser beherrschen zu können, wird man die Arbeitspakete geeignet gruppieren und die Bearbeitung einer neuen Arbeitspaketgruppe erst dann beginnen, wenn die Bearbeitung einer Vorgängergruppe abgeschlossen wurde. Eine solche Strategie wird in den typischen Vorgehensmodellen verfolgt (vgl. Abb. 4–10, [Bea/Scheurer/Hesselmann 2008, S. 72-79]).

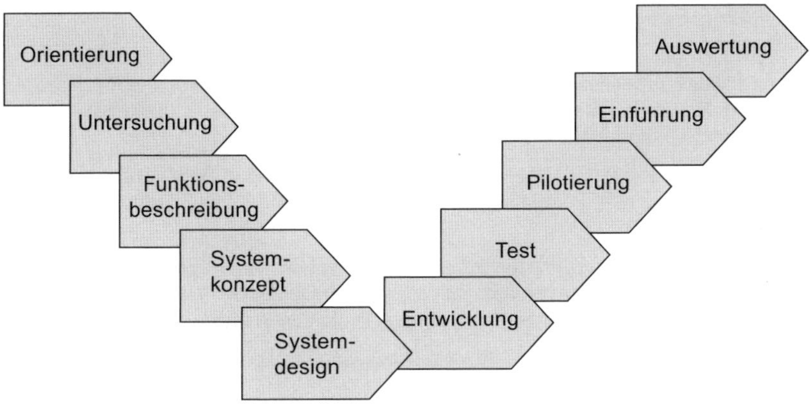

Abb. 4–10
Phasenstruktur (exemplarisch)

Meilensteine

Eine solche Arbeitspaketgruppe wird mit einem spezifischen Arbeitspaket »Phasenbeginn« begonnen und mit einem entsprechenden Arbeitspaket »Phasenende« abgeschlossen. Besonderheit dieser beiden Arbeitspakete ist, dass sie keinerlei Aufwand verursachen, also keine Ressourcen verbrauchen, und eine Dauer der Länge 0 haben. Alle Arbeitspakete in der Gruppe haben dann ausschließlich in der Gruppe ihre Vorgänger und Nachfolger, ggf. den »Phasenbeginn« bzw. das »Phasenende«. Diese beiden speziellen Arbeitspakete bezeichnet man als Meilensteine (vgl. [Bea/Scheurer/Hesselmann 2008, S. 70]). Meilensteine werden im Rahmen der Terminplanung noch einmal diskutiert.

Die reduzierte Komplexität hat ihren »Preis«: Das Projekt dauert länger, da die Phasenbildung die Möglichkeiten der parallelen Bearbeitung von Arbeitspaketen einschränkt. Man darf diese Effekte jedoch nicht dramatisieren, da Projekte in der Praxis aufgrund von Ressourcenengpässen in vielen Fällen sowieso zeitlich gestreckt werden müssen.

Qualitätssicherung

Für das Projektcontrolling ist die Ablaufplanung ein wichtiger Schritt, da die Vorgänger-Nachfolger-Struktur beinahe zwangsläufig Fragen aufwirft, die im Sinne einer Qualitätssicherung von den Verantwortlichen beantwortet werden müssen (vgl. Tab. 4–42).

Tab. 4–42
Auffälligkeiten in der Ablaufplanung

Auffälligkeiten in der Ablaufplanung
Ein Arbeitspaket hat weder Vorgänger noch Nachfolger. Benötigt es wirklich keinen Input anderer Arbeitspakete? Wird sein Output wirklich von keinem anderen Arbeitspaket im Projekt benötigt? Kann es innerhalb des Projektverlaufs tatsächlich zu beliebiger Zeit durchgeführt werden?
Ein Arbeitspaket hat nur Nachfolger, aber keinen Vorgänger. Benötigt es wirklich keinen Input aus dem Projekt? Kann oder muss es (schon) mit Projektbeginn gestartet werden?
Ein Arbeitspaket hat nur Vorgänger, aber keinerlei Nachfolger. Benötigt wirklich kein anderes Arbeitspaket seinen Output? Ist sein Output Bestandteil des Projektergebnisses? Kann oder muss es (erst) zum Projektende abgeschlossen sein?
Ein Arbeitspaket hat auffällig viele Vorgänger. Benötigt es wirklich so viel Input von anderen Arbeitspaketen?
Ein Arbeitspaket hat auffällig viele Nachfolger. Erzeugt es wirklich Output von solch zentraler Bedeutung für das Projekt?

4.4.4 Aufwandsplanung

Ressourcen

Nachdem in der Ablaufplanung der logisch-inhaltliche Ablauf des Projektes auf Basis der definierten (endgültigen) Arbeitspakete bestimmt wurde, sind nun für jedes Arbeitspaket die benötigten Ressourcen nach Menge und Qualität zu ermitteln. Die Abschätzung des Ressourcenbedarfs wird sich in vielen Fällen auf den Personalbedarf beschränken; man sollte aber auch andere Ressourcen wie Räume oder technische Ressourcen, z.B. Entwicklungs- oder Testsysteme, nicht übersehen. Eine Liste typischer Ressourcen nennt Tabelle 4–43.

Tab. 4–43
Inhalte einer Ressourcenplanung

Zu planende Ressourcen
Eigene Mitarbeiter aus der IT
Eigene Mitarbeiter aus dem Fachbereich
Fremdpersonal (Berater und Zeitarbeitskräfte)
Externe Dienstleistungen
Test- und Entwicklungssysteme: Lizenzen, Rechnerkapazität, Speicherplatz
Arbeitsplätze für internes und externes Personal, Arbeitsräume, Besprechungsräume
Werkzeuge (Entwicklung, Test, Projektmanagement), Lizenzen
Schulungen (für die Projektmitarbeiter)
Kommunikationstechnik (Telefon, Datenkommunikation)
Drucker/Kopierer/Scanner
Präsentationstechnik
Projektablage und Mail-Accounts
Verbrauchsmaterial
Reisen und Übernachtungen, Fahrzeuge
Bewirtungen (Kaffee, Getränke, Gebäck)

In der Planung wird man sich mit Priorität auf die besonders kostspieligen und die Engpassressourcen des Projektes konzentrieren. Beide Kategorien können zusammenfallen, das muss aber nicht so sein. Typische Engpassressourcen enthält Tabelle 4–44.

Engpassressourcen

Tab. 4–44 *Engpassressourcen*

Typische Engpassressourcen eines IT-Projektes
Personal, insbesondere Experten aus IT und Fachbereich
Testsysteme
Räume

Für die Aufwandsermittlung sollte man die in Tabelle 4–45 genannten Bestandteile berücksichtigen.

Aufwandselemente

Tab. 4–45 *Bestandteile einer Projektaufgabe*

Aufwandsrelevante Bestandteile der Projektaufgabe
Rüstaufwand
Produktive Kernarbeit
Aufgabeninterne Qualitätssicherung
Fehler- und Mängelbeseitigung
Abschlussaufwand (Rückbau der aufgabenspezifischen Infrastruktur, Übergabe der Arbeitsergebnisse)

Die geplanten Aufwände sind Schätzungen. Man weiß also, dass sich der tatsächlich entstehende Aufwand mit an Sicherheit grenzender Wahrscheinlichkeit vom geplanten Wert unterscheiden wird.

Aufwandspuffer

Daher wird der Planer den zu erwartenden Aufwand benennen und einen Aufwandspuffer angeben, der so bemessen ist, dass erwarteter Aufwand zuzüglich Aufwandspuffer ein Volumen ergeben, das selbst im ungünstigsten Fall nur mit geringer Wahrscheinlichkeit überschritten wird. Der Aufwandspuffer muss explizit ausgewiesen werden, damit die Planung des Projektes transparent bleibt. »Stille Reserven« darf es nicht geben! Aufwandspuffer ergeben sich einerseits aus benötigtem Mehraufwand für die eigentliche Realisierung der geplanten Arbeitsergebnisse, andererseits aber auch aus dem Aufwand für die Beseitigung von Fehlern, die in der Qualitätssicherung festgestellt wurden, und wiederholten Qualitätssicherungsmaßnahmen.

Die Aufwandsplanung muss also für jedes Arbeitspaket zunächst zwei Werte nennen:

Zwei Aufwandsangaben

- Erwarteter oder »normaler« Aufwand
- Aufwandspuffer

Arbeit mit Aufwandspuffern

Im Rahmen der Konsolidierungen aller Teilplanungen muss von der Projektleitung entschieden werden, wie mit den einzelnen Aufwandspuffern weiter verfahren wird. Würde man die Aufwandspuffer, da sie den (Zweck-)Pessimismus der Arbeitspaketplaner widerspiegeln, 1:1 in die endgültige Projektplanung übernehmen, würde man den schlechtestmöglichen Fall planen und das Projekt unrealistisch verteuern. Es muss also geprüft werden, bei welchen Arbeitspaketen der erwartete Aufwand nach oben korrigiert werden muss, welche Arbeitspakete einen spezifischen, eigenen Puffer zugeordnet bekommen, wie groß diese Arbeitspaketpuffer zu bemessen sind und welche Aufwandspuffer arbeitspaketübergreifend vorzusehen sind. Das Volumen aller Aufwandspuffer in der Endfassung der Planung muss niedriger sein als die Summe aller ursprünglich gemeldeten Aufwandspuffer. Wenn Aufwandspuffer geplant werden, sollten sie explizit in der Planung ausgewiesen werden. Eine weitere Diskussion des Puffermanagements erfolgt in Abschnitt 4.4.5.

Problembereich: Personalaufwand

Spätestens hier zeigt sich das Problem, dass die verschiedenen Planungsstufen nicht so sauber voneinander getrennt werden können, wie das eingangs gefordert wurde. Das gilt insbesondere im Bereich der Personalressourcen.

Bei einer Aufwandsschätzung denkt jeder Planer mehr oder weniger bewusst an bestimmte Personen. Diese Mitarbeiter zeichnen sich durch eine bestimmte Berufserfahrung, ihre individuelle Leistungsfähigkeit sowie ihre spezifische Affinität zu der jeweiligen Aufgabenstellung aus. Darüber hinaus muss der Planer berücksichtigen, wie viele Personen gleichzeitig an den zu planenden Aufgaben arbeiten können. Daher bleibt jede Aufwandsschätzung naturgemäß »unscharf« und erfolgt in Bandbreiten: Der Aufwand liegt in der Größenordnung von x bis y Einheiten.

Die Planung darf daher nicht den Fehler machen, von »optimalen« Mitarbeitern oder bestimmten Personen auszugehen. Sie muss Aufwandsschätzungen auf Basis von »normalen« oder »durchschnittlichen« Mitarbeitern vornehmen.

Sensitivitätsanalyse Aufwand

Hat man Arbeitspakete vorliegen, die in einer bestimmten Zeitspanne abgeschlossen werden sollen, dann müssen sie besonders gründlich untersucht werden, wenn der geschätzte Aufwand einerseits und der geschätzte Aufwand zuzüglich Aufwandspuffer andererseits zu unterschiedlichen Laufzeiten führen würden.

Würde man z.B. feststellen, dass der (geschätzte) Aufwand für ein bestimmtes Arbeitspaket 17 Personentage beträgt und die Aufgabe von zwei Personen bearbeitet werden könnte, dann könnte dieses Arbeitspaket bei planmäßigem Verlauf und vierzehntäglicher Berichterstattung in zwei Wochen bearbeitet werden. Ist nun der Planer der Ansicht, man müsse hier einen Aufwandspuffer von 6 Personentagen vorsehen, dann würde man im ungünstigsten Fall für dieses Arbeitspaket einen Aufwand von 23 Personentagen benötigen. Jetzt muss man prüfen, ob der Aufwandspuffer zu pessimistisch angesetzt wurde und reduziert werden kann, ob man zwei Berichtsperioden für das Arbeitspaket ansetzen muss oder ob man durch eine Erhöhung der Kapazitäten (hier in Form von Überstunden) in den Grenzen einer Berichtsperiode bleiben kann.

4.4.5 Terminplanung

Ressourcenintensität und Dauer

In Verbindung mit der angedachten Ressourcenintensität, also den Ressourceneinheiten, die zeitgleich zur Bearbeitung einer Aufgabe eingesetzt werden sollen, ergibt sich aus dem geschätzten Aufwand jedes Arbeitspaketes rechnerisch seine minimale zeitliche Dauer. Beträgt der geschätzte Aufwand z.B. 23 Personentage und kann man die Aufgabe an ein Team von drei Personen übertragen, so benötigt man rechnerisch mindestens (!) 7,7 Arbeitstage zur Fertigstellung des betreffenden Arbeitspaketes. Tatsächlich dürfte die minimale Dauer höher liegen, weil die Aufgabe eben nicht beliebig auf drei Personen aufgeteilt werden kann und zwischen den Bearbeitern Abstimmungen und Kommunikation notwendig sind.

Fertigstellung und Freigabe

Wenn man Start- und Endtermin und damit die Dauer eines Arbeitspaketes plant, muss man beachten, wann das Ergebnis des Arbeitspaketes für die weitere Nutzung im Projekt zur Verfügung steht. Dies ist nicht schon dann der Fall, wenn die Mitarbeiter des Arbeitspaketes mit ihrer Arbeit fertig sind. Hinzu kommen nämlich die Zeit für die Qualitätssicherung, ggf. Wartezeiten in der Qualitätssicherung und die Zeit für die Beseitigung von Mängeln und Fehlern, die in der Qualitätssicherung festgestellt werden. Das Ergebnis eines Arbeitspaketes steht also erst dann zur weiteren Nutzung im Projekt zur Verfügung, wenn sein Arbeitsergebnis von der Qualitätssicherung freigegeben worden ist (vgl. Abb. 4–11).

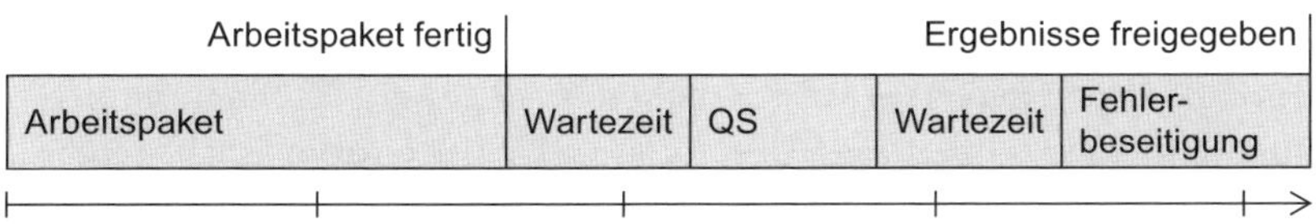

Abb. 4–11 *Fertigstellungszeitpunkt – Freigabezeitpunkt*

Ursachen für Zeitpuffer

Zeitpuffer ergeben sich also einerseits aus Aufwandspuffern und andererseits aus Wartezeiten innerhalb der Arbeitspakete und Wartezeiten für den Übergang zwischen Arbeitspaketen. Tabelle 4–46 fasst diese Erkenntnisse zusammen.

Tab. 4–46 *Zeitpufferbedarf*

Arten von Zeitpuffern
Mehraufwand in der Realisierung
Aufwand für Fehlerbeseitigung
Wartezeiten innerhalb eines Arbeitspaketes
Wartezeiten zwischen Arbeitspaket und Qualitätssicherung
Wartezeiten zwischen Qualitätssicherung und Fehlerbeseitigung
Wartezeiten zwischen Arbeitspaketen bei der Übergabe von Arbeitsergebnissen
Wartezeiten durch Warten auf Ressourcen

Puffermanagement

Im Rahmen des Puffermanagements müssen die verschiedenen Puffer konsolidiert und einerseits so reichlich bemessen werden, dass das Projekt mit hoher Wahrscheinlichkeit zum geplanten Termin erfolgreich abgeschlossen werden kann, andererseits müssen die Puffer so knapp bemessen werden, dass das Projekt nicht länger dauert als nötig.

Das Puffermanagement ist eine der zentralen Aufgaben des Projektmanagements. Denn der Projektauftraggeber erwartet trotz aller Unwägbarkeiten, dass ihm das Projektergebnis zu einem bestimmten Zeitpunkt zur Verfügung steht. Ab diesem Zeitpunkt muss er nämlich gemäß Projektantrag den versprochenen Nutzen realisieren.

Pufferallokation

Für die Allokation der erforderlichen (zeitlichen) Puffer im Projekt gibt es zwei grundlegende Philosophien:

- Puffer für jedes Arbeitspaket
- Puffer nur für das Projekt insgesamt

Puffer im Arbeitspaket

Die erste Philosophie entspricht der traditionellen Vorgehensweise. Sie geht davon aus, dass der Arbeitspaketverantwortliche sein Arbeitsergebnis zu einem bestimmten, vereinbarten Termin liefert. Darum plant er lokal in seinem Arbeitspaket Aufwandspuffer und zeitliche Puffer ein, die es ihm ermöglichen, termingerecht zu liefern. Dabei wird er vorsichtig sein und eine eher negative Entwicklung annehmen. Wenn das alle Arbeitspaketverantwortlichen machen, ergibt sich eine pessimistische Gesamtplanung. Der Aufwand wird extrem hoch geplant, die zeitliche Dauer des Projektes extrem lang.

Studentensyndrom

Diese Vorgehensweise führt zu einer selbsterfüllenden Prophezeiung. Selbst großzügig geplante Projekte werden nicht in der geplanten Zeit fertig. Was passiert nämlich, wenn jemand ein Ergebnis in 15 Tagen abliefern soll und davon ausgeht, dass er für die eigentliche Arbeit daran 10 Tage benötigen wird? Richtig. Er wird oftmals (meistens?) nicht am ersten Tag mit den Arbeiten beginnen, um das Ergebnis dann bei vielleicht zwei Tagen Verzögerung am zwölften Tag abzuliefern, sondern er wird am sechsten Tag beginnen, um dann bei zwei Tagen Verzögerung am siebzehnten Tag, also mit zwei Tagen Verspätung, sein Ergebnis abzuliefern. Trotz eines Puffers von 50% liefert er etwa 13% später als geplant und vereinbart! Das Problem ist als »Studentensyndrom« bekannt (vgl. [Techt/Passenberg 2011]), da Studenten bei Prüfungsvorbereitungen oftmals so agieren wie beschrieben, es dürfte aber auch bei anderen Bevölkerungsschichten zu beobachten sein.

Regeln für das Puffermanagement

Diese Erfahrungen müssen zu folgenden Konsequenzen führen:

- Die lokalen Puffer der einzelnen Arbeitspakete dürfen nicht von den Arbeitspaketverantwortlichen verschwendet werden. Zeitpuffer gehören dem Projekt und müssen vom Projektleiter verwaltet werden.
- Arbeitspaketverantwortliche sind nicht für Termine verantwortlich, sondern für die Einhaltung des Aufwandes und der geplanten Ressourcenintensität.
- Starttermine sind wichtiger als Endtermine! Auch sie sind einzuhalten. Nur dann können Zeitpuffer auch ihre Wirkung entfalten.

Puffer auf Projektebene

Aus der Problematik der lokalen Puffer hat sich die Philosophie »Puffer nur auf Projektebene« entwickelt. Hier schätzt man »nur« den auf Arbeitspaketebene voraussichtlich erforderlichen Aufwand (also ohne Aufwandspuffer). Der sich daraus ergebende ideale Ablauf des Projektes führt zu einem optimalen kritischen Pfad, der (zeitlich) längsten Abfolge von Arbeitspaketen, die erforderlich ist, um das Projektergebnis insgesamt zu realisieren. Dieser kritische Pfad enthält ausschließlich geplante Aufwände und unvermeidbare, geplante Wartezeiten.

Bei diesem Vorgehen sorgt der Projektleiter dafür, dass das Projekt permanent arbeitet und arbeiten kann. Wird also ein Arbeitspaket abgeschlossen, muss ohne Unterbrechung das nachfolgende Arbeitspaket beginnen. Praktische Erfahrungen zeigen, dass mit dieser Philosophie, die unter dem Begriff »Kritische Kette« (Critical Chain, vgl. [Goldratt 2002]) bekannt geworden ist, gegenüber dem traditionellen Ansatz signifikant kürzere Projektlaufzeiten möglich werden. Es werden Reduzierungen der Projektlaufzeiten von 30–40% genannt (vgl. [Lörz/Techt 2007, S. 6]). Und das, obwohl auch hier Arbeitspakete mehr Aufwand benötigen als erwartet. Der Grund für diese erstaunlichen Beschleunigungseffekte liegt darin, dass es eben keine lokalen Puffer gibt, die ohne Not verbraucht werden. Demgegenüber ist die

Größe des vorgesehenen Gesamtpuffers überraschend hoch; gegenüber dem optimalen Verlauf des Projektes wird sie üblicherweise mit 50 % angesetzt (vgl. [Techt/Simon 2011]).

Effekte des Puffermanagements

Folgendes Beispiel einer Kette von vier Arbeitspaketen, die nacheinander bearbeitet werden müssen, demonstriert die Effekte. Es sei angenommen, dass alle Arbeitspakete, wenn die Arbeit aufgenommen wurde, auch »am Stück« bearbeitet werden. Im Folgenden werden vier Varianten betrachtet (vgl. Tab. 4–47):

- Variante 1:
  Die Arbeitspakete werden zum geplanten Termin gestartet und dauern 20 % länger als geplant.
- Variante 2:
  Die Arbeitspakete werden zum letztmöglichen Termin (auf Basis der geplanten Laufzeiten!) gestartet; jedes Arbeitspaket dauert 20 % länger als geplant und startet erst nach »Verbrauch« seines spezifischen Puffers.
- Variante 3:
  Das erste Arbeitspaket startet pünktlich; die Arbeitspakete dauern 20 % länger als geplant und zwischen den Arbeitspaketen gibt es keine Leerlaufzeiten.
- Variante 4:
  Das erste Arbeitspaket startet pünktlich; die Arbeitspakete benötigen den geplanten Aufwand und zwischen den Arbeitspaketen gibt es keine Leerlaufzeiten.

Tab. 4–47
Auswirkungen von Pufferzeiten

Arbeits-paket	Lauf-zeit	Puffer	Variante 1	Variante 2	Variante 3	Variante 4
1	10	3	Beginn: 1 Ende: 12 Rest = 1	Beginn: 4 Ende: 15 Rest = 0	Beginn: 1 Ende: 12	Beginn: 1 Ende: 10
2	10	3	Beginn: 14 Ende: 26 Rest = 1	Beginn: 19 Ende: 30 Rest = 0	Beginn: 13 Ende: 24	Beginn: 11 Ende: 20
3	20	6	Beginn: 27 Ende: 51 Rest = 2	Beginn: 37 Ende: 60 Rest = 0	Beginn: 25 Ende: 48	Beginn: 21 Ende: 40
4	10	3	Beginn: 52 Ende: 64 Rest = 1	Beginn: 64 Ende: 75 Rest = 0	Beginn: 49 Ende: 60	Beginn: 41 Ende: 50
	50	15	Ende: 64	Ende: 75	Ende: 60	Ende: 50

Das Beispiel zeigt Folgendes:

- Schon der pünktliche Beginn aller Arbeitspakete (Variante 1) sorgt für einen Projektabschluss im geplanten zeitlichen Rahmen.
- Das Verschenken der Puffer vor Aufnahme der eigentlichen Arbeit (Variante 2) führt hier zu einer Überschreitung des geplanten Abschlusstermins um 11 Tage (=17% längere Projektlaufzeit gegenüber der geplanten Projektdauer inkl. Puffer).
- Selbst wenn alle Arbeitspakete 20% länger dauern als geplant (Variante 3), kann das Projekt bei nahtlosem Übergang zwischen den Arbeitspaketen fünf Tage vor dem geplanten Termin abgeschlossen werden (=7,6% der geplanten Projektdauer inkl. Puffer). Gegenüber der Variante 2 würde man sogar 16 Tage einsparen (=21% der in Variante 2 realisierten Projektdauer).
- Läuft alles wie geplant und kann man die Wartezeiten zwischen aufeinanderfolgenden Arbeitspaketen eliminieren (Variante 4), kann man die Projektdauer gegenüber der geplanten Laufzeit von 65 Tagen um 15 Tage (=23%) und gegenüber den in Variante 2 realisierten 75 Tagen um 25 Tage (=33% der Variante 2) reduzieren.

Kapazitätsreserven

Diese Vorgehensweise hat natürlich ihren Preis. Wenn Start- und Endtermine von Arbeitspaketen nicht mehr fest vorgegeben sind, sondern variieren, ist eine enorme Flexibilität der benötigten Ressourcen erforderlich. Ressourcen müssen unter Umständen auf ihren Einsatz warten, stehen also im »Leerlauf« bereit und diese Bereitstellung verursacht Aufwand. Bei der zeitoptimierten Durchführung der Projekte nach der Philosophie der »kritischen Kette« braucht man also Puffer in den Ressourcen bzw. ihren Kapazitäten. Demgegenüber will die traditionelle Vorgehensweise eher den Ressourceneinsatz optimieren und federt Risiken über zeitliche Puffer ab. Im einen Falle spart man Zeit und muss mehr Ressourcen vorhalten, im anderen Falle spart man Ressourcen und muss mehr Zeit einplanen.

Gemischte Ansätze

In der Praxis muss man hybride Strategien entwickeln, denn der zeitoptimierte Ansatz erfordert, dass das Projekt frei über die geplanten Ressourcen verfügen kann. Werden Ressourcen von mehreren Projekten parallel oder abwechselnd genutzt (z.B. bestimmte Experten oder Testsysteme), so lässt sich diese Philosophie nur eingeschränkt verfolgen, nämlich für Arbeitspaketgruppen, die ohne Ressourcenwechsel durchgeführt werden können.

Planungsregeln

Vor dem Hintergrund der vorangegangenen Überlegungen ergibt sich für den Projektplaner das folgende Vorgehen bei der Terminplanung:

- Prüfe die vorliegende Ablaufplanung auf Vollständigkeit und Plausibilität.
- Prüfe die vorliegende Aufwandsplanung auf Vollständigkeit und Plausibilität.
  - Eine Aufwandsplanung muss eigentlich für jede benötigte Ressource vorliegen. Praktisch wird man sich aber auf wichtige Ressourcen konzentrieren, insbesondere Personal und technische Engpassressourcen, z.B. Testsysteme.
- Prüfe, nach welchen Regeln die Aufwandspuffer in der Aufwandsplanung bestimmt wurden, und korrigiere die Aufwandspuffer bei Bedarf.
  - Aufwandspuffer können nach unterschiedlichen Verfahren bestimmt werden:
    - Pauschale Zuschläge (sog. »contingency«), z.B. in Höhe von 10% oder 20%
    - Gesamtaufwand des Arbeitspaketes wird mit einer bestimmten Wahrscheinlichkeit nicht überschritten.
- Prüfe die Aufwandsplanung im Hinblick auf mögliche »stille Reserven« und eliminiere diese.
- Ordne jedem Arbeitspaket und seinem spezifischen Aufwandspuffer Ressourceneinheiten in sinnvoller oder verfügbarer Menge zu (für jede geplante Ressource).
- Leite aus der Kombination von Aufwand und Ressourceneinheiten die zeitliche Dauer von Arbeitspaketen und ihren Aufwandspuffern ab.
  - Die typische Divisionskalkulation – Aufwand, bezogen auf Ressourceneinheiten – liefert nur eine erste, optimistische Schätzung.
  - Die nutzbaren Ressourceneinheiten können im Zeitverlauf schwanken.
  - Eine bestimmte Ressource wird möglicherweise nicht während der gesamten Dauer eines Arbeitspaketes benötigt.
- Prüfe, welcher Aufwandspuffer auf Arbeitspaketebene verbleiben muss, das mag insbesondere für technische Ressourcen sinnvoll sein.
- Fasse Arbeitspakete geeignet zusammen und bilde übergreifende Aufwandspuffer durch Zusammenfassung der nicht zwingend erforderlichen arbeitspaketspezifischen Aufwandspuffer.
- Prüfe, ob Arbeitspakete lokale, über die Aufwandspuffer hinausgehende Wartezeiten benötigen, die sich aus den Arbeitsabläufen innerhalb des Arbeitspaketes ergeben (das sollte nur in Ausnahmefällen erforderlich sein).

- Prüfe, ob Arbeitspaketgruppen mit übergreifendem Aufwandspuffer zusätzliche Zeitpuffer benötigen, und bestimme diese Zeitpuffer.
- Prüfe die sich ergebende, auf die Zeitachse abgebildete Ablaufplanung auf Vollständigkeit und Plausibilität.
- Ermittle die zeitliche Verteilung des Ressourcenbedarfes und glätte diesen Ressourcenbedarf ggf. durch zeitliches Verschieben von Arbeitspaketen (sofern das vom Ablaufplan her möglich ist).
- Führe eine Qualitätssicherung der Terminplanung durch.
- Dokumentiere die Liste aller Start- und Endtermine.
- Identifiziere die wichtigen Termine und stelle sie in der Liste der Meilensteine zusammen.

Das beschriebene Verfahren erscheint komplex, stellt sich in der Praxis jedoch als beherrschbar dar, da der erfahrene Planer die verschiedenen Schritte praktisch simultan durchführt und so Aufwand, Dauer und Ressourcenkapazität konsolidiert.

Meilensteine

Nach Abschluss der Terminplanung ist für jedes Arbeitspaket sowohl der geplante Starttermin als auch der geplante Abschlusstermin bestimmt. Aus der Fülle dieser Termine wählt man eine Reihe von besonders wichtigen Terminen aus und markiert sie als »Meilenstein«. Meilensteine sind Termine, zu denen besonders wichtige Aktivitäten des Projektes starten oder enden oder wichtige (Teil-)Ergebnisse des Projektes vorliegen. Bei der Arbeit mit Vorgehensmodellen sind typische Meilensteine die Start- und Abschlusszeitpunkte der verschiedenen Phasen. Zu Meilensteinen wird üblicherweise die Projektlenkung über den Status des Projektes informiert und diese muss dann über Weiterführung oder Abbruch des Projektes entscheiden.

Projektstart

Der wichtigste Meilenstein eines Projektes ist der Projektstart. Denn wenn man ein Projekt verspätet startet, kann man nicht erwarten, dass es in der geplanten Zeit erfolgreich beendet werden kann.

Feste Termine

Bislang wurde davon ausgegangen, dass das Projekt zu einem bestimmten, aber mehr oder weniger beliebigen Zeitpunkt startet und dann entsprechend den Planungsergebnissen abgewickelt wird. Ziel ist eine möglichst schnelle Abwicklung unter der Randbedingung der Ressourcenverfügbarkeit und unvermeidbarer Wartezeiten. Bei einer Vielzahl von Projekten lautet die Fragestellung jedoch anders: Das Projektergebnis soll oder muss zu einem vorgegebenen Zeitpunkt verfügbar sein. Wie beeinflusst das die Planung und den Planungsablauf?

Auswirkungen auf die Planungsstufen

Die der Terminplanung vorangehenden Planungsstufen werden unverändert durchgeführt, denn Projektstrukturplan, Ablaufplanung und Aufwandsplanung sind vom Zeitpunkt der Projektdurchführung unabhängig.

Rückwärtsplanung

Die Terminplanung allerdings muss sich gravierend ändern, denn nun muss man das Projekt vom Abschlusstermin her rückwärts auf der Zeitachse »abrollen« und leitet daraus den Termin ab, zu dem es (spätestens) starten muss, um unter Beachtung der Puffer zum vorgegebenen Termin abgeschlossen zu werden.

Bei einer Rückwärtsplanung kann es vorkommen, dass der (späteste) Starttermin zum Zeitpunkt der Planung bereits in der Vergangenheit liegt. Das Projekt kann also in der verbleibenden Zeitspanne in der angedachten Form nicht mehr durchgeführt werden.

Laufzeitreduktion

Nun muss die Projektlaufzeit geeignet verkürzt werden. Hier sind verschiedene Strategien denkbar:

- Erhöhung der Ressourcenintensitäten, um so die Laufzeiten der Arbeitspakete, insbesondere auf dem kritischen Pfad, zu reduzieren. Das kann aber die Kosten des Projektes erhöhen und die Rentabilität des Projektes reduzieren.
- Reduktion des Leistungsumfangs in funktionaler oder qualitativer Hinsicht. Das reduziert Aufwand und Laufzeit, kann aber auch den Projektnutzen senken und sich dadurch negativ auf die Rentabilität auswirken.
- Reduktion von Aufwands- und Zeitpuffern. Das erhöht jedoch das Terminrisiko des Projektes.
- Statt einer Reduktion des Leistungsumfangs erfolgt eine Umplanung des Projektes dergestalt, dass die für den vorgegebenen Endtermin nicht relevanten Leistungsmerkmale separiert und entsprechende Arbeitspakete erst nach dem vorgegebenen Termin durchgeführt werden. Dies kann allerdings dazu führen, dass der Projektaufwand steigt, weil etliche Aktivitäten, z.B. System- und Abnahmetest oder Rollout, mehrfach durchgeführt werden müssen und sich so die Rentabilität des Projektes verschlechtert.

Kritischer Pfad

Aus der zeitlichen Dauer der einzelnen Arbeitspakete einschließlich der erforderlichen Übergangszeiten zwischen unterschiedlichen Arbeitspaketen ergibt sich der kritische Pfad des Projektes, die längste Kette von abhängigen Aufgaben. Dieser kritische Pfad bestimmt, wann das Projekt – gemäß den Annahmen und Daten der Planung – abgeschlossen werden kann, wenn man das Projekt zu einem bestimmten Termin startet, oder alternativ, wann das Projekt starten muss, wenn man es zu einem bestimmten Termin abschließen muss. Insofern hat der kritische Pfad für Projektverantwortliche eine zentrale Bedeutung.

Dynamik des kritischen Pfades

Der in der Planung identifizierte kritische Pfad kann sich während des Projektablaufs erheblich verändern. Das zeigt das Beispiel in Abbildung 4–12.

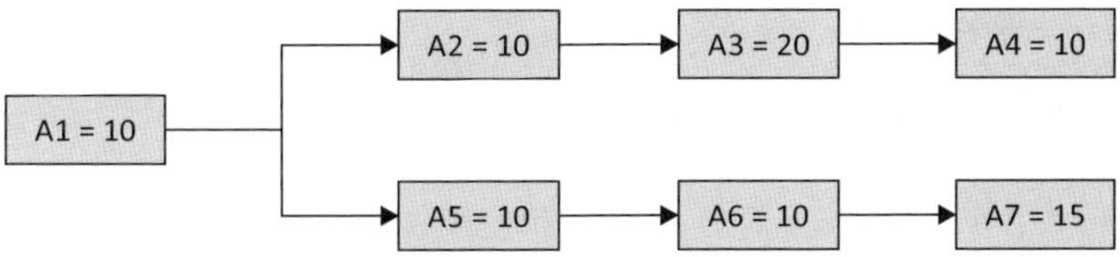

Abb. 4–12
Kritischer Pfad eines Projektes

In dem dargestellten Beispiel gibt es zwei Pfade, zum einen den Pfad A1–A2–A3–A4 und zum anderen den Pfad A1–A5–A6–A7. Die in den Kästen genannten Zahlen seien die Laufzeiten dieser Arbeitspakete. Damit ist der obere Pfad mit einer Laufzeit von 50 Tagen der kritische Pfad, denn der untere Pfad hat eine geplante Laufzeit von nur 45 Tagen. Nimmt man nun an, dass A5 statt 10 Tage 12 Tage dauert, also 40 % länger als geplant, so verlängert sich die Laufzeit des unteren Pfades auf 47 Tage. Anscheinend ist das noch nicht kritisch. Das Projektcontrolling muss hier kritischer sein! Denn wenn A5 20 % länger dauert als geplant, dann könnten auch A6 und A7 20 % länger dauern als geplant. Dann hätte aber der untere Pfad eine Laufzeit von 52 Tagen und wäre damit kritisch.

Sensible Pfade

Der kritische Pfad ist also nicht statisch. Es empfiehlt sich daher, nicht nur den kritischen Pfad der Planung zu identifizieren, sondern alle »sensiblen« Pfade. Damit seien hier solche Projektpfade bezeichnet, die zu kritischen Pfaden werden können, wenn sich auf ihnen zeitliche Verzögerungen ergeben. Man könnte das so regeln, dass alle Pfade zu identifizieren sind, die bei einer Verzögerung von 10 % oder 20 % die Projektgesamtdauer vergrößern würden. Das Projektcontrolling muss den sensiblen Pfaden eine hohe Aufmerksamkeit schenken.

Vollständiger Ressourcenplan

Im Rahmen der Terminplanung kann die Projektleitung einen vollständigen Ressourcenplan aufstellen. Sie kann für jedes Arbeitspaket und jede Ressource folgende Informationen ableiten:

- Zeitpunkt des Ressourcenzugangs
- Vorgesehene Ressourcenmenge
- Zeitpunkt des Ressourcenabgangs

Innerhalb eines Arbeitspaketes kann sich die Menge der eingesetzten Ressourcen im Zeitverlauf ändern. Für eine bestimmte Ressource R(i) kann ein solcher vollständiger Ressourcenplan (VORE) z.B. auf Tagesbasis wie in Tabelle 4–48 aussehen. Aus dem vollständigen Ressourcenplan kann man ableiten, wann welche Beschaffungsvorgänge, z.B. für Komponenten, Werkzeuge oder externe Spezialisten, anlaufen müssen.

Tab. 4–48
Vollständiger Ressourcenplan (exemplarisch)

Ressource: R(i)	Perioden							Σ
Arbeitspakete	**1**	**2**	**3**	**4**	**5**	**...**	**n**	
AP-1	3	3	0	0	0	...	0	6
AP-2	0	1	2	3	0	...	0	6
AP-3	0	0	2	2	0	...	0	4
...	...	...	...	...	...	...	...	...
AP-m	0	0	0	0	0	...	4	4
Summen	3	4	4	5	0	...	4	20

4.4.6 Finanzplanung

Zum Abschluss der Projektplanung werden die benötigten Ressourcen finanziell bewertet und führen zum finanziellen Aufwand des Projektes.

Vollständiger Finanzplan

Unter Berücksichtigung der zeitlichen Verläufe dieser Ressourcenverbräuche kann man auch den zeitlichen Verlauf der projektspezifischen Liquiditätsabflüsse ermitteln.

Dabei ist zu beachten, dass Ressourceneinsatz und korrespondierende Liquiditätsabflüsse zeitlich auseinanderliegen können, z.B. durch vorlaufende Anzahlungen oder Abschlagszahlungen oder nachlaufende Rechnungstellung für bereits erbrachte Leistungen. Es bietet sich an, korrespondierend zum vollständigen Ressourcenbedarf einen vollständigen Finanzplan (VOFI, vgl. [Götze 2006, S. 119-130]) für das Projekt aufzustellen, der nach Arbeitspaketen und Ressourcen Zahlungszeitpunkte und korrespondierende Liquiditätsabflüsse dokumentiert (vgl. Tab. 4–49). So bildet der vollständige Finanzplan die Basis für die finanzielle Steuerung des Projektes.

Tab. 4–49
Vollständiger Finanzplan (exemplarisch)

	Zeitpunkte							Σ
Arbeitspakete	**0**	**1**	**2**	**3**	**4**	**...**	**n**	
AP-1	30	35	0	0	0	...	0	65
AP-2	0	10	25	30	0	...	0	65
AP-3	0	0	22	22	0	...	0	44
...	...	...	...	...	...	...	...	...
AP-m	0	0	0	0	0	...	48	48
Summen	30	45	47	52	0	...	48	222

Probleme der Finanzplanung

In der Praxis stößt der Finanzplaner eines Projektes auf folgende Probleme:

- Problem 1:
  Die Finanzplanung bezieht nur projektspezifische Auszahlungen mit ein. Der von eigenen Mitarbeitern in IT- und Fachbereich erbrachte Aufwand wird nicht berücksichtigt.
- Problem 2:
  Eigene IT-Mitarbeiter werden in die Finanzplanung des Projektes mit einbezogen, Mitarbeiter der Fachbereiche jedoch nicht.
- Problem 3:
  Es erfolgen echte projektspezifische Auszahlungen, z.B. zur Begleichung von Honorarrechnungen externer Berater, aber der Finanzplaner des Projektes erhält diese Informationen nicht.
- Problem 4:
  Es werden nicht die tatsächlichen Kosten eigener Mitarbeiter mit einbezogen, sondern pauschalierte Kosten.

Für die vorgenannten Konstellationen mag es berechtigte Gründe geben, aber sie führen dazu, dass der Projektleiter die finanzielle Steuerung des Projektes eigentlich nicht übernehmen kann.

Personalaufwand

Im Falle des ersten Problems kann der Projektleiter nur den zeitlichen Einsatz der eigenen Mitarbeiter planen und steuern. Beim zweiten Problem gilt das für die Fachbereichsmitarbeiter und beim dritten Problem für externe Kräfte, die im Projekt eingesetzt werden.

Pauschalierte Kostensätze

Betrachtet man das vierte Problem, so wird man eigene Mitarbeiter mit pauschalierten Kostensätzen, ggf. unterschieden nach der im Projekt wahrgenommenen Rolle, buchen, um Rückschlüsse auf individuelle Gehälter auszuschließen. Bei externem Personal, Beratern oder Zeitarbeitskräften könnte man das anders sehen, aber auch hier wird man sich mit ähnlicher Argumentation in vielen Fällen für pauschalierte Kostensätze entscheiden.

Arbeitsplatzkosten

Bei der finanziellen Planung des Einsatzes externer Kräfte müssen die vom externen Geschäftspartner in Rechnung gestellten Stunden- oder Tagessätze um anteilige Arbeitsplatzkosten erhöht werden. In den Kostensätzen für eigene Mitarbeiter sollten diese Kostenbestandteile bereits enthalten sein.

4.4.7 Abschluss der Projektplanung

Freigabe der Projektplanung

Hat man die Projektplanung abgeschlossen und werden vom Projektplan alle Rand- und Nebenbedingungen eingehalten, muss die Planung (natürlich) qualitätsgesichert werden und der Projektlenkung zur Genehmigung und Freigabe vorgelegt werden.

Abweichungen zum Projektantrag

Es mag vorkommen, dass die detaillierte Projektplanung zu Ergebnissen führt, die mit den Annahmen aus der Projektinitiierung nicht übereinstimmen. Stellt man z.B. fest, dass der finanzielle Aufwand höher sein wird, als man ihn zum Zeitpunkt der Projektinitiierung erwartet hat, dann beeinflusst das die Rentabilität des Projektes negativ, und es muss die Frage beantwortet werden, ob das Projekt weiterverfolgt werden darf oder an dieser Stelle abgebrochen werden muss.

Um eine erneute Beantragung des Projektes zu verhindern, wird man den Leistungsumfang des Projektes so modifizieren, dass der erforderliche finanzielle Rahmen mit dem Finanzbedarf aus dem Projektantrag übereinstimmt. Das Controlling muss prüfen, welchen Einfluss die Leistungsmodifikation auf die Rentabilität des Projektes ausübt. Unter Umständen ist eine (mehrfache) Iteration zwischen Projektinitiierung und Projektplanung erforderlich. Ist eine Angleichung von Projektantrag und Planungsergebnissen nicht möglich, muss das Projekt mit aktuellen Daten neu beantragt werden.

Dilemma der Projektplanung

Es bleibt das Dilemma, dass die Projektinitiierung Aussagen über Projektaufwand und Folgekosten machen muss, weil nur dann eine Rentabilität des Projektes errechnet werden kann. Damit wird aber die nachfolgende Planung massiv eingeengt.

Der Projektantrag muss daher so gut sein, dass die Planung nicht zu gravierenden anderen Ergebnissen kommen kann, denn die Zusage des Projektinvestors für die Kapitalbereitstellung gilt nur für das im Projektantrag dokumentierte Volumen.

4.4.8 Fragen des Controllings

Bezüglich der Projektplanung muss das IT-Controlling folgende Fragen stellen und mittels entsprechender Antworten Transparenz schaffen:

- Ist die Planung hinreichend dokumentiert und sind ihre Ergebnisse allen Betroffenen bekannt? Ist sichergestellt, dass die Planung bei Vorlage im Lenkungsausschuss nicht zurückgewiesen wird?
- Ist die Planung vollständig? Liegen alle erforderlichen Einzelplanungen vor (Projektstrukturplan, Ablaufplanung, Aufwandsplan, Terminplan, Finanzplan)?

- Ist die Planung in sich konsistent? Ergeben die Einzelplanungen in der Summe ein schlüssiges, abgestimmtes Bild?
- Ist die Planung qualitätsgesichert? Wurde sie von einem fachkundigen Dritten, der nicht selbst in diese Planung involviert war, geprüft?
- Ist der Projektstrukturplan vollständig? Umfasst er alle Aktivitäten, die zur Realisierung des Projektergebnisses erforderlich sind? Sind sowohl ergebnisorientierte als auch ergebnissichernde Aktivitäten vollständig erfasst?
- Ist die Ablaufplanung vollständig und in sich schlüssig? Sind alle Übergänge zwischen den Arbeitspaketen erfasst?
- Ist die Aufwandsplanung vollständig und in sich schlüssig? Haben die Arbeitspakete eine gewisse Homogenität in der Aufwandsverteilung? Können große Arbeitspakete sinnvoll aufgeteilt werden? Können kleine Arbeitspakete sinnvoll gebündelt werden? Wurden alle (kritischen) Ressourcen geplant? Werden alle Aufwandspuffer sauber ausgewiesen?
- Ist die Terminplanung vollständig und plausibel? Werden alle terminlichen Rahmenbedingungen mit einbezogen? Sind die Ressourcen in der benötigten Menge und Qualität in den geplanten Zeiträumen verfügbar?
- Ist die Finanzplanung vollständig und plausibel? Sind alle Ressourcen mit den richtigen Kostensätzen bzw. Preisen bewertet? Sind Nebenkosten vollständig und richtig mit einberechnet?
- Ist für die Projektplanung und ihre Fortschreibung im weiteren Projektverlauf eine geeignete Versionsführung vorgesehen?
- Wurden Menge, Qualität und Einsatzzeit aller Ressourcen, insbesondere aber der kritischen Ressourcen, mit den Eigentümern oder Lieferanten dieser Ressourcen abgestimmt? Wurden die Ergebnisse der Planung von allen Betroffenen bestätigt und akzeptiert? Gilt das insbesondere für Ressourcen, die der Projektauftraggeber, also der Fachbereich, beistellen muss? Gilt das auch für Ressourcen, die von externen Organisationen zugekauft werden müssen?
- Sind kritische und sensible Pfade identifiziert, dokumentiert und allen Betroffenen bekannt?
- Ist die Planung konsistent zum Projektantrag? Wurden eventuelle Abweichungen zum Projektantrag mit dem Projektauftraggeber und dem Projektinvestor abgestimmt und von beiden Parteien abgenommen?
- Sind alle Projekt-, Teilprojekt- und Arbeitspaketverantwortlichen sowie weitere Schlüsselpersonen des Projektes, z.B. bestimmte Experten, benannt? Sind diese Personen verfügbar, wissen sie von

ihrer Aufgabe und haben sie bzw. die jeweiligen Vorgesetzten die Übernahme der geplanten Aufgabe bestätigt?
- Sind alle erforderlichen Vorbereitungen für den Projektstart getroffen? Ist die interne Projektorganisation arbeitsfähig? Ist die Projektlenkung arbeitsfähig?
- Sind die Verträge mit externen Partnern verhandelt, geprüft und abgeschlossen?

4.4.9 Empfehlungen für die Praxis

Für die Planung von Projekten gibt es folgende Empfehlungen:

- Die zeitliche Abfolge der definierten Projektaufgaben sollte zu einer klaren logischen Struktur führen, die von einem fachkundigen Dritten leicht nachvollziehbar ist. Ist das nicht der Fall, sollten Sie die erstellte Planung kritisch prüfen.
- Verwechseln Sie als Projektauftragnehmer die Projektplanung nicht mit der Angebotskalkulation. Die Angebotskalkulation im Falle einer förmlichen Beauftragung erfolgt natürlich vor dieser Beauftragung und geht in den Projektantrag ein. Insofern ist sie Vorgabe für die Planung und weist eine bestimmte Verbindlichkeit auf. Daher sollte sie trotz ihrer Prägung durch den vertrieblichen Optimismus des Anbieters realistisch sein. Gleichwohl muss die Projektplanung eigenständig erfolgen und sie darf die Angebotsdaten nicht unkritisch übernehmen. Im unglücklichsten Fall stellt man in der Projektplanung fest, dass die der Angebotskalkulation zugrunde liegende Planung unzureichend und nicht realisierbar ist. Das kann zu einem Abbruch des Projektes in der Planungsphase und einer erneuten Beantragung mit realistischen Daten führen.
- Die Planung ist Grundlage der Projektsteuerung. Sorgen Sie daher für eine fundierte Qualitätssicherung.
- Sorgen Sie für ein konsequentes Puffermanagement. »Private« Puffer und »stille Reserven« darf es nicht geben. Pufferverwaltung ist Aufgabe der Projektleitung. Sorgen Sie dafür, dass Arbeitspakete nach Aufwand und nicht nach Liefertermin geplant werden. Weisen Sie Aufwandspuffer und Zeitpuffer aus.
- Achten Sie bei den Personalressourcen auf Kontinuität. Jeder Ressourcenwechsel verursacht Aufwand (für die Übergabe) und ist durch mögliche Wartezeiten eine Quelle von Verzögerungen und Laufzeiterhöhungen.
- Nehmen Sie in Ihre Meilensteinliste vor allem Starttermine auf (Projektstart, Phasenbeginn). Wer später als geplant startet, wird selten termingerecht fertig!

- Planen Sie den Personaleinsatz realistisch, also ohne Überstunden und Wochenendeinsätze. Sie werden diese Reserven im laufenden Projekt brauchen! Denken Sie bei Multistandortprojekten an Reisezeiten und Reisekosten.
- Vermeiden Sie Personalressourcen mit niedrigen Intensitäten (<40 % der wöchentlichen Arbeitszeit).
- Planen Sie Projektbesprechungen und Sitzungen der Projektlenkung ein, einschließlich des erforderlichen Aufwands für Vor- und Nachbereitung dieser Veranstaltungen.
- Stellen Sie sicher, dass die Anforderungen der Qualitätssicherung und der Dokumentation (Produkt- und Projektdokumentation) in der Planung berücksichtigt werden.
- Bauen Sie in den Projektverlauf Synchronisationspunkte ein, zu denen bestimmte Gruppen von Projektaufgaben vollständig abgeschlossen sein müssen, bevor neue Projektaufgaben begonnen werden dürfen. Dies wird in den üblichen Phasenkonzepten über Meilensteine dargestellt. Lassen Sie die Projektlenkung zu diesen Meilensteinen über die Weiterführung oder den Abbruch des Projektes entscheiden (das darf allerdings nicht dazu führen, dass Probleme bis zum nächsten Meilenstein »durchgeschleppt« und erst dann publik werden).
- Beziehen Sie den Projektauftraggeber aktiv in die Planung ein. Das ist nicht zuletzt deswegen erforderlich, da auch er Ressourcen für das Projekt bereitstellen muss, z.B. im Bereich der Qualitätssicherung.
- Lassen Sie die Planung von der Projektlenkung (Lenkungsausschuss) abnehmen.
- Nutzen Sie die in Ihrem Hause eingeführten und erprobten Softwarewerkzeuge schon in der Projektplanung. Verwenden Sie neue Werkzeuge oder neue Funktionalitäten der eingesetzten Werkzeuge, die noch nicht bekannt und erprobt sind, nur in begründeten Sonderfällen. Denn neue Werkzeuge müssen ausgewählt werden, die Mitarbeiter müssen sich einarbeiten und auftretende Probleme müssen gelöst werden. Das verursacht Aufwand und verbraucht wertvolle Zeit. Beachten Sie, dass Projektleitung und andere mit der Projektplanung befasste Mitarbeiter ggf. im Umgang mit entsprechenden Werkzeugen geschult werden müssen.

4.5 Projektdurchführung

Anlauf der Projektarbeit

Nach Genehmigung der Projektplanung kann die Projektdurchführung beginnen. Zunächst muss die Projektleitung auf Basis der Planung Ressourcen beschaffen, insbesondere Projektmitarbeiter, und die Projektorganisation aufbauen. Die Projektleitung wird vorrangig die Führungsorganisation des Projektes etablieren (Teilprojektleitungen, Arbeitspaketleitungen), die mit der ersten Projektbesprechung ihre Arbeit offiziell aufnimmt.

Kick-off-Meeting

Sobald das Projektteam insgesamt arbeitsfähig ist und die ersten Arbeitspakete mit ergebnisbestimmenden Aufgaben gestartet werden können, findet in der Regel ein förmliches Kick-off-Meeting statt, mit dem der Projektstart offiziell signalisiert wird. An diesem Kick-off-Meeting sollte auch die Projektlenkung, mindestens aber ein Vertreter des Projektauftraggebers teilnehmen, um ein klares Signal für die Bedeutung und Wichtigkeit des Projektes zu setzen und auch zu dokumentieren, dass sich insbesondere der Projektauftraggeber aktiv für sein Projekt einsetzen will.

Projektsteuerung

Die Durchführung eines Projektes erfordert eine mitlaufende, effektive Steuerung. Steuerung heißt dem Regelkreismodell folgend (vgl. Abb. 4–2, Abschnitt 4.1): Festlegung der Ziele, Messung der Istwerte, Feststellung und Bewertung der Abweichungen, Ableitung von (Korrektur-)Maßnahmen. Mögliche Ursachen für Abweichungen von der Projektplanung zeigt Tabelle 4–50.

Tab. 4–50
Abweichungsursachen im Projektverlauf

Bereich	Mögliche Ursachen
Planung	▪ Erfahrung mit Planungsverfahren fehlt ▪ Erfahrungen mit der spezifischen Aufgabenstellung fehlen ▪ Projektaufgaben vergessen ▪ Aufwand falsch eingeschätzt (zu optimistisch) ▪ Zeitdruck/Kostendruck des Auftraggebers in die Planung übernommen ▪ Leistungsfähigkeit/Verfügbarkeit von Ressourcen falsch eingeschätzt
Unvorhergesehenes im Projektverlauf	▪ Neue, geänderte Anforderungen ▪ Technische Probleme ▪ Personelle Probleme ▪ Organisatorische Probleme ▪ Ausscheiden/Erkranken von Mitarbeitern ▪ Konkurs von Lieferanten
Ausführung	▪ Fehlerhafte Durchführung ▪ Mitarbeiter überfordert ▪ Unqualifizierte Mitarbeiter ▪ Durchführung unnötiger Arbeiten

Output und Input

Folgt man dem auch in anderen Bereichen (z.B. der Technik) erfolgreichen Ansatz, sich bei der Steuerung auf Output- und Inputgrößen zu konzentrieren, dann ist zu fragen, welche Outputgrößen und Inputgrößen bei einem Projekt von Bedeutung sind. Hierzu greift man auf die Ergebnisse der Projektplanung zurück. Bereiche für Output und Input eines Projektes zeigt Tabelle 4–51.

Tab. 4–51 *Output und Input eines Projektes*

Output eines Projektes	Input eines Projektes
Die vom Projekt erbrachte Leistung im Sinne erstellter (Teil-)Ergebnisse (Projektstrukturplan)	Das Projektbudget, also die verfügbaren finanziellen Mittel (Finanzplanung)
Die Termingerechtigkeit der Leistungserbringung, da diese ja nicht irgendwann benötigt wird, sondern zu bestimmten, geplanten Zeitpunkten verfügbar sein muss (Terminplanung)	Die für das Projekt bereitgestellten Ressourcen, insbesondere Personal, aber auch Sachmittel (Aufwands-/Ressourcenplanung)
Die vom Projekt gelieferte Qualität, die einen Bestandteil der Projektleistung darstellt (Projektstrukturplan)	

Diese fünf Kategorien, die in Abschnitt 4.4 als natürliche Inhalte der Projektplanung eingeführt wurden, decken das sogenannte »Teufelsquadrat des Projektmanagements« ab, das üblicherweise mit den Begriffen Funktionalität und Qualität, Aufwand (hier unterschieden nach Ressourcenaufwand und finanziellem Aufwand) und Termine beschrieben wird (vgl. [Ruf/Fittkau 2008, S. 16]). Von einem Teufelsquadrat spricht man deswegen, weil alle vier Aspekte, wie schon in der Diskussion der Planung bemerkt wurde, miteinander vernetzt sind und keiner dieser vier Aspekte verändert werden kann, ohne die übrigen Aspekte ebenfalls zu verändern. Zum Beispiel:

- Eine Zunahme von Funktionalität oder Qualität beeinflusst Aufwand und Termine.
- Bei Erhöhung der Funktionalität muss die Qualität reduziert werden, will man Aufwand und Termine nicht verändern.
- Ein Vorziehen von Terminen zwingt dazu, Abstriche bei Funktionalität oder Qualität zu machen, da die Ressourcenintensität nicht erhöht werden kann.

Weitere Steuerungsdimensionen

Aufgrund praktischer Erfahrungen sind noch drei weitere Aspekte in die Steuerung eines Projektes einzubeziehen:

- Die Veränderungen der Projektaufgabe (Änderungsmanagement/Änderungssteuerung)
- Die Risikolage des Projektes (Risikomanagement/Risikosteuerung)

- Die Bearbeitung von auftretenden Problemen (Problemmanagement/Problemsteuerung)

Diese Bereiche kann der Projektleiter zwar nicht in dem Sinne aktiv steuern, dass Änderungen, Probleme und Risiken aktiv geplant werden, denn diese wirken entweder von außen auf das Projekt ein oder ergeben sich aus dem Projektverlauf. Aber für den Projektverlauf sind sie von grundlegender Bedeutung und der Projektleiter muss auf Änderungen, Risiken und Probleme schnell und wirksam reagieren. Änderungen bewirken eine Erhöhung oder Absenkung des Projektaufwandes, damit beeinflussen sie die Termine und Rentabilität des Projektes. Risiken gefährden den Erfolg des Projektes und können es scheitern lassen. Probleme sind die Ursachen von Störungen im Projektverlauf und müssen beseitigt werden.

Überblick Steuerungsdimensionen

Die für die Projektleitung relevanten Steuerungsdimensionen eines Projektes zeigt Abbildung 4–13 im Überblick.

Abb. 4–13 *Dimensionen der Projektsteuerung*

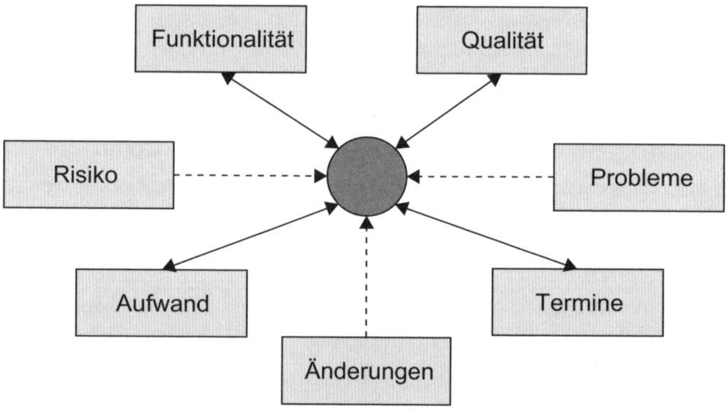

Die Pfeile in Abbildung 4–13 sind wie folgt zu interpretieren. Zeigt eine Pfeilspitze zum Element, so wird dieses Element bei Änderungen der anderen Elemente ebenfalls beeinflusst. Zeigt eine Pfeilspitze zum Kreis in der Mitte, so haben Veränderungen dieses Elementes Auswirkungen auf diejenigen anderen Elemente, auf die eine Pfeilspitze zeigt.

Informationen für den Projektinvestor

Die vorgenannten Steuerungsgrößen stellen die zentralen Informationsbereiche des Projektleiters für die Projektsteuerung dar. Außerdem sind sie natürlich Grundlage für die Kommunikation mit der Projektlenkung. Für den Projektinvestor sollten darüber hinaus noch weitere Informationen bereitgestellt werden:

- Die prognostizierte Rentabilität des Projektes auf Basis der aktuellen Istdaten (Output)
- Der prognostizierte Kapitalbedarf des Projektes auf Basis der aktuellen Istdaten (Input)

Rentabilität und Kapitalbedarf sind die Schlüsselgrößen des Projektantrages und der Projektinvestor muss anhand der korrespondierenden Prognosewerte erkennen, ob sich aus seiner Sicht das Projekt wie erwartet entwickelt oder nicht.

Anforderungen an das Projektcontrolling

Um die Steuerungsaufgabe des Projektleiters zu unterstützen, muss das Projektcontrolling im laufenden Projekt für alle genannten Steuerungsdimensionen Istdaten bereitstellen, Prognosen für die entsprechenden Werte zum Projektende oder zukünftigen Berichtszeitpunkten ableiten, Abweichungen gegenüber den Planwerten (bei Funktionalität, Qualität, Aufwand, Terminen) und gegenüber den erwarteten Werten (bei Änderungen, Risiken, Problemen) feststellen und Voranalysen für ermittelte Abweichungen und Auffälligkeiten durchführen. Auf dieser Basis kann die Projektleitung dann Entscheidungen treffen und geeignete Maßnahmen zur Eliminierung oder Reduktion der festgestellten Abweichungen initiieren.

4.5.1 Aufwandssteuerung

Relevante Steuerungsobjekte

In der Aufwandsplanung des Projektes werden sämtliche zur Realisierung der Projektergebnisse benötigten Ressourcen identifiziert und mengenmäßig erfasst. In der Projektdurchführung muss der Verbrauch der daraus entstandenen Sachmittel-, Personal- und Finanzmittelbudgets verfolgt werden. Dabei sollte man sich auf die wertmäßig relevanten Budgets und die Budgets für kritische Engpassressourcen konzentrieren. Erfahrungsgemäß sind dies die in Tabelle 4–52 dargestellten Ressourcen bzw. Ressourcengruppen.

Tab. 4–52 *Relevante Objekte der Aufwandssteuerung*

Ressourcenbereich	Zu steuernde Ressourcen
Sachmittel	Kritische Engpassressourcen, z.B. ▪ Rechenleistung ▪ Verfügbarkeit von Testsystemen ▪ Verfügbarkeit von Entwicklungssystemen ▪ Speicherleistung
Personal	▪ Mitarbeiter des IT-Bereiches ▪ Externe Berater und Experten ▪ Mitarbeiter der Fachbereiche
Finanzielle Mittel	▪ Mittel für den Kauf externer Dienstleistungen und Beratungsleistungen ▪ Mittel für den Kauf von Hardware und Software

Datenerhebung

Die entstehenden Aufwände und Ressourcenverbräuche müssen auf den verschiedenen Planungs- und Steuerungsebenen erfasst und folgendermaßen ausgewertet werden:

- für jedes Arbeitspaket
- für die definierten Arbeitspaketgruppen (z. B. Projektphasen, Teilprojekte)
- für das gesamte Projekt

Reaktion bei Abweichungen

Stellt man über die ermittelten Prognosen (Forecast (FC)) fest, dass der geplante Aufwand voraussichtlich überschritten wird, dann muss sich das Projektmanagement mit dieser Abweichung auseinandersetzen, Ursachen klären und geeignete Maßnahmen definieren und einleiten.

Entweder kann man den an einer Stelle entstehenden Mehraufwand an anderer Stelle durch Minderaufwand kompensieren oder man muss bei der Projektlenkung zusätzliche Mittel anfordern (Auswirkungen auf die Rentabilität kommunizieren!). Als Drittes bleibt noch, mit der Projektlenkung über eine Sanierung oder sogar einen Abbruch des Projektes zu sprechen. Darüber hinaus ist zu klären, ob die erwartete Aufwandssteigerung bzw. Aufwandsüberschreitung sich auch auf andere Projekte auswirken kann.

Positive Abweichungen

Auch bei positiven Abweichungen muss das Projektmanagement reagieren. Denn es ist zu klären, ob man die nicht benötigten Mittel an anderer Stelle einbringen kann, z. B. zur Abdeckung von Aufwandsüberschreitungen oder um Änderungen bzw. Erweiterungen der Projektaufgabe zu finanzieren. Oder man muss mit dem Ressourceneigentümer klären, ob die nicht genutzten Mittel zurückgegeben werden, also zur Reduzierung von Budgets führen.

Datenqualität

Werden Abweichungen von geplanten oder erwarteten Werten festgestellt, so führt das (natürlich) zu einer Abweichungsanalyse. Vor jeder inhaltlichen Abweichungsanalyse muss sich das Projektcontrolling unbedingt vergewissern, dass die erhobenen Istdaten korrekt sind, also keine Messfehler, Erhebungsfehler oder sogar bewusste Datenmanipulationen vorliegen. Letzteres ist sicherlich selten der Fall, aber eben auch nicht auszuschließen. Man denke etwa an eigene Mitarbeiter oder externe Kräfte, die für ihre Mitwirkung im Projekt mehr Zeiten erfassen, als sie tatsächlich geleistet haben.

Aktualisierte Rentabilitätsrechnung

Für die Diskussion mit der Projektlenkung muss bei Abweichungen eine aktualisierte Rentabilitätsrechnung aufbereitet werden, die aufzeigt, wie sich die festgestellten Aufwandsabweichungen auf die Rentabilität des Projektes auswirken werden. Für das Stammbeispiel (vgl. Tab. 4–7, Abschnitt 4.3.1) würde das für einen erwarteten Anstieg des Projektaufwandes um insgesamt 15 % wie in Tabelle 4–53 dargestellt aussehen (die Werte in Klammern sind die ursprünglich geplanten Werte).

	Zeitpunkt	Ein-zahlung	Aus-zahlung	Saldo	Kum. Saldo	Vermögen
						660 (600)
0	Beginn PP	0	460 (400)	-460 (-400)	-460 (-400)	200
1	Ende PP, Beginn BP(1)	0	200	-200	-660 (-600)	0
2	Ende BP(1), Beginn BP(2)	160	100	+60	-600 (-540)	60
3	Ende BP(2), Beginn BP(3)	440	100	+340	-260 (-200)	400
4	Ende BP(3)	440	0	+440	+180 (+240)	840
	Σ	1.040	860 (800)	+180 (+240)		

Tab. 4–53
Fortschreibung der Rentabilitätsrechnung

Gegenüber der Planung steigt der prognostizierte Kapitalbedarf des Projektes um 10 % auf 660 Geldeinheiten, der prognostizierte Barwert sinkt um 25 % auf 180 Geldeinheiten und die prognostizierte Rentabilität sinkt um etwa 13 Prozentpunkte auf etwa 127 %. Liegt die geforderte Mindestrentabilität von IT-Projekten bei 130 %, so würde sie in der Prognose für das betrachtete Projekt unterschritten. Projektlenkung und Projektleitung müssen nun diskutieren, mit welchen Maßnahmen die Rentabilitätsprognose für das Projekt wieder verbessert werden kann, ob das Projekt vielleicht sogar saniert werden oder im schlimmsten Fall sogar abgebrochen werden muss.

Aufwandsprognose

Die Aufwandsprognose FC (Forecast; für den Berichtszeitpunkt t) wird ermittelt, indem man den bereits festgestellten Istaufwand nimmt und den zur Fertigstellung noch erforderlichen Aufwand ETC (Estimate to Complete) als absoluten Wert (in Personentagen) schätzt:

$$FC_{Aufwand}(t) = Istaufwand(t) + ETC_{Aufwand}(t)$$

Die Restaufwände ETC müssen die jeweiligen Verantwortlichen, insbesondere Arbeitspaketverantwortlichen, schätzen. Hat man bereits 60 Personentage Aufwand im Ist und schätzt man weitere 40 Personentage bis zur Fertigstellung, so lautet die Prognose auf 100 Personentage.

Sollte eine direkte Schätzung des ETC wider Erwarten nicht möglich sein, so kann man hilfsweise ermitteln, welcher Anteil der geplanten Dauer für Arbeitspakete, Teilprojekte oder das gesamte Projekt bereits verstrichen ist. Aus der Relation von verstrichener Projektzeit t

(Istdauer) und geplanter Projektdauer T (Plandauer) ergibt sich folgende Abschätzung für die Aufwandsprognose des Projektes:

$$FC_{Aufwand}(t) = Istaufwand(t) \cdot \frac{T}{t}$$

Man rechnet so den bislang pro Zeiteinheit durchschnittlich erbrachten Aufwand linear auf die geplante Projektlaufzeit hoch. Liegt der Istaufwand wieder bei 60 Personentagen, hat man bereits 15 Tage gearbeitet und eine geplante Dauer von 20 Tagen, dann ergibt sich eine Aufwandsprognose von 80 Personentagen.

Alternativ kann man den prognostizierten Aufwand wie folgt schätzen:

$$FC_{Aufwand}(t) = Istaufwand(t) \cdot \frac{FC_{Dauer}(t)}{t}$$

Man referenziert also auf die aktuell geschätzte Gesamtdauer der Planungseinheit. Hat man also einen Istaufwand von 60 Personentagen, eine Istlaufzeit von bereits 15 Tagen und erwartet eine Gesamtlaufzeit von 30 Tagen, dann ergibt sich eine Aufwandsprognose von 120 Personentagen. Hinter der letzten Gleichung steht eine typische Annahme aus der Praxis, dass sich nämlich Aufwand und Dauer einer Aktivität (im Wesentlichen) proportional zueinander verhalten. Eine weitere Möglichkeit der Aufwandsprognose findet man in Abschnitt 4.5.7 auf Seite 170.

4.5.2 Terminsteuerung

Bedeutung der Terminsteuerung

Der Terminsteuerung kommt in Projekten eine zentrale Bedeutung zu. Die Einhaltung von geplanten Terminen ist ein Indiz dafür, dass das Projekt »gesund« ist. Im Gegenzug stellt die Nichteinhaltung von Terminen ein »Krankheitssymptom« dar.

Termine und Meilensteine

Als Termin bezeichnet man einen Zeitpunkt, zu dem eine bestimmte Planungseinheit (Arbeitspaket, Arbeitspaketgruppe, Gesamtprojekt) starten oder enden soll oder ein bestimmtes (Teil-)Ergebnis vorliegen soll. Besonders wichtige Termine eines Projektes werden als Meilensteine bezeichnet. Der Beginn oder der Abschluss einer Projektphase (vgl. Abschnitt 4.4.5) wird üblicherweise als Meilenstein betrachtet. Termine geben dem Projekt auf der Zeitachse Struktur.

Terminprognose

Für die Projektsteuerung ist es von besonderer Bedeutung, frühzeitig Informationen zu gewinnen, ob Termine, insbesondere Meilensteine, eingehalten werden können. Dazu erstellt man Prognosen über die Dauer bereits laufender Arbeitspakete oder Teilprojekte. So will man erkennen, ob die bereits laufenden Aktivitäten termingerecht abgeschlossen werden und daran anschließende Aktivitäten wie geplant starten können.

Bei den entsprechenden Berechnungen, insbesondere der Umrechnung von Laufzeiten in Termine, ist zu beachten, dass Arbeitstage gezählt werden müssen und nicht Kalendertage. Analog zur Aufwandsprognose erhält man für eine Laufzeitprognose:

$$FC_{Dauer}(\mathrm{t}) = t - t_{Start} + ETC_{Dauer}(\mathrm{t})$$

Dabei ist t der Berichtszeitpunkt, t_{Start} der Startzeitpunkt der betrachteten Aktivität und ETC_{Dauer} die geschätzte Restlaufzeit (in Arbeitstagen). Ist t=25 und t_{Start}=10 und schätzt man die Restlaufzeit auf 20 Tage, so erhält man eine Laufzeitprognose von 35 Tagen. Spiegelbildlich zur Aufwandsprognose ergeben sich folgende Hilfsprognosen:

$$FC_{Dauer}(t) = (t - t_{Start}) \cdot \frac{Planaufwand(T)}{Istaufwand(t)}$$

Wählt man t und t_{Start} wie zuvor, so ergibt sich bei einem Istaufwand von 60 Personentagen und einem Planaufwand von 90 Personentagen eine Laufzeitprognose von 22,5 Tagen.

$$FC_{Dauer}(t) = (t - t_{Start}) \cdot \frac{FC_{Aufwand}(t)}{Istaufwand(t)}$$

Wählt man t und t_{Start} wie zuvor und hat man wieder einen Istaufwand von 60 Personentagen, prognostiziert den Gesamtaufwand jedoch mit 100 Personentagen, so ergibt sich eine Laufzeitprognose von 25 Tagen.

Eine weitere Möglichkeit der Laufzeitprognose findet man in Abschnitt 4.5.7 auf Seite 170.

Bezeichnet man nun mit t_S den geplanten Starttermin einer Planungseinheit und mit FC_e den Forecast für den Endtermin, so erhält man für die Schätzung des Endtermins folgende Formel:

$$FC_e(\mathrm{t}) = (t_S + \Delta t_S - 1) + FC_{Dauer}(\mathrm{t})$$

Dabei ist Δt_S die Differenz zwischen tatsächlichem und geplantem Starttermin. In der Formel wird davon ausgegangen, dass die Aktivität schon in der Startperiode läuft. Will man kalendarische Termine ableiten, so muss man Δt_S und FC_{Dauer}(t) um die jeweils überdeckten arbeitsfreien Tage korrigieren.

Längere Projektdauer

Nun sei angenommen, dass das Projekt statt einer Periode zwei Perioden dauert (aber nicht teurer wird). Wie ändert sich die Rentabilität durch die längere Projektdauer? Es ist klar, dass sich etwas ändern muss, denn Projekte können nicht beliebig lange dauern, ohne dass das eine Auswirkung auf die Rentabilität hat. Praktiker neigen dazu, in diesen Fällen die Betriebsphase des Projektes auf der Zeitachse einfach nach hinten zu verschieben und eine unveränderte Rentabilität des Projektes zu konstatieren. Aber darf man so vorgehen?

Verkürzte Betriebsphase

Das darf man natürlich nicht! Der Grund ist einfach. Das Projekt wird mit Geld finanziert, das vom Unternehmen für eine bestimmte Zeit geliehen ist. Diese Zeitspanne kann aber bei einer Zunahme der Projektdauer nicht mitwachsen, da der Investor das geliehene Geld zum vereinbarten Zeitpunkt, also zum Ende der ursprünglich angesetzten Kalkulationsspanne, wieder auf seinem Konto haben will (analog der Bank, die einen Kredit vergibt).

Am Ende der Kalkulationsspanne muss abgerechnet werden. Und da das Projekt die Perioden 0 und 1 benötigt hat und am Ende der Periode T abgerechnet wird, verkürzt sich die Nutzungsdauer des Projektergebnisses um eine Periode auf T–1. Da nun eine Betriebsperiode fehlt, wird auch der durch das Projektergebnis generierte Vermögenszuwachs sinken.

Projektverzögerung um eine Periode

Den Effekt illustriert das entsprechend modifizierte Stammbeispiel (vgl. Tab. 4–54).

Tab. 4–54
Projektverzögerung (Stammbeispiel, Variante 1)

	Zeitpunkt	Einzahlung	Auszahlung	Saldo	Kum. Saldo	Vermögen
						600
0	Beginn PP(1)	0	200	-200	-200	400
1	Ende PP(1), Beginn PP(2)	0	200	-200	-400	200
2	Ende PP(2), Beginn BP(1)	0	200	-200	-600	0
3	Ende BP(1), Beginn BP(2)	160	100	60	-540	60
4	Ende BP(2)	440	0	+440	-100	500
	Σ	600	700	-100		

Die Effekte sind dramatisch. Da das Projekt praktisch eine ganze – und zwar die eigentlich lukrative letzte – Betriebsperiode verliert, wird der Barwert negativ. Das eingesetzte Kapital in Höhe von 600 Geldeinheiten wird um fast 17 % verringert.

Projektverzögerung um eine halbe Periode

Würde man etwas moderater vorgehen und annehmen, dass das Projekt eine halbe Periode länger dauert als geplant, dann erhielte man den in Tabelle 4–55 dargestellten Zahlungs- und Vermögensplan.

	Zeitpunkt	Ein-zahlung	Aus-zahlung	Saldo	Kum. Saldo	Vermögen
						570
0	Beginn PP(1)	0	300	-300	-300	270
1	Ende PP(1), Beginn PP(2)	0	200	-200	-500	70
2	Ende PP(2), Beginn BP(1)	80	150	-70	-570	0
3	Ende BP(1), Beginn BP(2)	300	100	200	-370	200
4	Ende BP(2)	440	0	+440	+70	640
	Σ	820	750	+70		

Tab. 4–55
Projektverzögerung (Stammbeispiel, Variante 2)

In diesem Falle verschieben sich alle Betriebsperioden um eine halbe Periode nach hinten und man verliert die Hälfte der letzten Betriebsperiode. Obgleich immerhin noch ein positiver Barwert generiert wird und der Kapitalbedarf um 5 % sinkt, sinkt auch die Rentabilität dramatisch auf etwa 112 %, liegt also weit unter der eigentlich geforderten Mindestrentabilität von 130 %.

Projektverzögerung und Aufwandssteigerung

Betrachtet man nun die realistische Variante, dass sich nämlich nicht nur die Projektdauer verlängert, sondern auch der Projektaufwand steigt, so erkennt man, dass das zu einer dramatischen Verschlechterung der Kennwerte des betroffenen Projektes führt. Nimmt man für das Stammbeispiel an, dass nicht nur die Laufzeit des Projektes um 50 % steigt, sondern dass zugleich auch der Aufwand um 50 % zunimmt, so führt das zu dem in Tabelle 4–56 dargestellten Effekt.

	Zeitpunkt	Ein-zahlung	Aus-zahlung	Saldo	Kum. Saldo	Vermögen
						770
0	Beginn PP(1)	0	400	-400	-400	370
1	Ende PP(1), Beginn PP(2)	0	300	-300	-700	70
2	Ende PP(2), Beginn BP(1)	80	150	-70	-770	0
3	Ende BP(1), Beginn BP(2)	300	100	200	-570	200
4	Ende BP(2)	440	0	+440	-130	640
	Σ	820	950	-130		

Tab. 4–56
Projektverzögerung und Aufwandserhöhung (Stammbeispiel)

Der Kapitalbedarf steigt auf 770 Geldeinheiten, der Barwert wird negativ und das eingesetzte Kapital verringert sich um fast 17% auf 640 Geldeinheiten.

Die Beispiele zeigen, dass Termin- und Aufwandsdisziplin in der Projektsteuerung oberste Priorität haben müssen, natürlich unter der Randbedingung, dass die geplante Leistung erbracht wird.

Meilensteintrendanalyse

Verfahrensbeschreibung

Die Meilensteintrendanalyse (MTA) ist ein klassisches Arbeitsmittel der Terminsteuerung. Sie stellt für ausgewählte Termine, die sogenannten Meilensteine, prognostizierte Werte in Abhängigkeit vom Prognosezeitpunkt in einem Koordinatensystem dar. Die Prognosezeitpunkte werden auf der Abszisse (x-Achse) des Koordinatensystems abgetragen, die jeweiligen Prognosewerte auf der Ordinate (y-Achse). Verbindet man die Prognosewerte eines Meilensteins, so erhält man dessen »Lebenslinie«. Für die ausgewählte Gruppe von Terminen führt das zu einer Kurvenschar der Terminlinien. Abbildung 4–14 zeigt exemplarisch das Diagramm einer Meilensteintrendanalyse.

Abb. 4–14
Meilensteintrendanalyse

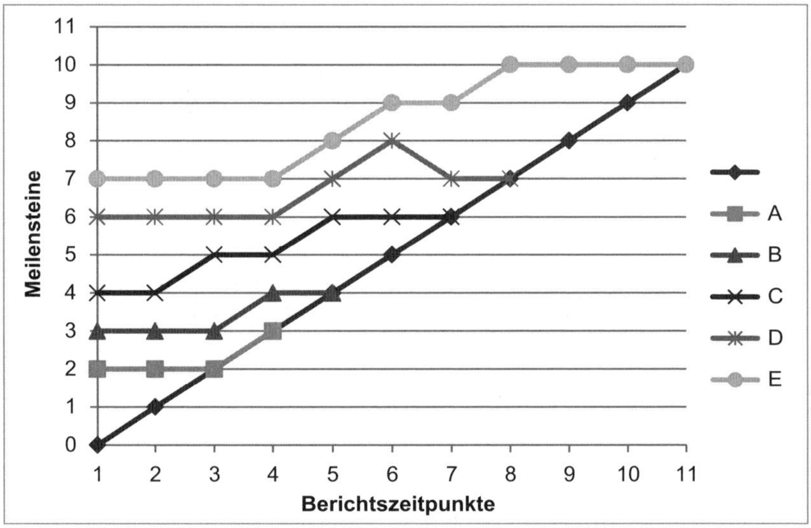

Terminverschiebung

Wie muss man nun den Verlauf der Terminlinien interpretieren? Verändert sich die Terminprognose zu einem Berichtszeitpunkt gegenüber dem vorhergehenden Berichtszeitpunkt nicht, verläuft die Verbindungslinie zwischen beiden Prognosewerten waagerecht zur Abszisse (z.B. Meilenstein D für die Berichtszeitpunkte Nr. 1 bis Nr. 4). Muss man die Terminprognose nach hinten korrigieren, verschiebt sich also der Meilenstein zeitlich nach hinten, so wird die Terminlinie ansteigen und sich von der Abszisse entfernen (z.B. Meilenstein B für die Berichtszeitpunkte Nr. 3 und 4). Kann man die Terminprognose für einen Meilenstein nach vorne korrigieren, so wird die Terminlinie sinken und sich der Abszisse nähern (z.B. Meilenstein D für die Berichtszeitpunkte Nr. 6 und 7).

Markiert man den Endtermin des gesamten Projektes und zieht eine Parallele zur Abszisse in das Koordinatensystem ein, die die Ordinate genau zu diesem Zeitpunkt schneidet, dann sieht man optisch sehr schnell, ob es in dem Projekt »eng« wird.

Lebenslinie von Meilenstein

Wie lang ist nun die Lebenslinie eines Meilensteins? Nun, der Meilenstein erscheint in dieser Darstellung so lange, bis er erreicht wurde, also so lange, wie er noch in der Zukunft liegt. Daraus erkennt man leicht, dass alle Terminpunkte links bzw. oberhalb der Geraden y=x liegen müssen. Würde nämlich ein Termin rechts oder unterhalb dieser Geraden liegen, dann würde man von diesem Termin zum Berichtszeitpunkt erwarten, dass er zu einem bereits in der Vergangenheit liegenden Zeitpunkt eintritt. Das aber macht keinen Sinn. Alle Termine bewegen sich also in dem Dreieck, das von den Geraden y=x, y=Projektende und x=0 begrenzt wird. Solange Termine nicht erreicht werden, bleiben sie in dem Dreieck. Und wenn sie nicht planmäßig erreicht werden, dann werden sie in die rechte obere Ecke des Dreiecks hineinwandern.

Schnittpunkte von Lebenslinien

Solange man keine weiteren Beschränkungen vorgibt, kann es passieren, dass sich die Lebenslinien von Meilensteinen schneiden. Ein Meilenstein überholt gewissermaßen einen anderen. Die Praxis geht jedoch üblicherweise davon aus, dass die in eine MTA eingetragenen Termine voneinander abhängen: Ein späterer Termin kann erst dann erreicht werden, wenn alle Vorgängertermine erreicht wurden. Nimmt man nur solche Meilensteine in diese Darstellung auf, so können sich ihre Lebenslinien nicht überschneiden.

4.5.3 Qualitätssteuerung

Qualitätsbegriff

Qualität ist subjektiv. Das erscheint paradox, da die Normierung in diesem Bereich anderes vermuten lässt, aber gerade die entsprechenden Normen sagen aus, dass Qualität das Einhalten oder Erreichen von Eigenschaften ist, die der Leistungsempfänger erwartet oder die allgemein bei Leistungen dieser Art erwartet und vorausgesetzt werden oder die Auftraggeber und Auftragnehmer explizit vereinbart haben (vgl. [Patzak/Rattay 2004, S. 35]).

Kategorien der Qualität

Man unterscheidet zwischen Prozessqualität und Ergebnisqualität. Betrachtet man fehlende Qualität, so sind bei der Prozessqualität Abweichungen vom definierten Vorgehen zu untersuchen und bei der Ergebnisqualität Abweichungen vom definierten Ergebnis. Diese Abweichungen werden als Fehler bezeichnet und sind als Nichterfüllung von Anforderungen definiert (vgl. [Spillner/Linz 2010, S. 7]).

Prozessqualität

Qualitätsmanagementsysteme (QMS) konzentrieren sich auf die Einhaltung vorgegebener Prozesse, da dies in der Regel zum definierten Ergebnis führt. Das gilt im laufenden Betrieb, ist aber bei Projekten in dieser Stringenz nicht zu erwarten, denn die Einmaligkeit jedes Projektes führt zu immer wieder anderen Abläufen. Gleichwohl muss die Frage beantwortet werden, ob die vorgegebenen Regeln, z.B. das Vorgehen gemäß Projektmanagement-Handbuch, eingehalten werden. Im Sinne der Prozessqualität der Qualitätssicherung selbst sollte das Projektcontrolling auf die in Tabelle 4–57 dargestellten Forderungen achten.

Tab. 4–57 *Forderungen an das Qualitätsmanagement eines Projektes*

Forderungen an das Qualitätsmanagement
Qualitätsanforderungen sind dokumentiert.
Kriterien für die Freigabe von Arbeitsergebnissen sind dokumentiert.
Die Übergabe von Arbeitsergebnissen an die Qualitätssicherung wird protokolliert.
Die Ergebnisse der Qualitätssicherung mit der entsprechenden Gesamtbewertung (Freigabe, Freigabe mit Auflagen, keine Freigabe) werden protokolliert.
Müssen Arbeitsergebnisse wiederholt durch die Qualitätssicherung (d.h. erfolgt keine Freigabe im zweiten Durchgang), muss die Projektleitung informiert werden.

Ohne Zweifel ist die Ergebnisqualität in Projekten von besonderer Bedeutung und die QS-Maßnahmen (QS = Qualitätssicherung) fokussieren auf diese Form der Qualität, z.B. bei der Dokumentenprüfung oder bei den verschiedenen Formen der Systemtests. Dabei kann eine QS-Maßnahme zu verschiedenen Ergebnissen führen (vgl. Abb. 4–15):

- Freigabe
- Freigabe mit Auflagen
- Keine Freigabe

Freigabe

Eine Freigabe bedeutet, dass das geprüfte Arbeitsergebnis an anderer Stelle im Projekt genutzt oder an den Projektauftraggeber ausgeliefert werden kann. Erfolgt keine Freigabe, so muss nach der Fehlerbeseitigung die Qualitätssicherung erneut durchlaufen werden. Hier ist zu unterscheiden, ob die QS noch einmal vollständig oder in reduzierter Form durchlaufen werden muss. Das muss im Prüfbericht der durchgeführten QS-Maßnahme festgelegt werden.

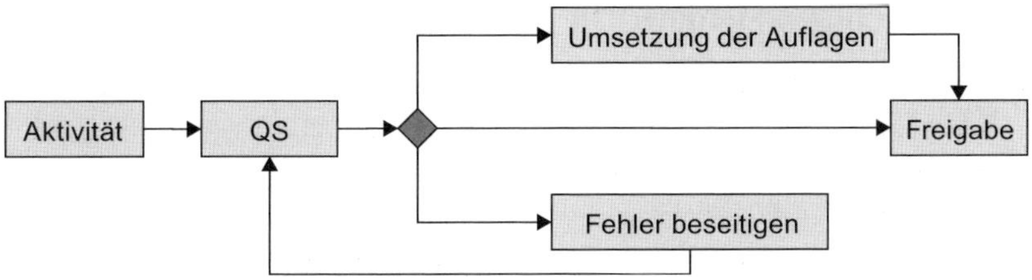

Abb. 4–15
Ablauf der Qualitätssicherung

Abnahme

Wichtige Zwischenergebnisse des Projektes werden nicht nur im Projekt freigegeben, sondern müssen auch vom Projektauftraggeber abgenommen werden. Die Abnahme der Projektplanung wurde schon diskutiert. Mit einer Abnahme bestätigt der Projektauftraggeber, dass die Arbeitsergebnisse des Projektes den ursprünglich festgelegten Anforderungen entsprechen und von ihm akzeptiert werden (vgl. BGB § 640, Stand: 29.6.2011). Ein Abnahmevorgang kann mehrere Ergebnisse haben:

- Abnahme
- Abnahme mit Auflagen (z.B. Beseitigung von Fehlern)
- Keine Abnahme

Juristische Bedeutung der Abnahme

Bei der Zusammenarbeit mit externen Partnern hat die Abnahme eine konkrete juristische Bedeutung. Der Kunde bestätigt nämlich im Rahmen einer Abnahme, dass eine vertraglich vereinbarte (Teil-)Leistung erbracht wurde. Mit erfolgter Abnahme hat der Projektauftragnehmer das Recht, für die abgenommene Leistung eine entsprechende Rechnung gemäß Vertrag zu erstellen und der Projektauftraggeber ist dann verpflichtet, diese Rechnung zu bezahlen. Da im Projektgeschäft oftmals mit Abschlagszahlungen gearbeitet wird, lösen Abnahmen dann entsprechende Schlusszahlungen aus oder verpflichten der Projektauftraggeber, Einbehalte auf den Rechnungsbetrag an den Projektauftragnehmer auszuzahlen.

Abnahme und Projektlenkung

Ihrer Bedeutung gemäß sollten Abnahmen entweder von der Projektlenkung durchgeführt oder von ihr offiziell bestätigt werden.

Fokus Qualitätssteuerung

Das Projektcontrolling sollte der Qualitätssteuerung eine besondere Aufmerksamkeit zukommen lassen; Gründe nennt Tabelle 4–58.

Tab. 4–58
Qualitätssteuerung und Projektcontrolling

Qualitätssteuerung und Projektcontrolling
Schlechte Qualität verursacht zusätzlichen Aufwand durch die Beseitigung von Fehlern. Steigender Aufwand verschlechtert die Rentabilität des Projektes.
Schlechte Qualität deutet darauf hin, dass es in der Leistungserstellung des Projektes Probleme gibt, die man aufspüren und beseitigen sollte.
Fehlerbeseitigung braucht Zeit, kann also dazu führen, dass geplante Termine nicht gehalten werden; auch Projektverzögerungen verschlechtern die Rentabilität.

4.5.4 Änderungssteuerung

Änderungsanforderungen

Projekte ohne Änderungen gibt es praktisch nicht. In jedem Projekt ergeben sich Änderungsanforderungen, die auf die Erweiterung oder Modifizierung der geplanten Projektergebnisse abzielen, seltener auf Reduktion oder Einschränkung der geplanten Projektergebnisse. Die Ursachen können in schlechter Planung oder Vorbereitung des Projektes liegen, sie können sich auch aus der Dynamik des Projektes ergeben, aber sie entstehen vor allem aus der Dynamik des Umfeldes. Wenn sich das Geschäft eines Unternehmens signifikant verändert, dann müssen auch Projektergebnisse und Projektverlauf an die neuen Gegebenheiten angepasst werden.

Zieländerungen

Eine wesentliche Änderungsquelle ist die im Projektfortschritt zunehmende Konkretisierung der Projektergebnisse. Die neuen IT-Systeme werden für die Fachbereiche zunehmend greifbarer und man erkennt dann oftmals, dass das »am Reißbrett« Geforderte nicht optimal zu den eigentlichen Bedürfnissen passt. Änderungen können sich auch aus dem Projekt selbst ergeben, weil man z.B. erkennt, dass es zu einem ursprünglich angedachten Lösungsansatz eine bessere Alternative gibt, die aber zu geänderten Aufwänden, anderem Ressourcenbedarf und möglicherweise auch modifizierten Nutzeffekten führt. Projekte arbeiten also mit veränderlichen Zielsetzungen (»moving targets«) und damit müssen sie fertig werden.

Änderungen und Qualität

Hohe oder steigende Mengen an Änderungen deuten auf mögliche Qualitätsprobleme hin, sei es, weil schlechte Qualität der im Projekt bereits erstellten Arbeitsergebnisse zu Änderungsforderungen führen oder weil die Spezifikationen in der Projektaufgabe nicht vollständig oder qualitativ schwach waren. Insofern ist das Änderungsaufkommen ein Frühindikator für Leistungs-, Aufwands- und Terminprobleme eines Projektes.

Bedeutung für die Rentabilität

Änderungen der Projektaufgabe führen in der Regel zu höherem Projektaufwand, da Leistungsfähigkeit oder Leistungsumfang des Projektergebnisses gesteigert werden. Vor diesem Hintergrund können Änderungen nicht nur zu höheren Auszahlungen in der Projektphase, sondern auch zu höheren Auszahlungen in der Betriebsphase führen. Das sollte einhergehen mit höheren Einzahlungen durch die höhere Leistungsfähigkeit oder den größeren Leistungsumfang.

Die Rentabilität des Projektes darf durch Änderungen (eigentlich) nicht sinken, denn dann könnte es ja passieren, dass die geforderte Mindestrentabilität unterschritten wird. Daher muss das Projektcontrolling jene Änderungen besonders aufmerksam und kritisch prüfen, die Aufwandssteigerungen in Projekt- oder Betriebsphase nicht durch entsprechende zusätzliche Nutzeffekte kompensieren können.

Änderungsantrag

Jede Änderung beeinflusst das Projekt und seine Rentabilität. Daher muss bei strenger Sichtweise über jede Änderung und deren Umsetzung explizit entschieden werden. Würde man nun aber bei jeder Kleinständerung ein formales Entscheidungsverfahren starten, hieße das, mit Kanonen auf Spatzen zu schießen. Daher wird man für kleine Änderungen bereits im Rahmen der Projektplanung einen bestimmten Aufwandspuffer einrichten, aus dem dann diese Änderungen mit Ressourcen versorgt werden können. Jedoch sollte jede Änderung dokumentiert und von der Berichterstattung des Projektes erfasst werden.

Bei größeren Änderungen, z.B. solchen, die den Projektaufwand um mehr als 0,5 oder 1,0 % verändern oder ein bestimmtes Aufwandsvolumen, z.B. 5 oder 10 Personentage, überschreiten, sollte für Änderungen ein formales Genehmigungsverfahren durchgeführt werden. Der Änderungsinitiator, komme er aus der Projektorganisation selbst oder aus dem Projektumfeld, sollte einen Änderungsantrag stellen müssen und dieser sollte Inhalte und Konsequenzen der Änderung dokumentieren, insbesondere ihre Auswirkungen auf Projektrentabilität und Kapitalbedarf.

Die Inhalte eines Änderungsantrages sind dem Projektantrag vergleichbar (vgl. Tab. 4–1 und 4–2, Abschnitt 4.2). Er muss auf den ursprünglichen Projektantrag referenzieren und die Entscheidung über Annahme und nachfolgende Umsetzung im Projekt oder Rückweisung sollte die Projektlenkung treffen.

Es ist denkbar, dass trotz verbesserter Rentabilität eine Änderung nicht genehmigt wird, weil der Kapitalbedarf des Projektes steigen würde und entsprechendes Kapital nicht mehr verfügbar ist.

Sinkt die Rentabilität des Projektes durch eine Änderung, dann ist die Änderung entweder abzulehnen oder das Projekt muss insgesamt und einschließlich der Änderung erneut beantragt werden. Streng genommen müsste das Projekt bis zur Entscheidung gestoppt werden, denn das Ergebnis des aktualisierten Projektantrages könnte ein Projektabbruch sein.

Anforderungen an das Projektcontrolling

Das Projektcontrolling muss den Änderungen und Änderungsanträgen eine hohe Aufmerksamkeit widmen. Einerseits können Änderungen massive Auswirkungen auf die Projektplanung haben und zu einer weitreichenden Umplanung eines Projektes führen, andererseits müssen auch Kleinständerungen sorgfältig beobachtet werden, damit nicht unbemerkt viele »harmlose« Änderungen zu einer gravierenden und unkontrollierten Änderung des gesamten Projektes führen, Letzteres nicht zuletzt deswegen, weil man nicht ausschließen kann, dass »pfiffige« Antragsteller ihre eigentliche Anforderung in kleine Änderungen aufteilen, um so eine formale Entscheidung über ihr eigentliches Vorhaben zu unterlaufen.

4.5.5 Problemsteuerung

Störungen und Probleme

Analog zur laufenden Serviceerstellung gibt es auch in einem Projekt Störungen (vgl. Abschnitt 4.5.3). Diese Störungen haben Ursachen, also Probleme, die gefunden und beseitigt werden müssen. Also muss es in Projekten ein »Problem Management« geben. Jedes Problem sollte in einem Problemsteckbrief dokumentiert werden (vgl. Tab. 4–59).

Typische Probleme, also Ursachen von Störungen im Projektablauf, sind z.B.:

- Qualitätssicherungsmaßnahmen und Abnahmen werden nicht zeitnah durchgeführt, weil entsprechend qualifizierte Mitarbeiter im Fachbereich nicht vorhanden oder nicht verfügbar sind.
- Mitarbeiter von externen Dienstleistern oder Beratungsfirmen verfügen nicht über die erforderliche und eigentlich zugesagte Werkzeugkenntnis.
- Eine Hardwarekomponente steht nicht termingerecht zur Verfügung, da die Lieferzeiten falsch eingeschätzt wurden.
- Die Realisierung einer bestimmten Softwarefunktionalität ist aufwändiger als geplant, weil die Spezifikation missverständlich formuliert war.

Problembearbeitung

In jedem Projekt gibt es mehr oder weniger viele Probleme, die (noch) beseitigt werden müssen, und zwar zeitnah. Daher müssen sie einheitlich dokumentiert werden (vgl. Tab. 4–59). Über diese Probleme muss mittels einer Problemliste Buch geführt (vgl. Tab. 4–60) und ihre Bearbeitung muss streng verfolgt werden. Ob ein Projekt in eine Krise gerät, deutet sich oftmals durch eine zunehmende Menge offener Punkte bzw. Probleme an. Das Problemvolumen ist ein Frühindikator für den Projekterfolg oder -misserfolg.

Tab. 4–59
Problemsteckbrief

Problemsteckbrief	
Problem-Nr.:	Bearbeiter:
Eingangsdatum:	Status:
Bezeichnung:	
Symptome:	
Betroffene Arbeitspakete:	
Lösung:	
Nachfolgende Aktivitäten:	

Problemliste			
Problem- Nr.	Bezeichnung	Bearbeiter	Status

Tab. 4–60
Problemliste

Natürlich kann und sollte die Problemdokumentation mittels einer entsprechenden Datenbank geführt werden. Dann müssen alle Daten nur einmal erfasst werden, eine elektronische Suche ist möglich und die beiden Formulare (vgl. Tab. 4–59 und 4–60) sind Auswertungen über dieser Datenbank.

4.5.6 Risikosteuerung

Risikobegriff

Ein Risiko ist eine bewertete Bedrohung, die (in dem hier behandelten Kontext) zu einer negativen Zielabweichung des Projektes führen kann. Man weiß nicht, ob das Risiko eintritt, wann es eintritt und welchen Schaden es bei seinem Eintritt tatsächlich verursachen wird (vgl. [Königs 2006, S. 9]). Insofern sind Risiken potenzielle Probleme und Probleme sind eingetretene Risiken.

Risikomanagement

Dementsprechend umfasst Risikomanagement alle Strategien, Vorgehensweisen und Maßnahmen, um Risiken zu erkennen und sie zu bewerten, auf dieser Basis Risiken zu vermeiden, ihre Eintrittswahrscheinlichkeit zu reduzieren und den möglichen Schaden bei Risikoeintritt zu minimieren (vgl. [Königs 2006, S. 42-43]).

Wirtschaftlichkeit

Natürlich unterliegt auch das Risikomanagement einem Wirtschaftlichkeitsgebot, denn man wird nicht beliebig viel Aufwand treiben (dürfen), um die Risikolage eines Projektes, also die Gesamtheit aller Risiken, eventuell nur geringfügig zu verbessern. Risikomanagement kann auch bedeuten, einmal bewusst nichts zu tun.

Risikogruppen

Oftmals werden die Risiken in Gruppen zusammengefasst. Man findet in der Literatur (vgl. [Königs 2006, S. 20-23], [Demleitner 2006, S. 52-58], [Fiedler 2008, S. 76]) die in Tabelle 4–61 aufgeführten Kategorien.

Tab. 4-61
Risikokategorien

Kategorien von Risiken
Technische Risiken
Betriebswirtschaftliche/Finanzielle Risiken (z.B. Liquidität, Wechselkurs)
Personelle Risiken
Umfeldrisiken (z.B. Management, Betriebsrat, kulturelle Unterschiede)
Lieferantenrisiken (z.B. Ausfall externer Partner)
Zeitliche Risiken
Sicherheitsrisiken

Risikoidentifizierung

Für eine erfolgreiche Risikosteuerung ist es wichtig, den Prozess der Risikoidentifizierung zu etablieren:

- Wer darf Risiken melden und in die Risikoliste einstellen?
- Wer ist für die Risikobewertung verantwortlich?
- Wer ist für die Umsetzung risikovermeidender oder risikovermindernder Maßnahmen verantwortlich?

Risikobewertung

Risiken kann man nicht objektiv messen. Es müssen Menschen sein, die sagen: Ich sehe hier ein Risiko und bewerte es auf eine bestimmte Weise. Damit sind aber Risiken immer von menschlicher Subjektivität geprägt. Was einer als Risiko ansieht, betrachtet der andere nicht als Risiko. Wo einer ein großes Risiko ausmacht, findet der andere nur ein kleines Risiko. Es gibt eben auch in Projekten Wagemutige und »Angsthasen«.

Durchsprache der Risikolage

Will man Risiken objektivieren, müssen sie im Projektteam kommuniziert und diskutiert werden. Es müssen vielleicht nicht alle Mitglieder des Projektteams zu einer identischen Einschätzung kommen, aber die Bandbreite unterschiedlicher Bewertungen sollte möglichst eng sein. Damit gehört auch die Durchsprache der Risikolage standardmäßig auf die Tagesordnung der Projektbesprechungen und des Lenkungsausschusses. Bei Bedarf müssen Maßnahmen definiert, initiiert und ihre Umsetzung nachfolgend vom Projektcontrolling kontrolliert werden.

Finanzielle Risikobewertung

Erster Schritt ist die Aufstellung der Risikoliste. Damit wird man sich aber nicht zufrieden geben. Schließlich will man »große« und »kleine« Risiken unterscheiden und muss also die einzelnen Risiken bewerten.

Mit der Brille der Mathematik betrachtet man ein Risiko als Zufallsvariable, deren Werte die bei Eintritt möglichen Schadenshöhen sind. Hinter diesen Werten steht eine Wahrscheinlichkeitsverteilung. Dann lässt sich der »Wert« eines Risikos durch den Erwartungswert der Schadenshöhe definieren. Die Zufallsvariable »Risiko« muss den

Wert 0 annehmen können, also auch den Fall enthalten, dass das Risiko nicht eintritt. Im einfachsten Fall kann die Zufallsvariable genau zwei Werte einnehmen, nämlich den Wert 0 (das Risiko tritt nicht ein) und einen Wert S (das Risiko tritt ein und verursacht einen Schaden in der Höhe von S). Tritt das Risiko mit der Wahrscheinlichkeit p ein, so ist der Risikowert RW wie folgt zu ermitteln:

$$RW = p \cdot S$$

Dieser Ansatz zeigt in die richtige Richtung, denn man wird intuitiv die dahinter stehende Monotonieüberlegung teilen. Ein Risiko ist »größer«, wenn der bei Eintritt entstehende Schaden höher ist. Es wird auch »größer«, wenn die Eintrittswahrscheinlichkeit steigt. Allerdings ist der Erwartungswert der Schadensverteilung in der praktischen Anwendung problematisch:

- Die Schadenshöhen müssen geschätzt werden.
- Die Eintrittswahrscheinlichkeiten müssen geschätzt werden.
- Da die Schadenshöhen in Geldeinheiten angegeben werden, ist der Risikowert in Form des Erwartungswertes der Schadenshöhen ebenfalls ein Geldbetrag. Das täuscht (ähnlich dem Barwert) eine Exaktheit vor, die nicht gegeben ist, denn die tatsächliche Schadenshöhe bei Risikoeintritt wird mit an Sicherheit grenzender Wahrscheinlichkeit verschieden vom Erwartungswert sein.
- Der Erwartungswert täuscht Gleichwertigkeit von Risiken vor, die so nicht der Realität entspricht.

Um den letzten Punkt zu illustrieren, sei von folgenden zwei Risiken ausgegangen:

- Risiko 1:
  Schadenshöhe = EUR 100.000,
  Eintrittswahrscheinlichkeit = 5 %
- Risiko 2:
  Schadenshöhe = EUR 10.000.000,
  Eintrittswahrscheinlichkeit = 0,05 %

Beide Risiken haben einen Risikowert von EUR 5.000, allerdings dürfte das zweite Risiko bei Eintritt für die betroffene Organisation ungleich katastrophalere Folgen haben als der Eintritt des ersten Risikos.

Nicht finanzielle Risikobewertung

Vor diesem Hintergrund hat man sich in der Praxis weitgehend von der finanziell orientierten Risikobewertung gelöst. Man betrachtet zwar weiterhin die beiden Dimensionen »Eintrittswahrscheinlichkeit« und »Schadenshöhe«, bewertet beide Dimensionen aber abstrakt nach einem Punktesystem oder nur nach den Abstufungen »gering«, »mittel«, »hoch« und trägt die Ergebnisse dann in eine Risikomatrix ein (vgl. Abb. 4–16).

Abb. 4–16
Risikomatrix (exemplarisch)

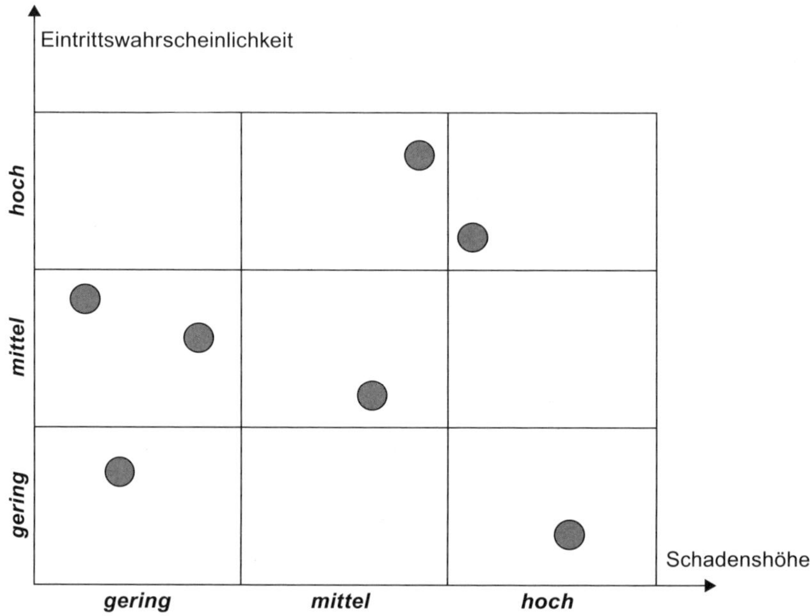

So kann man optisch die Besonderheiten einzelner Risiken erkennen. Statt »Schadenshöhe« spricht man Vielfach auch von »Auswirkungen« oder »Tragweite«, da der eintretende Schaden nicht finanziell bewertbar erscheint. Hier wird jedoch weiterhin von Schadenshöhe« gesprochen, auch wenn dies nicht immer in finanziellen Größen messbar ist. Bleibt man bei der einfachen dreifachen Abstufung, so erhält man eine 9-Felder-Risikomatrix (siehe Tab. 4–62) und kann für die einzelnen Zellen generelle Vorgaben für die weitere Behandlung machen (vgl. [Rohrschneider 2006, S. 69]).

Tab. 4–62
Risikomatrix (einfach)

		Schadenshöhe		
		Hoch	**Mittel**	**Gering**
Eintritts-wahrscheinlichkeit	**Hoch**	Höchste Priorität, unbedingt bearbeiten	Hohe Priorität, bearbeiten	Mittlere Priorität, ggf. bearbeiten
	Mittel	Hohe Priorität, bearbeiten	Hohe bis mittlere Priorität, i.d.R. bearbeiten	Geringe Priorität, eher nicht bearbeiten
	Gering	Mittlere Priorität, ggf. bearbeiten	Geringe Priorität, eher nicht bearbeiten	Sehr geringe Priorität, nicht bearbeiten

Eine Verfeinerung dieses Ansatzes (vgl. [Rohrschneider 2006, S. 70-75]) führt dazu, dass man für jedes Risiko die Auswirkungen auf das Projektergebnis (Ergebnisschaden – S_E), auf die Projektdauer (Zeitschaden – S_Z) und den Projektaufwand (Kostenschaden – S_K) nach einem 5-Punkte-Schema bewertet (vgl. Tab. 4–63).

Tab. 4–63
Risikomatrix (erweitert)

	Fragestellung	Bewertung	Punkte
Ergebnisschaden (S_E)	Kann das gesamte Projekt durch dieses Risiko gefährdet werden?	Sehr hoher Schaden	5
	Können wesentliche Teile der Projektaufgabe nicht mehr erfüllt werden?	Hoher Schaden	4
	Können schwierige, aber lösbare Probleme entstehen?	Mittlerer Schaden	3
	Können Änderungen der Projektaufgabe erforderlich werden, die über das Änderungsmanagement abgewickelt werden?	Geringer Schaden	2
	Können die Auswirkungen auf die Projektaufgabe ohne Änderungen der Projektplanung aufgefangen werden?	Sehr geringer Schaden	1
Zeitschaden (S_Z)	Kann das gesamte Projekt vom Termin her gefährdet werden?	Sehr hoher Schaden	5
	Können wesentliche Projekttermine (Meilensteine) nicht mehr gehalten werden?	Hoher Schaden	4
	Muss die Terminplanung in einem lösbaren Rahmen umgestellt werden?	Mittlerer Schaden	3
	Können einzelne Termine nicht mehr gehalten werden, ohne aber den Endtermin des Projektes stark zu beeinflussen?	Geringer Schaden	2
	Können einzelne Termine nicht mehr gehalten werden, ohne aber den Endtermin des Projektes zu gefährden?	Sehr geringer Schaden	1
Kostenschaden (S_K)	Wird das gesamte Projektbudget durch dieses Risiko gefährdet?	Sehr hoher Schaden	5
	Werden wesentliche Teile des Projektbudgets durch dieses Risiko gefährdet?	Hoher Schaden	4
	Werden einzelne Teile der Projektbudgets durch dieses Risiko gefährdet?	Mittlerer Schaden	3
	Wird das Projektbudget nur für einzelne Teilaufgaben gefährdet, kann aber teilweise innerhalb des Projektes aufgefangen werden?	Geringer Schaden	2
	Wird das Projektbudget nur für einzelne Teilaufgaben gefährdet, kann aber innerhalb des Projektes kompensiert werden?	Sehr geringer Schaden	1

Dabei kann die Schadenshöhe eines Risikos in den drei Kategorien natürlich unterschiedlich ausfallen. Die Eintrittswahrscheinlichkeiten p werden nach einem 5-Punkte-Schema bewertet:

- Sehr hoch = 5
- Hoch = 4
- Mittel = 3
- Gering = 2
- Sehr gering = 1

Risikowert

Aus den Bewertungen ermittelt man Risikowerte nach der Formel:

$$RW = p \cdot (S_E + S_Z + S_K)$$

Justierter Risikowert

Nach dieser Formel kann der Risikowert zwischen 3 und 75 liegen. Um nun die Problematik der singulären Risiken zu erfassen, also derjenigen Risiken mit sehr niedriger Eintrittswahrscheinlichkeit und sehr großer Schadenshöhe, wird man die Risikowerte für die entsprechenden Fälle justieren, also erhöhen. Dabei sollten die Monotonieeigenschaften der Risikowerte jedoch erhalten werden. Das könnte praktisch wie in Tabelle 4–64 aussehen.

Tab. 4–64
Justierte Risikowerte

W	3	4	5	6	7	8	9	10	11	12	13	14	15
5	15	20	25	30	35	40	45	50	55	60	65	70	75
4	12	16	20	24	28	32	36	40	44	48	52	56	60
3	9	12	15	18	21	24	27	30	33	36	39	42	45
2	6	9	12	14	17	19	21	24	26	28	31	33	35
1	3	4	5	6	8	10	12	15	18	21	24	27	30

Für eine Eintrittswahrscheinlichkeit von »1« und einer Schadenshöhe von »10« ergibt sich demnach ein adjustierter Risikowert von »15«. Ähnlich wie in der weiter vorne angeführten 9-Felder-Risikomatrix (vgl. Tab. 4–62) wird man nun anhand der Risikowerte auch generelle Verhaltensweisen vorgeben, so z.B.:

- Risikowert von 3 bis 17:
  keine Maßnahmen
- Risikowert von 18 bis 27:
  Maßnahmen, wenn wirtschaftlich vertretbar
- Risikowert von 28 bis 75:
  Maßnahmen in jedem Fall

Risikosteckbrief

Entscheidend sind aber nicht die errechneten Risikowerte, sondern vielmehr der Umgang damit im Projekt. Wie bereits erwähnt, muss die Risikolage des Projektes permanent aktualisiert werden. Es wird neue Risiken geben, und aufgeführte Risiken werden entfallen oder können umbewertet werden. Das sollte in Risikosteckbriefen dokumentiert werden (vgl. Tab. 4–65).

Tab. 4–65
Risikosteckbrief

Risikosteckbrief									
Nr.:			Beschreibung:			Beobachter:			
Bewertung						**Maßnahmen**			
Datum	P	Tragweite			RW	Datum	Beschrei-bung	Verant-wortlich	
		S_E	S_Z	S_K					
Risiko erfasst am:						Risiko geschlossen am:			
Legende: p = Eintrittswahrscheinlichkeit S_E = Ergebnisschaden S_Z = Zeitschaden S_K = Kostenschaden RW = Risikowert									

Risikoliste

Einen Überblick über die identifizierten Risiken und ihre Bewertung gibt die Risikoliste (vgl. Tab. 4–66). Sie wird im Rahmen der Projektplanung erstellt und muss dann bis zum Projektabschluss regelmäßig aktualisiert und fortgeschrieben werden.

Tab. 4–66
Risikoliste

Risikoliste				
Risiko-Nr.	**Bezeichnung**	**Bearbeiter**	**Maßnahmen**	**Status**

Risikolage

Die Risikolage muss regelmäßig auf den Projektbesprechungen behandelt werden. Dabei sollen die errechneten Risikowerte und die darauf fußenden allgemeinen Verhaltensregeln die Verantwortlichen unterstützen. Sie dürfen diesen Ergebnissen und Vorgaben aber nicht blind folgen, sondern müssen sich ggf. darüber hinwegsetzen. Grundsätzlich muss sich die Risikolage zum Projektende hin verbessern, also die Anzahl der Risiken abnehmen und die Bewertung der verbleibenden Risiken sinken. Kurz vor Projektabschluss darf es keine Risiken mehr geben, die den erfolgreichen Projektabschluss gefährden. Anderenfalls stimmt etwas nicht!

Verbesserung der Risikolage

Um die Risikolage eines Projektes zu verbessern, müssen die Risikowerte der identifizierten Risiken reduziert werden, idealerweise bis auf den Wert 0. Das können die Verantwortlichen angehen, indem sie einerseits die Eintrittswahrscheinlichkeiten und andererseits die Schadenshöhen von Risiken geeignet beeinflussen. Nachfolgende Beispiele sollen zeigen, wie das praktisch geschehen kann:

- Risiko 1:
  Experten können durch Krankheit, Unfall oder andere unvorhersehbare Ereignisse ausfallen. Hier wird man die Eintrittswahrscheinlichkeit kaum beeinflussen können, wohl aber die Schadenshöhe, indem im Vorfeld für jeden Experten Stellvertreter identifiziert werden, ggf. Mitarbeiter geeignet geschult oder qualifiziert werden.
- Risiko 2:
  Die Arbeitsergebnisse eines externen Lieferanten, z.B. eines Softwareunternehmens, können fehlerhaft oder unbrauchbar sein. Hier lässt sich die Eintrittswahrscheinlichkeit dadurch reduzieren, dass die QS-Maßnahmen des Projektes in die Organisation des Lieferanten hinein ausgedehnt werden. Die Schadenshöhe lässt sich reduzieren, indem die zu liefernde Software konsequent modularisiert wird, sodass bei nachträglich auftretenden Fehlern nur einzelne Module ausfallen und nicht die gesamte zugekaufte Softwarelösung.
- Risiko 3:
  Eine spezielle Eingabe- oder Ausgabeeinheit (Hardware) erweist sich für den Einsatzzweck als ungeeignet. Eintrittswahrscheinlichkeiten lassen sich reduzieren, wenn im Pflichtenheft Erwartungen und Anforderungen stärker ausgearbeitet und mit den Angaben potenzieller Lieferanten abgeglichen werden bzw. Referenzanwendungen analysiert werden. Die Schadenshöhe kann man senken, indem man vorab Testexemplare erwirbt und praktische Einsätze prototypisch erprobt.

Alle genannten Beispiele zeigen, dass es niedrige Risikowerte nicht zum Nulltarif gibt. Die (vorbeugende) Verbesserung der Risikolage führt in der Regel zu höherem Projektaufwand. Die Beispiele zeigen aber auch, dass sorgfältige Planung und Vorbereitung in einem Projekt wesentliche Erfolgsfaktoren eines niedrigen Risikoniveaus darstellen. Schon in der Projektinitiierung sowie bei der Planung und Vorbereitung eines Projektes muss permanent gefragt werden: Was kann passieren? Welche negativen Überraschungen kann es geben? Wer auf Risiken vorbereitet ist, hat in der Regel mit geringeren Schadenshöhen zu kämpfen als der Unvorbereitete.

4.5.7 Leistungssteuerung

Fertigstellungsgrad

Der neuralgische Punkt im Projektcontrolling ist die Messung der erbrachten Leistung. In einem Projekt entstehen unterschiedliche Ergebnistypen, z.B. Dokumente, Schulungen, Software, Produktionsübernahmen. Vor diesem Hintergrund ist die Frage zu beantworten: Welcher Anteil der Projektleistung wurde bereits erbracht? Es erscheint sinnvoll, nicht die absolute, sondern die relative Leistung des Projektes zu bewerten, also seinen Fertigstellungsgrad zu ermitteln.

Ermittlung des Fertigstellungsgrades

Zum Einstieg in das Thema seien zunächst drei extreme Ansätze zur Ermittlung des Fertigstellungsgrades betrachtet:

- Ansatz 1:
  Ermittlung anhand des bereits verbrauchten Aufwandes
- Ansatz 2:
  Schätzung bzw. Bewertung durch Verantwortliche (z.B. Projektleiter)
- Ansatz 3:
  Ermittlung anhand des Marktwertes der bereits vorliegenden Teilergebnisse

Ansatz 1

Bei diesem Ansatz geht man vom finanziellen Projektbudget aus. Sind dann bei einem Budget von 1.000 Geldeinheiten 270 Geldeinheiten verbraucht, hätte das Projekt einen Fertigstellungsgrad von 27%. Diese Betrachtungsweise könnte zu merkwürdigen Ergebnissen führen. Hätte man nämlich 1.100 Geldeinheiten verbraucht und wäre das Projekt noch nicht fertig, dann hätte man einen Fertigstellungsgrad von 110%. Dieses Verfahren ist also ungeeignet und führt zu einer Überschätzung des Fertigstellungsgrades.

Ansatz 2

Hier befragt man den Verantwortlichen und lässt ihn eine prozentuale Schätzung abgeben. Abgesehen davon, dass der Verantwortliche im Zweifelsfall ein Zweckoptimist ist und den Fertigstellungsgrad eher überschätzt als unterschätzt, kann der berichtete Wert kaum plausibilisiert werden.

Um den Zweckoptimismus des Projektleiters (oder Arbeitspaketverantwortlichen) auszuschalten, könnte man die Situation parallel von mehreren – möglichst neutralen – Personen bewerten lassen. Das würde allerdings zu erheblichem Aufwand führen und dürfte praktisch (außer bei sehr großen Projekten) kaum durchführbar sein.

90%-Syndrom

Der Projektcontroller wird bei dieser Vorgehensweise in der Praxis immer wieder mit dem 90%-Syndrom konfrontiert. Anfänglich steigen die gemeldeten Fertigstellungsgrade kontinuierlich an. Wenn dann die 90%-Marke erstmalig erreicht wird, sinken dann die Zuwächse im Fertigstellungsgrad dramatisch oder fallen sogar für mehrere Berichtsperioden auf 0 (vgl. Abb. 4–17).

Aus diesem Grunde sollte stets nach ETC (Estimate to Complete) und FC (Forecast) gefragt werden. Denn wenn z.B. ein Arbeitspaketverantwortlicher mit 18 Personentagen einen Fertigstellungsgrad von 90% meldet, für die restlichen 10% der Leistung jedoch sechs Personentage veranschlagt, dann muss er begründen können, warum er für 10% der Gesamtleistung 25% des gesamten Aufwandes schätzt.

Abb. 4–17
Das 90%-Syndrom

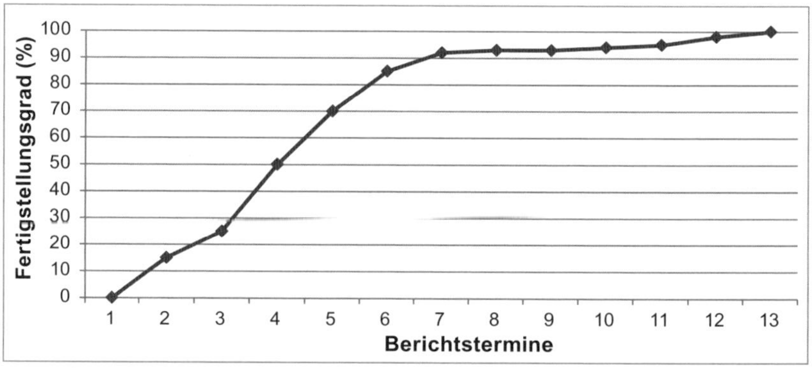

Ansatz 3

Schließlich sei der Marktwert betrachtet, der die Frage beantwortet: Wie viel würde ein Außenstehender bezahlen, um das Projekt zu übernehmen und es dann auf eigene Rechnung für den Auftraggeber zu Ende zu führen?

Bei entsprechenden Überlegungen käme man schnell auf den Punkt, ob der Projektverkauf nur die bereits objektiv vorliegenden Arbeitsergebnisse, z.B. Konzeptpapiere und Softwaremodule, umfassen würde oder ob der Käufer auch das Projektteam übernehmen könnte. Man muss dann davon ausgehen, dass im ersten Fall der Preis deutlich niedriger wäre als im zweiten Fall, denn der Käufer müsste ja eine neue Projektorganisation aufbauen und diese müsste sich in das Projekt und die übernommenen Ergebnisse einarbeiten, bevor sie »produktiv« weiterarbeiten, also den Fertigstellungsgrad erhöhen kann. Auch der Marktpreisansatz führt also nicht weiter und ist für die Praxis ungeeignet.

Messbare Leistungen

Gleichwohl gibt es Fälle, in denen eine objektive Leistungsmessung gut möglich wäre. Man denke etwa an Projekte oder Arbeitspakete, in denen eine gleichartige, einfache Leistung in größeren Stückzahlen erbracht werden muss, z.B.:

- Installationen/Rollouts
- Einweisungen von Mitarbeitern/Schulungen
- Transfer/Migration von Daten oder Softwarecode
- Standardisierte Interviews/Befragungen

Hier lassen sich relativ leicht Leistungseinheiten finden, die man messen kann. Welche Möglichkeiten gibt es noch, den Fertigstellungsgrad von Projektarbeiten »objektiver« oder weniger subjektiv zu ermitteln?

Leistungspunkte

Anders gefragt: Lassen sich Leistungsmaße finden, mit denen sich die unterschiedlichen Ergebnistypen eines Projektes »über einen Leisten schlagen« lassen? Löst man sich an dieser Stelle vom (in der Informatik) üblichen Genauigkeitsanspruch und folgt der Aussage, eine grobe Metrik sei immer besser als keine Metrik, dann ist folgendes Vorgehen denkbar.

Ausgehend vom Projektstrukturplan (PSP) ordnet man jedem definierten Projektergebnis Leistungspunkte zu und wenn das entsprechende Ergebnis vorliegt und durch die Qualitätssicherung freigegeben ist, wird der Leistungsgrad des Projektes um die dem betreffenden Ergebnis zugeordnete Anzahl von Punkten erhöht. Dazu sei ein Beispiel mit 5 Arbeitspaketen betrachtet (vgl. Tab. 4–67).

Tab. 4–67 *Ermittlung des Fertigstellungsgrades*

Arbeitspaket	Punkte	Anteil	Fertig	Leistung
AP-1	8	32%	X	32%
AP-2	5	20%	X	20%
AP-3	2	8%		
AP-4	6	24%		
AP-5	4	16%		
Summen	25	100%		52%

Die Summe der Leistungspunkte ist 25. Solange kein Arbeitspaket fertiggestellt ist, hat das Projekt einen Fertigstellungsgrad von 0%. Nach Fertigstellung der Arbeitspakete AP-1 und AP-2 erreicht das Projekt einen Fertigstellungsgrad von 13/25 = 52%. Eine Darstellung dieses Ansatzes auf Basis von MS-Excel zeigt Abbildung 4–18. Zu beachten ist, dass man in die Berechnung des Fertigstellungsgrades natürlich nur ergebnisbestimmende Aktivitäten (vgl. Abschnitt 4.4.2) einbeziehen darf.

Abb. 4–18
Fertigstellungsgrad eines Projektes

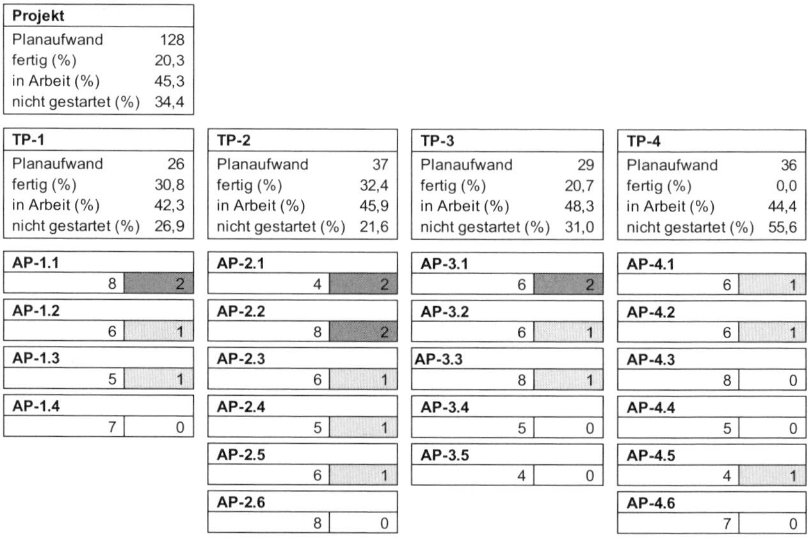

Fertige Arbeitspakete

Die Schwierigkeit des dargestellten Leistungspunkteansatzes liegt in der Vergabe der Leistungspunkte. Das sei nicht möglich, mag mancher Praktiker einwenden. Sieht man keine Möglichkeit, die Ergebnisse der Arbeitspakete irgendwie größenmäßig zu bewerten, dann wäre die gröbste Form der Fertigstellungsgradermittlung eine einfache Zählung der bereits fertiggestellten Arbeitspakete und daran anschließend die Bildung des Quotienten aus der Anzahl der bereits fertiggestellten Arbeitspakete und der Anzahl sämtlicher Arbeitspakete des Projektes. Bei dem in Tabelle 4–67 dargestellten Beispiel sind zwei von fünf Arbeitspaketen fertiggestellt. Also hat das Projekt nach diesem »Messverfahren« einen Fertigstellungsgrad von 40 %. Solange man keine bessere Metrik findet, ist diese Metrik gut genug. Sie zeigt klar und unmissverständlich, ob das Projekt Ergebnisse liefert oder nicht.

Meilensteinmethode

Eine Variante des Leistungspunkteansatzes, die in der Praxis eine gewisse Verbreitung gefunden hat, ordnet den Meilensteinen eines Projektes Fertigstellungsgrade fest zu. Wird ein Meilenstein erfolgreich passiert, dann wird der Fertigstellungsgrad des Projektes auf den diesem Meilenstein zugeordneten Fertigstellungsgrad gesetzt. Beide Verfahren sind insofern praktisch identisch, als in der Meilensteinmethode die zwischen den Meilensteinen liegenden Phasen gewissermaßen als »große« Arbeitspakete betrachtet werden können. Ein Beispiel für dieses Vorgehen zeigt Tabelle 4–68. Solange das Projekt den Meilenstein Nr. 4 nicht erreicht hat, weist es einen Fertigstellungsgrad von 45 % aus. Erst wenn der Meilenstein Nr. 4 passiert wurde, steigt der Fertigstellungsgrad auf 53 %.

Meilenstein	Fertigstellungsgrad
1	10%
2	25%
3	45%
4	53%
5	68%
6	85%
7	100%

Tab. 4–68 *Fertigstellungsgrad-ermittlung nach der Meilensteinmethode*

Ermittlung von Leistungspunkten

In beiden Varianten stellt sich natürlich die Frage, wie man zu den Werten kommt: beim Arbeitspaketansatz zu den Leistungspunkten, beim Meilensteinansatz zu den Fertigstellungsgraden. Diese Aufgabe muss in der Planung erledigt werden. Im laufenden Projekt darf es darüber keine Diskussionen mehr geben!

Paarweise Vergleiche

Eine direkte Bewertung von Arbeitspaketen wird man nur dann vornehmen (können), wenn die Anzahl der Arbeitspakete klein ist. Bei einer größeren Zahl von Arbeitspaketen ist das praktisch nicht mehr möglich. Dann wechselt man zu einem paarweisen Vergleich (vgl. [Demleitner 2006, S. 80-82]). Einen einfachen Ansatz zeigt Tabelle 4–69. Die Werte in der Tabelle sind wie folgt zu interpretieren: Die Leistung von A ist größer als die Leistung von B, entsprechend ist die Leistung von B kleiner als die Leistung von A. Daraus ergibt sich der Wert 2 in der Zelle A-Spalte/B-Zeile und der Wert ½ in der B-Spalte/A-Zeile.

	A	B	C	D	Summen
A	1	½	2	1	
B	2	1	2	2	
C	½	½	1	½	
D	1	½	2	1	
Punktesummen	4,5	2,5	7	4,5	18,5
Leistungsanteil	24,3%	13,5%	37,9%	24,3%	100%

Tab. 4–69 *Relative Arbeitspaketgrößen*

Eine Weiterentwicklung dieses Ansatzes liefert der AHP (Analytischer Hierarchieprozess, vgl. [Meixner/Haas 2002]).

Mit dem geschilderten Ansatz verändern sich die Fertigstellungsgrade von Projekten in diskreten Sprüngen; bei wenigen Arbeitspaketen sind diese Sprünge dann recht groß. Das mag nicht befriedigen, denn auch, wenn die Arbeitspakete noch nicht fertiggestellt sind, gibt es (hoffentlich) Leistung und Arbeitsfortschritte. Wie lässt sich das methodisch integrieren?

Verfeinerung der Bewertung

Zunächst kann man den Ansatz der Leistungspunkte so verfeinern, dass man für laufende Arbeitspakete eine standardisierte Bewertung des Arbeitsfortschrittes einführt, z.B. nach folgender Skala:

A: 0 % – noch nicht begonnen

B: 20 % – Arbeitspaket wurde begonnen

C: 50 % – Arbeitspaket läuft

D: 80 % – Arbeitspaket weitgehend fertig

E: 100 % – Arbeitspaket abgeschlossen und Ergebnisse durch QS freigegeben

Für das vorgenannte Projekt mit 5 Arbeitspaketen erhielte man dann das in Tabelle 4–70 dargestellte Ergebnis.

Tab. 4–70 *Fertigstellungsgrad nach Stufen*

Arbeitspaket	Punkte, gesamt	Fertigstellungsstufe	Fertigstellungsgrad	Zugeordnete Punkte
1	8	D	80%	6,4
2	5	E	100%	5,0
3	2	B	20%	0,4
4	6	A	0%	0,0
5	4	A	0%	0,0
Summen	25			11,8
			Fertigstellungsgrad gesamt	**47,2%**

Der Leistungspunktestand beträgt 11,8; damit hat das Projekt einen Fertigstellungsgrad von 47,2 %. Durch eine weitere Verfeinerung der Skala der Fertigstellungsgrade kann man die Detaillierung weiter steigern, bekommt aber dann zunehmend Schwierigkeiten bei der genauen Zuordnung der Fertigstellung zu den vorgegebenen Fertigstellungsstufen. Außerdem verändert sich der Fertigstellungsgrad nach wie vor nur in Sprüngen.

Cost to Complete

Dies führt zu der Frage, ob es Möglichkeiten einer kontinuierlichen Fertigstellungsgradmessung gibt. In der Praxis hat sich das folgende Verfahren bewährt. Für ein Arbeitspaket ermittelt man zum aktuellen Betrachtungs- oder Berichtszeitpunkt den bereits entstandenen Istaufwand. Dann muss der Verantwortliche schätzen, wie viel Aufwand $ETC_{Aufwand}$ (ETC = Estimate to Complete) noch erforderlich sein wird, um das Arbeitspaket vollständig abzuschließen. Der Fertigstellungsgrad FG dieses Arbeitspaketes ist dann

$$FG(t) = \frac{Istaufwand(t)}{FC_{Aufwand}(t)} = \frac{Istaufwand(t)}{Istaufwand(t) + ETC_{Aufwand}(t)}$$

Eine andere Schätzung des Fertigstellungsgrades ist über die (geschätzte) Projektdauer möglich:

$$FG(t) = \frac{Istdauer(t)}{FC_{Dauer}(t)} = \frac{Istdauer(t)}{Istdauer(t) + ETC_{Dauer}(t)}$$

Mit diesem Ansatz greift man auf die bereits in Abschnitt 4.5.1 dargestellten Aufwandsprognosen zurück. Den Aufwand kann man finanziell oder in Personentagen (PT) messen. Würde man in Personentagen messen, so wäre mit einem Istaufwand von 60 PT und $ETC_{Aufwand}$=20 PT ein Fertigstellungsgrad von 75 % erreicht. Der Vorteil dieser Methode gegenüber den früher genannten Ansätzen besteht darin, dass hier der Fertigstellungsgrad nie die 100 %-Marke überschreiten kann. Allerdings enthält auch diese Vorgehensweise, wie alle zuvor diskutierten Ansätze, ein subjektives Moment; hier ist es die Schätzung des Restaufwandes $ETC_{Aufwand}$. Bekannt ist dieses Verfahren unter dem Begriff »Cost to Complete«.

Verfahrensvergleich

Für die Ermittlung des Fertigstellungsgrades wurden mehrere Ansätze und Verfahren vorgestellt. Im Projektcontrolling stellt sich nun natürlich die Frage, welches dieser Verfahren man praktisch einsetzen sollte.

Der weiter oben genannte Ansatz über Marktpreise (Ansatz 3) scheidet grundsätzlich aus, da es für Projektergebnisse keine Märkte und damit keine echten Preise gibt. Der Ansatz 1, der den Leistungsgrad mit dem anteiligen Ressourcenverbrauch gleichsetzt, scheidet ebenfalls aus, da Projekte mit Budgetüberschreitungen die geplante Leistung normalerweise nicht übertreffen, sie allenfalls mit Mühe erreichen.

Die Meilensteinmethode hat in der Praxis, gerade in kleineren IT-Organisationen, eine gewisse Bedeutung, ist aber eine extrem grobe Metrik zur Fertigstellungsgradmessung, wenn man davon ausgeht, dass zwischen zwei Meilensteinen in der Regel mehrere Arbeitspakete fertiggestellt werden.

Die Leistungspunktemethode setzt voraus, dass man sich in der Phase der Projektplanung intensive Gedanken über die Größe der einzelnen Arbeitspaketleistungen macht. Sie erlaubt es auch, Erfahrungen anderer Projekte zu nutzen und so im Laufe der Zeit in einer Organisation eine Art »Metermaß« für die Größe von Arbeitspaketergebnissen zu entwickeln.

Die Cost-to-Complete-Methode ermöglicht eine kontinuierliche Fertigstellungsgradermittlung und erscheint damit für die Praxis am besten geeignet. Sie erfordert keine explizite Abschätzung der Projektleistung zum Zeitpunkt der Projektplanung und ist insofern aufwandsärmer als die Leistungspunktemethode. Außerdem nutzt sie Daten, die man im Rahmen von Aufwandsprognosen sowieso ermitteln muss. Allerdings greift auch sie zurück auf den Aufwand und postuliert indirekt die Proportionalität von Aufwand und Leistung in einem Projekt.

Verfahrensauswahl

Betrachtet man nur ein einzelnes Projekt, dann ist die Cost-to-Complete-Methode zu präferieren, denn sie liefert gut plausibilisierbare Ergebnisse und erfordert keine explizite Leistungsabschätzung in der Planungsphase. Bewegt man sich jedoch im Portfolioumfeld, so wird der Vergleich zwischen Projekten wichtiger, und dann kann die Leistungspunktemethode dazu beitragen, die Qualität der Planung projektübergreifend zu verbessern und zu harmonisieren.

Ideal ist eine kombinierte Nutzung beider Verfahren. Dann werden die Leistungspunkte jedes Arbeitspaketes mit dem über die Cost-to-Complete-Methode ermittelten arbeitspaketspezifischen Fertigstellungsgrad multipliziert und dies liefert die bereits realisierten Leistungspunkte.

Arbeitspakete und Projekt

Es ist noch zu klären, wie man aus den Fertigstellungsgraden der Arbeitspakete den Fertigstellungsgrad des Projektes ableitet, denn Arbeitspakete sind unterschiedlich »groß«.

Bei der Vergabe von Leistungspunkten ist die unterschiedliche Größe der Arbeitspakete bereits berücksichtigt. Man muss nur noch – wie das im Beispiel gemacht wurde – die bereits erreichten Leistungspunkte der Arbeitspakete aufsummieren und diese Summe ins Verhältnis zur gesamten Leistungspunktesumme des Projektes setzen. Das wäre ein weiteres Argument, das für den Einsatz der Leistungspunktemethode spricht.

Gewichtung der Arbeitspakete

In der Praxis ist es üblich, die Größe der Arbeitspakete über ihren Planaufwand in die Berechnung des Fertigstellungsgrades einzubeziehen. Der Fertigstellungsgrad des Arbeitspaketes wird mit dem Anteil des Planaufwandes dieses Arbeitspaketes am gesamten Planaufwand des Projektes multipliziert, denn in der Regel wird die Leistung eines Arbeitspaketes umso größer sein, je größer der dafür geplante Aufwand ist. Allerdings unterstellt man auch hier wieder eine lineare Beziehung zwischen Leistung und Aufwand.

Diese Vorgehensweise wäre bei Anwendung der Cost-to-Complete-Methode zwingend, da man hier ja nur über Aufwandsdaten verfügt. Sind die Arbeitspakete mit Leistungspunkten bewertet, dann kann man diese zur Gewichtung und Aggregation nutzen. Folgendes Beispiel zeigt die Vorgehensweise: Wenn das Arbeitspaket Nr. 1 einen Fertigstellungsgrad von 60 % und eine Größe von 10 Leistungspunkten hat, Arbeitspaket Nr. 2 einen Fertigstellungsgrad von 20 % und eine Größe von 30 Leistungspunkten, dann haben beide Arbeitspakete zusammen, einen Fertigstellungsgrad von 30 %, denn von 40 Leistungspunkten wurden bereits 12 realisiert.

Unterschiedliche Aufwandsdaten

Bei allen diskutierten Varianten der Fertigstellungsgradermittlung, die mit Aufwandsdaten arbeiten, ist zu klären, welchen Aufwand man zur Kalkulation verwenden will:

- Den gesamten finanziellen Aufwand des Projektes
- Personentage
- Bewertete Personentage

Finanzieller Aufwand

Bei der erstgenannten Spielart gehen auch die Ausgaben für Investitionen (Anschaffungen für Hardware und Software) mit ein. Das ist insofern gerechtfertigt, als die Investitionsrechnung des Projektes mit ihrer Cashflow-Orientierung ebenso vorgeht. Allerdings führt das dazu, dass der Fertigstellungsgrad des Projektes sprunghaft steigt, wenn Hardware oder Software geliefert wird. Beträgt also z.B. das Hardwarevolumen eines Projektes 20 % des gesamten Projektaufwandes und wird diese Hardware zu einem Zeitpunkt komplett geliefert, dann steigt zu diesem Zeitpunkt der Fertigstellungsgrad schlagartig um 20 %.

Personentage

In der zweitgenannten Variante geht man davon aus, dass die eigentliche Wertschöpfung des Projektes durch die im Projekt arbeitenden Menschen erfolgt und zur geleisteten Arbeitszeit proportional ist. Für den Projektcontroller hat dieser Ansatz den Vorteil, dass er nur die Daten der Zeiterfassung/Tätigkeitsnachweise auswerten muss.

Bewertete Personentage

In der dritten Variante soll berücksichtigt werden, dass die erbrachte Mitarbeiterleistung unterschiedlich werthaltig sein kann, also ein teurer Mitarbeiter mehr zur Projektleistung beiträgt als ein weniger teurer Mitarbeiter. Das ist schon insofern kritisch zu sehen, als ein externer Berater bei gleicher Qualifikation üblicherweise teurer ist als der eigene, festangestellte Mitarbeiter. Diese Variante ist dann auch eher eine Spielart der ersten Variante und orientiert sich an der Verwaltung des Projektbudgets.

Auswahl der Aufwandsdaten

Insgesamt sind Personentage wohl das sinnvollste Vehikel zur Aufwandsbestimmung. Die Übernahme von gekauften Hardware- oder Softwarekomponenten in ein Projekt empfinden die meisten Mitarbeiter nicht als »echte« Leistung des Projektes. Und dass ein höher bezahlter Mitarbeiter oder teurer externer Berater pro Tag eine den unterschiedlichen Stundensätzen entsprechende höhere Leistung in einem IT-Projekt erbringt, ist objektiv fraglich.

Earned Value Management

Um den Leistungsfortschritt eines Projektes zu messen, bietet sich ein Verfahren an, das seit einigen Jahren unter dem Begriff »Earned Value Management« (auch: Arbeitswertanalyse) bekannt geworden ist (vgl. [Fleming/Koppelman 2000], [Bea/Scheurer/Hesselmann 2008, S. 309-316]). In den USA ist seine Anwendung in Projekten für die öffentliche Hand vorgeschrieben.

Kostenrechnerischer Hintergrund

Bei diesem Verfahren der Projektsteuerung müssen für jeden Zeitpunkt t im Projektverlauf drei Fragen beantwortet werden:

- Welcher Projektaufwand KPA(t) vom Projektstart bis zum Zeitpunkt t war geplant (KPA = kumulierter Planaufwand des Projektes)?
- Welcher Projektaufwand KIA(t) ist in diesem Zeitraum tatsächlich entstanden (KIA = kumulierter Istaufwand des Projektes)?
- Welcher Projektaufwand KSA(t) hätte in diesem Zeitraum entstehen dürfen, wenn man berücksichtigt, was das Projekt tatsächlich geleistet hat (KSA = kumulierter Sollaufwand des Projektes)?

Gesamtabweichung

Man hat es also mit einer Übertragung der flexiblen Plankostenrechnung auf das Projektgeschehen zu tun. Es sei nun die festgestellte Gesamtabweichung (GA) betrachtet:

$$
\begin{aligned}
GA(t) &= KIA(t) - KPA(t) \\
&= (KIA(t) - KSA(t)) - (KPA(t) - KSA(t)) \\
&= KIA(t) \cdot [1 - (KSA(t) / KIA(t))] - KPA(t) \cdot [1 - (KSA(t) / KPA(t))] \\
&= KIA(t) \cdot (1 - CPI(t)) - KPA(t) \cdot (1 - SPI(t))
\end{aligned}
$$

CPI/SPI

Dabei ist $CPI(t)=KSA(t)/KIA(t)$ und steht für Cost Performance Index. Analog ist $SPI(t)=KSA(t)/KPA(t)$ und steht für Schedule Performance Index. Diese Begriffe lassen sich wie folgt erklären:

- Der Cost Performance Index zeigt auf, wie viel Leistungswert im Projekt – repräsentiert durch die kumulierten Sollkosten – pro eingesetzter Einheit Istaufwand geschaffen wurde.
- Der Schedule Performance Index zeigt auf, wie viel Leistungswert im Projekt in Relation zum geplanten Leistungswert tatsächlich geschaffen wurde. Der tatsächlich geschaffene Leistungswert KSA(t) zum Zeitpunkt t entspricht einem geplanten Leistungswert $KPA(t^*)$ zu einem anderen Zeitpunkt t^*.

Beginnt das Projekt zum Zeitpunkt 0 und endet geplant zum Zeitpunkt T, so muss man überlegen, wie sich die Kenngrößen für $t>T$ entwickeln. Aufgrund der Definition gilt $0 \leq KSA(t) \leq KPA(t)$ sowie $KPA(t)=KPA(t)$ für $t>T$. Die beiden Kenngrößen CPI und SPI lassen sich so interpretieren, wie es in den Tabellen 4–71 und 4–72 dargestellt ist.

Tab. 4–71
Cost Performance Index

Wert von CPI(t)	Interpretation
CPI(t) = 1	KSA(t) = KIA(t) Die tatsächlich erbrachte (kumulierte) Projektleistung entspricht dem tatsächlich erbrachten Projektaufwand.
CPI(t) < 1	KSA(t) < KIA(t) Die tatsächlich erbrachte Projektleistung ist kleiner als der erbrachte Projektaufwand. Das Projekt wird mehr Aufwand benötigen als geplant.
CPI(t) > 1	KSA(t) > KIA(t) Die tatsächlich erbrachte Projektleistung ist größer als der erbrachte Projektaufwand. Das Projekt wird weniger Aufwand verursachen als geplant.

Tab. 4–72
Schedule Performance Index

Wert von SPI(t)	Interpretation
SPI(t) = 1	KSA(t) = KPA(t) Die tatsächlich erbrachte (kumulierte) Projektleistung entspricht dem geplanten Projektaufwand. Das Projekt verläuft zeitlich wie geplant.
SPI(t) < 1	KSA(t) < KPA(t) Die tatsächlich erbrachte Projektleistung ist kleiner als der geplante Projektaufwand. Das Projekt hätte diese Leistung bereits zu einem früheren Zeitpunkt erbringen müssen.
SPI(t) > 1	KSA(t) > KPA(t) Die tatsächlich erbrachte Projektleistung ist größer als der geplante Projektaufwand. Das Projekt hat eine Leistung erbracht, die erst für einen späteren Zeitpunkt geplant ist.

Projektbewertung

Kombiniert man beide Indikatoren, so gibt es neun unterschiedliche Konstellationen (vgl. Tab. 4–73).

Tab. 4–73
Kombinierte Betrachtung von CPI und SPI

CPI	SPI	Interpretation
CPI(t) = 1	SPI(t) = 1	Das Projekt liegt kostenmäßig und terminmäßig perfekt im Plan.
CPI(t) = 1	SPI(t) < 1	Das Projekt läuft kostenseitig wie geplant. Die Leistungserstellung braucht aber länger als geplant.
CPI(t) = 1	SPI(t) > 1	Das Projekt läuft kostenmäßig wie geplant. Es kommt aber zeitlich schneller voran als geplant.
CPI(t) < 1	SPI(t) = 1	Das Projekt verursacht höhere Kosten als geplant, aber es hält die geplanten Termine.
CPI(t) < 1	SPI(t) < 1	Das Projekt verursacht höhere Kosten als geplant und dauert länger als geplant. →

CPI	SPI	**Interpretation** (Fortsetzung)
CPI(t) < 1	SPI(t) > 1	Das Projekt verursacht höhere Kosten als geplant, kommt aber schneller voran als geplant.
CPI(t) > 1	SPI(t) = 1	Das Projekt verursacht weniger Kosten als geplant und hält die geplanten Termine.
CPI(t) > 1	SPI(t) < 1	Das Projekt verursacht weniger Kosten als geplant, benötigt aber mehr Zeit als geplant.
CPI(t) > 1	SPI(t) > 1	Das Projekt verursacht weniger Kosten als geplant und kommt gleichzeitig schneller voran als geplant.

Bevor jedoch diese Betrachtungen durchgeführt werden können, muss der kumulierte Sollaufwand des Projektes KSA(t) ermittelt werden. In der Regel macht man das über den Fertigstellungsgrad FG:

$$KSA(t) = FG(t) \cdot KPA(t)$$

Die Beziehung nimmt an, dass sich Fertigstellungsgrad und Sollaufwand proportional verhalten. Das korreliert zu der früher betrachteten Cost-to-Complete-Methode und mag daher ein naheliegender Ansatz sein. In der Praxis ist jedoch immer kritisch zu fragen, ob diese Annahme gerechtfertigt ist.

Hat man die Fertigstellungsgrade und daraus abgeleiteten kumulierten Sollkosten der einzelnen Arbeitspakete des Projektes ermittelt, so errechnet man die Sollkosten des gesamten Projektes durch Summation der Sollkosten über alle Arbeitspakete.

Prognosen

Wenn man für einen Zeitpunkt t_0 KIA(t_0) und KSA(t_0) mittelt hat – KPA(t_0) ist aus der Planung bekannt – , dann ist zu überlegen, wie man auf dieser Basis die voraussichtliche Projektdauer und die insgesamt entstehenden Projektkosten abschätzen kann.

Prognose Projektdauer

Zunächst sei nun die voraussichtliche Projektdauer und dazu KSA(t_0) betrachtet. Diese zum Fertigstellungsgrad des Projektes korrespondierenden Kosten sind gleich den ebenfalls zu diesem Fertigstellungsgrad korrespondierenden Plankosten zum Zeitpunkt t_1 ($0<t_1<T$). Man bestimmt also t_1 aus der Gleichung $KSA(t_0)=KPA(t_1)$. Zwischen t_0 und t_1 besteht die rechnerische Beziehung $t_1 = \alpha \cdot t_0$, die wie folgt zu interpretieren ist: Was zum Zeitpunkt t_0 erreicht werden sollte, wurde schon zum Zeitpunkt t_1 (für $\alpha<1$) erreicht oder erst zum Zeitpunkt t_1 (für $\alpha>1$). Hat α z.B. den Wert 0,9, so bedeutet das, dass 10 % weniger Zeit benötigt wird als geplant, hat α den Wert 1,2, dann bedeutet das analog, dass 20 % mehr Zeit benötigt wird als geplant.

Jetzt lautet die Frage nach dem voraussichtlichen Projektabschluss: Wann werden die Leistungen erbracht sein, die für den Zeitpunkt T geplant waren? Denn wenn die geplante Projektleistung erbracht wurde, dann nimmt per Definition KSA(t) den Wert KPA(t) an. Unter der Annahme, dass das Verhältnis von geplanter und tatsächlicher Zeitdauer für den weiteren Projektverlauf konstant bleibt, kommt man zu der Prognose $T_1 = \alpha \cdot T$.

Prognose Projektkosten

Zur Prognose der Projektkosten sei nun ein beliebiger Zeitpunkt im Rahmen der prognostizierten Projektdauer ($0 < t < T_1$) betrachtet. Dem dann erreichten Fertigstellungsgrad des Projektes entsprechen die Sollkosten KSA(t), also die Plankosten KPA(t/α). Gemäß Definition von α gilt $0 < t < \alpha \cdot T$, also $0 < t/\alpha < T$. Das ist wichtig, denn nur für das Intervall [0; T] sind KPA-Werte geplant. Zum Zeitpunkt t_0 hatte man ein Verhältnis von Istkosten und Sollkosten von

$$\frac{KIA(t_0)}{KSA(t_0)} = \frac{1}{CPI(t_0)} = \beta$$

Für die Prognose wird wieder angenommen, dass dieses Verhältnis im weiteren Projektverlauf konstant bleibt. Daraus ergibt sich

$$KIA(T_1) = \beta \cdot KPA(\frac{T}{\alpha}) = \frac{1}{CPI(t_0)} \cdot KPA(\frac{T}{\alpha})$$

Abgleich mit anderen Verfahren

Die Earned-Value-Methode hat starke Ähnlichkeiten mit der Cost-to-Complete-Methode. Dort lautet die Kernfrage: Welcher Aufwand ist noch erforderlich, um eine Aufgabe abzuschließen? Sie korrespondiert mit der zentralen Größe ETC (Estimate to Complete). Hier lautet die Kernfrage hingegen: Wie weit müsste die Aufgabe angesichts des bereits erbrachten Aufwandes eigentlich schon bearbeitet sein? Und sie korrespondiert hier mit der zentralen Größe KSA(t), dem kumulierten Sollaufwand.

Die Cost-to-Complete-Methode schaut in die Zukunft und muss bei ihrer Prognose des ETC notgedrungen Annahmen machen. Die Earned-Value-Methode schaut in die Vergangenheit und macht (zumindest theoretisch) keine Annahmen, da sie ja den aktuellen Iststand erfasst. Theoretisch befriedigender ist die Earned-Value-Methode, dem Projektpraktiker wird die Cost-to-Complete-Methode in der Regel leichter zugänglich erscheinen.

Prognoserechnungen

Mittels CPI und SPI lassen sich weitere Prognoserechnungen für den Projektaufwand (vgl. Abschnitt 4.5.1) und die Projektdauer (vgl. Abschnitt 4.5.2) ableiten. Dazu betrachte man die definierenden Formeln:

$$CPI(t) = KSA(t) / KIA(t)$$

$$SPI(t) = KSA(t) / KPA(t)$$

Außerdem sei der durchschnittliche kumulierte Sollaufwand des Projektes gegeben:

$$\mathrm{DKSA}(t) = \mathrm{KSA}(t) / t$$

Zunächst ergibt sich damit eine elementare Prognose für die Projektdauer, nämlich:

$$\mathrm{FC}_{\mathrm{Dauer}}(t) = \mathrm{KPA}(t) / \mathrm{DKSA}(t)$$

Aus der Definition von SPI erhält man

$$DKSA(t) = SPI(t) \cdot \frac{KPA(t)}{t}$$

Setzt man dies in die vorstehende Formel für die Prognose der Projektdauer ein, erhält man

$$FC_{Dauer}(t) = \frac{KPA(t)}{SPI(t)} \cdot \frac{t}{KPA(t)}$$

Nimmt man an, es sei

$$\frac{t}{KPA(t)} = const. = \frac{T}{KPA(T)}$$

dann erhält man die Prognose

$$\mathrm{FC}_{\mathrm{Dauer}}(t) = \mathrm{T} / \mathrm{SPI}(t)$$

Setzt man zur Prognose des Projektaufwandes

$$FC_{Aufwand}(t) = FC_{Dauer}(t) \cdot \frac{KIA(t)}{t}$$

und nutzt die aus der Definition von CPI gewonnene Beziehung

$$DKSA(t) = CPI(t) \cdot \frac{KIA(t)}{t}$$

dann erhält man schlussendlich die Aufwandsprognose

$$\mathrm{FC}_{\mathrm{Aufwand}}(t) = \mathrm{KPA}(t) / \mathrm{CPI}(t)$$

4.5.8 Umsetzung der Projektsteuerung

Eine wirksame Projektsteuerung muss organisatorisch umgesetzt werden. Das erfordert einerseits geeignete Werkzeuge, nämlich Kennzahlen, und andererseits bestimmte Abläufe.

4.5.8.1 Kennzahlen

Auch in der Steuerung von Projekten gewinnt der Einsatz von Kennzahlen und Kennzahlensystemen immer mehr an Bedeutung. Denn was sich bei der Steuerung von Unternehmen bewährt, sollte auch hier unterstützen können. Man geht dabei von folgenden Definitionen aus (vgl. [Kütz 2011, S. 39-43]):

Kennzahl

Eine Kennzahl quantifiziert für einen gewählten Zeitpunkt ein Merkmal eines Steuerungsobjektes. Als Istwert repräsentiert sie die tatsächliche Ausprägung, als Sollwert die geplante oder erwartete Ausprägung dieses Merkmals zum gewählten Zeitpunkt, als Prognosewert den voraussichtlichen Istwert zu einem späteren Zeitpunkt.

Kennzahlensystem

Ein Kennzahlensystem ist eine Gruppe von Kennzahlen, die für einen gewählten Zeitpunkt über die Istwerte den tatsächlichen Zustand des Steuerungsobjektes, über die Sollwerte den geplanten bzw. erwarteten Zustand des Steuerungsobjektes und über die Prognosewerte die voraussichtlichen Istwerte zu einem späteren Zeitpunkt repräsentieren.

Steuerungsregelkreis

Um Kennzahlensysteme im Projektcontrolling effektiv einzusetzen, müssen sie mit dem Regelkreis der Steuerung kombiniert werden (vgl. Abb. 4–2, Abschnitt 4.1). Wenn man ein Projekt mit einem Kennzahlensystem steuert, dann legt man in der Phase der Planung die geplanten bzw. erwarteten Werte der Kennzahlen für alle Zeitpunkte fest, zu denen dann später auch die Istwerte der Kennzahlen bestimmt werden sollen (Berichtszeitpunkte). In der Umsetzungsphase werden zu den definierten Zeitpunkten diese Istwerte ermittelt. In der Phase der Abweichungsanalyse werden Unterschiede zwischen Sollwerten und Istwerten festgestellt und analysiert. Auf dieser Basis wird an den Projektauftraggeber und die Projektlenkung berichtet und es werden (bei Bedarf) spezifische Steuerungsmaßnahmen initiiert.

Kennzahlen sind also die Messinstrumente, die Ziele und Zielerreichung messbar machen. Sie unterstützen Steuerung und Managementkommunikation.

Kategorien von Kennzahlen

Bevor hier ein Kennzahlensystem für die Projektsteuerung aufgebaut wird, sei bezüglich der verwendeten Kennzahlen noch eine Kategorisierung eingeführt. Es sind zu unterscheiden:

- Steuerungskennzahlen:
  Dies sind diejenigen Kennzahlen, mit deren Hilfe die Projektziele beschrieben werden. Für jede Kennzahl und jeden Berichtszeitpunkt gibt es Zielwerte und Istwerte. Die Zielwerte sind nicht in jedem Falle einzelne Zahlenwerte, die vom Projekt genau eingehalten werden müssen. Es können z.B. auch Zahlenwerte sein, die nicht unterschritten oder überschritten werden dürfen.

- Informationskennzahlen:
  Dies sind Kennzahlen, für die Projektauftraggeber und Projektauftragnehmer keine Zielwerte vereinbaren können, da der Projektleiter diese Kennzahlen nicht gezielt beeinflussen kann, z.B. im Risiko- oder Änderungsbereich. Trotzdem sind diese Kennzahlen für alle Beteiligten von Interesse, da sie signalisieren, in welchem Umfeld sich das Projekt bewegt. Sie repräsentieren Faktoren, die auf den Projekterfolg positiv oder negativ einwirken können.
- Benchmarks:
  Dies sind Kennzahlen, mit deren Hilfe unterschiedliche Projekte verglichen werden können. Sie müssen also für alle zu vergleichenden Projekte identisch definiert sein und gemessen werden. Bei Benchmarks kann es sich sowohl um Steuerungs- als auch um Informationskennzahlen handeln.

Für die Diskussion von möglichen Kennzahlen sei auf die weiter vorne definierten sieben Steuerungsdimensionen für Projekte zurückgegriffen (vgl. Abb. 4–13, Abschnitt 4.5). Es werden also Kennzahlen gesucht, die die in Tabelle 4–74 dargestellten Steuerungsdimensionen eines Projektes abdecken.

Tab. 4–74
Dimensionen der Projektsteuerung

Steuerungsdimensionen	Informationsdimensionen	
▪ Leistung ▪ Qualität ▪ Aufwand ▪ Termine	▪ Änderungen ▪ Probleme ▪ Risiken	*projektleitungsorientiert*
	▪ Rentabilität ▪ Kapitalbedarf	*projektlenkungsorientiert*

In den Dimensionen »Leistung«, »Qualität«, »Aufwand« und »Termine« erhält man Steuerungskennzahlen, deren Werte man aktiv planen kann; in den Dimensionen »Änderungen«, »Probleme« und »Risiken« erwartet man bestimmte Ausprägungen der Werte, arbeitet also mit Informationskennzahlen. Das gilt ähnlich für die Kennzahlen zur Information der Projektlenkung.

Leistungssteuerung

Für die Leistungssteuerung bieten sich die in Tabelle 4–75 genannten Kennzahlen an.

Tab. 4–75
Kennzahlen Leistungssteuerung

Leistungssteuerung im Projekt
Fertigstellungsgrad als prozentualer Anteil der bereits erbrachten Projektleistung an der insgesamt geplanten Projektleistung (Kategorie: Steuerungskennzahl; zeitabhängiger Zielwert)
Relativer Fertigstellungsgrad als Quotient aus dem tatsächlich erreichten Fertigstellungsgrad und dem für den Berichtszeitpunkt geplanten Fertigstellungsgrad (Kategorie: Steuerungskennzahl; zeitabhängiger Zielwert)
Schedule Performance Index (SPI) aus dem Earned Value Management (Kategorie: Steuerungskennzahl; Zielwert: 1)
Rentabilität (Kategorie: Steuerungskennzahl – eingeschränkt, da nur Projektauszahlungen beeinflusst werden können; Zielwert gemäß Business Case)

Qualitätssteuerung

Für die Qualitätssteuerung bieten sich die in Tabelle 4–76 genannten Kennzahlen an.

Tab. 4–76
Kennzahlen Qualitätssteuerung

Qualitätssteuerung im Projekt
Anzahl der bei QS-Maßnahmen festgestellten Fehler, eventuell bezogen auf den erreichten Fertigstellungsgrad (Kategorie: Steuerungskennzahl; Zielwert: Obergrenze)
Anzahl der Fehler, deren Beseitigung mehr als einer Wiederholungsprüfung bedurfte, eventuell bezogen auf die Gesamtanzahl der in Erstprüfungen ermittelten Fehler (Kategorie: Steuerungskennzahl; Zielwert: Obergrenze)
Anzahl der beim ersten QS-Durchlauf fehlerfrei durchgeführten QS-Prüfungen (First Pass Yield, FPY), bezogen auf alle durchgeführten QS-Erstprüfungen (Kategorie: Steuerungskennzahl; Zielwert: Obergrenze)
Anzahl der durchgeführten Zweit-Wiederholungsprüfungen (evtl. sämtliche Wiederholungsprüfungen), eventuell bezogen auf die Anzahl der Erst-Wiederholungsprüfungen (Kategorie: Steuerungskennzahl; Zielwert: Obergrenze)
Anzahl nachträglich entdeckter Fehler (die also erst nach und außerhalb einer Qualitätsprüfung festgestellt wurden) (Kategorie: Informationskennzahl; Auffälligkeit: Überschreitung einer bestimmten Obergrenze)
Anzahl Abnahmeverweigerungen (Kategorie: Steuerungskennzahl; Zielwert: 0 oder sehr niedriger Wert als Obergrenze)

Die in Tabelle 4–76 dargestellten Kennzahlen könnte man weiter aufteilen, wenn man Fehler nach bestimmten Kategorien unterscheiden würde. So könnte z.B. der Schweregrad eines Fehlers in die Kennzahlenbildung einbezogen werden. Allerdings muss dann (zusätzlich) eine Bestimmung dieses Schweregrades erfolgen und daraus entsteht zusätzlicher Aufwand. Hier kann man subjektive Einschätzungen der Verantwortlichen nicht eliminieren und läuft Gefahr, dass sich die Verantwortlichen im Projekt weniger auf die Beseitigung oder Vermeidung von Fehlern konzentrieren können, weil sie aufgetretene Fehler vorgegebenen Kategorien zuordnen müssen.

Aufwandssteuerung

Für die Aufwandssteuerung bieten sich die in Tabelle 4–77 genannten Kennzahlen an.

Tab. 4–77
Kennzahlen Aufwandssteuerung

Aufwandssteuerung im Projekt
Ausschöpfungsgrad des Projektbudgets (alternativ: finanziell/Personentage) (Kategorie: Steuerungskennzahl; zeitabhängiger Zielwert)
Relativer Ausschöpfungsgrad des Projektbudgets als Quotient aus dem tatsächlich verbrauchten Budget und dem für den Berichtszeitpunkt geplanten Budgetverbrauch (Kategorie: Steuerungskennzahl; zeitabhängiger Zielwert)
Cost Performance Index (CPI) aus dem Earned Value Management (Kategorie: Steuerungskennzahl; Zielwert: 1)
Prognostizierter Kapitalbedarf (Kategorie: Steuerungskennzahl; Zielwert gemäß Business Case)

Terminsteuerung

In der Terminsteuerung haben sich die in Tabelle 4–78 genannten Kennzahlen bewährt.

Tab. 4–78
Kennzahlen Terminsteuerung

Terminsteuerung im Projekt
Termintreue als Anzahl der termingerecht eingehaltenen Termine, bezogen auf die Anzahl der insgesamt erreichten Termine (oder das Gegenteil, die Terminuntreue) (Kategorie: Steuerungskennzahl; Zielwert: Untergrenze)
Ausmaß der Terminüberschreitung als Anzahl der Verspätungstage, bezogen auf die Anzahl der nicht eingehaltenen Termine (Kategorie: Steuerungskennzahl; Zielwert: Obergrenze)
Anzahl der Terminüberschreitungen um mehr als X Tage, bezogen auf die Anzahl der nicht eingehaltenen Termine (Kategorie: Steuerungskennzahl; Zielwert: Obergrenze)

Änderungssteuerung

Für die Änderungssteuerung sind die in Tabelle 4–79 genannten Kennzahlen zu empfehlen.

Tab. 4–79
Kennzahlen Änderungssteuerung

Änderungssteuerung im Projekt
Anzahl der eingegangenen/übernommenen/abgelehnten Änderungen, ggf. aufgeteilt nach den einbringenden Stellen (Kategorie: Informationskennzahl; Auffälligkeit: Obergrenze oder starker Anstieg/Rückgang)
Geplanter Aufwand für die übernommenen Änderungen (Kategorie: Informationskennzahl; Auffälligkeit: starker Anstieg/Rückgang)

Für die Problemsteuerung seien die in Tabelle 4–80 genannten Kennzahlen empfohlen.

Problemsteuerung

Tab. 4–80 *Kennzahlen Problemsteuerung*

Problemsteuerung im Projekt
Anzahl neu festgestellter/insgesamt noch offener Probleme, ggf. nach verschiedenen Problemkategorien (Kategorie: Informationskennzahl; Auffälligkeit: starker Anstieg)
Anzahl der offenen Probleme, die seit mehr als X Zeiteinheiten offen sind (Kategorie: Steuerungskennzahl; Zielwert: niedriger Wert)

Für die Risikosteuerung sind die in Tabelle 4–81 genannten Kennzahlen zu empfehlen.

Risikosteuerung

Tab. 4–81 *Kennzahlen Risikosteuerung*

Risikosteuerung im Projekt
Anzahl der identifizierten Risiken, ggf. nach verschiedenen Risikokategorien (Kategorie: Informationskennzahl; Auffälligkeit: starker Anstieg/Rückgang)
Risikowert des Projektes (Kategorie: Informationskennzahl; Auffälligkeit: starker Anstieg/Rückgang)

Kennzahlen für die Projektlenkung

Für die Projektlenkung muss die Projektsituation anhand der Kennzahlen im Projektantrag dargestellt werden. Das sind zum einen die dort genutzte Rentabilitätskennzahl (Rentabilität, ROI, Amortisationsdauer) und zum anderen der Kapitalbedarf des Projektes. Diese Kennzahlen müssen auf Basis der Istsituation des Projektes und einer daraus abgeleiteten Prognose auf den Projektabschluss fortgeschrieben werden.

Ausprägungen einer Kennzahl

Für die Aufbereitung in einem Kennzahlensystem benötigt man von jeder ausgewählten Kennzahl die in Tabelle 4–82 genannten Ausprägungen. Auf die Ausprägungen »Veränderung« und »Veränderungsgeschwindigkeit« kann man durchaus verzichten.

Tab. 4–82 *Kennzahlenausprägungen*

Ausprägungen von Kennzahlen im Kennzahlensystem
Aktueller Istwert – für die betrachtete Berichtsperiode
Aktueller Sollwert – für die betrachtete Berichtsperiode
Istwert der Vorperiode, bei grafischer Darstellung Istwertverlauf seit Projektbeginn (optional)
Veränderung gegenüber der Vorperiode (1. Differenz) Ist(t) – Ist(t-1)
Veränderungsgeschwindigkeit (2. Differenz) Ist(t) – 2 · Ist(t-1) + Ist(t-2)
Prognostizierter Wert für die nächste Berichtsperiode
Prognostizierter Wert zum Projektende

Ampeldarstellungen

Vielfach ist es sinnvoll, den verantwortlichen Projektleiter oder Arbeitspaketverantwortlichen durch ein zusätzliches Signal (z.B. eine optische Ampel: grün – gelb – rot) auf besonders auffällige Istwerte hinzuweisen. Auslöser können sein:

- Besonders starke Abweichungen vom Zielwert (nur bei Steuerungskennzahlen)
- Besonders starke Veränderungen gegenüber früheren Istwerten

Einige Beispiele mögen das demonstrieren. Der erste Wert löst den Wechsel der Ampel von »Grün« auf »Gelb« aus, der Wert in Klammern den Wechsel von »Gelb« nach »Rot«. Diese Grenz- oder Toleranzwerte müssen (natürlich) nicht zwingend symmetrisch um den Zielwert liegen.

- Der Fertigstellungsgrad weicht um mehr als 5% (10%) vom geplanten Zielwert ab.
- Der CPI ist kleiner als 0,9 (0,8) oder größer als 1,1 (1,3).
- Die Anzahl der in der QS festgestellten Fehler übersteigt einen erwarteten Wert oder Erfahrungswert von X (Y).
- Die durchschnittliche Terminüberschreitung hat um 2 (5) Tage zugenommen.
- Die Anzahl der eingegangenen Änderungen im letzten Berichtszeitraum überschreitet den erwarteten Wert um mehr als 10% (20%).
- Es werden mehr (10% mehr) Probleme neu registriert als gelöst.
- Der Risikowert des Projektes ist um mehr als 5% (10%) gestiegen.

Projektgesamtampel

Hat man in einem Kennzahlensystem für mehrere oder alle Kennzahlen Ampeln etabliert, so kann man sich überlegen, daraus für das Kennzahlensystem insgesamt eine Statusampel abzuleiten, die eine besondere Auffälligkeit des Gesamtzustandes signalisiert. Dazu muss man Regeln definieren, die die Stellungen der einzelnen Ampeln oder die dahinter stehenden Werte der Kennzahlen auswerten und daraus die Stellung der Gesamtampel ableiten.

Eine typische Regel ist die, dass der schlechteste Wert der einzelnen Ampeln für die Gesamtampel übernommen wird. Steht also eine Ampel auf »Gelb« (»Rot«) und alle anderen Ampeln stehen auf »Grün« (»Grün« oder »Gelb«), so wird die Gesamtampel auf »Gelb« (»Rot«) gestellt. Stehen alle einzelnen Ampeln auf »Grün«, so wird man auch den Gesamtstatus auf »Grün« setzen. Darüber hinaus wird man möglicherweise die Stellung der Gesamtampel auch davon abhängig machen, welche der einzelnen Ampeln auf »Gelb« oder »Rot« stehen.

Empfehlenswert ist es zudem, je eine Gesamtampel für die Steuerungsdimensionen und für die projektleitungsorientierten Informationsdimensionen zu etablieren. Die erste Gesamtampel zeigt Abweichungen vom Vektor der Zielwerte, die zweite Gesamtampel zeigt bei entsprechender Definition der Kennzahlen die Stärke von Veränderungen im Projektumfeld.

Projekt-Cockpit

Vor diesem Hintergrund könnte ein Projekt-Cockpit wie in Abbildung 4–19 aufgebaut werden. Das oberste Segment des Cockpits adressiert die Projektlenkung, die beiden unteren Segmente decken den Informationsbedarf der Projektleitung.

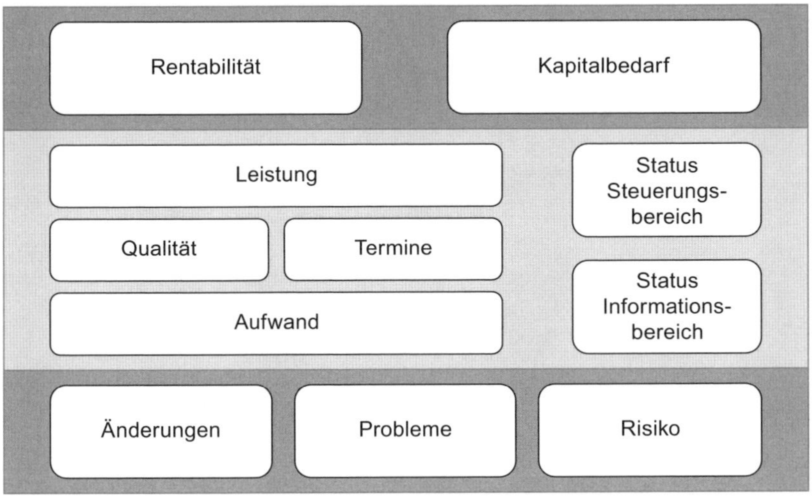

Abb. 4–19
Struktur eines Projekt-Cockpits (exemplarisch)

Eine beispielhafte Zelle in diesem Cockpit zeigt Abbildung 4–20.

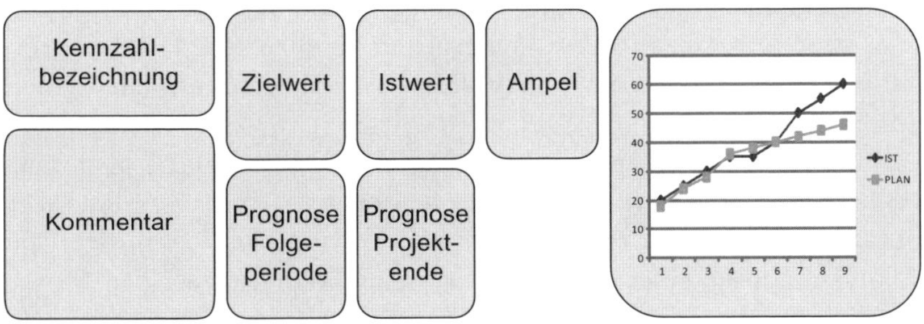

Abb. 4–20
Struktur eines Kennzahlenzelle im Projekt-Cockpit

Umfasst das Projekt-Cockpit nur wenige Kennzahlen, so können die Kennzahlenzellen gemäß Abbildung 4–20 möglicherweise vollständig angezeigt werden. Ist das aus Platzgründen nicht möglich, so können auf der in Abbildung 4–19 genannten Ebene nur Teile der Kennzahlenzellen dargestellt werden, z.B. Kennzahlenbezeichnung, Istwert und Ampel. Wenn der Adressat dann mehr Informationen sehen will, muss er auf die Detailebene verzweigen und bekommt dort die Kennzahlenzelle mit sämtlichen Details zu der Kennzahl angezeigt.

Um nun ein konkretes Projekt-Cockpit zu implementieren, sollte man aus jeder Steuerungsdimension ein bis zwei Kennzahlen auswählen. Eine beispielhafte Umsetzung zeigt Abbildung 4–21. Das durch dieses Cockpit repräsentierte Kennzahlensystem zeigt insgesamt 13 Kennzahlen. Wenn man von der Projektlenkungsebene einmal absieht, sind es sogar nur 11 Kennzahlen.

Abb. 4–21
Ausprägung eines Projekt-Cockpits (exemplarisch)

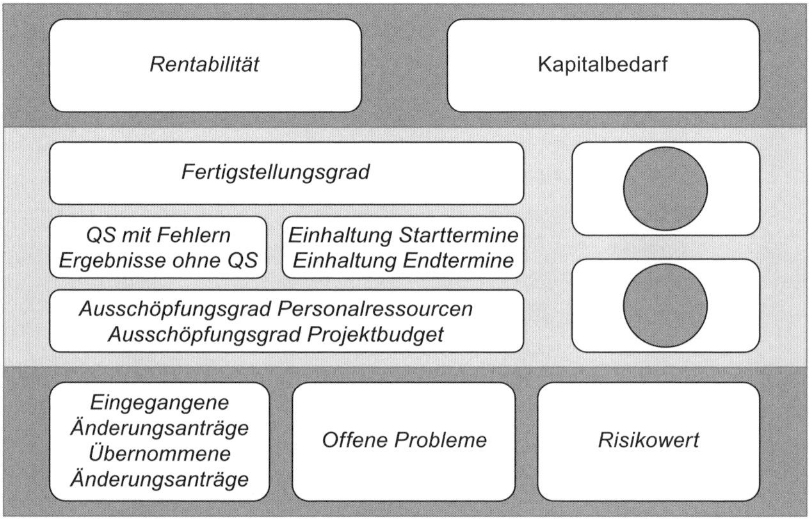

Größe eines Projektkennzahlensystems

Werden die Projektkennzahlen den Verantwortlichen elektronisch bereitgestellt, wird man bald Forderungen und Wünschen ausgesetzt sein, weitere Kennzahlen im Hintergrund bereitzustellen, die die Verantwortlichen dann vom Hauptbildschirm des Cockpits aus gezielt ansteuern können.

Solche Wünsche und Forderungen sind verständlich, aber man sollte seitens des Projektcontrollings hier eher restriktiv verfahren. Die praktische Erfahrung zeigt nämlich immer wieder und recht deutlich, dass der Erfolg eines Kennzahlensystems weniger von der Menge »schöner« und »interessanter« Kennzahlen abhängt, sondern in hohem Maße davon, dass im Management mit den vorhandenen Kennzahlen konsequent und kontinuierlich gearbeitet wird.

4.5.8.2 Organisatorische Fragen

Controlling im Projektalltag

Der Regelkreis des Controllings muss im Projektalltag erkennbar sein und mit Leben gefüllt werden. Es bedarf bestimmter Objekte oder Aktivitäten, in denen sich dieses Controlling für alle Verantwortlichen und Betroffenen erkennbar manifestiert. Dazu zählen:

- Reporting (Berichterstattung)
- Durchsprachen (Projektbesprechungen)
- Maßnahmen
- Kontrolle

Im Regelkreis der Steuerung (vgl. Abb. 4–2, Abschnitt 4.1) werden die ersten beiden Elemente den Phasen »Abweichungsanalyse« und »Kommunikation & Reporting«, die letzten beiden Elemente der Phase »Korrekturmaßnahmen« zugeordnet.

Reporting

Mit dem Reporting bzw. der Berichterstattung werden Istdaten aus dem Projekt aufbereitet und an die Verantwortlichen (Projektlenkung, Projektleitung, Teilprojektleitungen, Arbeitspaketverantwortliche) kommuniziert. Hier werden Abweichungen der Istdaten von den Solldaten dargestellt und Ergebnisse einer der Berichterstellung vorgeschalteten ersten Abweichungsanalyse mitgeteilt. Das Reporting hat die Aufgabe, die Verantwortlichen mit den benötigten Informationen zu versorgen und die für Diskussionen und Entscheidungen erforderliche Transparenz zu schaffen.

Durchsprache

In der Durchsprache kommen die Verantwortlichen zusammen, diskutieren die Informationen aus dem Reporting, vertiefen oder verwerfen die Ergebnisse der vorgeschalteten ersten Abweichungsanalyse, erforschen die Ursachen der Abweichungen, Änderungen und Probleme. Das Ergebnis ist eine abschließende Bewertung aller festgestellten Abweichungen (für den spezifischen Berichtszeitpunkt).

Maßnahmen

Auf Basis der Diskussionsergebnisse werden Maßnahmen diskutiert, beschlossen und initiiert, um bereits aufgetretene Abweichungen zu eliminieren oder wieder zu verringern, ggf. auch, um das Projekt umzuplanen oder an geänderte Rahmenbedingungen anzupassen.

Kontrolle

Umsetzung und Wirksamkeit dieser Maßnahmen werden nachfolgend im Rahmen von Kontrollen überwacht und die Ergebnisse werden in den nachfolgenden Berichtsterminen in das Reporting eingearbeitet.

Berichtsfrequenz

Für das Reporting ist projektintern eine Frequenz von zwei Wochen zu empfehlen. Das Reporting an die Projektlenkung sollte monatlich erfolgen. Lenkungsausschusssitzungen für die Durchsprache sollten projektspezifisch und bereits im Rahmen der Projektplanung festgelegt werden.

Reportinginhalte

Im Reporting werden Informationen über den aktuellen Zustand des Projektes so aufbereitet, dass die Adressaten (Verantwortliche im Projekt, Projektauftraggeber, Projektlenkung) Entscheidungsbedarf erkennen und notwendige Entscheidungen treffen können. Die Berichte sollten daher nicht nur aus ökonomischen Gründen, sondern auch um eine Informationsüberflutung der Verantwortlichen zu vermeiden, so wenig Informationen wie möglich, aber natürlich so viel Informationen wie nötig enthalten – und zwar aus der Sicht der Adressaten. Dieses Optimum herauszufinden, ist schwierig und eine Herausforderung für das Projektcontrolling, denn es hängt nicht nur vom Projekt und der aktuellen Situation ab, sondern auch von den jeweiligen Verantwortlichen.

Umsetzung des Reportings

Es ist schwierig, hier allgemeine Empfehlungen abzugeben. In der Praxis stellt man immer wieder fest, dass die Projektverantwortlichen auf allen Ebenen von Daten, Berichten und Grafiken überrollt werden, zugleich aber signifikante Informationsdefizite haben. Zur Planung und Vorbereitung eines Projektes gehört daher auch, Informationsbedarf und Informationsangebot sorgfältig aufeinander abzustimmen. In der Projektdurchführung muss permanent geprüft werden, welche Verbesserungsmöglichkeiten es gibt. Leider muss man den verschiedenen Projektbeteiligten in vielen Fällen jedoch den Vorwurf machen, ihren Informationsbedarf nicht klar genug zu artikulieren, benötigte Informationen nicht nachdrücklich einzufordern und ungeeignete Informationen nicht zu monieren und zu reklamieren. Wer adressatengerechte Informationen haben möchte, muss dem Informationslieferanten seine Anforderungen auch mitteilen.

Elemente des Reportings

Das Reporting muss konsistent zum Projekt-Cockpit sein; das Projekt-Cockpit ist integraler Bestandteil des Reportings. Es enthält die in Tabelle 4–83 aufgeführten Informationsbereiche – nach Adressat selektiert, aggregiert oder detailliert.

Tab. 4–83 *Inhalte des Projektreportings*

Informationsbereiche des Reportings
Aktueller Projektzustand, repräsentiert durch Istwerte, Sollwerte und Prognosewerte der festgelegten Kennzahlen
Ergebnisse der Abweichungsanalysen
Ergänzende Informationen, die der Projektcontroller selbstständig oder im Auftrag der Projektleitung beifügt
Umsetzungsgrad und Auswirkungen der Maßnahmen, die in vorangegangenen Durchsprachen beschlossen und initiiert wurden
Aktualisierte Risikoliste
Aktualisierte Problemliste
Aktualisierte Liste der Änderungsanträge (mit Entscheidungsstatus)

Zeitlicher Ablauf

Geht man davon aus, dass das Reporting mit den Kalenderwochen synchronisiert ist, dann sollte der folgende zeitliche Ablauf realisiert werden:

- Datenbereitstellung bis Donnerstagmittag um 12 Uhr
- Reportingbereitstellung bis Freitagmittag um 12 Uhr
- Durchsprache am Montagmorgen um 11 Uhr

Das mag knapp erscheinen, aber es ist bei entsprechender Organisation, Nutzung der technischen Möglichkeiten und entsprechender Disziplin aller Beteiligten möglich. Der Ablauf muss so zügig erfolgen wie beschrieben, damit man im vierzehntäglichen Rhythmus die Abweichungen einer Berichtsperiode schon in der anschließenden Berichtsperiode mittels geeigneter Maßnahmen korrigieren kann.

Der genannte zeitliche Ablauf muss bei Feiertagen entsprechend angepasst werden. Ist der Donnerstag ein Feiertag, sollte die Datenbereitstellung bis Mittwochmittag erfolgen. Ist der Montag ein Feiertag, dann kann die Durchsprache erst am Dienstagmorgen angesetzt werden. Vor diesem Hintergrund muss in der Projektplanung ein Abgleich mit dem Kalender erfolgen und auf dieser Basis müssen dann entsprechende Termine festgelegt werden. Bei Projekten mit Aktivitäten an mehreren Standorten, evtl. auch international, müssen die Termine für Datenbereitstellung, Reporterstellung und Durchsprachen ggf. mit mehreren regionalen Kalendern abgeglichen werden.

Arbeit mit Prognosewerten

Bei der dargestellten Vorgehensweise wird man als Istdaten die auf das Ende der laufenden Berichtsperiode prognostizierten Daten verwenden, also schätzen, welche Istwerte man für das Arbeitsende am Freitag erwartet. Das Projektcontrolling muss bei dieser Vorgehensweise (nachlaufend) prüfen, wie gut die prognostizierten Werte mit den tatsächlichen Istwerten übereinstimmen.

Durchsprache

Die Ergebnisse des Reportings müssen zeitnah von den Verantwortlichen durchgesprochen werden. Dies erfolgt in den regelmäßigen Projektbesprechungen. Die Teilnehmerzahl dieser »Meetings« sollte begrenzt sein, damit eine echte Diskussion möglich ist und Entscheidungen getroffen werden können. Eine sinnvolle Obergrenze liegt bei etwa sieben Teilnehmern. Daher muss man bei großen Projekten eine mehrstufige Durchspracheorganisation schaffen und ein dazu korrespondierendes Reporting einrichten. Eine sinnvolle Struktur hat etwa folgende Gestalt:

- Projektleitung und Projektlenkung (projektspezifisch zu den geplanten Terminen)
- Projektleitung und Teilprojektleitungen (vierzehntäglich)
- Einzelne Teilprojektleitungen und jeweilige Arbeitspaketverantwortliche (vierzehntäglich)

Bei dem vorgenannten zeitlichen Ablauf sollten sich Projektleitung und Teilprojektleitungen montags um 11 Uhr treffen und die Besprechungen zwischen Teilprojektleitungen und Arbeitspaketverantwortlichen sollten sich daran anschließen.

Es mag auch Besprechungen mit größeren Teilnehmeranzahlen geben, aber das sind dann Informationsveranstaltungen, auf denen die Teilnehmer über aktuelle Entwicklungen oder Entscheidungen informiert werden. Hier werden keine Entscheidungen getroffen.

Tagesordnung

Die Projektbesprechungen werden im Rahmen der Projektplanung terminlich festgelegt. Die Teilnahme ist für die benannten Teilnehmer verbindlich. Ist ein Teilnehmer verhindert, z.B. wegen einer unaufschiebbaren Dienstreise, so muss ein Stellvertreter benannt sein, der informiert, kompetent und entscheidungsbefugt ist. Diese Besprechungen werden zuverlässig durchgeführt. Für jeden Termin gibt es eine vorab mitgeteilte (standardisierte) Tagesordnung mit der in Tabelle 4–84 aufgeführten Struktur.

Tab. 4–84
Mustertagesordnung für Projektbesprechungen

Tagesordnung
Eröffnung & Begrüßung
Durchsprache des aktuellen Projektberichtes
Nachträge aus früheren Projektberichten
Initiierung und Beschluss von Maßnahmen
Behandlung von spezifischen (und im Vorfeld benannten) Themen
Bestätigung des nächsten Besprechungstermins
Erstellung und Freigabe des Besprechungsprotokolls
Abschluss der Besprechung

Für jeden Tagesordnungspunkt werden im Rahmen der Besprechungsvorbereitung verantwortliche Berichterstatter benannt. Diese Personen haben die Pflicht, die für das Thema benötigten Informationen zu erarbeiten, bereitzustellen und in der Besprechung fachlich durch das übertragene Thema zu führen. Die Besprechung sollte im Normalfall höchstens zwei Stunden dauern.

Protokoll

Das Besprechungsprotokoll sollte im Verlauf der Besprechung erstellt werden und zum Ende der Besprechung von allen Teilnehmern bestätigt werden. Damit entfällt der Aufwand für die nachträgliche Erstellung, Verteilung und Genehmigung. Und das Projekt wird handlungsfähiger, weil keine Zeiten mit dem Warten auf Protokollformulierungen verschwendet werden.

Jedes Besprechungsprotokoll ist nach dem 3-W-Prinzip zu erstellen: *3-W-Prinzip*

- Was muss getan werden?
- Wer ist verantwortlich?
- Bis wann muss die Aktivität abgeschlossen sein?

Entscheidungen, die der ranghöchste Verantwortliche (in der Regel auch der Leiter der Durchsprache) trifft, sind im Protokoll zu dokumentieren. Das gilt ebenso für Entscheidungen, die die Teilnehmer der Besprechung gemeinsam treffen.

In einer solchen Protokollkultur ist kein Platz für unverbindliche Konjunktive: Man sollte, wir sollten, man könnte, wir könnten. Es ist auch kein Platz für persönliche Befindlichkeiten, Rechtfertigungen und Schuldzuweisungen. Hier ist ausschließlich Raum für eine erfolgreiche Weiterführung des Projektes.

Ablage Die Protokolle der Durchsprachen sollten elektronisch vorliegen und in der Projektdokumentation archiviert werden. Der Projektlenkung sollten die Protokolle zugesandt werden. Sie muss insbesondere dann informiert werden, wenn termin- oder budgetwirksame Maßnahmen beschlossen wurden (z.B. Umplanung des Projektes, Einlastung von Änderungsanforderungen). Die Protokolle sollten in der Regel projektöffentlich sein und nur in begründeten Fällen sollte es nicht öffentliche Teile der Durchspracheprotokolle geben, z.B., wenn es um personelle Themen oder Verhandlungen mit externen Geschäftspartnern geht.

Maßnahmen Die in der Durchsprache festgelegten Maßnahmen werden vom benannten Verantwortlichen nachfolgend umgesetzt. Dazu muss er die erforderlichen Mittel und Entscheidungsrechte besitzen. In den nachfolgenden Durchsprachen hat der betreffende Mitarbeiter über den Fortschritt bei der Umsetzung zu berichten.

Kontrolle Die Projektleitung bzw. die von ihr beauftragten Personen verfolgen die Umsetzung der beschlossenen Maßnahmen. Die Ergebnisse werden im Reporting dokumentiert.

4.5.9 Projektabbruch und Projektsanierung

Im Verlauf eines Projektes gibt es Abweichungen von der ursprünglichen Planung. Werden die Abweichungen zu groß, können Sanierung oder Abbruch des Projektes erforderlich werden.

Projektabbruch Von einem Projektabbruch spricht man dann, wenn das Projekt vorzeitig beendet wird und alle eingesetzten Ressourcen freigegeben werden.

Projektsanierung

Von einer Projektsanierung spricht man, wenn das Projekt in der aktuellen Form eingestellt, komplett umgeplant und in neuer Zielsetzung und mit neuer Projektorganisation weitergeführt wird. Sanierung bedeutet die Einschränkung auf das wirklich Notwendige oder Sinnvolle. Im Rahmen einer Sanierung kann es zu einem kompletten Austausch der Ressourcen kommen. In der Literatur spricht man bei der Sanierung eines Projektes auch von einem Turnaround (vgl. [Setzwein/Setzwein 2008]).

Wirtschaftlichkeit

Es stellt sich natürlich die Frage, ob ein Projektabbruch oder eine Projektsanierung »wirtschaftlich« sein können. Bei einem Projektabbruch sind der bereits erbrachte Aufwand und das dafür aufgewendete Kapital endgültig verloren. Bei einer Projektsanierung werden Teile des bereits erbrachten Aufwands und auch Teile des eingesetzten Kapitals verloren gehen.

Kapitalverlust

Der Blick auf das Kapital liefert den entscheidenden Ansatzpunkt für das weitere Vorgehen. Denn wenn man feststellt, dass in einem Projekt Kapital verloren geht, sich also das Vermögen der Organisation verringert, dann muss man nach Wegen suchen, den (drohenden) Kapitalverlust durch das laufende Projekt zu minimieren, vielleicht sogar doch noch einen (bescheidenen) Vermögenszuwachs zu realisieren.

Alternativen für das weitere Vorgehen

Gerät ein Projekt in eine Krise und kann es in der bisherigen Form nicht weitergeführt werden, dann gibt es unabhängig von der spezifischen Situation stets die in Tabelle 4–85 aufgeführten Alternativen.

Tab. 4–85 *Vorgehen in einer Projektkrise*

Alternativen in der Projektkrise
Weiterführung des Projektes nach Umplanung
Abbruch des Projektes ohne Ersatz
Abbruch und Neustart des Projektes in modifizierter Form (Projektsanierung)
Abbruch des Projektes und Einsatz des noch verfügbaren Kapitals in einem anderen Projekt

Weiterführung

Entscheidet man sich für eine Weiterführung des Projektes, so ist das nur möglich, wenn das noch verfügbare Kapital für einen Projektabschluss ausreicht. Ist das nicht der Fall, muss ein entsprechender Änderungsantrag erarbeitet werden, mit dem das benötigte zusätzliche Kapital bei der obersten Leitung der Organisation angefordert wird. Dieser Änderungsantrag kann genehmigt oder abgelehnt werden. Er kann aber auch zu dem Ergebnis führen, dass das Projekt bis zum Ende der aktuellen Planungsperiode pausieren muss und erst in der folgenden Periode weitergeführt werden kann, sei es, weil in der laufenden

Periode kein Kapital mehr verfügbar ist, sei es, weil man negative Auswirkungen auf andere Projekte im Portfolio vermeiden möchte.

Projektabbruch

Bricht man das Projekt ab, so wurde bereits ein Teil des zu Projektbeginn bereitgestellten Kapitals verbraucht. Auch nach Abbruch eines Projektes entsteht noch projektspezifischer Aufwand, der den Projektbarwert weiter reduziert. Es können sich jedoch für den Vermögensstatus des Projektes auch positive Effekte ergeben, die den Projektbarwert wieder erhöhen. Die in Tabelle 4–86 aufgeführten Auszahlungen müssen ggf. noch berücksichtigt werden. Positiv können die ebenfalls dort genannten Einzahlungen zu Buche schlagen.

Tab. 4–86 *Zahlungen bei Projektabbruch*

Auszahlungen bei Projektabbruch	Einzahlungen bei Projektabbruch
Aufwand für bereitgestellte Ressourcen (z.B. Mitarbeiter, Maschinen), die nicht sofort anderweitig eingesetzt werden können	Einzahlungen aus der Verwertung bereits erzielter Projektergebnisse
Aufwand aufgrund eingegangener vertraglicher Verpflichtungen (z.B. vertraglich fixierte Zahlungen bei vorzeitiger Vertragsauflösung)	Einzahlungen aus der Verwertung bereits angeschaffter Anlagegüter, z.B. Hardware oder Softwarelizenzen
Aufwand für die eigentliche Projekteinstellung (z.B. Dokumentation, Rückbau der Projektinfrastruktur)	

Sind sämtliche Vorgänge aus dem Projekt gebucht, verbleibt nach dem Projektabbruch ein Restkapital K_R. Nimmt man nun vereinfachend an, dass das noch verfügbare Kapital innerhalb der bisherigen Projektperiode verwertet oder genutzt werden kann, dann gibt es dafür mehrere Varianten:

- Variante 1:
  Eine Verwertung im Unternehmen ist nicht (mehr) möglich, da das geplante Projektportfolio nicht geändert wird. Es bleibt eine (kalkulatorische) Anlage dieses Kapitals am externen Kapitalmarkt während der gesamten Betriebsphase.
- Variante 2:
  Das frei werdende Restkapital kann in anderen laufenden Projekten zur Finanzierung von Änderungen eingesetzt werden. Es sei angenommen, dass das mit der geforderten Mindestrentabilität oder mit der durchschnittlich erzielten Rentabilität möglich ist.
- Variante 3:
  Mit dem frei werdenden Restkapital kann ein weiteres Projekt finanziert werden, das in der ursprünglichen Gesamtplanung aus Kapazitätsgründen nicht mehr berücksichtigt werden konnte.

Die letzte Variante hat folgende Spielarten:

- Variante 3a:
  Das Restkapital aus mehreren Projektabbrüchen wird zusammengefasst und damit wird ein neues Projekt finanziert.
- Variante 3b:
  Das frei werdende Restkapital reicht nicht aus, um ein neues Projekt zu finanzieren. Die Differenz zum benötigten Kapital muss mit Fremdkapital (Kredit) finanziert werden. (Dies könnte eventuell vermieden werden, indem man erforderliche Anlagegüter nicht kauft, sondern mietet, vgl. Abschnitt 4.3.5.)

Vorgehen bei Projektabbruch

Um im Falle eines Projektabbruchs über das weitere Vorgehen zu entscheiden, muss man zunächst die verschiedenen Alternativen identifizieren. Man wird sich für diejenige Alternative entscheiden, die zum größten Endvermögen führt (das niedriger sein kann als das ursprünglich für das Projekt bereitgestellte Kapital). Dieser Ansatz ähnelt dem Szenarioansatz, man kann die verschiedenen Entscheidungsalternativen als Szenarien interpretieren. Wichtig für eine »gute« Entscheidung ist es daher, die Vollständigkeit der Alternativen sicherzustellen; es darf keine (wesentliche) Alternative fehlen. In der Entscheidungsvorbereitung ist eine konsequente Qualitätssicherung zwingend erforderlich.

Projektsanierung

Statt eines Projektabbruchs kommt meistens wohl eher eine Projektsanierung infrage. Das ursprüngliche Projektziel wird also nicht ersatzlos aufgegeben, sondern modifiziert, gestrafft und schlanker gestaltet. Man reduziert die Projektaufgabe auf das zwingend Notwendige im Sinne der Frage: Was braucht der Projektauftraggeber unbedingt; worauf kann er verzichten? Optionale Funktionalitäten des Projektergebnisses werden eliminiert.

Für die gestraffte Projektaufgabe muss ein neuer Projektantrag (Business Case) erstellt und außerplanmäßig entschieden werden. Im Falle einer positiven Entscheidung muss danach der gesamte Projektlebenszyklus neu durchlaufen werden. Gegenüber dem Ausgangsprojekt sollte das erheblich schneller möglich sein, da man in hohem Maße auf Arbeiten und Ergebnisse des ursprünglichen Projektes zurückgreifen kann.

Es ist ernsthaft zu überlegen, ob im Rahmen einer Projektsanierung die Projektleitung ausgetauscht werden sollte. In vielen Fällen wird man diesen Weg gehen (müssen), da die Verantwortlichen des ursprünglichen Projektes aus verschiedenen Gründen nicht mehr das Vertrauen von Projektinvestor und Projektauftraggeber besitzen. In der außergewöhnlichen Situation einer Projektsanierung kann es sogar sinnvoll sein, die Projektleitung an geeignete externe Projektmanager zu übertragen.

Reduktion von Kapazitäten

Es genügt im Falle einer Projektsanierung nicht, nur die Projektaufgabe zu straffen. Parallel dazu muss sichergestellt werden, dass das noch verfügbare Kapital ausreicht und sinnvoll eingesetzt wird. Dies erfordert eine konsequente Straffung der Projektorganisation. Im Klartext heißt das: deutliche Verkleinerung des Projektteams. Das ist nicht nur deswegen sinnvoll, weil so der Kapitalbedarf im erlaubten Rahmen bleibt, sondern auch, weil kleine Projektteams – das zeigt die praktische Erfahrung immer wieder – erfolgreich(er) sind. Viele Projekte scheitern, weil sie zu groß oder komplex sind oder im Projektverlauf immer größer und komplexer werden. Das geht zulasten der Steuerbarkeit.

Entscheidung

Eine Entscheidung über einen Projektabbruch oder eine Projektsanierung kann die Projektleitung nicht selbstständig treffen. Eine solche Entscheidung muss auf der Ebene der Projektlenkung erfolgen. Dazu muss in der Regel eine außerplanmäßige Lenkungsausschusssitzung durchgeführt werden, ggf. sind sogar mehrere solcher Sitzungen erforderlich. Möglicherweise ist sogar eine Einbeziehung des IT- oder Projektausschusses notwendig (vgl. Kap. 3), zumindest sollte das entsprechende Gremium aus dem Portfoliomanagement informiert werden.

Beispiel: Projektabbruch oder Projektsanierung

Ausgangssituation

Die Vorgehensweise sei nun am konkreten Beispiel demonstriert. Ausgangspunkt sei wieder das Stammbeispiel aus Abschnitt 4.3.1 (vgl. Tab. 4–7), das bereits 100 Geldeinheiten verbraucht habe. Die Prognose möge lauten, dass das Projekt 50 % teurer wird als geplant und 50 % länger dauert als geplant.

Weiterführung

Bei einer Weiterführung des Projektes führt das zu dem in Tabelle 4–87 dargestellten Zahlungs- und Vermögensplan.

Tab. 4–87
ZVP eines Projektes (Verzögerung und Verteuerung)

	Zeitpunkt	Ein-zahlung	Aus-zahlung	Saldo	Kum. Saldo	Vermögen
						770
0	Beginn PP(1)	0	400	-400	-400	370
1	Ende PP(1), Beginn PP(2)	0	300	-300	-700	70
2	Ende PP(2), Beginn BP(1)	80	150	-70	-770	0
3	Ende BP(1), Beginn BP(2)	300	100	200	-570	200
4	Ende BP(2)	440	0	+440	-130	640
	Σ	820	950	-130		

Die Rentabilität des Projektes sinkt gemäß Prognose auf 83 %, das Endvermögen sinkt auf 640 Geldeinheiten und der Kapitalbedarf des Projektes steigt auf 770 Geldeinheiten.

Abbruch

Für den Fall des Projektabbruchs sei angenommen, dass weitere 50 Geldeinheiten als Abbruchaufwand erforderlich werden und damit aus dem Projektkapital von 600 Geldeinheiten nur noch 450 Geldeinheiten übrig bleiben. Es werde außerdem angenommen, dass der Projektabbruch kurz nach dem Projektstart erfolgt und das verbleibende Kapital in der laufenden Planungsperiode wieder in Projekten angelegt werden kann, und zwar zu der von der Organisation geforderten Mindestrendite von 7,5 % pro Jahr. Vereinfachend sei zudem angenommen, dass das Endvermögen in Höhe von 585 Geldeinheiten (Startvermögen von 450 Geldeinheiten und Vermögenszuwachs in Höhe von 135 Geldeinheiten in drei Jahren) am Ende der Kalkulationsspanne des abgebrochenen Projektes zurückgezahlt werden kann. Dann liegt folgende Situation vor: Eingesetzt wurde ursprünglich ein Kapital von 600 Geldeinheiten, zurückgezahlt werden kann ein Kapital von 585 Geldeinheiten. Das entspricht einer Rentabilität von 97,5 %.

Erster Vergleich der Alternativen

Bevor nun die anderen möglichen Alternativen betrachtet werden, ist ein kritischer Blick auf die bereits identifizierten Alternativen erforderlich, nämlich einerseits die Weiterführung und andererseits der Abbruch des Projektes. Beide Alternativen dürfen nicht direkt verglichen werden, obwohl sie eigentlich verglichen werden müssen. Warum? Nun, bei der Alternative »Weiterführung« entsteht ein zusätzlicher Kapitalbedarf in Höhe von 170 Geldeinheiten, während bei der Alternative »Abbruch« bislang mit dem ursprünglich bereitgestellten Kapital weitergerechnet wurde. Damit aber beide Alternativen und später weitere Alternativen im Hinblick auf die Entscheidung vergleichbar sind, muss in allen Fällen vom gleichen Kapitalbedarf ausgegangen werden. Er wird von der Alternative mit dem höchsten Kapitalbedarf bestimmt.

In der Abbruchalternative muss also das Restkapital von 450 Geldeinheiten um 170 Geldeinheiten erhöht werden und das Zusatzkapital ebenfalls kalkulatorisch verzinst werden. Durch das Zusatzkapital und darauf entfallende Zinsen in Höhe von 7,5 % pro Jahr erhöht sich das Endvermögen der modifizierten Abbruchalternative um 221 Geldeinheiten auf insgesamt 806 Geldeinheiten. Damit bekommt das Abbruchszenario (mit den vorab genannten Annahmen) eine Gesamtrentabilität von 104,7 %. Die Weiterführungsalternative führt zu einer Rentabilität von 83,1 %. Also ist der Projektabbruch gegenüber der Weiterführung vorzuziehen.

Würde man nun einwenden, das der zweiten Alternative zugerechnete, eigentlich nicht benötigte Kapital sei ja auch nicht verfügbar, dann müsste man konsequenterweise die Weiterführungsalternative streichen, denn sie wäre nicht finanzierbar.

Abbruch und neues Projekt

Das Erfordernis dieser Überlegung wird noch deutlicher, wenn das Projekt abgebrochen wird und das verfügbare Kapital in ein neues Projekt investiert wird. Es sei angenommen, dies sei das nachfolgende Projekt mit einem Kapitalbedarf von 450 Geldeinheiten, Betriebsauszahlungen in Höhe von 100 Geldeinheiten pro Jahr und Einzahlungen in Höhe von 320 Geldeinheiten pro Jahr (vgl. Tab. 4–88).

Tab. 4–88
ZVP für ein Ersatzprojekt

	Zeitpunkt	Einzahlung	Auszahlung	Saldo	Kum. Saldo	Vermögen
						700
0	Beginn PP(1)	0	150 450	-600	-600	100
1	Ende PP(1), Beginn PP(2)	0	100	-100	-700	0
2	Ende PP(2), Beginn BP(1)	320	100	+220	-480	220
3	Ende BP(1), Beginn BP(2)	320	100	+220	-260	440
4	Ende BP(2)	320	0	+320	+60	760
	Σ	960	900	+60		

Diese Alternative benötigt ein Kapital von 700 Geldeinheiten. Um die Vergleichbarkeit mit den anderen Alternativen herzustellen, bleibt ein Rest von 70 Geldeinheiten, von dem wieder angenommen wird, dass man ihn in der Organisation mit 7,5 % pro Jahr anlegen kann (vgl. Tab. 4–89). Das erzielte Endvermögen kann um weitere 90 Geldeinheiten ergänzt werden und führt zu einem Endvermögen von 850 Geldeinheiten. Das entspricht einer Rentabilität von 110,4 % für das eingesetzte Kapital von 770 Geldeinheiten.

Tab. 4-89
ZVP für Differenzinvestition

	Zeitpunkt	Ein-zahlung	Aus-zahlung	Saldo	Kum. Saldo	Vermögen
						70
0	Beginn PP(1)	0	70	-70	-70	0
1	Ende PP(1), Beginn PP(2)	5	0	+5	-65	5
2	Ende PP(2), Beginn BP(1)	5	0	+5	-60	10
3	Ende BP(1), Beginn BP(2)	5	0	+5	-55	15
4	Ende BP(2)	75	0	+75	+20	90
	Σ	90	70	+20		

Entscheidung

Vergleicht man alle 3 betrachteten Alternativen auf Basis einer Kapitalausstattung mit 770 Geldeinheiten, so ergibt sich

- »Weiterführung«: Endvermögen = 640 Geldeinheiten
- »Abbruch«: Endvermögen = 806 Geldeinheiten
- »Ersatzprojekt«: Endvermögen = 850 Geldeinheiten

Man wird sich für die Alternative »Ersatzprojekt« entscheiden.

Zeitpunkt des Projektabbruchs

Das vorstehend beschriebene Beispiel will vor allem aufzeigen, wie bei einer Projektkrise vorzugehen ist, um sich zwischen den Alternativen »Weiterführung«, »Sanierung« und »Abbruch« zu entscheiden. Sind in der Projektdurchführung gravierende Abweichungen von der Planung erkennbar, dann sollte den Verantwortlichen klar sein, dass man nicht einfach weitermachen kann wie bisher. Eine Weiterführung mit Umplanung oder aber eine Sanierung müssen auf jeden Fall bedacht werden. Aber kann man auf Projektergebnisse, die die Organisation ja eigentlich dringend benötigt, denn sonst hätte man das Projekt ja nicht initiiert, komplett verzichten? Und wird nicht ein Projektabbruch, je weiter das Projekt fortschreitet, immer sinnloser?

Das lässt sich pauschal nicht beantworten, man muss es im Einzelfall sorgfältig »berechnen«. Es ist sicher recht unwahrscheinlich, dass man ein Projekt ein bis zwei Monate vor der Produktivsetzung der Ergebnisse abbricht, denn in dieser Situation müssten eigentlich so viele verwertbare Projektergebnisse bereits vorliegen, dass man das Projekt noch retten kann. Die Verantwortlichen sollten aber sicher sein, dass ein Projektabbruch wirklich auszuschließen ist. Es ist auch unwahrscheinlich, dass sich ein Projekt schon ein bis zwei Monate nach seinem Start so katastrophal entwickelt, dass eine Sanierung nicht mehr möglich ist und es in einer späteren Periode vollständig neu initiiert werden muss. Aber auch das muss man »berechnen« können.

Ein echter Projektabbruch wird immer »ultima ratio« sein. Aber gerade darum sollte man ihn bewusst als Handlungsoption ansehen und nicht stillschweigend ignorieren. Manches »Millionengrab« in der IT hätte man sicher vermeiden können, wenn die Verantwortlichen den Mut gehabt hätten, das Projekt trotz bereits verlorener Millionenbeträge abzubrechen und zu einem späteren Zeitpunkt neu aufzusetzen.

4.5.10 Umplanungen

Es wurde schon mehrfach diskutiert, dass Projekte mit veränderlichen Zielen (moving targets) arbeiten. Änderungen sowohl in den Projekten selbst als auch im Umfeld der Projekte führen dazu, dass die ursprüngliche Planung überarbeitet und durch eine neue Planung ersetzt werden muss. Typische Auslöser für Umplanungen, die oftmals in Kombination auftreten, nennt Tabelle 4–90.

Tab. 4–90
Umplanung von Projekten

Auslöser für Projektumplanungen	
Inhaltliche Änderungen der Projektaufgabe	Erweiterung um neue Leistungsbestandteile, z.B. neue Funktionalitäten eines Softwaresystems
	Wegfall von Leistungsbestandteilen
	Strukturelle Veränderungen, z.B. von Geschäftsprozessen, die mithilfe eines Projektergebnisses unterstützt werden sollen
Änderung des Projektablaufs aufgrund äußerer Einflüsse	Terminänderungen aufgrund von Anforderungen des Projektauftraggebers
	Erhöhung/Absenkung der Ressourcenkapazitäten
Änderungen des Projektablaufs aufgrund projektinterner Einflüsse	Starke terminliche Abweichungen
	Starke Abweichungen im Ressourcenverbrauch
	Projektrevision/Projektsanierung

Änderungen der Arbeitspakete

Im einfachsten Fall werden vollständige Arbeitspakete aus dem Projekt entfernt oder ihm zusätzlich zugeordnet, ohne dass sich an den übrigen Arbeitspaketen terminlich oder in der Ressourcenzuordnung etwas ändert. Das ist aber der eher seltene Fall. In der Regel ändern sich sogar inhaltlich nicht betroffene Teile des Projektes, da sich die verfügbaren Ressourcen nicht ändern und daraus Änderungen im terminlichen Ablauf der Projekte entstehen.

Auswirkungen auf die Kennzahlen

Hier stellt sich nun die Frage, welche Auswirkungen Umplanungen auf die Projektsteuerung, insbesondere die Steuerung mit Kennzahlen, hat. Dazu sei ein einfaches Beispiel betrachtet: Die Projektaufgabe bleibe unverändert, aber man müsse den Projektaufwand um 20%

erhöhen, also zusätzliche Mittel oder Ressourcen in das Projekt geben. Der ursprünglich geplante Projektaufwand möge 500 Geldeinheiten betragen, zum Zeitpunkt der Umplanung seien davon 200 Geldeinheiten verbraucht. Ist nun eine der Projektkennzahlen der Budgetausschöpfungsgrad, so beträgt die Budgetausschöpfung unmittelbar vor der Umplanung 40 % und sinkt dann durch die Umplanung schlagartig auf 33,3 %.

Egalisierung der Kennzahlen

Die sprunghafte Änderung von Projektkennzahlen im Rahmen einer Umplanung ist ärgerlich, aber unvermeidbar. Denn im Moment der Umplanung geht der erreichte Status quo des Projektes als Plan- und als Istwert in die neue Planung ein. Würde man nämlich den bereits verbrauchten 200 Geldeinheiten den (ursprünglich) geplanten Mittelverbrauch von 150 Geldeinheiten gegenüberstellen, dann würde man den Verantwortlichen ein zu hohes Restbudget von 450 Geldeinheiten vorgaukeln. Für die operative Steuerung des Projektes nach der Umplanung müssen also alle Projektkennzahlen zum Zeitpunkt der Umplanung auf ihre Istwerte egalisiert werden.

Historie der Planversionen

Gleichwohl muss die Historie der Planversionen durchgängig dokumentiert werden, damit man zum Projektabschluss die Projektleistung insgesamt bewerten kann. Hätte man für das vorweg diskutierte Budgetbeispiel bis zur Umplanung 150 Geldeinheiten verbrauchen dürfen, aber tatsächlich 50 Geldeinheiten mehr verbraucht und wäre das Projekt nach der Umplanung planmäßig zu Ende gebracht worden, dann hätte es in Summe ein geplantes Budget von 550 Geldeinheiten gehabt, das aber um 50 Geldeinheiten überschritten worden wäre. Die Dokumentation der Budgethistorie könnte wie in Tabelle 4–91 dargestellt aussehen.

Tab. 4–91
Budgethistorie eines Projektes

Planversion	(Rest-) Budget nach Planung	Budget-verbrauch PLAN	Budget-verbrauch IST	Restbudget
V1	500	150	200	300
V2	400	200	200	200
V3	300	300	350	-50
	Summen	650	750	

Das dargestellte Projekt wurde zweimal umgeplant. Es sei angenommen, dass die erste Umplanung mit dem Ergebnis V2 aufgrund des höheren Ressourcenverbrauches erfolgte und die zweite Umplanung mit dem Ergebnis V3 aufgrund von übernommenen Änderungen. V1 hatte zuletzt einen relativen Budgetausschöpfungsgrad von 133,3 %, V2 verlief planmäßig und wies zuletzt 100 % aus, V3 wiederum zeigte zum Projektende einen Wert von 116,7 %. Insgesamt hatte das Projekt aber eine Budgetüberschreitung von 15,4 %.

Überträgt man das auf die Leistungsseite dieses Projektes, so könnte sich, wenn man die Projektleistung in Leistungspunkten misst, z.B. das in Tabelle 4–92 dargestellte Bild ergeben.

Tab. 4–92
Leistungshistorie eines Projektes

Planversion	Restleistung nach (Um-)Planung	Erbrachte Leistung PLAN	Erbrachte Leistung IST	Restleistung vor (Um-)Planung
V1	100	20	10	90
V2	90	50	50	40
V3	60	60	60	0
		Summe	120	

Diese Tabelle lässt sich wie folgt interpretieren. In der Urplanung V1 waren bis zum Wechsel auf V2 20 Leistungspunkte geplant, aber es konnten nur 10 Leistungspunkte realisiert werden. In V2 waren daher noch 90 Leistungspunkte zu realisieren. Bis zur erneuten Umplanung auf V3 verlief dieser Projektabschnitt planmäßig, die 50 geplanten Leistungspunkte wurden auch erbracht. Die verbleibende Restleistung von 40 Punkten wurde im Rahmen der Umplanung jedoch auf 60 Leistungspunkte erweitert, die dann bis zum Projektabschluss auch erbracht wurden.

Wie die Urplanung, so sollte jede Umplanung von der Projektlenkung bestätigt werden – nicht zuletzt wegen des in aller Regel veränderten Kapitalbedarfs und der veränderten Rentabilität.

4.5.11 Fragen des Controllings

Das Controlling muss im Bereich der Projektdurchführung folgende Fragen stellen und mit geeigneten Antworten Transparenz schaffen.

Aufwandssteuerung

- Gibt es Abweichungen von der Aufwandsplanung? Bei welchen Ressourcen? Handelt es sich um besonders kritische Ressourcen? Wird der geplante Aufwand überschritten oder unterschritten?
- Sind die gemessenen bzw. erfassten Aufwände realistisch und plausibel? Können Erfassungsfehler, Verarbeitungsfehler oder gezielte Manipulationen ausgeschlossen werden?
- Treten die Abweichungen nur für einzelne Ressourcen auf? Oder gibt es bei praktisch allen eingesetzten Ressourcen Abweichungen?

- Wie stark sind die Abweichungen? Können sie im weiteren Projektverlauf wieder zurückgefahren werden?
- Welche Auswirkungen haben diese Abweichungen auf die Rentabilität des Projektes? Kann das Projekt die vorgegebene Mindestrentabilität noch sichern? Oder muss das Projekt abgebrochen oder saniert werden?
- Sind die Ursachen der Abweichungen bekannt? Liegen sie im Projekt selbst oder im Umfeld des Projektes?
- Treten die Abweichungen zum ersten Mal auf? Oder treten sie zum wiederholten Mal auf? Sind die Abweichungen gegenüber dem vorangegangenen Berichtstermin kleiner oder größer geworden?
- Welche Prognosen gibt es bezüglich der festgestellten Abweichungen für den nachfolgenden Berichtstermin?
- Welche Maßnahmen werden definiert und beschlossen? Wer ist für die Umsetzung der einzelnen Maßnahmen verantwortlich?

Terminsteuerung

- Welche Termine (Starttermine, Endtermine) waren geplant?
- Welche dieser Termine wurden eingehalten, überschritten oder unterschritten?
- Wie stark wurden diese Termine überschritten bzw. unterschritten?
- Treten Terminüberschreitungen in diesem Projekt erstmals auf oder zum wiederholten Mal? Sind die Terminüberschreitungen gegenüber den vorhergehenden Berichtsterminen größer oder kleiner geworden?
- Warum wurden diese Termine überschritten bzw. unterschritten? Liegen die Ursachen im Projekt selbst oder im Umfeld des Projektes?
- Werden zukünftige Termine voraussichtlich eingehalten? Können Folgetermine planmäßig erreicht werden?
- Welche Terminüberschreitungen bzw. Verspätungen oder auch Terminunterschreitungen sind zu erwarten (Forecast)?
- Wie wirken sich die Terminüberschreitungen bzw. Terminunterschreitungen auf die Rentabilität des Projektes aus? Verändert sich der kritische Pfad des Projektes?
- Wie wirken sich die Terminüberschreitungen bzw. Terminunterschreitungen eventuell auf andere Projekte aus (dadurch, dass Ressourcen länger im Projekt gebunden sind als geplant und daher anderen Projekten nicht oder erst verspätet zur Verfügung stehen bzw. umgekehrt)?
- Sind für die noch geplanten zukünftigen Termine Puffer vorgesehen?

- Wie wurden diese Puffer geplant?
- Warum reichen Puffer nicht aus bzw. waren zu üppig dimensioniert?
- Welche Maßnahmen wurden definiert und beschlossen? Wer ist für die Umsetzung dieser Maßnahmen verantwortlich?

Qualitätssteuerung

Um Qualität zu steuern, muss zuvor spezifiziert werden, was man im Projekt als Qualität erwartet und erreichen will. Das muss in den grundlegenden Dokumenten wie Lastenheft und Pflichtenheft bzw. den entsprechenden Vorgängerdokumenten Projektantrag und Projektauftrag erfolgen und in Projektstrukturplan und Arbeitspaketdokumentation weitergeführt werden. Vor diesem Hintergrund muss das Projektcontrolling die folgenden Fragen stellen und mittels entsprechender Antworten Transparenz schaffen:

- Welche Qualitätsmerkmale (Anforderungen) der Arbeitsergebnisse waren geplant?
- Welche Qualitätssicherungsmaßnahmen waren geplant?
- Wurden die Qualitätssicherungsmaßnahmen wie geplant durchgeführt?
- Wie oft wurde von den vorgegebenen oder vorgesehenen Vorgehensweisen abgewichen?
- Wie viele der QS-Prüfungen führten zu dem Ergebnis »fehlerfrei« und der sofortigen Freigabe der geprüften Ergebnisse?
- Wie viele Fehler wurden festgestellt? Wie viele Fehler pro Projektmitarbeiter?
- Wurde bei unbearbeiteten Fehlern eine Alarmgrenze überschritten, sodass die Projektarbeit vorübergehend auf den »Bugfixing«-Modus umgestellt wird, also die reguläre Projektarbeit vorübergehend eingestellt wird und alle verfügbaren Ressourcen auf die Fehlerbehebung konzentriert werden?
- Wie oft mussten Arbeitsergebnisse geprüft werden, bis sie fehlerfrei waren?
- Welcher Mehraufwand entstand durch die Beseitigung von Mängeln oder Fehlern?
- Wie wirkte sich dieser Mehraufwand auf die Rentabilität des Projektes aus?
- Welcher geplante Aufwand konnte aufgrund guter Prüfungsergebnisse eingespart werden?
- Wie wirkte sich dieser Minderaufwand auf die Rentabilität des Projektes aus?

- Welche Terminverzögerungen ergaben sich durch die Beseitigung von Mängeln oder Fehlern?
- Wie wirken sich diese Terminverzögerungen auf die Rentabilität des Projektes aus?
- Wie hoch war der Aufwand für Qualitätssicherung insgesamt?
- Wie viele Störungen des Projektablaufs wurden aus dem Projekt heraus gemeldet? Wie oft konnten also Mitarbeiter im Projekt nicht so arbeiten, wie sie es erwarteten?
- Welche Auffälligkeiten jedweder Art sind im Projekt aufgetreten – und stellen potenzielle QS-Probleme dar?
- Welche Abweichungen in den anderen Steuerungsfeldern deuten möglicherweise auf Qualitätsprobleme hin?

Änderungssteuerung

Im Rahmen der Änderungssteuerung sind folgende Fragen zu beantworten und mittels geeigneter Antworten muss das Projektcontrolling Transparenz schaffen:

- Welches Änderungsvolumen wird im Rahmen der Projektplanung erwartet? Sind entsprechende Aufwandspuffer vorgesehen?
- Wie viele Änderungsanträge sind eingegangen?
- Wie viele davon kamen aus dem Fachbereich (Auftraggeber)?
- Wie viele davon entstanden aus dem Projekt selbst?
- Wurde der geforderte Rentabilitätsnachweis erbracht? Ist der Mehrbedarf an Kapital dokumentiert?
- Wie viele Änderungsanträge wurden endgültig zurückgewiesen?
- Wie viele Änderungsanträge wurden zunächst wegen qualitativer Schwächen zurückgewiesen?
- Wie viele Änderungsanträge wurden angenommen?
- Welche Auswirkungen haben die angenommenen Änderungen auf das Projekt bzw. den Projektstrukturplan (Aufwand, Termine, kritische und sensible Pfade, Ressourcenbedarf)?
- Welche Auswirkungen haben die angenommenen Änderungen eventuell auf andere Projekte?
- Muss ggf. über einen Projektabbruch nachgedacht werden?
- Wurde der definierte Prozess zur Bearbeitung von Änderungsanträgen eingehalten?

Problemsteuerung

Bei der Problemsteuerung sind folgende Fragen zu beantworten und das Projektcontrolling muss mittels geeigneter Antworten Transparenz schaffen:

- Welche offenen Punkte bzw. Probleme sind bekannt bzw. dokumentiert?
- Wie werden die Auswirkungen dieser Probleme auf das Projekt bewertet (Dauer, Aufwand, Termineinhaltung, Qualität)?
- Für welche Probleme gibt es keinen klar definierten Verantwortlichen?
- Für welche Probleme wurden (noch keine) Bearbeitungstermine festgelegt?
- Für welche Probleme wurde ein festgelegter Termin überschritten?
- Wie viele Probleme sind seit dem letzten Berichtszeitpunkt hinzugekommen?
- Wie viele Probleme konnten erledigt und abgeschlossen werden?
- Wie hat sich der Bestand der Probleme seit dem letzten Berichtszeitpunkt verändert?
- Gibt es Problemherde im Projekt, die besonders viele offene Punkte generieren?
- Wird die Problemliste auf den Projektbesprechungen regelmäßig durchgesprochen?
- Werden Maßnahmen zur Problemlösung nach dem 3-W-Prinzip (Wer macht was bis wann?) definiert und initiiert?

Risikosteuerung

Das Projektcontrolling muss in der Risikosteuerung folgende Fragen stellen und mittels geeigneter Antworten Transparenz schaffen:

- Welche Risiken wurden im Rahmen der Planung identifiziert?
- Wie wurden die Risiken anfänglich bewertet?
- Welche Risiken sind inzwischen entfallen?
- Welche Risiken wurden inzwischen zusätzlich identifiziert?
- Muss bzw. kann die Bewertung der erfassten Risiken angepasst werden?
- Gibt es in der Bewertung einzelner Risiken durch Projektverantwortliche große Unterschiede? Was sind die Ursachen?
- Wie hat sich die Risikolage des Projektes insgesamt entwickelt? Steigt oder sinkt der aggregierte Risikowert (Summe der Risikowerte aller identifizierten Risiken)?

- Wie wirken sich die erkannten Risiken auf die Rentabilität des Projektes aus?
- Welche Maßnahmen können bzw. müssen zur Risikobehandlung eingeleitet werden?
- Wie werden sich diese Maßnahmen voraussichtlich auf den Risikowert auswirken?
- Welchen Aufwand verursachen diese Maßnahmen und wie wirkt sich das auf die Rentabilität des Projektes aus?

Leistungssteuerung

Das wichtigste Merkmal jedes Projektes ist das Projektergebnis. Hier muss das Projektcontrolling typische Fragen stellen und mittels geeigneter Antworten Transparenz schaffen:

- Welche Arbeitsergebnisse wurden fertiggestellt? Und nach Qualitätssicherung freigegeben?
- Welche Arbeitsergebnisse wurden nicht wie geplant fertiggestellt?
- Welcher Anteil an der Projektgesamtleistung wurde erbracht?
- Wie haben sich Änderungen und Qualitätsdefizite, Risiken und Probleme auf die erbrachte Projektleistung ausgewirkt?
- Wie wird sich der aktuelle Leistungsstand auf Terminlage und Aufwand des Projektes auswirken?
- Was muss getan werden, um Rückstände in der Projektleistung wieder auszugleichen?
- Wie wirkt sich eine Über- oder Untererfüllung des Projektplanes auf Rentabilität und Kapitalbedarf des Projektes aus? Müssen bei der Projektlenkung weitere Mittel angefordert werden?

Umsetzung der Projektsteuerung

Im Rahmen der Umsetzung der Projektsteuerung muss das Projektcontrolling folgende Fragen stellen und durch geeignete Antworten Transparenz schaffen:

- Sind die gewählten Kennzahlen geeignet? Sind sie für die Adressaten verständlich und interpretierbar? Können die benötigten Inputdaten mit vertretbarem Aufwand beschafft werden?
- Liegen für alle definierten Kennzahlen Sollwerte vor?
- Werden für alle definierten Kennzahlen die Istwerte termingerecht bereitgestellt?
- Sind die Inputdaten für das Reporting vollständig und fehlerfrei? Können sie von den zuliefernden Stellen manipuliert werden?

- Welche Auffälligkeiten der Istwerte oder Abweichungen der Istwerte von den Sollwerten sind erkennbar? Lassen sich Hypothesen für die Ursachen aufstellen oder ableiten?
- Sind die Adressaten der Projektberichte klar definiert und vollständig?
- Sind die Teilnehmer der Durchsprachen (Projektbesprechungen) definiert und den verschiedenen Durchsprachen spezifisch zugeordnet?
- Sind die erstellten Berichte adressatengerecht?
- Werden Beschlüsse und Entscheidungen der Durchsprachen konsequent umgesetzt?

Projektabbruch und Projektsanierung

Im Vorfeld eines anstehenden Projektabbruchs bzw. einer anstehenden Projektsanierung muss das Projektcontrolling folgende Fragen stellen und durch entsprechende Antworten Transparenz schaffen:

- Ist die Projektsituation allen Beteiligten und Betroffenen bewusst und wird die Lage von allen gleich eingeschätzt?
- Warum ist eine »Rettung« des Projektes durch normale Korrektur- und Steuerungsmaßnahmen nicht mehr möglich?
- Welche Alternativen stehen für das weitere Vorgehen zur Verfügung? Sind alle relevanten Alternativen bekannt? Sind alle betrachteten Alternativen realistisch und machbar?
- Welche der bisher erstellten Projektergebnisse sind im Falle eines Abbruchs an anderer Stelle verwertbar?
- Welcher einmalige Zusatzaufwand wird durch Projektsanierung oder Projektabbruch erzeugt?
- Welche Annahmen liegen den Bewertungen der betrachteten Alternativen zugrunde und sind diese Annahmen allen Beteiligten bzw. Betroffenen bewusst? Und werden sie von ihnen akzeptiert?
- Sind Verantwortung und Ressourcen für die Durchführung einer Projektsanierung bzw. eines Projektabbruchs klar definiert?
- Ist die geplante Dauer der angedachten Projektsanierung realistisch und sind die benötigten Ressourcen verfügbar (nach Quantität und Qualität)? Muss ein (externer) Projektsanierer eingesetzt werden?

Umplanungen

Bei einer Umplanung muss das IT-Controlling folgende Fragen stellen und durch entsprechende Antworten Transparenz schaffen:

- Sind Inhalt und Umfang der Umplanung allen Betroffenen bekannt? Was ändert sich bei Leistung und Qualität? Wie ändern sich Aufwand und Termine?
- Welche Annahmen liegen der Umplanung zugrunde? Sind diese Annahmen allen Verantwortlichen bekannt und werden sie von ihnen akzeptiert?
- Kann eine weitere Umplanung ausgeschlossen werden? Falls die Antwort negativ ausfällt: Aus welchen Gründen muss mit Umplanungen gerechnet werden?
- Welche Auswirkungen hat die Umplanung auf das Projektergebnis und die Rentabilität des Projektes?
- Welche Auswirkungen hat die Umplanung auf das Projektumfeld? Auf verbundene Projekte? Welche Ergebnisse dieses Projektes ändern sich, die von anderen Projekten benötigt werden? Werden diese Ergebnisse später geliefert als von den anderen Projekten geplant und erwartet?
- Welche Ressourcen werden durch die Umplanung gebunden und stehen für andere Nutzung nicht (mehr) zu Verfügung?
- Ist die Umplanung mit Projektauftraggeber und Projektinvestor abgestimmt? Ist sie vom Projektauftraggeber abgenommen und von der Projektlenkung bestätigt?
- Welche Auswirkungen hat die Umplanung auf die Kennzahlen des Projektes?
- Ist die Umplanung qualitätsgesichert?

4.5.12 Empfehlungen für die Praxis

In der Projektdurchführung sind folgende Empfehlungen für die praktische Umsetzung auszusprechen:

Aufwandssteuerung

Hinsichtlich der entstehenden Aufwände ist in der Projektsteuerung eine konsequente Disziplin zwingend notwendig, denn hier wird unmittelbar Geld verbraucht und damit die Rentabilität des Projektes beeinflusst. Vor diesem Hintergrund sollten folgende Maßnahmen selbstverständlich sein und in jedem Projekt durchgeführt werden:

- Lassen Sie alle (!) Projektteilnehmer ihre Aufwände zeitnah erfassen. Machen Sie diese Zeiterfassung verpflichtend. Dabei muss das Projektcontrolling entsprechende Erfassungsmöglichkeiten schaffen. Eine stundengenaue Aufschreibung ist ausreichend. Eine tägliche Erfassung sollte vorgeschrieben werden. Bei elektronischer Erfassung ist das ohne Weiteres machbar.
- Sorgen Sie bei kritischen Sachmitteln für eine zeitnahe Erfassung einerseits der bereitgestellten Kapazitäten und andererseits der konkreten Nutzung.
- Stimmen Sie die Erfassung von Mitarbeiterzeiten in Projekten rechtzeitig mit den Mitbestimmungsorganen (Betriebsrat, Personalrat) ab.
- Lassen Sie den tatsächlich erbrachten Aufwand erfassen. Insbesondere bei externen Spezialisten können der tatsächliche und der abrechenbare Aufwand differieren. Im Zeitalter moderner Informationstechnik sollte es kein Problem sein, aus dem tatsächlich erbrachten Aufwand den abrechenbaren Aufwand automatisiert abzuleiten.
- Lassen Sie alle Verantwortlichen für den Aufwand nicht nur den aktuellen Istwert, sondern ebenso einen aktuell geschätzten ETC-Wert melden.
- Diskutieren Sie Abweichungen des Aufwandes von der Planung auf den regelmäßigen Projektbesprechungen – bereits dann, wenn sie zum ersten Mal auftreten.
- Übertragen Sie die Umsetzung beschlossener Maßnahmen an konkrete Verantwortliche und lassen Sie die Umsetzung vom Projektcontrolling konsequent nachhalten.

Terminsteuerung

- Beziehen Sie beim Vergleich von Projekten nicht nur den Lebenszyklus T mit ein, sondern ebenso die Projektperioden. Betrachten Sie also die gesamte Kalkulationsspanne S+T+1.
- Sorgen Sie dafür, dass das Projekt zu dem im Projektantrag genannten Termin starten kann und auch tatsächlich startet.
- Behandeln Sie eine Verzögerung des Projektstarts genauso wie eine Verzögerung des Projektendes. Da das Projekt geplant war, müssen die erforderlichen Geldmittel vorgehalten werden und können nicht an anderer Stelle investiert werden.
- Beziehen Sie in die Terminverfolgung nicht nur Abschlusstermine von Arbeitspaketen, Teilprojekten, Projektphasen oder anderen Aktivitäten mit ein, sondern unbedingt auch die entsprechenden Starttermine. Wenn eine Aktivität nicht zum geplanten Termin

beginnt, dann geht Zeit verloren und vorgesehene Puffer werden verzehrt.

- Achten Sie bei Projektbesprechungen und Lenkungsausschusssitzungen darauf, dass diese zum geplanten Termin stattfinden. Hier werden Entscheidungen getroffen, die die Verantwortlichen benötigen, um im Projekt weiterarbeiten zu können. Durch Ausfall und Verschiebung solcher Termine werden Entscheidungen verschleppt und das Projekt läuft im Leerlauf. Abgesehen von den faktischen Auswirkungen werden auch Arbeits- und Leistungsmoral im Projekt in Mitleidenschaft gezogen. Wenn Projektlenkung und Projektleitung durch ihr Verhalten signalisieren, wie wenig wichtig ihnen ihr Projekt ist, was wollen sie dann vom »normalen« Projektmitarbeiter erwarten?
- Führen Sie in jedem Projekt eine Terminliste, die öffentlich ausgehängt und konsequent verfolgt wird. Terminüberschreitungen sollten in dieser Terminliste optisch auffällig und unübersehbar dokumentiert und kommuniziert werden.

Qualitätssteuerung

- Qualitätsmanagement beginnt mit der Initiierung des Projektes. Widmen Sie der Qualitätssicherung in den frühen Phasen des Projektes eine hohe Aufmerksamkeit!
- Definieren und dokumentieren Sie Qualität für jedes Projekt und seine Ergebnisse. Legen Sie Qualitätsmerkmale der Projektergebnisse fest (für jedes Arbeitspaket) und definieren Sie, wie erreichte Qualität bzw. nicht erreichte Qualität gemessen werden soll und bei welchen Messwerten die geforderte Qualität als erreicht gilt. Projektantrag, Projektauftrag, Lastenheft und Pflichtenheft müssen klare Aussagen zum Thema »Qualität« machen.
- Machen Sie allen Projektmitarbeitern klar, dass Qualität nicht die Aufgabe eines Qualitätsmanagers, sondern die Aufgabe jedes Verantwortlichen im Projekt ist. Er bzw. sie muss Qualität liefern. Der Qualitätsmanager ist »nur« für das Qualitätsmanagementsystem (QMS) verantwortlich.
- Qualitätssicherung in IT-Projekten ist weitaus mehr als die Durchführung aufwendiger Softwaretests. Beginnen Sie mit der konsequenten Qualitätssicherung in der Projektplanung und den frühen Projektphasen. Alle im Projekt erstellten Dokumente müssen qualitätsgesichert werden. In den konzeptionellen Teilen des Projektes kommen die verschiedenen Verfahren zur Dokumentenprüfung zum Einsatz.

- Qualitätssicherung muss weitgehend in den Arbeitspaketen und durch die dort tätigen Mitarbeiter erfolgen – nicht durch eine separate QS-Stelle im Projekt. Die wird nämlich erfahrungsgemäß zum »Flaschenhals« des Projektes. Sorgen Sie aber dafür, dass Ersteller und Prüfer eines Arbeitsergebnisses stets verschiedene Personen sind.
- Beziehen Sie den Projektauftraggeber bei der Qualitätssicherung aktiv mit ein. Bei der Realisierung von Anwendungssystemen bedeutet das eine aktive Mitwirkung der betroffenen Fachbereiche. Die Mitarbeiter der Fachbereiche sind insbesondere beim Aufbau der Testszenarien und bei der Spezifikation der einzelnen Testfälle gefordert.
- Stellen Sie sicher, dass jede QS-Maßnahme geplant und vorbereitet, durchgeführt und protokolliert wird.
- Stellen Sie sicher, dass die Ergebnisse von QS-Maßnahmen mit den Verantwortlichen durchgesprochen werden und im Fehlerfall spezifische Maßnahmen zur Fehlerbeseitigung und zukünftigen Fehlervermeidung festgelegt werden.

Änderungssteuerung

Im Änderungswesen muss man eine strenge formale Disziplin schaffen, sonst läuft man Gefahr, dass Projekte im Vorfeld gezielt »aufgehübscht« werden, indem man ihren Leistungsumfang so reduziert, dass das solchermaßen entstehende Rumpfprojekt eine attraktive Rentabilität aufweist und dann die rentabilitätsverschlechternden Leistungsmerkmale auf dem Wege von Änderungsanträgen nachträglich in das Projekt »geschmuggelt« werden.

- Lassen Sie Änderungsanforderungen, wenn sie gewisse, vorab festgelegte Größenordnungen überschreiten, wie »kleine« Projektanträge aufbereiten. Jeder Änderungsantrag muss dokumentieren, wie die vorgeschlagene Änderung die Daten des referenzierten Projektes beeinflusst (Ergebnis, Qualität, Aufwand, Termine). Es ist auch darzulegen, ob es Auswirkungen auf andere Projekte gibt und wie diese Auswirkungen aussehen.
- Lassen Sie über die Annahme oder Ablehnung von (größeren) Änderungsanträgen die Projektlenkung entscheiden. Projektauftraggeber und Projektinvestor müssen sich über die Auswirkungen einer Annahme eines Änderungsantrages im Klaren sein. Die Behandlung von Änderungsanträgen sollte ein standardmäßiger Tagesordnungspunkt von Lenkungsausschusssitzungen sein.

- Lassen Sie Änderungsanträge nicht von den einzelnen Projekten verwalten, sondern wickeln Sie sie über eine zentrale Stelle ab, z.B. ein PMO. Denn nur so kann z.B. festgestellt werden, ob sich verschiedene Änderungsanforderungen überlappen oder sogar redundant in verschiedene Projekte eingebracht werden.
- Nach Annahme eines (größeren) Änderungsantrages muss das Projekt umgeplant werden und das Projektcontrolling muss im Folgenden auf diese neue Planversion referenzieren.

Problemsteuerung

Probleme in Projekten sind unvermeidlich; Projekte ohne Probleme gibt es nicht. Daher sollten die Verantwortlichen auch aktiv damit umgehen. Vor diesem Hintergrund sind folgende Ansätze für eine systematische Problemsteuerung sinnvoll:

- Führen Sie im Projekt eine zentrale Problemliste, in der alle auftretenden Probleme registriert werden und bis zu ihrer Beseitigung verfolgt werden. Es sollte sogar geprüft werden, ob man nicht – ähnlich wie beim Änderungsmanagement – ein projektübergreifendes Problemregister führt. Für den Anfang tut es auch hier eine »flache« Struktur, langfristig müsste man aber die anfallenden Probleme nach Problemklassen und Schweregraden kategorisieren.
- Sorgen Sie dafür, dass die Problemlage in jeder Projektbesprechung Pflicht-Tagesordnungspunkt ist und durchgesprochen wird.
- Sorgen Sie dafür, dass Maßnahmen für die Problemlösung definiert und dokumentiert werden. Benennen Sie Verantwortliche und verfolgen Sie die Umsetzung konsequent.

Risikosteuerung

Auf jeden Fall muss über Risiken offen gesprochen werden – innerhalb des Projektes und mit der Projektlenkung. Risiken liegen in der Natur von Projekten. Und nicht derjenige Projektleiter ist ein schlechter Projektleiter, der Risiken adressiert, sondern derjenige, der sie verschweigt oder ignoriert. Daraus ergeben sich naheliegende Empfehlungen:

- Führen Sie für jedes Projekt eine zentrale Risikoliste; im einfachsten Fall ist das ein Verzeichnis der identifizierten Risiken ohne jegliche Bewertung.
- Die Durchsprache der aktuellen Risikolage des Projektes ist Pflicht-Tagesordnungspunkt der regelmäßigen Projektbesprechungen, aber auch der Lenkungsausschusssitzungen.
- Kommunizieren Sie die Risikolage offen und regelmäßig im Projekt, aber auch an die Projektlenkung.

Leistungssteuerung

- Stellen Sie sicher, dass in Ihrem Projekt Leistungs- und Aufwandsmessung nach einem einheitlichen und durchgängig angewandten Verfahren erfolgt. Für den Projekterfolg zählt letztlich nur die erbrachte, nachprüfbare Leistung.
- Thematisieren Sie Leistungsstörungen und Planabweichungen in Ihren Projekten so früh wie möglich. Je früher Sie bei Abweichungen gegensteuern, desto geringer ist der erforderliche Korrekturaufwand.
- Beobachten Sie sorgfältig die Entwicklungen bei Änderungen, Risiken und Problemen. Gehen Sie Auffälligkeiten unverzüglich und konsequent nach.
- Betrachten Sie Leistung, Qualität und Aufwand stets im Verbund.

Umsetzung der Projektsteuerung

Die Bedeutung eines guten Reportings für eine effektive Projektsteuerung ist nicht zu unterschätzen. Daher sollten folgende Empfehlungen beachtet werden:

- Das Reporting ist die zentrale Plattform der Projektkommunikation; es sollte daher von allen Beteiligten, insbesondere der Projektleitung und der Projektlenkung, erkennbar ernst genommen werden. Sorgen Sie dafür, dass das Reporting als Arbeitsmittel und als Entscheidungsgrundlage genutzt wird.
- Die Datenversorgung des Reportings muss zuverlässig und termingerecht erfolgen; die Daten müssen fehlerfrei und qualitätsgesichert sein. Erfassen Sie Aufwands- und Leistungsdaten täglich. Stellen Sie sicher, dass finanzielle Vorgänge zeitnah gebucht werden bzw. dass es eine zeitnahe Vorerfassung gibt. Eingehende Belege müssen im Projekt kontiert werden.
- Die Durchsprache der Berichte ist eine zentrale Aktivität der Projektsteuerung und muss regelmäßig und zeitnah erfolgen. Machen Sie die Teilnahme an den Projektbesprechungen für die Verantwortlichen zur Pflicht. Falls ein Teilnehmer verhindert ist, muss ein geeigneter Stellvertreter definiert sein. Halten Sie Besprechungstermine und Zeiten diszipliniert ein.
- Die Umsetzung von Maßnahmen muss konsequent und für die Verantwortlichen erkennbar und spürbar verfolgt werden.
- Abweichungen im Projektverlauf müssen frühzeitig thematisiert und diskutiert werden. Je früher Abweichungen aktiv angegangen werden, desto größer ist die Chance, sie erfolgreich zu beseitigen.

- Werden die Regeln des Projektcontrollings nicht eingehalten, Beschlüsse nicht befolgt oder besprochene Maßnahmen nicht umgesetzt, muss das schnell zu Reaktionen der Projektleitung ggf. sogar der Projektlenkung führen. Für die Verantwortlichen müssen Untätigkeit und Nichtbeachtung von Vorgaben zu Konsequenzen führen – notfalls zur »Entlassung« aus einem Projekt.

Projektabbruch und Projektsanierung

Der Erfolg einer Projektsanierung und auch der »Erfolg« eines Projektabbruchs hängen entscheidend davon ab, dass die erforderlichen Entscheidungen zügig getroffen und die daraus resultierenden Maßnahmen konsequent umgesetzt werden. Das führt zu folgenden Empfehlungen:

- Projektsanierung und Projektabbruch sind absolute Notmaßnahmen. Lassen Sie es idealerweise nicht dazu kommen. Ein wirksames Projektcontrolling hilft Ihnen dabei.
- Machen Sie nicht den Fehler, ein notleidendes Projekt mit zusätzlichem Personaleinsatz wieder in die Spur bringen zu wollen: Adding manpower to a late project makes it later (sinngemäß: Ein notleidendes Projekt werden Sie durch Einbringen weiteren Personals endgültig ruinieren. Vergleiche [Brooks 1974], zitiert in [Heilmann 2003]).
- Gehen Sie eine notwendige Projektsanierung oder einen unvermeidbaren Projektabbruch beherzt an. Jede Verzögerung vernichtet wertvolles Kapital Ihrer Organisation.
- Nehmen Sie die Projektlenkung in die Verantwortung. Eigentlich muss in jeder Lenkungsausschusssitzung folgende Frage gestellt und beantwortet werden: Können wir das Projekt wie geplant weiterführen oder müssen wir es sanieren oder sogar abbrechen?
- Ein guter Projektleiter will und darf ein Projekt nicht »um jeden Preis« durchführen. Der Vorschlag einer Projektsanierung oder gar eines Projektabbruchs erfordert Mut; diesen Mut müssen Sie als Projektleiter manchmal aufbringen.
- Auch bei einem Projektabbruch führen Sie einen geregelten Projektabschluss durch. Schließlich wollen Sie aus negativen Erfahrungen lernen.
- Im Rahmen einer Projektsanierung dürfen Mitarbeiterwechsel kein Tabu sein. Für Sanierung und Neuanfang brauchen Sie das beste Team – und im Zweifelsfall ein kleineres Team!

Umplanungen

Umplanungen von Projekten sind unvermeidbar, sollten aber so weit wie möglich vermieden werden. Bewährt hat sich folgendes Vorgehen:

- Umplanungen sollten vom Projektauftraggeber gewollt und von der Projektlenkung genehmigt werden. Lassen Sie auch für eine wesentliche Umplanung einen Projektantrag erstellen.
- Setzen Sie nach einer Umplanung die Projektsteuerung neu auf und steuern Sie das Restprojekt wie ein neues Projekt.
- Unterziehen Sie jede Umplanung einer gründlichen Qualitätssicherung, um Vollständigkeit und Konsistenz sicherzustellen.

4.6 Projektabschluss

Abschlussarbeiten

Wurde die Projektaufgabe erfolgreich erledigt oder das Projekt abgebrochen, so muss das Projekt auch förmlich abgeschlossen werden. Mit dem Projektabschluss sind die in Tabelle 4–93 dargestellten Aktivitäten durchzuführen.

Tab. 4–93 *Abschlussarbeiten in einem Projekt*

Abschlussarbeiten in einem Projekt
Alle Projektergebnisse (auch Dokumentationen) werden zur Abnahme an den Projektauftraggeber übergeben (Schluss- oder Gesamtabnahme – sofern diese nicht erst zu einem späteren Zeitpunkt in der Betriebsphase erfolgt).
Die Projektergebnisse werden an die Verantwortlichen für die Betriebsphase übergeben (Fachbereich als Nutzer der Projektergebnisse, IT-Service-Organisation/Rechenzentrum als Betreiber der neuen oder geänderten IT-Systeme, IT-Entwicklungsorganisation für Pflege, Wartung und Weiterentwicklung der neuen oder geänderten (Anwendungs-)Systeme).
Alle Vorbereitungen für die nachfolgende Projektevaluierung werden getroffen (Übergabe an das zuständige Controlling).
Verbrauchs- und Leistungsdaten des Projektes werden vervollständigt.
Sämtliche Lieferantenrechnungen liegen vor und sind gebucht.
Die Projektkonten werden geschlossen und können nicht mehr bebucht werden.
Die für das Projekt spezifisch aufgebaute Infrastruktur (Hardware, Software, Kommunikationstechnik usw.) wird komplett aufgelöst.
Alle im Projekt noch gebundenen Ressourcen werden freigegeben (Mitarbeiter, Räume, Arbeitsmittel).
Die letzte Projektbesprechung wird durchgeführt.
Die letzte Lenkungsausschusssitzung wird durchgeführt. Sie bestätigt den Projektabschluss und bewertet Projektverlauf und Projektergebnis.
Die Projektlenkung wird aufgelöst. →

Abschlussarbeiten in einem Projekt (Fortsetzung)
Die Rentabilitätsberechnung wird aktualisiert (Schlusskalkulation); die tatsächlichen Auszahlungen des Projektes werden eingesetzt und ggf. werden die Schätzungen für zukünftige Ein- und Auszahlungen aktualisiert.
Die Projekterfahrungen werden ausgewertet und das neu erworbene Wissen (»Lessons Learned«) bei allen Projektbeteiligten wird sichergestellt.
Der obligatorische Projektabschlussbericht wird erstellt.
Mitarbeiterbeurteilungen werden durchgeführt.
Erforderliche Restaufgaben werden definiert und an Verantwortliche übergeben, z.B. das Vorgehen bei Gewährleistungsansprüchen des Projektauftraggebers oder Durchführung der Schlussabnahme.
Das Projektteam feiert den erfolgreichen Abschluss.

Zeitpunkt des Projektabschlusses

Es stellt sich die Frage, welchen Zeitpunkt man als Projektabschluss wählt. Das hat seinen Grund darin, dass viele Projekte – gerade im IT-Umfeld – nach Fertigstellung des eigentlichen Projektergebnisses in eine sogenannte Stabilisierungsphase übergehen. Das neue System wird zwar schon produktiv eingesetzt, aber es werden noch Fehler beseitigt und das System wird optimiert. Vereinbarte Garantieleistungen werden erbracht. In dieser Phase können einerseits erste Nutzeffekte realisiert werden, also befindet man sich in der Betriebsphase. Andererseits ist die Beseitigung von Fehlern noch eine typische Projektarbeit. Es gibt also Grauzonen zwischen Projektphase und Betriebsphase.

Start des Produktiveinsatzes

Wie man das entscheidet, muss jede Organisation unter Zweckmäßigkeitsaspekten für sich selbst entscheiden, vielleicht sogar unterschiedlich nach Projekten. Es ist zu empfehlen, den förmlichen Projektabschluss mit Aufnahme des Produktiveinsatzes des Projektergebnisses durchzuführen. Denn spätestens zu diesem Zeitpunkt löst sich die eigentliche Projektorganisation auf und die weitere Betreuung des Projektergebnisses geht an eine Betriebs- oder Wartungsorganisation über. Wartet man mit dem förmlichen Projektabschluss nämlich zu lange, so verblasst das eigentliche Projektgeschehen zusehends und es besteht die Gefahr, dass die vorgenannten Restarbeiten, z.B. die Erfahrungssicherung, vergessen werden.

Eigentlich ist die Situation dem Projektbeginn ähnlich. Auch dort gibt es Vorüberlegungen und Vorarbeiten, lange bevor das Projekt beauftragt wird. Trotzdem wird niemand auf den förmlichen Projektstart mit Kick-off-Meeting oder Ähnlichem verzichten. Wenn man ein Projekt mit einem Paukenschlag startet, dann sollte man es auch mit einem Paukenschlag beenden.

Besondere Situationen

Es gibt jedoch IT-Projekte, in denen der klare, hier geforderte Abschluss schwierig oder unmöglich erscheint. Zu denken ist insbesondere an Rollout-Situationen und den Pilotbetrieb von (neuen) Systemen.

Projektabschluss bei Rollout

In beiden Situationen bietet es sich an, das Projekt stufenweise zu beenden. Im Rollout-Fall kann die gesamte Projektorganisation aufgelöst werden, sofern sie nicht mit dem Rollout befasst ist. Die Aktivitäten aus Tabelle 4–93 müssen dann allerdings zweimal durchlaufen werden. Einige der dort genannten Aktivitäten, z. B. Sperrung von Projektkonten und Freigabe von Ressourcen können beim ersten Durchlauf nur für die Bereiche erfolgen, die nicht in den Rollout involviert sind.

Projektabschluss bei Pilotbetrieb

Bei einem Pilotbetrieb ist die projektinterne Abgrenzung wahrscheinlich schwieriger, da z. B. bei einer Anwendungsentwicklung aus der Pilotierung heraus noch Aufwand in der eigentlichen Entwicklung entstehen kann. Aber alle Teile der Projektorganisation, die man mit Sicherheit nicht mehr benötigt, können aufgelöst werden und ein entsprechender Teilabschluss des Projektes kann durchgeführt werden. Der endgültige Projektabschluss ist erst dann erfolgt, wenn die Projektleitung von der Projektlenkung entlassen wird und sich die Projektlenkung, wenn sie projektspezifisch etabliert war, aufgelöst hat.

Erfahrungssicherung

Aus Sicht des Controllings hat der Projektabschluss eine besondere Bedeutung. Denn zum einen erfolgt nun eine abschließende Rentabilitätsrechnung, die zeigt, wie sich die Situation im Vergleich zum Projektbeginn verändert hat, und Hinweise geben kann, wo in der Betriebsphase Handlungsbedarfe oder auch Optimierungsmöglichkeiten bestehen.

Im Hinblick auf die Planung zukünftiger Projekte hat man weitere, neue Erfahrungen gesammelt. Damit hat man weitere Informationen, die helfen, zukünftige Projekte termintreuer und aufwandstreuer zu planen als die vergangenen Projekte.

Projektdatenbank

Um diese Erfahrungen systematisch zu erfassen und zu dokumentieren, sollten die Eckdaten aller Projekte (Planwerte und Istwerte) in einer Projektdatenbank gespeichert werden. Diese Projektdatenbank könnte in einer einfachen Form die in Tabelle 4–94 aufgeführten Daten enthalten.

Tab. 4-94
Projektdatenbank

Inhalte der Projektdatenbank
Projektidentifizierung (Projektnummer)
Projektbezeichnung (Projektname)
Projektbeschreibung (in Stichworten)
Projektkategorie (z.B. Anwendungsentwicklung, Releasewechsel, Infrastruktur, Rollout)
Termine (Plan, Ist) nach Phasen (Start, Ende)
Aufwand (Plan, Ist) nach Phasen (Start, Ende), ggf. unterschieden nach Personal (IT, externe Berater, Fachbereich) und kritischen Sachressourcen
Budget (Plan, Ist) nach aktivierbarem/nicht aktivierbarem Aufwand
Projektgröße (z.B. in Leistungspunkten)
Erwartete Auszahlungen Betriebsphase (Plan, Prognose)
Erwartete Einzahlungen Betriebsphase (Plan, Prognose)
Kapitalbedarf (Plan, Prognose)
Besonderheiten (in Stichworten)
Erfahrungen (in Stichworten)

Eigentümer der Projektdatenbank sollte, sofern es keine andere Regelung gibt, der IT-Bereich in seiner Rolle als Projektauftragnehmer für IT-Projekte sein. Gibt es einen CIO, also den obersten Verantwortlichen für das Informationswesen und die IT-Governance einer Organisation, dann sollte die Projektdatenbank dort geführt werden. Das gilt insbesondere dann, wenn dem Informationswesen auch Projekte zugeordnet werden, die nicht als IT-Projekte anzusehen sind oder an denen der IT-Bereich nicht beteiligt ist, z.B. reine Organisationsprojekte oder Projekte mit externen Informationsdienstleistern, und wenn es für IT-Projekte mehrere Projektauftragnehmer (intern und extern) gibt, z.B. in Konzernunternehmen.

Gibt es ein organisationsübergreifend tätiges Project Management Office (PMO), dann sollte es dort eine Projektdatenbank geben, in die auch die Daten der IT-Projekte eingebracht werden können. Im Hinblick auf ein möglichst effektives Erfahrungs- und Wissensmanagement für Projekte sollte es in einer Organisation idealerweise nur eine zentrale Projektdatenbank geben.

Projektcontrolling und Projektabschluss

Mit der Auflösung der Projektorganisation wird auch das während der Projektdurchführung tätige Projektcontrolling aufgelöst. Das projektbezogene Controlling in der nachlaufenden Betriebsphase, das dann im strengen Sinne kein Projektcontrolling mehr ist, sondern ein Projektfolgencontrolling, geht, wie in Abschnitt 3.8 beschrieben, teilweise auf den IT-Bereich über, der die sich aus dem Projekt ergebenden

IT-seitigen Betriebskosten steuern muss. Ein anderer Teil geht auf den Fachbereich über, der als Projektauftraggeber tätig war, denn er muss einerseits die sich in seiner Organisation aus dem Projektergebenden Folgekosten steuern und andererseits den mithilfe des Projektergebnisses zu generierenden Nutzen steuern. Das Zusammenführen dieser operativen Teilstränge des Projektfolgencontrollings geschieht in der CIO-Organisation. Hier wird dann im Rahmen der Projektevaluierungen nachverfolgt, ob sich die Rentabilitätserwartungen aus dem Projektantrag erfüllen.

4.6.1 Fragen des Controllings

Zum Projektabschluss muss das IT-Controlling folgende Fragen stellen und durch entsprechende Antworten Transparenz schaffen:

- Wurden die Projektergebnisse vollständig an die Verantwortlichen in der Betriebsphase übergeben (Systembetrieb, Systempflege, Nutzerorganisation)?
- Wurden Projektorganisation und Projektinfrastruktur vollständig aufgelöst?
- Wurde die letzte Projektlenkungsausschusssitzung durchgeführt und wurde die (projektspezifische) Projektlenkung aufgelöst?
- Wurden möglicherweise noch durchzuführende Maßnahmen definiert (i.S. einer Nachbesserung)? Sind die dafür Verantwortlichen bestimmt? Und stehen die erforderlichen Ressourcen zur Verfügung?
- Wurde die Nachkalkulation durchgeführt, qualitätsgesichert und von der Projektlenkung genehmigt (tatsächlicher Projektaufwand, aktualisierte Folgekostenabschätzung, aktualisierte Nutzenschätzungen)?
- Ist die nachfolgende Projektevaluierung (Nutzen- und Folgekostenbestimmung) von den jeweils Verantwortlichen (CIO-Organisation, IT-Bereich, Fachbereich) vorgemerkt?
- Wurden die im Projekt gesammelten Erfahrungen dokumentiert und ausgewertet?
- Haben sich aus den Projekterfahrungen konkrete Maßnahmen für die Durchführung zukünftiger Projekte ergeben? Sind diese Maßnahmen initiiert und konkreten Verantwortlichen zugeordnet? Ist die Finanzierung dieser Maßnahmen gesichert?

4.6.2 Empfehlungen für die Praxis

Für die Praxis lassen sich folgende Empfehlungen ableiten:

- Führen Sie für jedes Projekt eine Nachkalkulation durch und dokumentieren Sie die Ergebnisse; sie ist einerseits Basis für die nachfolgende Projektevaluierung und andererseits Grundlage für die Gewinnung von Erfahrungen.
- Jedes Projekt sollte zu einem festgelegten Zeitpunkt formell abgeschlossen werden; danach kann auf den Konten dieses Projektes nicht mehr gebucht werden. Entstehen danach noch Aufwände, die man dem Projekt hätte zuordnen können, müssen diese in den Betriebsaufwand gebucht werden.
- Spätestens zu diesem Zeitpunkt werden auch die Projekträume endgültig geräumt.
- Da Sie ein Projekt mit einem »Kick-off-Meeting« beginnen, sollten Sie es auch mit einer entsprechenden Veranstaltung abschließen.
- Legen Sie die Verantwortlichen und die Termine für die in der Betriebsphase durchzuführende Projektevaluierung fest.

4.7 Projektevaluierung

Controlling in der Betriebsphase

Bei der Initiierung eines Projektes werden im Projektantrag Aussagen über den erwarteten Projektaufwand, erwartete Aufwände in der Betriebsphase und erwartete Nutzeffekte gemacht. Am Ende des Projektes steht der Projektaufwand unverrückbar fest. Die Erwartungen hinsichtlich der Betriebskosten und der Nutzeffekte müssen im Rahmen der Nachkalkulation des Projektes zum Projektabschluss aktualisiert werden. Erst die Betriebsphase wird jedoch zeigen, ob das Projekt wirklich zu den erwarteten Effekten führt. Dazu bedarf es eines entsprechenden Controllings in der Betriebsphase.

Ebenso wie im Projekt regelmäßig der Status erfasst wird und im Falle von Abweichungen geeignete Korrekturmaßnahmen eingeleitet werden, so muss in der Betriebsphase regelmäßig geprüft werden, welche Betriebsaufwände und Nutzeffekte tatsächlich entstehen und ob es Abweichungen gegenüber der Rentabilitätsrechnung im Projektantrag bzw. der Nachkalkulation zum Projektabschluss gegeben hat.

Verantwortung

Die Verantwortung für das nachlaufende Controlling (Projektfolgencontrolling) zu IT-Projekten wird zwischen IT-Bereich und Fachbereich wie in Abschnitt 3.8 beschrieben aufgeteilt. Die Koordination dieser Aktivitäten übernimmt die CIO-Organisation. Sie stellt fest, welche Abweichungen von den Daten des Projektantrages und der Nachkalkulation zum Projektabschluss auftreten. Diese Aufteilung der Verantwortung, insbesondere die aktive Einbeziehung des Fachbereiches, ist wichtig, weil sonst leicht die Einstellung entsteht, dass ausschließlich der IT-Bereich für Erfolg oder Misserfolg von IT-Projekten verantwortlich sei. Die IT hat aber lediglich eine Bereitstellungs- und in der Regel auch eine Betriebsverantwortung, aber die Verwendungsverantwortung liegt eindeutig beim auftraggebenden Fachbereich.

IT-Kostenträgerrechnung

Da der IT-Bereich in der Regel nicht nur IT-Systeme in Projekten erstellt, sondern diese Systeme auch nachfolgend betreibt und wartet, muss er ein besonderes Interesse an hoher Transparenz bezüglich der von ihm unterstützten Systeme haben. Er muss den IT-seitigen Betriebsaufwand nachweisen, ebenso IT-seitige Nutzeffekte, wenn sie für IT-Projekte relevant sind. Außerdem muss er den projektspezifischen außerordentlichen IT-Aufwand erfassen, der nach Projektabschluss entsteht, z.B. durch Fehlerbeseitigung oder Nachbesserung. Das setzt eine entsprechende Kostenerfassung und Kostenzuordnung mit den erforderlichen Ressourcenverbrauchsmessungen voraus und verlangt eine Kostenträgerrechnung, die sich an den von der IT erbrachten Services orientiert, aber nicht nur den Service insgesamt abdecken darf, sondern innerhalb eines Service die Auswirkungen verschiedener Projekte unterscheiden muss.

Eine solche Kostenträgerrechnung muss entwickelt und aufgebaut werden. Bis eine (IT-)Organisation jedoch den beschriebenen Reifegrad erreicht, vergehen mehrere Jahre. Aber wenn man ein solches Maß an Transparenz morgen haben will, muss man heute anfangen, sich darum zu bemühen.

Messung von Ressourcenverbräuchen

Damit ergibt sich die Forderung, dass schon im Projekt die Messung der Ressourcenverbräuche in der Betriebsphase bedacht sein muss und die Projektergebnisse Funktionalitäten beinhalten, die Ressourcenverbräuche messen, daraus die korrespondierenden Kosten ableiten und geeignet kontieren. Kann man Ressourcenverbräuche und Kosten nicht direkt einzelnen Projektergebnissen zuordnen, müssen die entstehenden Kosten über plausible Verteilungs- oder Umlageschlüssel zugeordnet werden.

Messung von Nutzeffekten

Parallel dazu muss die Auftraggeberorganisation den auf ihrer Seite entstehenden Betriebsaufwand erfassen und dokumentieren. Außerdem ist sie in der Verantwortung für die Generierung des erwarteten Nutzens. Das ist zugegebenermaßen schwierig, da Nutzeffekte in aller Regel nicht ausschließlich aus nur einem Projektergebnis heraus entstehen, sondern oftmals aus dem Verbund mehrerer Projekte und Maßnahmen, bestehend aus IT- und Nicht-IT-Maßnahmen (Problem des Gemeinnutzens). Aber es führt kein Weg an der Forderung vorbei: Wer den (wirtschaftlichen) Erfolg oder Misserfolg eines Projektes aufzeigen will, muss Nutzeffekte messen und zuordnen.

Projektantrag und Nutzenermittlung

Auch hier ergibt sich rückwirkend die Forderung, dass das Vorgehen zur Nutzenermittlung schon im Projektantrag dokumentiert sein muss. Dort muss also nicht nur beschrieben sein, welche Nutzeffekte man erwartet, sondern es muss auch dokumentiert werden, wie man sie quantifizieren und messen kann. Außerdem muss schon im Projektantrag dokumentiert sein, welche Nutzeffekte dem Projekt zugeordnet werden können und welche nicht. Das ist insbesondere dann wichtig, wenn Effekte aus einem Verbund verschiedener Maßnahmen heraus entstehen (können). Das ist eigentlich logisch, denn wie will man sonst die Höhe des tatsächlich eingetretenen Nutzens bestimmen? Gegebenenfalls muss sogar das Projekt entsprechende Funktionalitäten des Projektergebnisses zur Nutzenmessung erarbeiten und implementieren.

Die Nutzenmessung muss folgende Nutzenkategorien abdecken:

- Finanzielle Nutzeffekte
- Finanziell bewertbare Nutzeffekte
- Finanziell nicht bewertbare Nutzeffekte

Finanzielle Nutzeffekte

In dieser Kategorie kann man noch unterscheiden zwischen budget- bzw. haushaltsrelevanten und anderen finanziellen Nutzeffekten. Ein budgetwirksamer Nutzeffekt wäre z.B. die Einsparung von Mitarbeitern in der Organisation des Projektauftraggebers oder die Senkung der IT-Betriebskosten durch Outsourcing. Andere finanzielle Nutzeffekte wären z.B. die Vermeidung von Personalaufstockungen bei wachsendem Umsatzvolumen. Das Projekt(ergebnis) vermeidet also negative budgetwirksame Entwicklungen.

Werden Kosten gesenkt, dann müssen die nach Abschluss des Projektes erwarteten Auswirkungen konkret feststellbar sein. Werden Kostensteigerungen vermieden, dann darf es keine Budgetsteigerungen geben und die korrespondierenden Leistungszuwächse müssen nachweisbar sein. Der Projektantrag muss Angaben darüber machen, welche Leistungszuwächse eintreten sollen.

Finanziell bewertbare Nutzeffekte

In dieser Kategorie handelt es sich um Effekte, die mittelbar finanzielle Auswirkungen haben. Hier sind z.B. höhere Ausfallsicherheiten von IT-Systemen zu nennen. Wenn IT-Systeme ausfallen, sinkt die Produktivität der nutzenden Organisationseinheiten. Diese Produktivitätsverluste kann man finanziell bewerten, da die Personalkosten unverändert bleiben, aber die betroffenen Mitarbeiter nicht arbeiten können. Nutzeffekte sind also in diesem Fall vermiedene Produktivitätsverluste. Im Projektantrag muss aufgezeigt werden, wie man die höhere Ausfallsicherheit nach dem Projekt messen wird.

Finanziell nicht bewertbare Nutzeffekte

In dieser Kategorie schließlich finden sich Effekte, die für den langfristigen Erfolg der Organisation wichtig sind, die sich aber nicht direkt messen und auch nicht finanziell bewerten lassen. Hier sind als Beispiele Kundenzufriedenheit, Reputation der Organisation u.Ä. zu nennen. Für Nutzeffekte dieser Kategorie muss im Projektantrag dokumentiert werden, ob man solche Effekte überhaupt nachprüfen will und wie man das durchführen wird. Selbst wenn man diese Effekte messen kann, ist es schwierig, sie konkreten Projekten als Auswirkung zuzuordnen.

Gleichwohl gilt: Wenn ein Projekt wegen solcher Effekte durchgeführt wird, dann muss der Verantwortliche solche Effekte auch belegen können. Wie das geschehen soll, muss im Projektantrag beschrieben sein. Ist das nicht möglich, dürfen solche Effekte im Projektantrag nicht rentabilitätsrelevant aufgeführt werden.

Praxisprobleme

Eine systematische Projektevaluierung findet man in der Praxis immer noch selten. Das liegt einerseits daran, dass sie objektiv kaum realisierbar ist, wenn man nicht schon im Projektantrag detailliert festlegt, was wie und wann gemessen werden soll und wie Gemeinkosten und Gemeinnutzeffekte einem spezifischen Projekt zugeordnet werden sollen.

Andererseits besteht eine große Schwierigkeit der Projektevaluierung darin, dass sich die im Projektantrag dokumentierten Umfeldbedingungen massiv verändern können, im positiven Fall Nutzeffekte des Projektes verstärken, sie im negativen Fall aber auch abschwächen oder sogar eliminieren können.

Als Beispiel sei ein Outsourcing-Projekt betrachtet, mit dem die Desktop-Betriebskosten einer Organisation gesenkt werden sollen. Wenn dann nach dem Outsourcing die Anzahl der versorgten Desktops stark ansteigt, kann es passieren, dass die Desktop-Betriebskosten steigen, statt zu sinken, weil die Absenkung der Stückkosten durch eine Mengensteigerung überkompensiert wird. Hat das Projekt dann den versprochenen Nutzen generiert?

Oberflächlich betrachtet ist der erwartete Nutzen nicht eingetreten, aber wenn man nur die Abrechnungsbeträge des Dienstleisters betrachtet, kommt man zu falschen Schlussfolgerungen. Die Nutzenprognose des Projektantrages hätte natürlich auch die zugrunde liegenden Mengengerüste dokumentieren müssen, sodass man in der Evaluierung analog zur flexiblen Plankostenrechnung (vgl. [Wöhe/Döring 2008, S. 992-998]) Plannutzen, Istnutzen und Sollnutzen unterscheiden könnte. Natürlich bleibt dann im konkreten Fall immer noch die Frage zu beantworten, ob die eingetretenen Volumen- oder Mengenänderungen hätten vorhersehbar sein können, ob sie zu optimistisch oder pessimistisch eingeschätzt wurden usw.

4.7.1 Fragen des Controllings

Im Umfeld der Projektevaluierung muss das Controlling folgende Fragen beantworten und durch entsprechende Antworten Transparenz schaffen:

- Entwickeln sich die Betriebsaufwände wie erwartet (im Fachbereich, in der IT-Organisation)?
- Welche Ursachen haben möglicherweise festgestellte Abweichungen (Betriebsaufwand höher oder niedriger als erwartet)?
- Treten die Nutzeffekte wie erwartet ein?
- Welche Ursachen haben möglicherweise festgestellte Abweichungen (Nutzeffekte höher oder niedriger als erwartet)?
- Entwickelt sich die Rentabilität des Projektergebnisses wie erwartet oder gibt es Abweichungen zur Nachkalkulation bei Abschluss des Projektes?
- Wer ist für Nutzeffekte bzw. Betriebsaufwand und festgestellte Abweichungen verantwortlich? Sind entsprechende Personen bzw. Stellen explizit benannt?
- Welche Möglichkeiten gibt es, um festgestellte Abweichungen zu bereinigen? Welche Maßnahmen sollten dazu initiiert werden?
- Muss möglicherweise das Projektergebnis nachträglich noch einmal verändert werden? Entsteht daraus ein neues Projekt?
- Sind die festgestellten Abweichungen eventuell so groß, dass eine Einstellung des Betriebes infrage kommt?
- Welche Auswirkungen hätte eine solche Betriebseinstellung?

4.7.2 Empfehlungen für die Praxis

Auf dem beschriebenen Hintergrund sind folgende praktische Maßnahmen zu empfehlen:

- Nehmen Sie nachweisbare Nutzeffekte von IT-Projekten in die Zielvereinbarung der jeweils Verantwortlichen auf. Der Verantwortliche muss den Nichteintritt von Nutzeffekten erklären und begründen.
- Führen Sie Evaluierungsreviews konsequent für alle IT-Projekte durch, und zwar einmal 12 Monate nach Projektabschluss und danach innerhalb der im Projektantrag festgelegten Betriebsphase alle 24 Monate. Für Projekte mit einer dreijährigen Betriebsphase werden also zwei, für Projekte mit einer fünfjährigen Betriebsphase drei Evaluierungsreviews durchgeführt. An den Evaluierungen haben alle verantwortlichen Stellen mitzuwirken, auch wenn die handelnden Personen zwischenzeitlich gewechselt haben. Als Ergebnis

ist eine aktualisierte (und ggf. gegenüber dem Projektantrag vereinfachte) Rentabilitätsbetrachtung vorzulegen.

- Lassen Sie Evaluierungsreviews von der CIO-Organisation initiieren und durchführen. Informieren Sie die oberste Leitung der Organisation über die Reviewergebnisse.
- Bei jedem Evaluierungsreview wird es zur Identifizierung von Verbesserungsmöglichkeiten und spezifischen Maßnahmen kommen. Dies muss dokumentiert und kommuniziert werden. Stellen Sie eine konkrete Umsetzung sicher.
- Falls Sie noch keine Projektevaluierungen durchführen, sollten Sie umgehend damit beginnen. Der Aufbau eines durchgängigen Verfahrens mit entsprechenden Prozessen braucht Zeit. Beginnen Sie mit informellen Reviews für ausgewählte IT-Projekte und evaluierungsorientierten Erweiterungen des Projektantrages.

5 Portfoliocontrolling

Begriff des Projektportfolios

In einer (IT-)Organisation werden in einer Planungsperiode in der Regel zeitgleich oder zeitlich versetzt mehrere Projekte durchgeführt. Diese Gruppe von Projekten bezeichnet man als Projektportfolio. Die Projekte eines Portfolios werden von einer verantwortlichen Instanz übergreifend koordiniert und mit Ressourcen versorgt (vgl. Abschnitt 2.2 und 3.7).

Aufgaben des Portfoliomanagements

Im Vorfeld müssen sich die Projekte mittels Projektantrag für eine mögliche Durchführung qualifizieren. Aufgabe des Portfoliomanagements ist es, auf Basis der qualifizierten Projekte das Projektportfolio für eine Planungsperiode zu bilden. Da das einmal gebildete Projektportfolio wahrscheinlich nicht wie geplant abgearbeitet werden kann, muss es während der laufenden Planungsperiode immer wieder umgeplant werden. Gründe für einen Umbau des Portfolios nennt Tabelle 5–1.

Tab. 5–1 *Umbau eines Projektportfolios*

Gründe für den Umbau des Projektportfolios
Ein Projekt mit hoher Dringlichkeit wird in der angelaufenen Planungsperiode nachträglich genehmigt und muss in das aktuelle Portfolio eingelastet werden.
Geplante Projekte werden von den Projektauftraggebern zurückgezogen, weil sich z.B. geschäftliche Rahmenbedingungen geändert haben; dadurch wird Kapazität für die Aufnahme weiterer Projekte in das Portfolio frei.
Bereits laufende Projekte müssen abgebrochen werden und lassen freie Kapazität für die Aufnahme weiterer Projekte in das Portfolio entstehen.
Bereits laufende Projekte müssen umgeplant werden und lösen Verschiebungen im Portfolio aus.
Aktuelle Entwicklungen im geschäftlichen Umfeld erzwingen die Umpriorisierung der geplanten Projekte und führen zu einem vollständigen Neuaufbau des Projektportfolios.

Steuerungsebenen

Ein Projektportfolio existiert zeitlich unbefristet, obgleich sich der Bestand an Projekten im Portfolio permanent verändert. Vor diesem Hintergrund erfolgt die Portfoliosteuerung in unterschiedlichen Ebenen.

Strategische Portfoliosteuerung

Geht man von der üblichen Periodisierung in (Geschäfts-)Jahren aus, so betrachtet man die Portfoliosteuerung einerseits aus einer periodenübergreifenden, mehr strategischen Ebene. Hier korrespondiert sie mit der strategischen Steuerung der Gesamtorganisation, die ebenfalls periodenübergreifend angelegt ist und sich vor allem mit der Frage beschäftigen muss, wie bestehende Erfolgspotenziale der Organisation weiterentwickelt und neue Erfolgspotenziale für die Organisation erschlossen werden können (vgl. [Dillerup/Stoi 2008, S. 115]). Im Hinblick auf die IT-Projekte bedeutet das, Regelungen für die Aufnahme von Projekten in das Projektportfolio zu erstellen und fortzuschreiben.

Operative Portfoliosteuerung

Andererseits betrachtet man die Portfoliosteuerung auf einer periodenbezogenen, operativen Ebene. Hier sind die durchzuführenden Projekte gegeben und müssen optimal umgesetzt werden. Die nachfolgenden Überlegungen fokussieren auf diese operative, also an Jahresscheiben ausgerichtete Steuerung eines Projektportfolios.

Projektauswahl

Der Auswahlprozess für Projekte läuft also in zwei Stufen ab. Zunächst muss sich jedes einzelne Projekt für den Portfolioprozess qualifizieren, indem es nachweist, dass es rentabel genug ist, um für eine Aufnahme in das Portfolio infrage zu kommen. Dann muss sich jedes Projekt dem Wettbewerb aller qualifizierten Projekte stellen. In das Portfolio aufgenommen werden nur die attraktivsten Projekte (vgl. Abb. 5–1). Werden Projekte nicht in das Portfolio aufgenommen, so kann ihre Ablehnung verschieden ausgeprägt sein. Entweder wird der Projektantrag vollständig verworfen, sodass das Projekt in der vorgelegten Form auch nicht mehr zu einem späteren Zeitpunkt neu eingebracht werden kann. Oder das Projekt wird zurückgestellt. Dann kann es entweder noch in der aktuellen Planungsperiode in das Portfolio übernommen werden, wenn die erforderlichen Ressourcen frei werden, z.B. weil andere Projekte zurückgezogen, abgebrochen oder schneller als geplant fertiggestellt werden. Oder das Projekt wird in der nächsten Planungsperiode erneut in den Portfolioprozess gegeben. Es steht dann im Wettbewerb mit neuen Projekten und wird eventuell wegen einer im Vergleich zu seinen Wettbewerbern schlechteren Rentabilität wieder nicht zur Realisierung zugelassen. Der Projektauftrag wird erst nach Aufnahme des Projektes in das Portfolio erteilt.

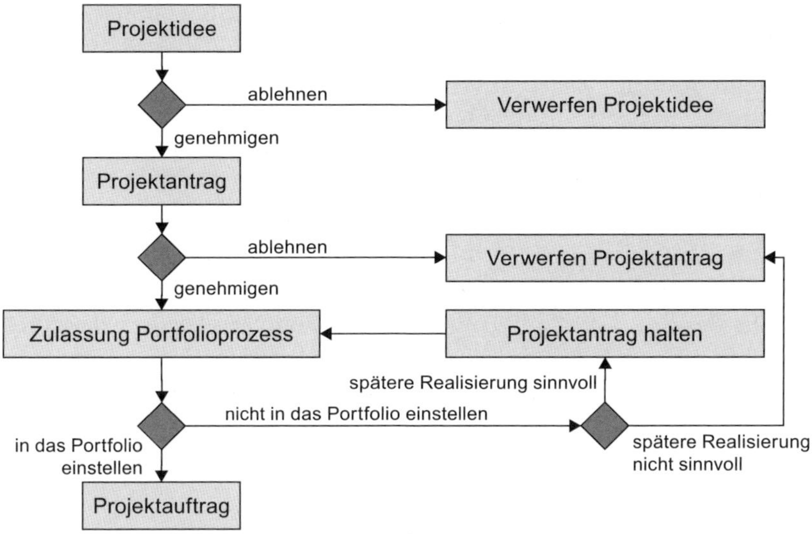

Abb. 5–1
Von der Projektidee zum Projektauftrag

Multiprojektmanagement

Das Multiprojektmanagement befasst sich mit den aktuell laufenden Projekten. Es verfolgt diese Projekte übergreifend und hat insbesondere die Aufgabe, Ressourcenkonflikte zwischen laufenden Projekten zu erkennen und aufzulösen. Kann es Ressourcenkonflikte nicht auflösen, muss es das Problem an das Portfoliomanagement eskalieren, weil nun eine Umplanung des Portfolios erfolgen muss. Ressourcenkonflikte, also der gleichzeitige Zugriff verschiedener Projekte auf dieselbe Ressource oder Ressourceneinheit, entstehen durch Planungsfehler oder dadurch, dass laufende Projekte die geplanten Ressourcen länger oder in größerem Umfang belegen als geplant.

Abgrenzung der Begriffe

Portfoliomanagement und Multiprojektmanagement lassen sich wie folgt voneinander abgrenzen: Ersteres befasst sich mit den noch nicht gestarteten Projekten, letzteres mit den bereits laufenden Projekten. Da man beide Sphären aber nicht voneinander trennen kann, nicht zuletzt wegen der Rückwirkungen, die Änderungen laufender Projekte auf das Portfolio haben, wird in diesem Buch der Begriff des Portfoliomanagements und des damit verbundenen Portfoliocontrollings auf Planung und (durchführungsbegleitende) Steuerung eines Projektportfolios angewandt. Multiprojektmanagement und Multiprojektcontrolling werden nicht als eigenständige Begriffe behandelt.

Notwendigkeit des Portfoliocontrollings

Dass Portfoliocontrolling erforderlich ist und es nicht genügt, einzelne Projekte mittels Projektantrag zu initiieren und sie dann isoliert zu planen und durchzuführen, zeigen folgende Überlegungen:

- Das verfügbare Kapital einer Organisation ist beschränkt und in der Regel werden mehr Projekte erfolgreich beantragt, als man sich kapitalmäßig »leisten« kann. Aus den guten Projekten muss man also die besten Projekte auswählen.
- Die verfügbaren Ressourcen einer Organisation sind beschränkt und können auch nicht beliebig ausgeweitet werden. Man denke etwa an Experten aus IT-Bereich oder Fachbereichen.
- Die Menge der durchführbaren Projekte hängt nicht zuletzt davon ab, welche Ressourcen Engpasscharakter haben.
- Die Beschränktheit der verfügbaren Ressourcen bedeutet, dass Projekte nicht gleichzeitig durchgeführt werden können, sondern in einer mit den Ressourcenkapazitäten verträglichen Reihenfolge durchgeführt werden müssen. Die Portfolioplanung muss daher nicht nur Auswahl-, sondern auch Reihenfolgeentscheidungen treffen.
- Viele Projekte müssen aufgrund fachlicher Abhängigkeiten in einer bestimmten Reihenfolge durchgeführt werden; diese Reihenfolge kann nicht beliebig geändert werden. So kann z.B. eine neue Version einer Standardsoftware erst dann installiert werden, wenn die Arbeitsplatzsysteme geeignet technisch aufgerüstet worden sind.

Optimierungsaufgabe

Jede Organisation muss also bei der Bildung des Projektportfolios für die bevorstehende Planungsperiode ein komplexes Optimierungsproblem lösen, das sich etwa wie folgt formulieren lässt:

- Wähle die Projekte so aus, dass die Rentabilität des eingesetzten Kapitals projektübergreifend maximiert wird.
- Beachte, dass das für die Planungsperiode verfügbare Kapital begrenzt ist.
- Beachte, dass die benötigten Ressourcen in der Planungsperiode insgesamt und auch für jede Zeiteinheit begrenzt sind.
- Beachte fachliche Abhängigkeiten zwischen den Projekten.

Zwar wäre es schon nicht einfach, diese Optimierungsaufgabe rechenbar zu formulieren, aber in der Praxis kommt erschwerend hinzu, dass sich praktisch alle Projekte nach dem Start aufgrund von Kundenanforderungen, Terminverschiebungen und Budgetabweichungen permanent verändern und wegen der daraus resultierenden Dominoeffekte zwischen den Projekten das Restportfolio permanent nachoptimiert werden muss.

Regelkreis

Daher hat man es auf der Portfolioebene mit einem komplexen Regelkreis zu tun, der auf den Einzelprojektsteuerungen aufsetzt und sie miteinander vernetzt (vgl. Abb. 5–2, in der die Vielzahl der mit dem

Portfolio vernetzten Projekte durch zwei Repräsentanten angedeutet werden soll).

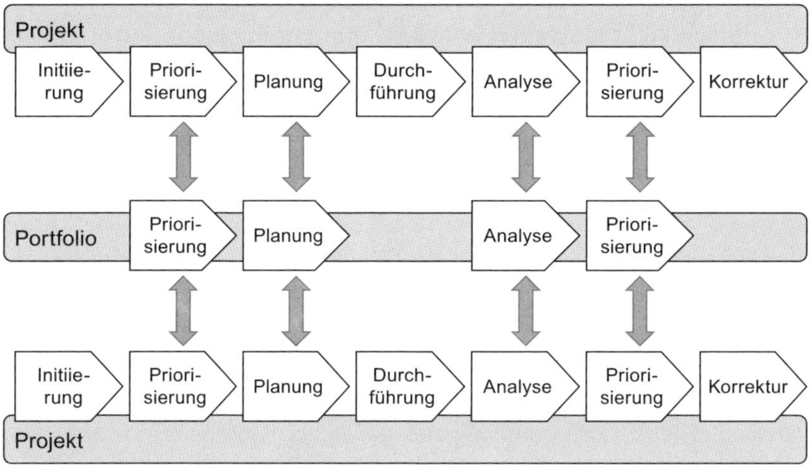

Abb. 5–2
Projektsteuerung im Portfolio

Vorgehensweise

Im Folgenden wird diskutiert, wie man an diese Sisyphusaufgabe herangehen und sie praktisch bewältigen kann. Dabei hilft die Orientierung an den folgenden Fragestellungen:

- Wie entsteht ein Projektportfolio?
- Wie ändert sich ein Projektportfolio?
- Wie steuert man ein Projektportfolio?

Der weiteren Diskussion seien einige Regeln zugrunde gelegt.

Planungsregel 1

Bereits laufende Projekte werden vom Portfolio her weder umgeplant noch abgebrochen.

Diese Regel sorgt bei laufenden Projekten für Durchführungssicherheit. Sie können also nicht durch neu hinzukommende, hoch bewertete Projekte abgebrochen werden oder bereits zugeordnete Ressourcen wieder entzogen bekommen. Diese Regel besagt, dass aus Sicht des Portfoliomanagers ein bereits laufendes Projekt immer eine höhere Priorität hat als ein noch nicht gestartetes Projekt. Anders ausgedrückt: Für den Portfolioplaner sind bereits laufende Projekte »tabu« und stellen gegebene Randbedingungen dar. Organisationen mögen den Zustand »Projekt ist gestartet« unterschiedlich interpretieren. Ist dem Projektauftraggeber bereits eine verbindliche Zusage für ein Projekt gegeben worden, das aber noch nicht begonnen wurde, so mag das in vielen Fällen im Sinne der Portfolioplanung als bereits gestartet gelten.

Planungsregel 2

Die Ressourcenwechsel in Projekten werden minimiert.

Diese Regel fordert, dass die zugeordneten, insbesondere personellen Ressourcen nicht gewechselt werden, sondern möglichst lange in dem Projekt eingesetzt werden. Das gilt vor allem für bestimmte Projektaufgaben oder einzelne Arbeitspakete. Dahinter steht schlicht ein ökonomisches Argument. Ressourcenwechsel verursachen Kosten für Übergabe und Einarbeitung, also Transaktions- und Rüstkosten. Außerdem geht Zeit verloren.

Um Ressourcenwechsel zu vermeiden, muss das Projektteam über ein möglichst breites Kompetenz- und Qualifikationsspektrum verfügen, universell einsetzbar sein und in einem Projekt viele verschiedene Aufgaben wahrnehmen und Arbeitspakete durchführen können.

Planungsregel 3

Jedes Projekt soll ohne Unterbrechungen und in möglichst kurzer Zeit abgewickelt werden.

Auch diese Regel zielt auf die Ökonomie der Projektabwicklung. Dahinter steht eine Überlegung, die das folgende Beispiel zeigt. Betrachtet man zwei gleich große Projekte, die mit denselben Mitarbeitern durchgeführt werden sollen, so hat man zwei Möglichkeiten der Abwicklung (siehe Abb. 5–3):

- Beide Projekte starten gleichzeitig und können jeweils 50 % der Mitarbeiterkapazität nutzen.
- Die Projekte werden nacheinander durchgeführt und können in dieser Zeit die Mitarbeiterkapazität exklusiv nutzen.

Beide Strategien unterscheiden sich nicht im Ressourcenverbrauch, aber in der zweiten Strategie kann das erste Projekt(ergebnis) früher in Betrieb gehen und Nutzen generieren. Natürlich sind der zeitlichen Komprimierung durch Erhöhung der Ressourcenintensität Grenzen gesetzt; man kann die Projektlaufzeit durch eine Erhöhung der Ressourcenintensität nicht beliebig verkürzen, weil der Aufwand für Abstimmung und Koordination sowie Integration der einzelnen Arbeitsergebnisse ab einem gewissen Punkt überproportional steigt.

Aber es ergibt umgekehrt auch keinen Sinn, die Projekte mit einer niedrigen Ressourcenausstattung zu fahren. Dadurch ziehen sie sich in die Länge. Außerdem sinkt ab einem gewissen Punkt die Projektleistung überproportional gegenüber der reduzierten Ressourcenintensität. In der Praxis wird gegen diese Regel allerdings immer wieder verstoßen – mit dem Argument, die vorhandenen, knappen Ressourcen möglichst optimal auszunutzen. Das führt dann dazu, dass die Ressourcen häufig zwischen den Projekten wechseln – zulasten der Qualität. Erfahrungsgemäß sollte eine Mitarbeit in einem Projekt, punktueller Experteneinsatz ausgenommen, von weniger als zwei Arbeitstagen pro Woche vermieden werden.

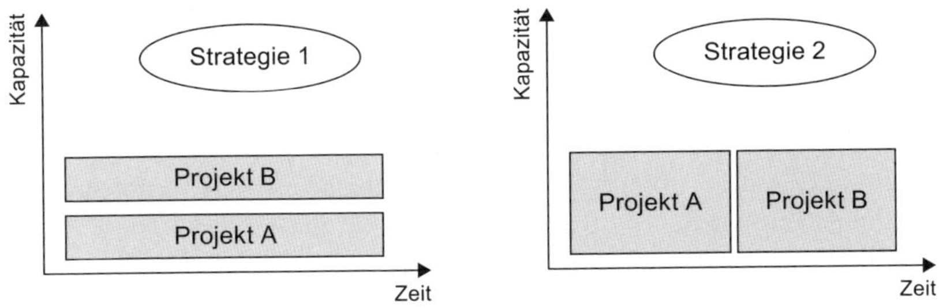

Abb. 5-3 *Strategien der Projektfertigstellung*

Praktisches Vorgehen

Es wurde bereits festgestellt, dass die Bildung eines Projektportfolios als Optimierungsaufgabe formuliert werden kann: Maximiere die Gesamtkapitalrentabilität unter der Nebenbedingung, dass die verfügbaren Ressourcen möglichst vollständig ausgelastet werden. Geschlossen lösbar ist diese Aufgabe nicht, aber man kann anhand einfacher Modelle diskutieren, worauf der Portfolioplaner achten muss und wie sich vor allem Terminverschiebungen im Projektportfolio auswirken (können). Bei diesen Überlegungen sei hier davon ausgegangen, dass die zu planenden Projekte bewertet und aufgrund des Bewertungsergebnisses in einer eindeutigen Reihenfolge vorliegen. Projekt 1 möge die höchste Bewertung haben, Projekt 2 die zweithöchste usw.

5.1 Projektbewertung

Rentabilität

Ausgangspunkt der Projektbewertung ist immer die Rentabilität. Ein Unternehmen wird nur solche Projekte durchführen, die einen positiven Wertbeitrag generieren. Die Rentabilität der Projekte muss also höher sein als die vorgegebene Mindestrendite für das einzusetzende Kapital. Anderenfalls würde das der Organisation anvertraute Kapital schlechter verzinst, als es die Kapitalgeber erwarten oder gewohnt sind.

Nicht finanzielle Nutzeffekte

Kommen nun andere, nämlich nicht finanzielle Kriterien mit ins Spiel, dann gilt die Forderung eines positiven Wertbeitrages ungeschmälert weiter. Jedoch muss die Betrachtung und Bewertung der Projekte geeignet modifiziert werden. Die Kapitalgeber werden bereit sein, auf finanzielle Rendite wenigstens teilweise zu verzichten, wenn ihr Kapital entsprechende andere Nutzeffekte generiert. Solche Nutzeffekte sind z. B.:

- Dringlichkeit eines Projektes, also die Möglichkeit, das Projekt früher durchzuführen und den erwarteten Nutzen früher zu generieren
- Strategischer »Fit« eines Projektes
- Reputation/Ansehen der Organisation im Umfeld

Die Schwierigkeit bei solchen »weichen« Faktoren besteht darin, dass man sie nicht objektiv messen kann. Gleichwohl können die Verantwortlichen in der Regel Aussagen der folgenden Art mit großer Sicherheit machen:

- Projekt A ist dringlicher als Projekt B.
- Projekt A ist für die Strategie der Organisation weit weniger wichtig als Projekt B.
- Projekt A trägt zur Reputation ebenso viel bei wie Projekt B.

Äquivalenzziffern

Durch systematisches paarweises Vergleichen von Projekten und Anwendung geeigneter Verfahren (vgl. analytischer Hierarchieprozess, [Meissner/Haas 2002]) kommt man zu Aussagen folgender Art:

- Projekt A hat an der Dringlichkeitsmasse aller betrachteten Projekte einen Anteil von 23 %.
- Projekt B hat am Strategie-Fit aller betrachteten Projekte einen Anteil von 3,1 %.
- Projekt C hat am Reputationsbeitrag aller betrachteten Projekte einen Anteil von 7 %.

Die entsprechenden Rechenverfahren haben den Nachteil, dass sich die Anteile eines spezifischen Projektes am Gesamteffekt ändern, wenn man die Gesamtheit aller Projekte ändert, also Projekte hinzufügt oder entfernt.

Referenzgruppe von Projekten

Dem kann man entgehen, indem man eine Gruppe von Projekten auswählt, die man gut bewerten kann, und dann alle übrigen Projekte gegen diese Referenzgruppe verprobt. Man könnte eine solche Referenzgruppe von Projekten aus dem aktuellen Projektportfolio auswählen, müsste dann aber in jeder Planungsrunde eine komplett neue Referenzgruppe von Projekten aufbauen. Besser wäre es, wenn man eine solche Referenzgruppe von Projekten periodenübergreifend zusammenstellte und sie nur noch in größeren Abständen aktualisieren müsste.

Wenn man die Summe der Dringlichkeiten der Referenzprojekte auf 1 normiert, erhält die Gesamtgruppe aus Referenzprojekten und zu prüfendem Projekt ein Dringlichkeitsvolumen von 1 + d. Darin ist d die Dringlichkeit des zu bewertenden Projektes. Gegenüber der Referenzgruppe ist der Wert d für das betrachtete Projekt stabil; die Referenzgruppe liefert einen Maßstab für die Dringlichkeit. Nachteil dieses Vorgehens ist der Rechenaufwand, denn das Verfahren muss für jedes einzelne Projekt durchgeführt werden. Die Referenzgruppe selbst muss sorgfältig zusammengestellt werden und sollte sowohl Elemente mit einer hohen als auch Elemente mit einer niedrigen Dringlichkeit umfassen.

Entscheidungstheoretische Ansätze

Um den durch ein Projekt erzeugten Nutzeffekt in einer (finanziellen) Kennzahl zusammenzufassen, kann man im Anschluss an die Quantifizierung aller Nutzendimensionen auf verschiedene Verfahren der Entscheidungstheorie zurückgreifen:

- Transformationsverfahren (vgl. [Laux 2007, S. 82-88])
- Nutzwertanalyse (vgl. [Kütz 2005, S. 259-261])
- TOPSIS (Technique for Order Preference by Similarity to Ideal Solution, vgl. [Peters/Zelewski 2007])
- Data Envelopment Analysis (DEA, vgl. [Cook/Zhu 2005])

Die Arbeitsweise der Verfahren wird im Folgenden kurz skizziert. Eine detaillierte Beschreibung ist im Rahmen dieses Buches nicht möglich. Will der Leser diese Verfahren nutzen, muss er die entsprechende Fachliteratur zurate ziehen.

Transformationsverfahren

Das Transformationsverfahren beruht auf folgender Überlegung (bei Einschränkung auf zwei Nutzendimensionen):

- Betrachte den Nutzenvektor N(1)=(300; 20) eines Projektes P(1). Dabei möge der Nutzen eines Projektes steigen/sinken, wenn der Wert in wenigstens einer Nutzendimension steigt/sinkt.
- Dann ist der Nutzen N(2)=(300; 0) eines (fiktiven) Projektes P(2) kleiner als der Nutzen von N(1). Für die Werte X>300 ist dann der Nutzen N(3)=(X; 0) eines (weiteren fiktiven) Projektes P(3) größer als der Nutzen von N(2). Jetzt muss es einen Wert X geben, für den der Nutzen von N(3) gleich dem Nutzen von N(1) ist.
- Damit ist der Entscheider bei den Projekten Nr. 1 und Nr. 3 bezüglich ihres Gesamtnutzeffektes indifferent.

Geht man davon aus, dass die erste der beiden Nutzendimensionen den finanziellen Nutzen des Projektes repräsentiert, dann kann man auf diese Weise gemischte Nutzeffekte mit finanziellen Nutzeffekten vergleichbar machen. Führt man das für eine gegebene Gruppe von Projekten durch, dann kann man für jedes Projekt ein Rentabilitätsäquivalent bestimmen und daraus wieder die Rangreihenfolge der Projekte ableiten.

Das Verfahren zeichnet sich dadurch aus, dass es kaum Annahmen über die Nutzenstruktur, insbesondere keinerlei Annahmen über Zusammenhänge zwischen den verschiedenen Nutzendimensionen trifft. Die Indifferenzbestimmung (Ermittlung des Wertes von X) obliegt allein dem Entscheider und hängt damit von seinen Präferenzen ab.

Nutzwertanalyse

Die Nutzwertanalyse ist ein klassisches und universelles Controllingwerkzeug zur Bewertung mehrdimensionaler Objekte. Nimmt man an, für ein Projekt gebe es zwei Nutzendimensionen mit den Nutzenwerten n_1 und n_2, dann bildet man den Gesamtnutzen dieses Projektes als gewichtete Summe der einzelnen Nutzenwerte mit den Gewichten $a > 0$ und $b > 0$:

$$N = a \cdot n_1 + b \cdot n_2$$

Nutzenadditivität

Im Gegensatz zum Transformationsverfahren macht die Nutzwertanalyse erhebliche strukturelle Annahmen über den Gesamtnutzen. Aus der Summenbildung ergibt sich die Additivität der Nutzendimensionen. Ändert sich der Wert eines Teilnutzens um einen bestimmten Betrag, so ändert sich auch der Gesamtnutzen um einen bestimmten Betrag, und zwar unabhängig davon, wie hoch oder niedrig der Wert des anderen Teilnutzens ist. Aus den Gewichten ergibt sich außerdem, dass es zwischen den beiden Nutzendimensionen einen festen »Wechselkurs« gibt. Bei konstantem Gesamtnutzen liegen alle Kombinationen der Teilnutzen, die zu diesem Gesamtnutzen führen, geometrisch betrachtet, auf einer Geraden.

Nach der Wahl dieses Verfahrens kann der Entscheider seine Präferenzstruktur nur noch in die Wahl der Gewichte einbringen. Danach sind Nutzenbestimmung und die daraus resultierende Rangreihenfolge festgelegt.

TOPSIS

Bei TOPSIS wird ähnlich wie bei der Nutzwertanalyse eine Nutzenfunktion vorgegeben, mit deren Hilfe der Gesamtnutzen der Projekte in einer Kenngröße zusammengefasst wird. Man geht beispielhaft folgendermaßen vor:

- Gegeben seien drei Projekte mit den Nutzenvektoren
  $N(1) = (350;10)$,
  $N(2) = (300;20)$ und
  $N(3) = (320;25)$.
- Durch Normierung auf das Intervall [0; 1] erhält man
  $N^*(1) = (1;0)$,
  $N^*(2) = (0;2/3)$ und
  $N^*(3) = (2/5;1)$.
- Nun wählt man das bestmögliche Projekt
  $N^*(max) = (1;1)$
  und das schlechtestmögliche Projekt
  $N^*(min) = (0;0)$
  sowie eine Metrik d für den Raum der Nutzenvektoren.

- Damit bildet man folgende Nutzenfunktion

$$v(N^*(i)) = \frac{d(N^*(i);\ (0;0))}{(d(N^*(i);\ (0;0)) + (d(N^*(i);\ (1;1)))}$$

- Für diese Nutzenfunktion gilt

  $v((0;0)) = 0$,

  $v((1;1)) = 1$ und

  $0 \le v(N^*(i)) \le 1$

- Wählt man als Metrik

  $d((x;y);(s;t)) = | x - s | + | y - t |$, so erhält man

  $v(N^*(1)) = 1/2$,

  $v(N^*(2)) = 1/3$ und

  $v(N^*(3)) = 7/10$.

- Mittels dieser Kenngrößen für den Gesamtnutzen der betrachteten Projekte kann man nun eine verallgemeinerte Rentabilität für jedes Projekt kalkulieren und daraus die gesuchte Rangreihenfolge ableiten.

Der Entscheider wählt das Verfahren, die vorlaufende Normierung und dann die von der Nutzenfunktion genutzte Metrik. Damit vermeidet er zwar die direkte Beeinflussung der Bewertung einzelner Projekte wie beim Transformationsverfahren, aber welche Auswirkungen z.B. die Wahl einer bestimmten Normierung oder einer bestimmten Metrik auf die Werte der Nutzenfunktion hat, das ist für ihn praktisch nicht mehr transparent.

Data Envelopment Analysis (DEA)

Bei der Priorisierung und Auswahl von Projekten wurde bisher immer versucht, den Wert eines Projektes auf eine Kennzahl zu projizieren, um daraus eine eindeutige Rangreihenfolge der vorliegenden Projekte ableiten können.

Arbeitet man mit mehreren Nutzendimensionen, insbesondere einem finanziellen und einem nicht finanziellen Nutzenanteil, dann muss man letztlich zwischen den verschiedenen Nutzendimensionen einen »Wechselkurs« finden, um Nutzeffekte in eine andere Dimension umzurechnen. Bei der Festlegung dieser Umrechnungsfaktoren gehen möglicherweise Annahmen ein, über deren Auswirkungen man sich nicht im Klaren ist. Das ist unbefriedigend.

Vor diesem Hintergrund sei hier ein Ansatz skizziert, der weiterführen kann: die Data Envelopment Analysis (DEA). Dazu seien vereinfachend Projekte betrachtet, die über Kapitalbedarf, finanziellen Nutzen und nicht finanziellen Nutzen charakterisiert werden. Dann kann man für jedes Projekt einen zweidimensionalen Nutzenvektor bilden.

Interessant sind nun solche Projekte, deren Nutzenvektor sich als positive Linearkombination aus den Nutzenvektoren von zwei anderen Projekten darstellen lässt. Betrachtet man drei Projekte mit den Nutzenvektoren $N_1=(200;50)$, $N_2=(180;120)$ und $N_3=(160;65)$, dann ergibt sich $N_3=0{,}5 \cdot N_1+0{,}3 \cdot N_2$.

Interessant wird nun die Betrachtung des Kapitalbedarfs dieser drei Projekte. Wenn die ersten beiden Projekte einen Kapitalbedarf von je 100 Geldeinheiten hätten, dann müsste das zusammengesetzte dritte Projekt einen Kapitalbedarf von 80 Geldeinheiten haben. Nun sei angenommen, dass der Kapitalbedarf des dritten Projektes bei 85 Geldeinheiten liegt. Das lässt sich so interpretieren, dass das dritte Projekt das eingesetzte Kapital weniger effizient nutzt als die anderen beiden Projekte, denn die zuvor benannte Linearkombination würde ja denselben Nutzenvektor realisieren, aber nur 80 Geldeinheiten an Kapital benötigen.

Effiziente Projekte

Verallgemeinert man diese Betrachtungsweise, dann enthält ein Portfolio effiziente und nicht effiziente Projekte. Für nicht effiziente Projekte lässt sich stets ein Paar von anderen Projekten finden, sodass der Nutzenvektor des Projektes als positive Linearkombination der Nutzenvektoren der beiden anderen Projekte darstellbar ist, gleichzeitig aber sein Kapitalbedarf höher ist als die entsprechende Linearkombination der Kapitalbedarfe der beiden anderen Projekte. Die Aufgabe besteht nun darin, alle effizienten Projekte eines Portfolios zu bestimmen, denn alle nicht effizienten Projekte lassen sich aus diesen effizienten Projekten synthetisieren. Hier ist dann wiederum die optimale Linearkombination aus effizienten Projekten zu finden, also die mit dem minimalen Kapitalbedarf.

Die Rangreihenfolge ergibt sich nun daraus, wie nahe jedes nicht effiziente Projekt im Kapitalbedarf am errechneten minimalen Kapitalbedarf liegt. Die Rangreihenfolge ergibt sich aus dem Quotienten K/K_{opt}. Je niedriger dieser Wert ist, desto effizienter ist das jeweilige Projekt.

Optimierungsaufgabe

Die Ermittlung der effizienten Projekte und der Kapitalbedarfsquotienten erfolgt mithilfe der folgenden Optimierungsaufgabe:

- Suche für ein ausgewähltes Projekt diejenige nicht negative Linearkombination von Projekten, sodass für jede Nutzendimension der Nutzenwert des ausgewählten Projektes erreicht oder überschritten wird und zugleich der Kapitalbedarf der errechneten Linearkombination minimal wird.

Softwarewerkzeug

Die Berechnungen zur Data Envelopment Analysis können mit einschlägigen Softwareprogrammen durchgeführt werden. Für einfache Fälle kann die Optimierungsaufgabe z.B. mit MS-Excel gelöst werden.

Bewertung der DEA

Das beschriebene Vorgehen hat – wie alle Methoden – Vor- und Nachteile. Der wesentliche Vorteil ist, dass es keinerlei Annahmen über die Zusammenhänge zwischen verschiedenen Nutzendimensionen macht; es entfällt also das »Wechselkurs«-Problem für die Nutzenumrechnung. Als Nebenergebnis erhält man im Rahmen der Optimierungsrechnung die Menge der effizienten Projekte des Portfolios.

Nachteilig ist natürlich der Rechenaufwand, denn die Optimierungsrechnung muss für jedes Projekt einzeln durchgeführt werden. Und man muss fragen, ob es eine sinnvolle Annahme ist, Linearkombinationen von Projekten zu bilden. Natürlich gilt auch hier, dass die Berechnung lediglich einen Entscheidungsvorschlag darstellt, dem der Verantwortliche weder blind folgen muss noch blind folgen darf.

Priorisierung effizienter Projekte

Ein wesentliches Problem löst das Verfahren allerdings nicht. Innerhalb der effizienten Projekte, deren Anzahl im Vergleich zur gesamten Anzahl der beantragten Projekte relativ groß sein kann, kann es keine Priorisierung mehr vornehmen. Ist der Kapitalbedarf aller effizienten Projekte jedoch kleiner als das insgesamt verfügbare Kapitalvolumen, dann spielt das keine Rolle, denn dann können alle effizienten Projekte realisiert werden. Im anderen Fall wird das Auswahlproblem allerdings kleiner, da man sämtliche nicht effizienten Projekte aus dem Portfolioprozess nehmen kann.

Nutzenbewertungsprozess

Es gibt also verschiedene Verfahren, um mehrdimensionale Nutzeffekte in einer Nutzenkenngröße zusammenzufassen. Allen Verfahren gemeinsam ist ein subjektives Moment, über das man sich im Klaren sein muss. Um auf dieser Basis eine Rangreihenfolge der Projekte ableiten zu können, müssen klare Rahmenbedingungen für die entsprechenden Bewertungsprozesse geschaffen werden:

- Der Prozess der Gesamtnutzenbewertung muss klar definiert sein. Er muss für alle Beteiligten und Betroffenen transparent und nachvollziehbar sein.
- Die Nutzenbewertung sollte nicht durch Einzelpersonen, sondern in Gremien erfolgen. Entweder kann man die Bewertung von Anfang an im Gremium durchführen oder aber die einzelnen Mitglieder des Bewertungsgremiums erarbeiten einen individuellen Vorschlag und diese Vorschläge müssen dann im Gremium »nur« noch konsolidiert werden.
- In jedem Falle sollte das Gremium zu einem eindeutigen Votum kommen.
- Als Bewertungsgremium kann man den bereits genannten IT-Ausschuss oder einen ähnlich zusammengesetzten IT-Projektausschuss einsetzen.

Methode: Renditeverzicht

Eine weitere Vorgehensweise, die man bei der Portfoliobildung einsetzen kann und die den Vorteil eines relativ geringen Aufwandes hat, wird im Folgenden beschrieben. Im Vorfeld müssen dazu folgende Festlegungen getroffen werden:

- Für (IT-)Projekte steht ein bestimmtes Kapital bereit; es können nur Projekte in dem Umfang durchgeführt werden, den das bereitgestellte Kapital zulässt.
- Der Projektinvestor erwartet auf das bereitgestellte Kapital eine bestimmte Mindestrentabilität, es sei hier ein Wert von 15 % angenommen.
- Der Projektinvestor ist bereit, bei Projekten mit ausgewiesener Dringlichkeit auf einen Teil seiner erwarteten Rendite zu verzichten; es sei für das nachfolgende Beispiel ein Wert von 3 % des für dringliche Projekte eingesetzten Kapitals angenommen. Für dringliche Projekte würde sich der Projektinvestor also mit einer durchschnittlichen Rendite von 12 % zufriedengeben.
- Der Projektinvestor ist ebenfalls bereit, bei Projekten mit ausgewiesenem Beitrag zum strategischen Fit der Organisation auf einen Teil seiner erwarteten Rendite zu verzichten; es sei für das nachfolgende Beispiel ein Wert von 8 % des für Projekte mit Beitrag zum strategischen Fit eingesetzten Kapitals angenommen. Für solche Projekte gibt sich der Projektinvestor also mit einer durchschnittlichen Rendite von 7 % zufrieden.

Vor dem Hintergrund dieser Annahmen betrachte man nun die Projektliste in Tabelle 5–2.

Tab. 5–2
Projektpriorisierung (Inputwerte)

Projekt-nummer	Kapitalbedarf	Barwert	Dringlichkeit	Strategischer Fit
1	1.000	200	10	10
2	800	50		
3	300	20		40
4	200	40		20
5	500	100	10	
6	600	100	10	10
7	1.200	150		10
8	2.000	600	30	
9	800	120		10
10	700	140	40	
Summen	8.100	1.520	100	100

Die Projekte 2, 3, 4, 7 und 9 weisen keine Dringlichkeit auf, die Projekte 2, 5, 8 und 10 weisen keinen strategischen Fit auf. Die Bewertungen für Dringlichkeit und strategischen Fit wurden so normiert, dass die Summe der Bewertungen jeweils den Wert 100 ergibt.

Das eingesetzte Kapital in Höhe von 8.100 Geldeinheiten erzeugt insgesamt einen Barwert von 1.520 Geldeinheiten; das entspricht einer Gesamtrentabilität von knapp 119 %, mithin einer Rendite von 19 % und würde in Summe die geforderte Mindestrendite von 15 % übersteigen. Die dringlichen Projekte 1, 5, 6, 8 und 10 erfordern einen Kapitaleinsatz in Höhe von 4.800 Geldeinheiten. Die Dringlichkeit wäre dem Kapitalgeber in Summe 3 % dieses Kapitals, also 144 Geldeinheiten, wert. Die strategischen Projekte 1, 3, 4, 6, 7 und 9 erfordern einen Kapitaleinsatz in Höhe von 4.100 Geldeinheiten. Der strategische Fit wäre dem Kapitalgeber insgesamt 8 % dieses Kapitals, also 328 Geldeinheiten, wert.

Verteilt man nun diese Beträge gemäß Anteil an Dringlichkeit bzw. strategischem Fit auf die jeweiligen Projekte, so erhält man durch Addition modifizierte Barwerte, kann daraus die entsprechenden Rentabilitäten und eine Rangreihenfolge der Projekte ableiten. Das Ergebnis zeigt Tabelle 5–3.

Tab. 5–3
Projektpriorisierung 1 (Ergebnis)

Projektnummer	Kapital	Barwert	Dringlichkeit	Strategischer Fit	Mod. Barwert	Rentabilität	Rang
1	1.000	200	14	33	247	25%	5
2	800	50			50	6%	10
3	300	20		131	151	50%	2
4	200	40		66	106	53%	1
5	500	100	14		114	23%	7
6	600	100	14	33	147	25%	6
7	1.200	150		33	183	15%	9
8	2.000	600	43		643	32%	3
9	800	120		33	153	19%	8
10	700	140	58		198	28%	4
Summen	8.100	1.520	143	329	1.992	25%	

Das vorgestellte Verfahren würde auch für Situationen greifen, in denen der finanzielle Barwert negativ ist, also z.B. für Infrastrukturprojekte. Der Projektinvestor muss pauschal festlegen, wie viel ihm eine bestimmte (nicht finanzielle) Nutzendimension im Sinne eines

Renditeverzichts wert ist. Daraus ergibt sich dann eine entsprechende kalkulatorische Zusatzrendite der betrachteten Projekte.

5.1.1 Kalkulationsspannen

Die vorangehenden Überlegungen haben einen gravierenden Nachteil. Man kann sie nur auf Projekte anwenden, die rechnerisch vergleichbar sind, d.h. eine identische Kalkulationsspanne (vgl. Abschnitt 4.3) aufweisen. Wie muss man aber vorgehen, wenn Projekte mit unterschiedlichen Kalkulationsspannen zu vergleichen sind?

Mehrere Portfolios

Die komfortabelste Situation hätte man dann, wenn man für jede vorkommende Kalkulationsspanne ein eigenes Portfolio aufstellen könnte. Dann müsste man aber jedem Portfolio spezifische Ressourcen zuordnen und zunächst die Frage beantworten, welchen Anteil an den verfügbaren Ressourcen, z.B. Mitarbeiterkapazitäten, man jedem Portfolio zuordnet. Das ist denkbar und wird auch so in etlichen IT-Organisationen praktiziert. Für Kleinprojekte werden z.B. 20 % der Personalkapazität in der Entwicklung reserviert. Dann werden die Personalkapazitäten für Großprojekte reserviert und schließlich wird die verbleibende Restkapazität mit »normalen« Projekten aufgefüllt.

Portfolioübergreifende Priorisierung

Eine solche Strategie vereinfacht den Portfolioprozess erheblich, ist aber nicht befriedigend. Denn es ist nun ohne Weiteres möglich, dass in einem der Portfolios ein bestimmtes Projekt noch aufgenommen wird, in einem anderen Portfolio jedoch ein Projekt nicht mehr aufgenommen wird, das aber letztlich rentabler gewesen wäre als das noch realisierte Projekt. Bei der Arbeit mit mehreren Portfolios muss man Projekte also letztlich portfolioübergreifend auswählen können. Die Portfolios müssen »atmen« können.

Unterschiedliche Kalkulationsspannen

Beim Vergleich von Projekten mit unterschiedlichen Kalkulationsspannen könnte man so vorgehen, wie es das nachfolgende Beispiel zeigt. Es sei angenommen, dass ein Projekt mit einer Kalkulationsspanne von vier Perioden und einer Rentabilität von 140 % vorliegt. Um dieses Projekt mit Projekten mit einer Kalkulationsspanne von sechs Perioden zu vergleichen, sei zudem angenommen, dass die durchschnittliche jährliche Verzinsung des eingesetzten Kapitals erhalten werden kann. Damit hat das Projekt eine auf sechs Perioden hochgerechnete Gesamtrentabilität von 160 % und kann nun mit Projekten verglichen werden, die diese Kalkulationsspanne aufweisen.

Wahl der Verzinsung

Allerdings beinhaltet die vorgenannte Betrachtungsweise eine Art Wiederanlageprämisse, denn man nimmt ja an, dass die durchschnittliche jährliche Verzinsung des spezifischen Projektes bei Verlängerung der Kalkulationsspanne gehalten werden kann. Bei der Umrechnung jedes Projektes würde man also mit einem anderen Zinssatz rechnen. Besser wäre es daher, solche Umrechnungen mit einem einheitlichen und für alle Projekte gleichen Zinssatz vorzunehmen.

Es wird empfohlen, bei solchen Umrechnungen mit der in der jeweiligen Organisation geforderten (jährlichen) Mindestverzinsung des eingesetzten Kapitals zu arbeiten. Wären das im vorgenannten Beispiel 7,5 %, so ergäbe sich eine hochgerechnete Gesamtrentabilität in Höhe von 155 %. In der Kalkulationsspanne generiert das Projekt eine 10 %ige Verzinsung pro Jahr; für die beiden angehängten Perioden nimmt man an, dass man auf jeden Fall die geforderte Mindestrendite von 7,5 % pro Jahr realisieren kann. Mit dieser Vorgehensweise wählt man zudem ein zu den Überlegungen beim Projektabbruch vergleichbares Verfahren (vgl. Abschnitt 4.5.9).

5.1.2 Muss-Projekte

Erzwungene Projekte

Viele Projekte müssen durchgeführt werden, z.B. weil Gesetze, Gesetzesänderungen oder Vorgaben einer Organisationszentrale dies erzwingen. Diese Projekte laufen in der Projektbewertung »außer Konkurrenz« und werden sofort auf die ersten Plätze der Projektliste gesetzt. In der Praxis bezeichnet man solche Muss-Projekte oftmals als nicht rentabel. Eine solche Aussage ist jedoch unsinnig!

Rentabilität der Muss-Projekte

Für den Projektauftraggeber (bei diesen Projekten oftmals die oberste Leitung der Organisation) sind diese Projekte extrem sinnvoll und auch rentabel. Denn führt man sie nicht durch, so ist der entstehende Schaden unter Umständen immens. Werden z.B. gesetzliche Vorgaben missachtet, kann das zu erheblichen Strafen, Reputationsverlust bei Geschäftspartnern und sogar zur Stilllegung des Unternehmens durch staatliche Organe führen.

Nutzeffekte dieser Projekte sind vermiedene Strafzahlungen oder vermiedene Reputationsschäden. In anderen Fällen zeichnen sich solche Projekte möglicherweise durch eine extrem hohe Dringlichkeit oder einen hohen Beitrag zum Strategie-Fit der Organisation aus. Muss-Projekte sind daher in die allgemeine Projektbewertung einzubeziehen.

Vorgehen bei Muss-Projekten

Auf keinen Fall dürfen sie unkritisch in das Projektportfolio eingestellt werden. Gesetze müssen befolgt werden, das ist keine Frage. Aber es gibt in der Regel unterschiedliche Möglichkeiten, den Anforderungen des Gesetzgebers Genüge zu tun und Freiräume in der Gestaltung und zeitlichen Abfolge der Umsetzung zu nutzen. Interne Muss-Projekte, z.B. Umsetzung von Konzernvorgaben, müssen nur eins, die Kapitalrendite der Eigentümer verbessern. Dass sie diesem

Anspruch genügen, müssen entsprechende Projekte aber auch im Projektantrag belegen können. Möglicherweise gibt es ja aktuell hochrentable Projektalternativen, die eine Verschiebung des internen Muss-Projektes nahelegen. Die Kapitaleigner werden einen solchen Wettbewerb um das knappe Kapital fordern.

Dies bestärkt die bei Diskussion der Projektinitiierung aufgestellte Empfehlung (vgl. Abschnitt 4.2), dass alle Projekte, also auch Muss-Projekte, einem einheitlichen Initiierungsprozess zu unterwerfen sind. Für Muss-Projekte, die aus externen Anstößen heraus entstehen, z.B. gesetzlichen Anforderungen, muss im Projektantrag dargelegt werden, welche terminlichen Zwänge bzw. Freiräume bei der Realisierung bestehen und ob der Realisierungsaufwand minimiert wurde. Analog gilt das für interne Muss-Projekte.

5.1.3 Verbundene Projekte

Projektantrag für verbundene Projekte

Es gibt immer wieder Konstellationen, dass ein Projekt, damit es durchgeführt werden kann, Ergebnisse eines anderen Projektes benötigt. Solche Abhängigkeiten muss das Projektcontrolling bei der Prüfung der Projektanträge erkennen. Abhängige Projekte müssen, streng genommen, im Verbund und über einen gemeinsamen Projektantrag beantragt werden. Hier interessiert nicht mehr die Rentabilität des einzelnen Projektes, sondern die Rentabilität des Projektverbundes. Kommt man diesen Abhängigkeiten nicht »auf die Schliche«, so kann der aus der Praxis kolportierte Fall eintreten:

- Projekt A mit guter Rentabilität wird beantragt, genehmigt und umgesetzt.
- Projekt B mit akzeptabler Rentabilität wird beantragt, genehmigt und umgesetzt.
- Projekt C wird beantragt, soll aufgrund schlechter Rentabilität eigentlich nicht genehmigt werden, wird dann aber mit dem Hinweis darauf erzwungen, ohne dieses Projekt könne man die Nutzeffekte der Projekte A und B nicht oder nur teilweise realisieren.

Dieses Beispiel zeigt, dass Projektantragsteller »schlitzohrig« agieren und Projekte mit einer »Salami-Strategie« so schneiden, dass sie in den Einzelprojekten unterhalb gewisser Volumengrenzen bleiben und so den Genehmigungsaufwand reduzieren. Außerdem versuchen die Verantwortlichen, Fakten zu schaffen, so dass im Beispiel das Projekt C praktisch zum Muss-Projekt wird.

Vor diesem Hintergrund muss die in Abschnitt 4.2.1 aufgeführte Fragestellung »Ist das Projekt bzw. das Projektergebnis Voraussetzung für die Durchführung zukünftiger Projekte?« besonders kritisch geprüft werden. Jeder Mitarbeiter in der Organisation muss wissen, dass gezielt geprüft wird. Das garantiert keine absolute Sicherheit, kann aber davor bewahren, dass Projektanträge systematisch manipuliert werden.

Prüfung der Projekte

Stellt man solche Manipulationen im Nachhinein fest, sollte man sich nicht scheuen, Sanktionen gegen die verantwortlichen Mitarbeiter zu verhängen. Das können arbeitsrechtliche Schritte sein, z.B. Abmahnungen, in schweren Fällen wird man sogar Schadenersatzforderungen gegen diese Mitarbeiter erheben.

5.1.4 Fragen des Controllings

Das Controlling muss im Umfeld bei der Projektbewertung folgende Fragen stellen und durch entsprechende Antworten Transparenz schaffen:

- Ist das Bewertungsverfahren für Projekte klar definiert, dokumentiert und allen Betroffenen bekannt?
- Sind die Parameter des Bewertungsverfahrens klar definiert, dokumentiert und allen Betroffenen kommuniziert?
- Ist sichergestellt, dass alle Projekte einheitlich nach dem definierten Bewertungsverfahren geprüft werden?
- Werden Muss-Projekte kritisch geprüft, insbesondere daraufhin, ob sie zwingend in der aktuellen Planungsperiode durchzuführen sind – vor allem, wenn es sich um interne Muss-Projekte handelt?
- Werden Abhängigkeiten zwischen verschiedenen Projekten mit hoher Sicherheit auch dann erkannt, wenn sie von den Projektantragstellern nicht ordnungsgemäß dokumentiert worden sind?

5.1.5 Empfehlungen für die Praxis

- Etablieren Sie ein möglichst einfaches und gut verständliches Verfahren zur abschließenden Projektbewertung.
- Sorgen Sie dafür, dass alle Projekte das etablierte Bewertungsverfahren durchlaufen und die Ergebnisse der Bewertung dokumentiert werden.
- Falls Sie kein quantitatives Verfahren zur Projektbewertung einsetzen (können), dann sorgen Sie für eine intensive inhaltliche Diskussion und dokumentieren Sie Ergebnisse und Argumente. Lassen Sie ein Gremium entscheiden.

- Binden Sie die oberste Leitung Ihrer Organisation aktiv in die Projektbewertung mit ein. Sie ist hier in der Verantwortung.
- Lassen Sie Verbundprojekte mit einem gemeinsamen Projektantrag initiieren.

5.2 Aufbau eines Projektportfolios

Qualifizierte Projekte

Im Rahmen des Projektantragsprozesses werden diejenigen Projekte identifiziert, die für eine Realisierung infrage kommen. Im Folgenden wird diskutiert, wie aus diesen Projekten wiederum diejenigen ausgewählt werden, die zur Realisierung in das Projektportfolio aufgenommen werden.

Behandlung von Altprojekten

Gibt es aus der vorangehenden Periode noch Projekte, die nicht mehr gestartet werden können, so müssen diese Altprojekte wieder in die Portfolioerstellung einbezogen werden und stehen dann mit den neuen Projekten im Wettbewerb. Ein Altprojekt schafft es dann möglicherweise nicht mehr, in das Projektportfolio aufgenommen zu werden, weil es »bessere« Projekte gibt. Projekte, die bereits laufen, sind gemäß Planungsregel 1 (vgl. die einleitenden Überlegungen zu Kap. 5) von dieser Planung ausgeschlossen.

Natürlich könnte man Altprojekte privilegieren und sie einfach in das neue Projektportfolio übernehmen, aber dann müsste die Organisation ihren Kapitalgebern die Frage beantworten, warum das Portfolio Projekte mit schwacher Rentabilität enthält, während gleichzeitig Projekte mit höherer Rentabilität nicht mehr in das Portfolio aufgenommen werden.

Projektwarteschlange

Darüber hinaus müssen Organisationen Regeln festlegen, wie mit denjenigen Projekten verfahren werden soll, die sich zwar mittels Projektantrag für den Portfolioprozess qualifizieren konnten, dann aber nicht mehr den Weg ins Portfolio geschafft haben. Hier bietet sich folgende Vorgehensweise an:

- Alle qualifizierten Projekte werden in eine Projektwarteschlange eingestellt. Im Rahmen der Jahresplanung werden dann sämtliche Projekte in der Warteschlange und die im aktuellen Portfolio nicht mehr durchführbaren Projekte in die Portfoliobildung einbezogen.
- Außerhalb der periodischen Jahresplanung kann eine Portfolioaktualisierung erforderlich sein. Sie wird durch verschiedene Anlässe ausgelöst (vgl. Tab. 5–1, Kap. 5).

Projekte in der Warteschlange werden von ihren Auftraggebern regelmäßig daraufhin überprüft, ob eine (verspätete) Realisierung (noch) sinnvoll ist. Macht sie keinen Sinn mehr, sollte der jeweilige Projektauftraggeber das Projekt zurückziehen. Soll das Projekt weiterhin realisiert werden, kann es aus Sicht des Projektauftraggebers angebracht sein, den Projektantrag zu aktualisieren, z.B. weil Veränderungen im geschäftlichen Umfeld eine Anpassung oder Erweiterung der angestrebten Projektergebnisse nahelegen. Dazu sollte es einen verkürzten Initiierungsprozess geben, der sicherstellen muss, dass sich das Projekt inhaltlich nicht grundlegend ändert, der Projektaufwand nicht (wesentlich) steigt und die ermittelte Rentabilität stabil bleibt oder sogar steigt.

Wird im Rahmen der Periodenplanung das neue Projektportfolio gebildet, so sollten sämtliche noch nicht gestarteten Altprojekte daraufhin geprüft werden, ob sie zurückgezogen werden oder in der Warteschlange verbleiben sollen, ggf. mit einer entsprechenden Aktualisierung.

5.2.1 Projektportfolio ohne Engpassressource

Vorgehen bei limitiertem Kapitalvolumen

Zunächst sei nun der (einfache) Fall betrachtet, dass der einzig limitierende Faktor das benötigte Kapital ist. Für ein einzelnes Projekt wird im Hinblick auf den Kapitalbedarf üblicherweise nicht nach Eigenkapital und Fremdkapital unterschieden, weil die Kapitalstruktur der Organisation vorgegeben ist. Diese Unterscheidung nach der Kapitalherkunft ist jedoch bei IT-Dienstleistern durchaus von Bedeutung, wenn sie nämlich einzelne Projekte für Kunden (vor-)finanzieren müssen.

Ist nur das Kapital der limitierende Faktor, so bietet sich das folgende Vorgehen an:

- Ermittle für jedes Projekt in der Warteschlange die (erweiterte) Rentabilität.
- Sortiere die Projektwarteschlange absteigend nach der Rentabilitätskenngröße.
- Ermittle den kumulierten Kapitalbedarf entsprechend der Rangreihenfolge der Projekte.
- Ist der Kapitalbedarf aller Projekte geringer als das verfügbare Kapitalvolumen, dann ist der Prozess der Portfoliobildung abgeschlossen, denn alle Projekte können in das Portfolio übernommen werden.
- Ist der kumulierte Kapitalbedarf über alle Projekte größer als das verfügbare Kapitalvolumen, dann übernimmt man entsprechend der Rangreihenfolge der Projekte so viele Projekte in das Portfolio, dass ihr kumulierter Kapitalbedarf nicht größer ist als das verfügbare Kapitalvolumen.

Das Vorgehen verdeutlicht Tabelle 5–4.

Tab. 5–4
Projektpriorisierung 2 (Ergebnis)

Projekt-nummer	Kapital	Erw. Barwert	Erw. Rentabilität	Rang	Kum. Kapital-bedarf
1	1.000	247	25%	5	4.200
2	800	50	6%	10	8.100
3	300	151	50%	2	500
4	200	106	53%	1	200
5	500	114	23%	7	5.300
6	600	147	25%	6	4.800
7	1.200	183	15%	9	7.300
8	2.000	643	32%	3	2.500
9	800	153	19%	8	6.100
10	700	198	28%	4	3.200
Summen	8.100	1.992	25%		

Liegt das verfügbare Kapitalvolumen bei 6.000 Geldeinheiten, dann können nur die Projekte Nr. 1, 3, 4, 5, 6, 8 und 10 durchgeführt werden. Die Projekte Nr. 2, 7 und 9 werden nicht ins Portfolio aufgenommen.

Behandlung von Grenzfällen

Der Grenzfall des Projektes Nr. 9 zeigt, dass man die Projektauswahl flexibel gestalten muss. Hier würde man entweder versuchen, das verfügbare Kapitalvolumen um 100 Geldeinheiten zu erhöhen, oder aber man würde alle bzw. ausgewählte Projekte (z.B. mit sehr hohem Kapitalbedarf) einer kritischen Prüfung unterziehen und versuchen, deren Kapitalbedarf zu reduzieren. Das könnte allerdings die Rentabilität der einzelnen Projekte verändern und möglicherweise sogar zu einer veränderten Rangreihenfolge der Projekte führen. In der Praxis wird man also die Projektauswahl für das Portfolio in mehreren Iterationen durchführen. Auch hier muss die Planung, wie es Controller gerne formulieren, »geknetet« werden.

Bleibt man bei der in Tabelle 5–4 dargestellten Situation, so würde das bedeuten, dass ein verfügbares Kapital von 700 Geldeinheiten nicht für die Projekte genutzt werden kann und an die oberste Leitung der Organisation zurückgegeben werden muss. Das verfügbare Kapital (für IT-Projekte) wird also möglicherweise nicht optimal ausgenutzt.

Optimierungsansatz

Das führt zu der Frage, ob man die Portfoliobildung nicht besser nach folgender Methode durchführt. Die Projektwarteschlange möge n Projekte $P(i)$, $1 \leq i \leq n$ mit dem Kapitalbedarf $K(i)$ und dem erwarteten Endkapital $K(i)+B(i)$ enthalten. Das verfügbare Kapitalvolumen sei K_{ges}. Für jedes Projekt sei ein Schalter s(i) definiert und folgende Optimierungsaufgabe formuliert: Maximiere

$\sum_i s(i) \cdot (K(i) + B(i))$ unter der Nebenbedingung

$$\sum_i s(i) \cdot K(i) \leq K_{ges}$$

Gleichwohl ist die vorab beschriebene suboptimale Vorgehensweise zu empfehlen, denn zum einen dürfte das an dieser Stelle nicht ausgenutzte Kapital an anderer Stelle in der Organisation einsetzbar sein und zum anderen kann man im Rahmen der vorgenannten Iterationen bei der Portfoliobildung Projekte und Kapitalvolumen (in Grenzen) aufeinander abstimmen. Wären nämlich im Beispiel der Tabelle 5–4 6.100 Geldeinheiten verfügbar, dann wären die ausgewählten 8 Projekte die Lösung des Optimierungsproblems.

Regel: Best in, first out

Außerdem würde der Optimierungsansatz dazu führen, dass die Projektauftraggeber selbst bei sehr guter Rentabilität ihrer Projekte keine Sicherheit mehr haben, dass ihr Projekt in das Portfolio übernommen wird. Das werden die Verantwortlichen nicht akzeptieren; sie werden ein Vorgehen nach der Regel »best in, first out« fordern.

5.2.2 Projektportfolio mit Engpassressource

Engpassressource

Es sei nun angenommen, dass alle Projekte eine Engpassressource nutzen müssen und diese Engpassressource während der gesamten Planungsperiode mit einer bestimmten, konstanten Kapazität zur Verfügung steht. Eine solche Engpassressource ist üblicherweise das IT-Personal. Dann ist der Bedarf an dieser Ressource proportional zur Belegungsdauer. Damit unterliegt das Projektportfolio zwei Nebenbedingungen. Das verfügbare Kapital ist beschränkt und die Menge einer bestimmten Ressource ist beschränkt.

Optimierungsaufgabe

Die Aufgabe der Portfoliobildung kann man wieder als Optimierungsaufgabe formulieren. Der Bedarf eines Projektes an der Engpassressource sei mit RS(i) bezeichnet, die insgesamt verfügbare Ressourcenmenge mit RS_{ges}. Dann gilt: Maximiere

$\sum_i s(i) \cdot (K(i) + B(i))$ unter den Nebenbedingungen

$\sum_i s(i) \cdot K(i) \leq K_{ges}$ und

$$\sum_i s(i) \cdot RS(i) \leq RS_{ges}$$

Eine Engpassressource liegt dann vor, wenn die erreichte Zielgröße, das Gesamtvolumen des erzielbaren Endkapitals, aufgrund der zweiten Nebenbedingung kleiner ausfällt als ohne diese Nebenbedingung. Die Ressource ist in der Organisation ein größerer Engpass als das verfügbare Kapital. Allerdings hat man mit dem Optimierungsansatz wieder das Problem, dass u.U. Projekte mit schwächerer Rentabilität in das Portfolio aufgenommen werden und Projekte mit besserer Rentabilität nicht mehr aufgenommen werden. Das werden die Projektauftraggeber nicht akzeptieren. Was kann man hier tun?

Produktivitätsansatz

Im ersten Ansatz versucht man, den Ressourcenengpass zu beseitigen und die Kapazität dieser Ressource zu erhöhen, im Falle des Personals z.B. durch Hinzunahme externer Fachkräfte oder durch Einstellung weiterer Mitarbeiter. Lässt sich das nicht bewerkstelligen, muss man andere Wege gehen. Hierzu greift man auf den Ansatz zurück, der im vorangehenden Abschnitt gewählt wurde. Dort wurde eine Rangreihenfolge der Projekte nach der (erweiterten) Rentabilität erstellt. Rentabilität ist aber nichts anderes als eine bestimmte Produktivität auf das einzusetzende Kapital. Hat man eine Engpassressource identifiziert, muss analog für jedes Projekt die Produktivität, bezogen auf die betrachtete Engpassressource, ermittelt werden, also der Quotient aus erwartetem Endkapital und der benötigten Ressourcenmenge gebildet werden. Tabelle 5–5 zeigt dies beispielhaft.

Tab. 5–5
Projektpriorisierung 3 (Ergebnis)

Projekt-nummer	Kapital	Ressource	Erw. Barwert	Pro-duktivität	Rang	Kum. Ressourcen-bedarf
1	1.000	20	247	62,35	1	20
2	800	25	50	34,00	4	65
3	300	15	151	30,07	5	80
4	200	8	106	38,25	3	40
5	500	12	114	51,17	2	32
6	600	30	147	24,90	8	260
7	1.200	50	183	27,66	6	130
8	2.000	100	643	26,43	7	230
9	800	40	153	23,83	9	300
10	700	40	198	22,45	10	340
Summen	8.100	340	1.992	29,68		

Nimmt man nun für Tabelle 5–5 an, dass die Ressource auf 200 Einheiten limitiert sei, dann können die Projekte Nr. 1, 2, 3, 4, 5 und 7 durchgeführt werden; die Projekte Nr. 6, 8, 9 und 10 werden nicht ins

Portfolio aufgenommen. Gleichzeitig erkennt man, dass diese Projekte einen Kapitalbedarf von 4.000 Geldeinheiten nach sich ziehen, also 2.000 Einheiten des (eigentlich) verfügbaren Kapitals nicht ausgeschöpft werden können. Würde man der Rangreihenfolge aus Tabelle 5–4 folgen, so könnte man bei der vorgenannten Ressourcenlimitierung nur die Projekte Nr. 1, 3, 4, 8 und 10 mit einem Kapitalbedarf von 4.200 Geldeinheiten durchführen.

Zwei Engpassressourcen

Bei Selektion nach der Engpassressource (vgl. Tab. 5–5) könnte man bei einem Kapitalbedarf von 4.000 Geldeinheiten ein Endkapital von insgesamt 4.851 Geldeinheiten erwarten. Selektiert man nach dem Kapitalbedarf (vgl. Tab. 5–4) und beachtet die Ressourcenlimitierung, so kann man die Projekte 1, 3, 4, 5, 6 und 8 durchführen, benötigt dazu ein Kapital in Höhe von 4.600 Geldeinheiten und kann ein Endkapital von 6.008 Geldeinheiten erwarten. Die Selektion ausschließlich nach der Engpassressource liefert also in diesem Fall kein besseres Ergebnis als die ursprüngliche Selektion nach der Rentabilität und der beschriebenen Verkürzung des Portfolios. Das muss aber nicht zwingend so sein. Insofern lässt sich die beschrieben Heuristik im Falle einer Engpassressource wie folgt verbessern:

- Erstelle das Projektportfolio auf Basis der Rentabilität.
- Verkürze dieses Portfolio ggf. so lange, bis es die verfügbare Ressourcenmenge nicht mehr überschreitet.
- Erstelle das Projektportfolio auf Basis der Engpassressourcenproduktivität.
- Verkürze dieses Portfolio ggf. so lange, bis es das verfügbare Kapitalvolumen nicht mehr überschreitet.
- Wähle dasjenige Portfolio, das die größte Rentabilität bezogen auf das benötigte Kapital erwarten lässt.

Drei Engpassressourcen

Dieses Vorgehen kann man leicht auf den Fall übertragen, dass mehrere Engpassressourcen berücksichtigt werden müssen. Bezeichnet man das Portfolio auf Basis der Rentabilität als K-Portfolio und das Portfolio auf Basis der Engpassressource RS(i) als RS(i)-Portfolio, dann kann man die Vorgehensweise für drei Engpassressourcen wie folgt beschreiben:

- Erstelle das K-, RS(1)- und RS(2)-Portfolio.
- Verkürze das K-Portfolio so lange, bis es die verfügbaren Ressourcenmengen RS(1) und RS(2) nicht mehr überschreitet.
- Verkürze das RS(1)-Portfolio so lange, bis es das verfügbare Kapital und die verfügbare Ressourcenmenge von RS(2) nicht mehr überschreitet.

- Verkürze das RS(2)-Portfolio so lange, bis es das verfügbare Kapital und die verfügbare Ressourcenmenge von RS(1) nicht mehr überschreitet.
- Wähle dasjenige der drei verkürzten Portfolios, das die größte Rentabilität bezogen auf das benötigte Kapital erwarten lässt.

Natürlich kann es passieren, dass bei diesem Verfahren Projekte mit sehr guter Rentabilität nicht in das Portfolio aufgenommen werden, aber im Gegensatz zum Optimierungsansatz hat man mehrere konkurrierende Produktivitäten und kann jeweils dem Grundsatz »best in, first out« folgen.

Engpassressourcen in der Praxis

Die angedeuteten Beispiele weisen darauf hin, dass bei den Engpassressourcen für IT-Projekte die Personalressourcen eine zentrale Rolle spielen. Allerdings darf man nicht übersehen, dass entscheidende Engpässe auch im technischen Bereich auftreten können.

Engpässe im Personalbereich

Im Bereich der Personalressourcen hat man es in Projekten vor allem mit folgenden Engpässen zu tun:

- Systemanalytiker und Entwickler
- Experten für Standardsoftware
- Projektleiter
- Technische Experten aus dem Infrastruktur- und Datenbankumfeld
- Fachbereichsexperten

Innerhalb dieser Gruppen muss man unter Umständen noch nach Technologien und Produkten unterscheiden. So sind Entwickler nach Programmierkenntnissen, Datenbankexperten nach Datenbanksystemen, Infrastrukturexperten nach Herstellertechnologien usw. segmentierbar. Bei Fachbereichsexperten kommt es (natürlich) auf die benötigten fachlichen Schwerpunkte an. Ein Buchhaltungsexperte kann z.B. wenig zu Fragen der Fertigungs- oder Vertriebsunterstützung beitragen.

Engpass: Organisationskenntnisse

Will man die Portfolioplanung nicht zu einem hyperkomplexen »Glasperlenspiel« (vgl. das gleichnamige Buch von Hermann Hesse) ausarten lassen, wird man sich auf diejenigen Engpassressourcen konzentrieren, die in Projekten nicht nur punktuell und auch nicht nur in einzelnen Projekten mitwirken müssen. Auswahlkriterium muss auch sein, ob die entsprechenden Personen fundierte Kenntnisse der Organisation und des spezifischen fachlichen Projekthintergrundes besitzen müssen. Ist das nicht der Fall, kann man ohne Weiteres externe Experten einsetzen. Daher sollte man sich für den IT-Bereich auf Systemanalytiker/Entwickler, Projektleiter und Infrastrukturexperten konzentrieren. Denn die Erfahrung zeigt, dass fehlende Organisations- und

Umfeldkenntnisse letztlich der eigentlich limitierende Faktor ist. Man kann fehlende eigene Kapazitäten in diesen Bereichen durch externe Spezialisten ergänzen, ohne eigene Experten in diesen Bereichen ist aber erfolgreiche Projektarbeit nicht möglich.

Engpass: Fachbereich

Ein besonderes Problemfeld der Praxis stellen die Experten der Fachbereiche dar. Sie sind für erfolgreiche IT-Projekte unbedingt erforderlich, stehen aber oftmals nicht oder nur unzureichend zur Verfügung. Hier kann man in der Regel auch nicht auf externe Spezialisten zurückgreifen, da diese die Besonderheiten der spezifischen Organisation nicht kennen (können). Es bleibt des Projektplanern also nur die Möglichkeit, die Verfügbarkeit der benötigten Fachexperten mit den jeweiligen Fachbereichsleitungen abzustimmen. Sind entsprechende Personen zu dem aus der Sicht der Projektplanung optimalen Zeitpunkt nicht verfügbar, dann muss das Projekt so umgeplant werden, dass Projektbedarf und Expertenverfügbarkeit übereinstimmen.

Hierzu kann man das Projekt im Portfolio anders positionieren, indem man seine Position in der Rangreihenfolge ändert (also in der Projektwarteschlange nach hinten verschiebt) oder das Projekt geplant so lange pausieren lässt, bis die benötigten Experten eingesetzt werden können.

Engpass: Technische Ressourcen

Technische Engpassressourcen finden sich oftmals im Bereich von Rechner-, Speicher- und Netzwerkleistung, aber auch bei Software, z.B. Lizenzen für Entwicklungswerkzeuge oder Datenbanksysteme. Ein typischer und oftmals unterschätzter Engpass sind Testumgebungen für Integrations-, System- oder Abnahmetests, da diese komplex und in der Vorhaltung teuer sind. Auch leiden viele Projekte in der Praxis unter Engpässen beim Büroraum (Arbeitsplätze, Gruppenräume). Engpässe im Rechner- und Speicherbereich werden sich zukünftig praktisch auflösen, da die Möglichkeiten und Angebote im Umfeld des Cloud Computing weiter zunehmen werden und man benötigte Kapazitäten in diesen Bereichen frei zukaufen kann. Das wird ähnlich auch bei Softwarewerkzeugen möglich sein. Bleiben werden jedoch stets diejenigen Engpässe, die organisationsspezifisch auftreten, wie das z.B. bei Testumgebungen der Fall ist.

5.2.3 Periodenabgrenzung

Ungenutzte Ressourcen

Bei der Auswahl von Projekten für das Portfolio kommt es vor, dass nach Abschluss der Auswahl noch ein gewisses Restkapital verfügbar wäre, das jedoch nicht mehr für eines der qualifizierten Projekte ausreicht. Auch kann es passieren, dass im Falle eines Ressourcenengpasses noch Kapazität der Engpassressource übrig bleibt, die ebenfalls nicht mehr für die Durchführung eines weiteren Projektes in der Planungsperiode ausreicht.

Zuordnung von Restkapazitäten

Im Falle des Kapitals könnte man das Budget entsprechend reduzieren und das nicht genutzte Kapital an anderer Stelle in der Organisation einsetzen. Im Falle der Engpassressource könnte man möglicherweise die freie Kapazität für andere Zwecke nutzen. Ist das nicht möglich, bleibt sie ungenutzt und verursacht Leerkosten. Man könnte allerdings auf die Ressourcenkapazität der anschließenden Planungsperiode eine Art Kredit nehmen und so ein weiteres Projekt in das Portfolio aufnehmen. So könnte man die Kapazität der Engpassressource in der Planungsperiode vollständig ausschöpfen, würde aber als letztes ein Projekt starten, das erst in der Folgeperiode abgeschlossen werden könnte. Eine ähnliche Situation kann man sich vorstellen, wenn nur das Kapital der Engpass ist.

Strategien der Periodenabgrenzung

Damit kann die Organisation zwei Strategien folgen, die jeweils weder richtig noch falsch sind. Aber die Organisation muss sich entscheiden, welche der beiden Strategien sie für ihr Portfoliomanagement der Projekte präferiert und wählt:

- Strategie I (Orientierung am Projektstart):
  Die Planungsperiode wird komplett mit Projekten überdeckt. Die anschließende Planungsperiode wird entsprechend verkürzt. Kriterium für die Aufnahme eines Projektes in das Portfolio ist, ob der Starttermin des Projektes noch in der Planungsperiode liegt.
- Strategie II (Orientierung am Projektabschluss):
  Die Planungsperiode wird nur so weit mit Projekten aufgefüllt, als diese auch innerhalb der Planungsperiode abgeschlossen werden können. Die anschließende Planungsperiode wird »nach vorne« verlängert. Dasjenige Projekt, das zwar in der Planungsperiode noch begonnen, aber nicht mehr abgeschlossen werden könnte, muss sich für die anschließende Planungsperiode wieder dem Projektwettbewerb stellen, wird möglicherweise von einem besseren Projekt dominiert und kann demzufolge erst zu einem späteren Zeitpunkt realisiert werden.

In einem stabilen Umfeld wird man die erste Strategie wählen, in einem volatilen Umfeld ist die zweite Strategie sinnvoller.

5.3 Ablaufplanung im Portfolio

Annahmen und Limitierungen

Der Aufbau eines Projektportfolios wurde bislang nur von der Kapazitätsseite her betrachtet. Im Fall des Projektportfolios ohne Engpassressource war ausschließlich das Kapital der limitierende Faktor. Implizit wurde angenommen, dass jede benötigte Ressource zu jedem Zeitpunkt in der erforderlichen Menge und Kapazität (Ressourcenmenge pro Zeiteinheit) zur Verfügung steht. Im Fall des Projektportfolios mit Engpassressourcen waren eine oder mehrere Ressourcen so stark limitiert, dass das verfügbare Kapital nicht vollständig ausgenutzt werden konnte. Implizit wurde aber auch hier angenommen, dass jede benötigte Ressource zu jedem Zeitpunkt in der erforderlichen Menge und Kapazität zur Verfügung steht, solange die mengenmäßige Limitierung nicht verletzt wird.

Problem: Ressourcenwechsel

Gibt es nur eine einzige Engpassressource, z.B. das Personal, dann kann man den Ablauf der Projekte des Portfolios um diese Engpassressource herum planen und diese so bestmöglich auslasten. Wird allerdings diese Engpassressource von einem Projekt mehrfach benötigt (man denke z.B. an bestimmte Experten oder technische Komponenten), dann kann es sogar hier zu der Situation kommen, dass die Engpassressource nicht vollständig ausgenutzt werden kann und zeitweise ohne Beschäftigung ist. Diese nur kurz angerissenen Überlegungen zeigen, dass man für eine umsetzbare Portfolioplanung nicht nur über benötigte Ressourcenmengen sprechen darf, sondern auch die interne Struktur der Projekte, also den Wechsel zwischen den unterschiedlichen Ressourcen, mit in die Planung einbeziehen muss.

Ein-Ressourcen-Modell

Um diese Problematik zu erhellen, sei mit einem einfachen Modell begonnen. Es wird angenommen, dass man nur eine Ressource benötigt und diese Ressource jedes Projekt komplett durchführen kann. Das wird in der Praxis immer das Personal sein. Die Ressource arbeitet sequenziell, kann also zu einem bestimmten Zeitpunkt nur höchstens ein Projekt bearbeiten. Es gibt also nur ein Team, das zu einem bestimmten Zeitpunkt auch nur ein Projekt bearbeiten kann. Wird ein Projekt begonnen, so wird es ohne Unterbrechung bis zu seinem Abschluss bearbeitet. Während der gesamten Planungsperiode möge die Ressource zudem eine konstante Kapazität aufweisen; das bedeutet, dass die benötigte Ressourcenmenge des Projektes proportional zur Ressourcenbelegung des Projektes und damit zur Projektdauer ist. Natürlich wird das Projekt weitere Ressourcen verbrauchen, z.B. Räume oder Arbeitsplatzausstattung, aber diese sind gemäß Annahme zu jedem beliebigen Zeitpunkt in der benötigten Menge verfügbar.

Es sei weiterhin angenommen, dass die Projektbewertung zu einer bestimmten Rangreihenfolge geführt hat, wodurch sich die Projekte auf dem Zeitstrahl wie auf einer Perlenkette aufziehen lassen (vgl. Abb. 5–4). Das dargestellte Projektportfolio benötigt 28 Zeiteinheiten, bis es vollständig umgesetzt ist.

Abb. 5–4
Ablaufplan Portfolio (1 Ressource)

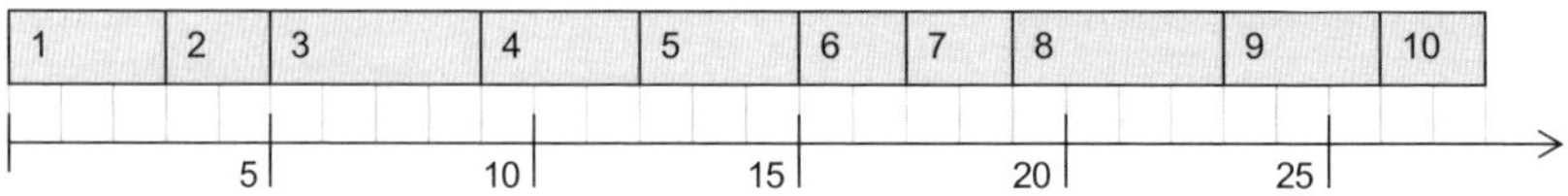

Abhängigkeit von Projekt- und Portfolioplanung

Dieses einfache Beispiel zeigt, dass Projekt- und Portfolioplanung nicht getrennt werden können. Das betrifft insbesondere die Terminplanung. Das einzelne Projekt kann bis zur Einplanung in das Portfolio Termine nur relativ zum Starttermin planen. Die Projektplanung kann also eigentlich nur Aussagen der Art machen:

- Arbeitspaket B startet 10 Tage nach Projektbeginn.
- Arbeitspaket D endet 22 Tage nach Projektbeginn.
- Das Projekt wird 40 Tage nach Projektstart beendet.

Eine konkrete Terminplanung auf der Zeitachse ist erst dann möglich, wenn man die Position des Projektes im Portfolio kennt. Die Termine eines einzelnen Projektes hängen von allen Vorgängerprojekten in der Projektwarteschlange ab. Wenn also alle Vorgängerprojekte pessimistisch geplant werden, startet das betrachtete Projekt spät. Werden alle Vorgängerprojekte optimistisch geplant, kann das betrachtete Projekt erheblich früher starten.

Eine Ressource – mehrere Instanzen

Nun wird das Beispiel erweitert und es sei angenommen, dass die erforderliche Ressource in mehreren Instanzen vorhanden ist. Im Falle des Personals handelt es sich um mehrere Teams. Das bedeutet, dass zu einem Zeitpunkt mehrere Projekte parallel bearbeitet werden können. Betrachtet man wieder das Beispiel der zehn Projekte, dann ergibt sich bei zwei Ressourceninstanzen R_1 und R_2 die in Abbildung 5–5 dargestellte Situation.

Abb. 5–5
Ablaufplan Portfolio (2 gleiche Ressourcen)

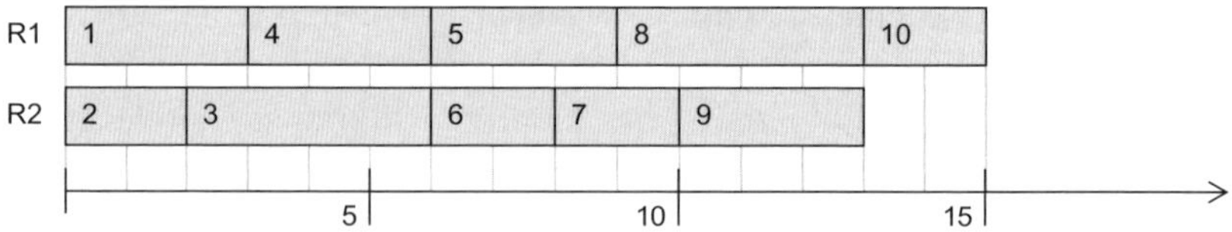

Dieser Portfolioablaufplan kommt wie folgt zustande:

- Gegenüber dem Ansatz mit nur einer Ressourceninstanz hat sich die Ressourcenkapazität verdoppelt. Weil jedes Projekt nur eine Ressourceninstanz nutzt, dauern die einzelnen Projekte genauso lange wie im ersten Ansatz.

- Ein Projekt wird derjenigen Ressourceninstanz zugeordnet, die als nächste frei ist; so werden die rentablen Projekte so früh wie möglich gestartet, sind demensprechend früh fertig und ihre Ergebnisse können den erwarteten Nutzen generieren.
- Werden beide Ressourceninstanzen zum selben Zeitpunkt frei, entscheidet das Los über die Zuordnung des betrachteten Projektes zu einer Ressourceninstanz.

Eine Verdopplung der Ressourceninstanzen (bei gleicher Kapazität pro Instanz) führt dazu, dass man in einer Planungsperiode mehr Projekte abwickeln kann als mit einer Ressourceninstanz.

Zwei-Ressourcen-Modell

Diese Überlegungen lassen sich nun weitertreiben und das Beispielportfolio wird nun wie folgt verändert: Um die Projekte durchzuführen, benötigt man zwei unterschiedliche Ressourcen. Der Einfachheit halber sei angenommen, dass am Ende der bisherigen Aktivitäten eine weitere Aktivität an jedes Projekt angehängt wird, die jeweils eine Zeiteinheit dauert und von einer anderen Ressource durchgeführt werden muss. Man denke hier z.B. an eine abschließende, umfassende Qualitätssicherung (Abnahmetest o.Ä.), also eine zweite, spezialisierte personelle Ressource. Den Ressourcenbelegungsplan in der ersten Rohfassung (ausgehend von Abb. 5–5) zeigt Abbildung 5–6.

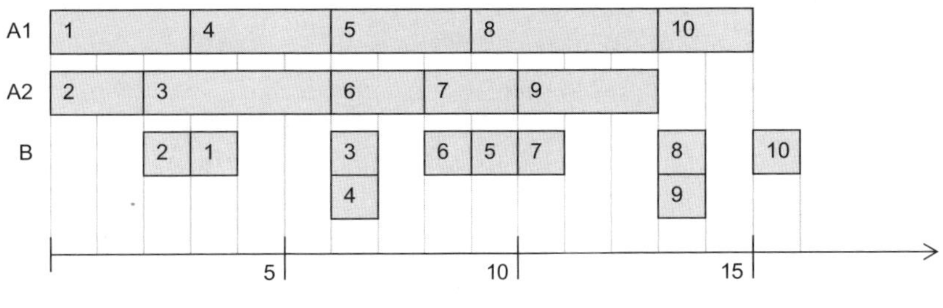

Abb. 5–6
Ablaufplan Portfolio 2:1 (Rohfassung)

Auslastungsproblem

Der Verantwortliche für dieses Portfolio hat ein Problem. Während die Ressourcen A1 und A2 kontinuierlich ausgelastet sind, geht es in der Ressource B turbulent zu:

- In den Zeiteinheiten 1, 2, 5, 6, 8, 12, 13 und 15 hat Ressource B keine Arbeit.
- In den Zeiteinheiten 3, 4, 9, 10, 11 und 16 ist Ressource B normal ausgelastet.
- In den Zeiteinheiten 7 und 14 ist Ressource B überlastet und würde jetzt doppelte Kapazität benötigen.

Würde man den Ressourcenbedarf glätten, indem man z.B. die Aktivitäten von B für die Projekte 4 und 9 um eine Zeiteinheit nach hinten verschiebt, könnte Ressource B die anfallende Arbeit mit der verfügbaren Kapazität schaffen. Allerdings muss man dafür einen Preis bezahlen: Die Projekte 4 und 9 dauern nun länger, weil sie jeweils eine Zeiteinheit pausieren müssen (vgl. Abb. 5–7).

Abb. 5–7
Ablaufplan Portfolio 2:1 (bereinigte Fassung)

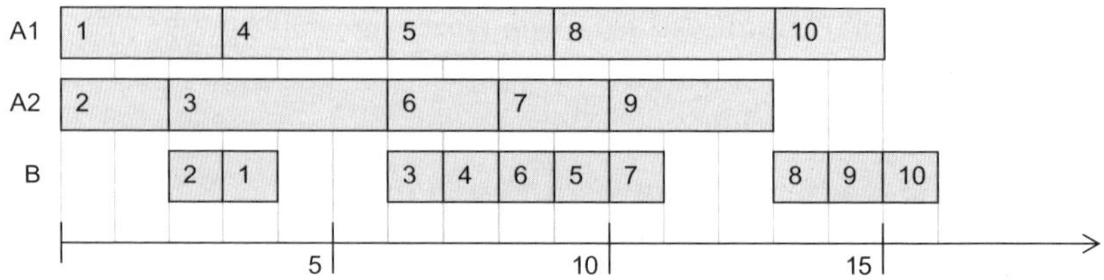

Projektdauer vs. Ressourcenauslastung

Das Beispiel zeigt das Dilemma der Portfoliosteuerung, nämlich den Konflikt zwischen der kürzestmöglichen Projektdauer und der optimalen Ressourcenauslastung. Wenn die Projekte beim Übergang zwischen unterschiedlichen Ressourcen warten müssen, dauern sie länger und können den erwarteten Nutzen erst später realisieren. Braucht kein Projekt auf freie Ressourcen zu warten, müssen mehr Ressourcen bereitgestellt werden und die Projekte werden teurer, benötigen also in der Gesamtheit mehr Kapital. Gleicher Nutzen bei höherem Kapitaleinsatz bedeutet aber niedrigere Rentabilität. Dieser Konflikt ist die immerwährende Herausforderung der Portfoliosteuerung. In der ersten Variante warten die Projekte auf freie Ressourcen, in der zweiten Variante warten die Ressourcen auf Projekte.

Optimale Ressourcenauslastung

Um diese Problematik weiter zu durchdringen, sei ein idealisierter Ansatz betrachtet. Jedes Projekt möge nacheinander von zwei unterschiedlichen Ressourcen A und B bearbeitet werden. Hier kann man sich zwei Expertenteams vorstellen, die nacheinander an der Projektaufgabe arbeiten müssen. Die Ressource A werde drei Zeiteinheiten benötigt, die Ressource B eine Zeiteinheit. Im optimalen Fall ist jedes Projekt also nach vier Zeiteinheiten abgeschlossen. Kann man die Bearbeitung der Projekte so organisieren, dass alle Projekte in der idealen Zeitspanne bearbeitet werden können und zugleich alle Ressourceninstanzen kontinuierlich ausgelastet sind? In der Tat geht das, wie Abbildung 5–8 zeigt.

Abb. 5–8
Ablaufplan Portfolio 3:1

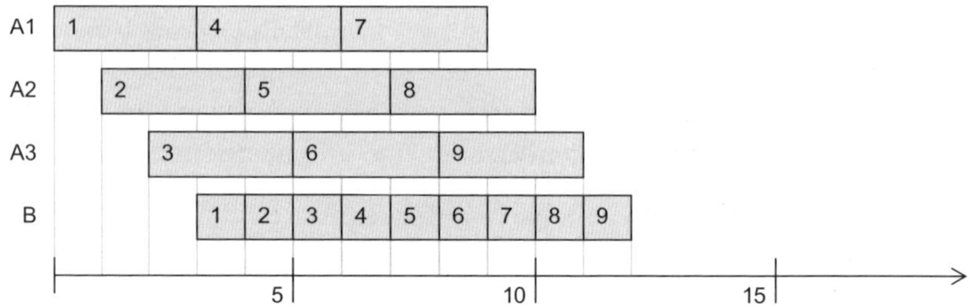

Wenn man also so viele Projekte hat, dass man drei Instanzen der Ressource A auslastet, dann kann man die Projekte auf der Zeitachse so legen, dass sie mit der kürzestmöglichen Laufzeit von vier Zeiteinheiten durchgeführt werden und – mit Ausnahme der Anlaufphase der ersten drei Zeiteinheiten – die Ressourceninstanzen kontinuierlich ausgelastet sind. Betrachtet man ein modifiziertes Beispiel, in dem B jedes Projekt zwei Zeiteinheiten lang bearbeitet, dann erhält man eine optimale Situation, wenn man drei Instanzen von A und zwei Instanzen von B vorhält, wie Abbildung 5–9 zeigt.

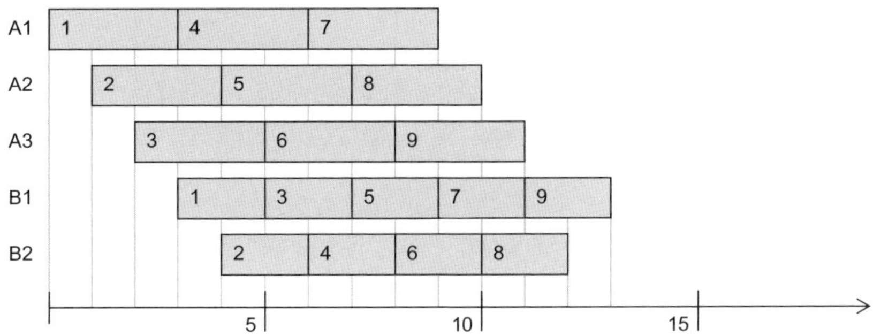

Abb. 5–9
Ablaufplan Portfolio 3:2

Man kann dieses Ergebnis wie folgt verallgemeinern: Werden zwei Ressourcen A und B (nacheinander) zur Bearbeitung eines Projektes benötigt und beträgt die Belegung der Ressourcen a bzw. b Zeiteinheiten (und sind a und b teilerfremde Werte), dann lässt sich eine optimale zeitliche Abwicklung der Projekte in a + b Zeiteinheiten bei kontinuierlicher Ressourcenauslastung so erreichen, dass man a Instanzen für A und b Instanzen für B vorhält. Werden drei Ressourcen A, B und C benötigt und betragen die Bearbeitungszeiten a, b und c Zeiteinheiten (und sind darüber hinaus a, b und c teilerfremd), dann muss man entsprechend a Instanzen für A, b Instanzen für B und c Instanzen für C, insgesamt also a + b + c Instanzen vorhalten. Es dürfte dem Leser nicht schwer fallen, das weiter zu verallgemeinern.

Ressourcenbedarf

Natürlich ist die Annahme standardisierter, uniformer Projekte weltfremd, aber sie wird noch eine Weile beibehalten. Dann stellt sich die Frage, ob die Anzahl der geforderten Ressourceninstanzen überhaupt praktisch darstellbar wäre. Bleibt man im Zwei-Ressourcen-Modell und nimmt an, dass das Verhältnis der erforderlichen Bearbeitungszeiten 7:2 beträgt. Dann würde man sieben Instanzen von A und zwei Instanzen von B benötigen. Das ist eine unrealistische Forderung.

Ressourcenkapazität vs. Laufzeit

Was könnte man tun? Man sollte versuchen, die Bearbeitungszeiten für A von sieben auf sechs Zeiteinheiten zu reduzieren. Dann würde man nur noch 3 + 1 Ressourceninstanzen benötigen (vgl. Abb. 5–10).

Außerdem hätte man die Projektlaufzeiten verkürzt. Im zweiten Schritt sollte man die Bearbeitungszeiten für B von 2 auf 3 Zeiteinheiten strecken. Dann wären nur noch 2+1 Ressourceninstanzen erforderlich (vgl. Abb. 5–11). Damit würden die Projektlaufzeiten wieder steigen. Die Reduktion der Ressourceninstanzen führt zu einer Reduktion der Anzahl der in der Planungsperiode realisierbaren Projekte.

Abb. 5–10
Ablaufplan Portfolio 3:1

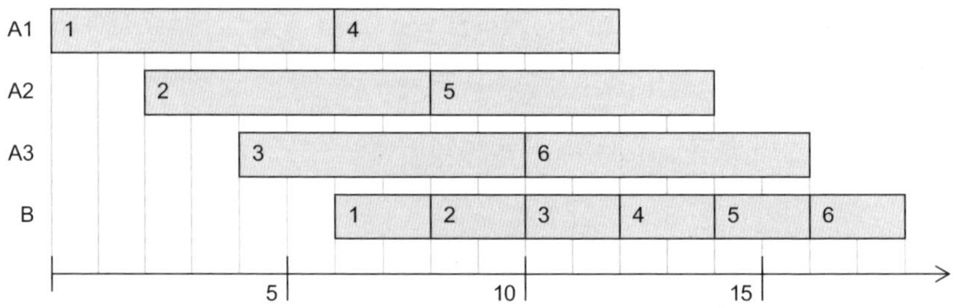

Abb. 5–11
Ablaufplan Portfolio 2:1

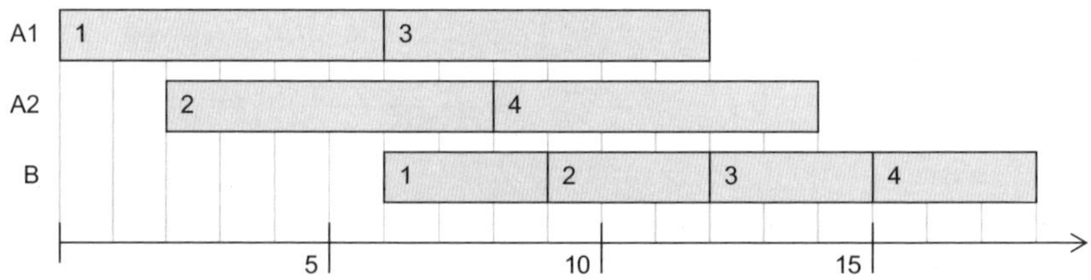

Kann man die Bearbeitungszeiten für A nicht reduzieren, dann muss man sie auf acht Zeiteinheiten strecken. Das würde zu 4+1 Ressourceninstanzen führen. Verlängert man die Bearbeitungszeiten für A weiter auf 9 und die für B auf 3 Zeiteinheiten, dann wären 3+1 Ressourceninstanzen erforderlich.

Der »Preis« für die reduzierte Anzahl von Ressourceneinheiten ist jeweils eine längere Projektlaufzeit und eine Verkleinerung des umsetzbaren Projektportfolios.

Unterschiedliche Projektklassen

Wir betrachten abschließend folgende Situation: Es werden wieder zwei Ressourcen A und B benötigt und von allen Projekten in der genannten Reihenfolge belegt. Allerdings möge es zwei verschiedene Projektklassen geben, nämlich eine Klasse I mit dem Belegungszeitverhältnis 5:2 und eine Klasse II mit dem Belegungszeitverhältnis 3:1. Um die Anzahl der benötigten Ressourceninstanzen zu minimieren, könnte man die Bearbeitungszeit für A bei Klasse-I-Projekten auf 6 Zeiteinheiten strecken. Dann könnte man je zwei Klasse-II-Projekte zu einem virtuellen Klasse-I-Projekt zusammenfassen und würde nur noch 3+1 Ressourceninstanzen benötigen (vgl. Abb. 5–12). Aufgrund der so erzwungenen Pausen würde sich für Klasse-II-Projekte jedoch eine längere Laufzeit ergeben.

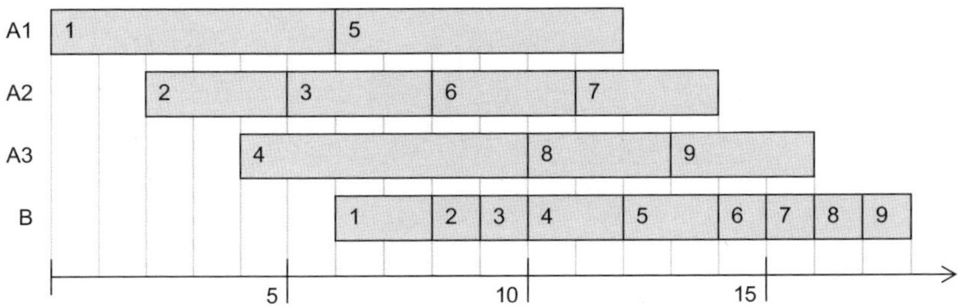

Abb. 5–12
Ablaufplan Portfolio 3:1 (unterschiedliche Projektdauer)

Typische Ablaufprobleme

Das diskutierte Ressourcenwechselproblem tritt in der Praxis an den Stellen auf, an denen für die Weiterführung eines Projektes grundlegende Qualifikations- oder Plattformwechsel erforderlich werden. Das dürfte sich in vielen Projekten in der Sequenz Entwicklung – übergreifende Qualitätssicherung – Implementierung/Produktionsvorbereitung äußern. Hier wird das Projektteam weitgehend ausgetauscht, weil in der anschließenden Phase überwiegend Mitarbeiter mit (erheblich) anderen Qualifikationen benötigt werden. Plattformwechsel finden beim Übergang von der Entwicklungsumgebung zur Testumgebung und dann zur Integrationsumgebung statt. In vielen Fällen wird das mit Phasenübergängen (vgl. Vorgehensmodelle, Abschnitt 4.4.3) und entsprechenden Meilensteinen korrespondieren. Für eine globale Portfolioablaufplanung wird man in der Regel nicht mehr als drei Ressourcen(gruppen) unterscheiden müssen. Man läuft ansonsten auch hier Gefahr, die Portfolioplanung zum »Glasperlenspiel« zu machen.

Abschließend sei ein Portfolio aus vier Projekten betrachtet, die jeweils drei unterschiedliche Ressourcen nutzen, aber nicht in der bislang betrachteten standardisierten Form (vgl. Abb. 5–13).

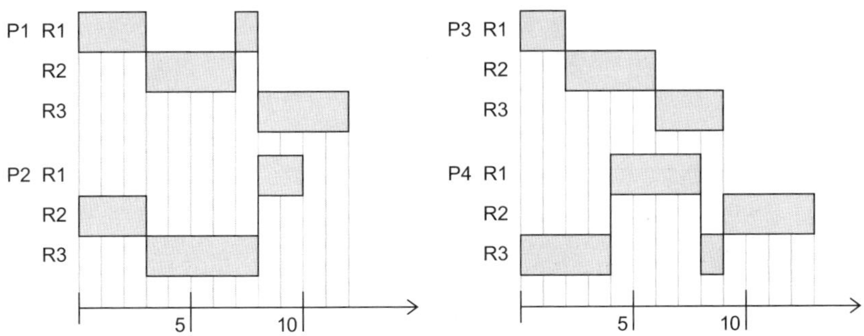

Abb. 5–13
Projektportfolio (Beispiel)

Es sei angenommen, dass Pausen bei den Ressourcenwechseln nicht zugelassen sind. Wäre dann die Rangreihenfolge der Projekte P1-P2-P3-P4 und würde man sie in dieser Reihung, also nach der postulierten Regel »best in, first out« umsetzen, dann würde sich der in Abbildung 5–14 gezeigte Verlauf ergeben.

Abb. 5–14
Ablaufplanung Projektportfolio (1)

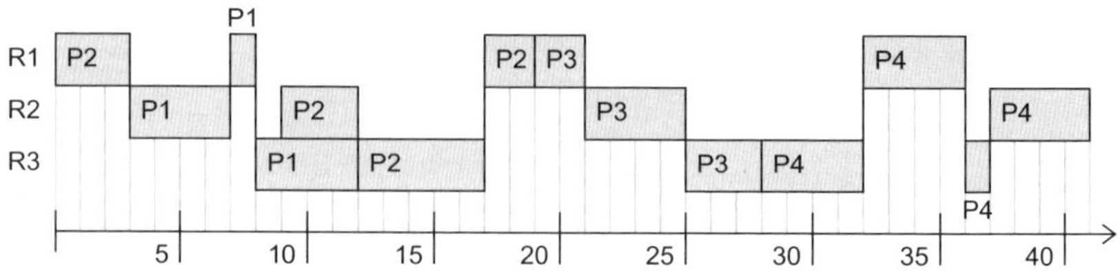

Die Umsetzung des Portfolios in der dargestellten Form würde insgesamt 41 Zeiteinheiten benötigen. Die Ressourcen R1, R2 und R3 wären 12, 15 und 17 Zeiteinheiten beschäftigt und damit zu 29%, 37% und 41% ausgelastet. Hier liegt es nahe, durch Optimierungsrechnung die Ressourcenauslastung zu verbessern und die »Länge« der Portfolios zu verkürzen.

Optimierungsaufgabe

Betrachtet man die Belegungszeiten der Ressourcen und die Laufzeiten der Projekte, so stellt man fest, dass die Ressource R3 mit 17 Zeiteinheiten am stärksten belegt ist. Daher wird das gesamte Portfolio auch bei minimaler Umsetzungszeit wenigstens 17 Zeiteinheiten benötigen. Die korrespondierende Optimierungsaufgabe lautet:

- Minimiere die Umsetzungszeit für das Portfolio {P1; P2; P3; P4} unter der Nebenbedingung, dass in jeder Zeiteinheit keine der Ressourcen R1, R2 und R3 mit mehr als einem Projekt belegt ist.

Eine Lösung der Portfolioumsetzung, die man durch Probieren findet, ist in Abbildung 5–15 dargestellt. Jetzt beträgt die »Länge« des Portfolios 25 Zeiteinheiten; die Ressourcen R1, R2 und R3 sind zu 48%, 60% und 68% ausgelastet. Natürlich verletzt man bei diesem Vorgehen die Regel »best in, first out«.

Abb. 5–15
Ablaufplanung Projektportfolio (2)

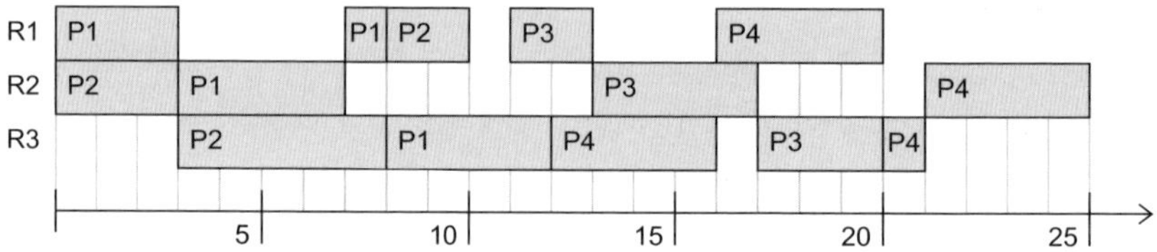

Heuristische Vorgehensweise

Eine Heuristik für die Ablaufplanung solcher Portfolios ist:

- Anweisung 1:
  Wähle aus dem vorgelegten Projektportfolio ein Projekt aus (z.B. das Projekt mit der längsten Projektlaufzeit).
- Anweisung 2:
  Nimm nacheinander jedes der verbleibenden Projekte und kombiniere es mit dem gewählten Projekt so, dass die gemeinsame Durchführungszeit minimal wird.

- Anweisung 3:
  Nimm das Projektpaar mit der kürzesten gemeinsamen Umsetzungszeit, entferne es aus dem Portfolio und ordne es einem neuen Portfolio der Projektpaare zu.
- Anweisung 4:
  Wiederhole die Anweisungen 1 bis 3 so lange, bis kein oder nur noch ein Projekt aus dem Portfolio übrig ist. Falls ein Projekt übrig ist, gebe es in das Portfolio der Projektpaare.
- Anweisung 5:
  Betrachte das Portfolio der Projektpaare als Ausgangsportfolio und wiederhole die Anweisungen 1 bis 4 so lange, bis nur noch ein Projektpaar übrig ist (dies ist das umsetzbare Projektportfolio).

Terminprojekte

Oftmals unterliegen Projekte zeitlichen Randbedingungen. Sie dürfen erst nach einem bestimmten Zeitpunkt starten oder müssen zu einem vorgegebenen Zeitpunkt enden. Solche Terminprojekte führen in der zur Portfolioablaufplanung korrespondierenden Optimierungsaufgabe zu zusätzlichen Nebenbedingungen:

- Projekt X darf frühestens in der Periode N starten.
- Projekt X muss genau in der Periode N starten.
- Projekt X darf spätestens in der Periode N enden.
- Projekt X muss genau in der Periode N enden.
- Projekt X darf eine benötigte Ressource frühestens in der Periode N nutzen.
- Projekt X muss eine benötigte Ressource genau in der Periode N nutzen.
- Projekt X darf eine benötigte Ressource spätestens in der Periode N nutzen.

In der beschriebenen Heuristik müsste eine entsprechende Nebenbedingung eingebaut werden. Bei der Kombination von Projekten oder Projektgruppen zu (neuen) Projektgruppen muss immer geprüft werden, ob in der neu gebildeten Projektgruppe gegen die vorgegebene Terminrestriktion verstoßen wird. Ist das der Fall, so ist diese Kombination nicht möglich. Tendenziell führen solche Restriktionen zu schlechterer Ressourcenauslastung.

Ressourcenrestriktionen

Verfügt man zur Projektdurchführung über mehrere Ressourcenpools, so kann der Fall eintreten, dass einzelne Ressourcen nicht alle Projekte durchführen können. Dann muss man die Verteilung der Projekte auf die verschiedenen Ressourcen zusätzlich zu anderen Randbedingungen davon abhängig machen, dass die jeweilige Ressource die relevanten Arbeiten im spezifischen Projekt auch durchführen kann.

Eine solche Einschränkung bei der Ressourcenzuordnung kann dazu führen, dass Projekte auf geeignete Ressourcen warten müssen. Auch bei solchen Restriktionen werden die vorhandenen Ressourcen tendenziell schlechter ausgelastet, als wenn es keine Restriktionen gäbe.

Optimales Projektportfolio

Abschließend ist noch zu prüfen, ob die bisherigen Ansätze zum Aufbau eines optimalen Projektablaufplans für ein Portfolio noch verbessert werden könnten. Betrachtet wurden Limitationen bei Kapital, Ressourcen und Terminen. Darüber hinaus sollte auch der Zeitpunkt der Projektdurchführung eine Rolle spielen.

Im Projektantrag geht man davon aus, dass das Projekt zum Ende der Projektperiode fertiggestellt ist und dann in die Betriebsphase wechselt. Wird aber ein Projekt bereits vor dem Ende der Projektperiode abgeschlossen, kann das Projektergebnis früher produktiv genutzt werden. Im Rahmen der vorgegebenen Kalkulationsspanne sollte das aber zu einem höheren Barwert führen. Allerdings verursacht der frühere produktive Einsatz auch höhere Betriebskosten und erfordert möglicherweise einen daraus resultierenden höheren Kapitalbedarf. Im Gegenzug müsste dann aber das Portfolio der Projekte mit den Leerkosten für nicht genutzte Ressourcenkapazitäten »bestraft« werden.

Grundsätzlich müsste man diese Effekte in die Ableitung eines optimalen Portfolioablaufplans mit einbeziehen. Allerdings muss man kritisch fragen, ob ein solches Vorgehen zu wesentlichen Verbesserungen führen könnte, denn man trifft bei jeder rechnerischen Optimierung massive Annahmen. Der Portfolioplaner muss sich jedoch solche Abhängigkeiten klarmachen. Nur dann wird er mittels der daraus resultierenden Sensibilisierung zu einer »guten« Portfolioplanung gelangen können.

Schlussfolgerungen

Was ergibt sich aus den vorangegangenen Überlegungen für die Portfolioplanung in der Praxis?

- Ob ein Projekt realisiert werden kann, hängt nicht nur davon ab, ob seine Rentabilität die vorgegebene Mindestrentabilität übersteigt, sondern auch davon, dass seine Rentabilität so hoch ist, dass es (noch) in das Portfolio der Planungsperiode aufgenommen werden kann. Gibt es viele attraktive Projekte, so kann es passieren, dass ein eigentlich interessantes Projekt nicht mehr in das Portfolio kommt und folglich nicht realisiert wird.
- Wie schnell ein Projekt realisiert wird, sollte davon abhängen, welche Positionsnummer es in der Rangreihenfolge bekommen hat. Je niedriger seine Positionsnummer ist (je besser also seine Rentabilität ist), desto früher sollte seine Realisierung gestartet und vor allem beendet werden. Je früher es nämlich abgeschlossen werden kann, desto eher kann der erwartete Nutzen realisiert werden.

- Bei knappen Ressourcen wird es in der Regel dazu kommen, dass die Umsetzungsreihenfolge nicht der Rangreihenfolge der Projektbewertung entspricht. Sonst würde man nämlich die vorhandenen Ressourcen unwirtschaftlich einsetzen und die Anzahl der umsetzbaren Projekte stark begrenzen.
- Die Anzahl der Terminprojekte sollte minimiert werden, da die zeitlichen Restriktionen zu einer schlechteren Ressourcenauslastung führen.
- Ressourcenrestriktionen sollten vermieden werden und die Anzahl unterschiedlicher Ressourcen sollte man auf das notwendige Mindestmaß beschränken. Im Idealfall kann jeder Mitarbeiter in einem Projekt alle Aufgaben übernehmen.
- Wie lange die Umsetzung eines Projektes dauert, hängt nicht nur davon ab, welchen Aufwand es verursacht, sondern auch davon, welche Kapazität die verfügbaren Ressourcen haben und welche Wartezeiten sich im Rahmen von Ressourcenwechseln ergeben. Daher sollte die Portfolioplanung versuchen, die Anzahl der Ressourcenwechsel so niedrig wie möglich zu halten. Im Hinblick auf die Projektmitarbeiter (wenn man über Personal spricht) ergibt sich die Forderung, dass die Mitarbeiter ein möglichst breites Qualifikationsspektrum abbilden sollten, nicht unbedingt jeder einzelne Mitarbeiter, wohl aber die Teams, die für den Einsatz im Projektportfolio gebildet werden.
- Projekte können nur vor dem Hintergrund eines konkreten Portfolios geplant werden. Insbesondere die Terminplanung ist nur möglich, wenn die Projekte und die sich daraus ergebenden Verfügbarkeiten der unterschiedlichen Ressourceninstanzen bekannt sind. Dauer und terminliche Lage jedes Projektes sollten schon im Projektantrag angesprochen werden.
- Je früher Projekte abgeschlossen werden können, desto größer sind die erzielbaren Nutzeffekte. Diese nehmen wertmäßig zu (summiert über die Kalkulationsspanne) und können früher realisiert werden.
- Eine Portfolioplanung mit möglichst optimaler Ressourcenbelegung ist umso eher und leichter möglich, je standardisierter man den zeitlichen Ablauf der Projekte darstellen kann. Im Hinblick auf das Portfolio ergibt sich erneut und verstärkt die Forderung nach absoluter Termindisziplin sämtlicher Projekte.
- Flexibilität muss es innerhalb der Ressourceninstanzen geben; diese müssen in der Lage sein, die Ressourcenintensität kurzfristig an die Projektsituation anzupassen. Handelt es sich um personelle Ressourcen, dann spricht man über flexible Arbeitszeiten. Handelt

es sich um technische Ressourcen, dann spricht man über flexible Nutzungszeiten. Im personellen Bereich sollte man mit dem Zuführen von weiteren Personen zum Projekt eher zurückhaltend sein. Denn es gilt nach wie vor das »Gesetz« von Brooks: Adding manpower to a late project makes it later (vgl. [Brooks 1974] nach [Heilmann 2003]).

5.3.1 Standardisierte Planungseinheiten

Komplexität der Projektplanung

Schon die Planung eines Projektes ist eine komplexe Aufgabenstellung. Es müssen folgende Aspekte simultan berücksichtigt werden:

- Einhaltung vorgegebener Termine
- Unterschiedlich große Arbeitspakete (bezogen auf den jeweils erforderlichen Personalaufwand)
- Einsatz unterschiedlicher Ressourcen (z.B. Einsatz von Spezialisten oder spezieller technischer Komponenten) in einer inhaltlich sinnvollen Reihenfolge
- Verfügbare oder mögliche Kapazitäten sowohl bei Personal als auch bei technischen Komponenten und Einrichtungen
- Dauer der Aktivitäten, die mit der jeweils eingesetzten oder verfügbaren Kapazität korreliert – zumindest in bestimmten Grenzen (denn man kann keine Projektaufgabe durch Einsatz beliebig hoher Kapazität beliebig schnell durchführen ...)

Komplexität der Portfolioplanung

Bei der parallelen Planung und Steuerung mehrerer Projekte wird die Komplexität schlagartig größer durch folgende Aspekte:

- Inhaltliche Abhängigkeit der unterschiedlichen Projekte
- Wechsel der Ressourcen zwischen unterschiedlichen Projekten

Dieses Puzzle hat beliebig viele Teile und ist beliebig groß. Und praktisch jedes Teil unterscheidet sich von allen anderen Teilen. Hat man dieses Portfolio-Puzzle in der Planung mühsam zusammengesetzt, wird es bei jeder Änderung zumindest in Teilen durcheinandergebracht und muss mühsam wieder zusammengesetzt werden.

Komplexitätsreduktion

Es stellt sich vor diesem Hintergrund die Frage, ob man durch geeignete Strukturierung die Komplexität reduzieren und ihre Beherrschbarkeit steigern kann.

Containerbildung

Um zu einem tragfähigen Ansatz zu kommen, lohnt der Blick über den Zaun in andere Disziplinen. Was macht die Transportlogistik? Einen Lastwagen, ein Flugzeug oder ein Schiff mit unterschiedlichen Gütern zu beladen, ist eine extrem schwierige Aufgabe. Die Logistik hat dieses Problem mithilfe standardisierter Transportbehälter in den

Griff bekommen. Verladen, gestapelt und transportiert werden nicht mehr die Güter selbst, sondern normierte Transportbehälter – die Container. Könnte man dieses Prinzip auf die Portfoliosteuerung übertragen?

Nimmt man an, eine IT-Organisation habe 60 Mitarbeiter für die Projektarbeit. Ist die kleinste planbare Einheit der Ressourcenplanung der Mitarbeitertag, dann müsste man für eine Jahresplanung eine Plantafel mit 60×250 Zellen, also 15.000 Zellen, aufbauen und die Projekte – wenn man jetzt nur den Aspekt der Personalressourcen betrachtet – durch diese 15.000 Planelemente ziehen. Eine monströse Ressourcenbelegungsplanung. Was würde passieren, wenn man jeweils 3 Mitarbeiter zu einem Team zusammenfassen würde und als kleinste Planungseinheit auf der Zeitachse zwei Wochen ansetzen würde. Dann hätte man eine Plantafel mit 20×26 Zellen, also 520 Zellen.

Auswirkungen der Containerbildung

Was wären die Effekte eines solchen Ansatzes mit Projektcontainern? Einerseits müssten alle Projekte ihre Arbeitspakete so planen, dass sie in diese Container passen. Es müssten also Projektaufgaben (Tasks) so zugeschnitten werden, dass sie zwei Wochen dauern und höchstens eine Kapazität von drei Vollzeitmitarbeitern benötigen (vgl. den Begriff der endgültigen Arbeitspakete in Abschnitt 4.4.2). Und es könnte im ganzen Jahr nur 26 Fertigstellungstermine geben, nämlich alle zwei Wochen. Und nur dann könnten Ressourcen – in Form der Teamcontainer – von einem Projekt zum nächsten Projekt wechseln.

Negative Auswirkungen

Natürlich entsteht jetzt die Befürchtung, durch diese Standardisierung könne man die Ressourcen nicht mehr optimal auslasten und die Projekte würden länger dauern. Bei der Analogie zu den Transportcontainern ist das eine fast zwingende Erkenntnis, denn auch die Container sind nicht immer voll beladen. Es wird Luft transportiert. Trotzdem erfolgt der gesamte weltweite Transport praktisch nur noch nach diesem Verfahren. Was verlieren IT-Projekte also tatsächlich?

Bewertung der zeitlichen Effekte

Zunächst sei die Zeit betrachtet. Natürlich kann es sein, dass ein Projektcontainer für eine übernommene Aufgabe nicht volle 2 Wochen braucht, sondern z.B. nach 7 Tagen fertig ist und jetzt 3 Tage warten muss, bis er sein Ergebnis abliefern kann. Wenn die fragliche Aktivität nicht auf dem kritischen Pfad des Projektes liegt, spielt das aber keine Rolle. Wenn sie auf dem kritischen Pfad des Projektes liegt, hat das Projekt eine Zwangspause. Aber die hätte es im Zweifelsfall immer, weil keine Ressource frei wäre und das Arbeitsergebnis übernehmen könnte. Man sollte immer bedenken, dass nicht mehr nur ein Projekt, sondern ein ganzes Projektportfolio betrachtet wird, das insgesamt mit beschränkten Ressourcen auskommen muss.

Termindisziplin

Wenn man schon in der Planung berücksichtigt, dass Fertigstellungstermine nur alle 14 Tage gesetzt werden können, dann kann man – in Grenzen – auch die Arbeitspakete so schneiden, dass Leerlauf nicht zum Problem wird. Außerdem lässt sich in einem solchen starren Raster viel leichter und konsequenter eine hohe Termindisziplin realisieren. Termineinhaltung wird oberstes Gebot. Ein Prinzip, das z.B. auch alle agilen Vorgehensmethoden in der Softwareentwicklung prägt (vgl. [Oestereich/Weiß 2008]). Die Zeit bestimmt das vorlegbare Ergebnis – und nicht, wie im traditionellen Ansatz, das Ergebnis die Zeit.

Bewertung der Kapazitätseffekte

Das zweite Argument ist die drohende unzureichende Kapazitätsauslastung. Jeder Projektcontainer hat ja im Beispiel eine Kapazität von 30 Personentagen brutto (wenn man von Feiertagen absieht). Was ist, wenn man nur 20 Personentage braucht? Wer bezahlt die Leerkapazität von 10 Personentagen? Der Projektauftraggeber sicherlich nicht. Allerdings, wer sagt, dass die 10 Personentage nicht genutzt werden können? Denn sie müssen ja nicht für das Projekt genutzt werden. Es könnten andere Aktivitäten »beigepackt« werden ... (vgl. auch die nachfolgenden Überlegungen zur Planauslastung von Personalressourcen), seien es Wartungsarbeiten, Schulung, Urlaub, Abbau von Überstunden usw. Wichtig ist nur die Verpflichtung des Containerteams, die übernommenen Aufgaben termingerecht fertigzustellen und zu übergeben.

Time & Capacity Container

Da bei der Containerbildung eine Strukturierung in zwei Dimensionen erfolgt, zum einen hinsichtlich der Dauer auf der Zeitachse, zum anderen hinsichtlich der Personalkapazität, wird diese Planungs- und Steuerungseinheit in Anlehnung an die bekannte »Timebox« als TCC (Time & Capacity Container) bezeichnet. Den genannten TCC mit zwei Kalenderwochen und drei (Vollzeit-)Mitarbeitern bezeichnet man dann als 2×3-TCC. Natürlich könnte man auch andere Konstellationen in Erwägung ziehen, z.B. 2×2, 3×3, 4×2. Beim Durchspielen verschiedener Konstellationen erscheinen jedoch die Kombinationen 2×2 und 2×3 für die Praxis am interessantesten.

Steuerungsintervall: 2 Wochen

Ein Zeitintervall von einer Woche ist zu kurz, um komplexere Aufgaben vollständig durchzuführen, bei längeren Zeitintervallen ist die Anzahl der Prüfpunkte zu gering. Abweichungen werden zu selten und damit zu spät festgestellt. Bei der Zuordnung von Mitarbeitern erscheinen die Werte 2 oder 3 am geeignetsten. Wählt man den Wert 1, so muss man für größere Aufgaben immer wieder TCCs kombinieren. Bei Werten von 4 und höher wird die Kapazität zu groß und dann kann man den TCC nicht mehr nur mit einer priorisierten Aufgabe beplanen. Es mag aber sinnvoll sein, für Experten auch 2×1-TCCs einzusetzen. Man denke etwa an Themen wie Projektleitung, Qualitätssicherung oder bestimmte technische Experten.

TCC-Kapazität

Geht man von der insgesamt verfügbaren Kapazität eines TCC aus, so kommt man zu ähnlichen Ergebnissen. Bei einer Sollauslastung von 70 % kann ein 2×2-TCC Arbeitspakete einer Größe von 14 Personentagen und ein 2×3-TCC Arbeitspakete einer Größe von 21 Personentagen bearbeiten. Benötigt man für ein Arbeitspaket wirklich einmal eine höhere Kapazität, so lassen sich in einer oder mehreren Zeiteinheiten zwei TCCs »zusammenschrauben«.

Planauslastung

Natürlich wird man sich in der Praxis immer wieder die Frage stellen, warum man nur 70 % Auslastung planen solle, wenn doch 100 % zur Verfügung stehen. Nun, in vielen Fällen ist es so, dass die Mitarbeiter neben dem Projekt durchaus auch noch andere Aufgaben erfüllen. Außerdem, wenn man einen 2×3-TCC betrachtet und die Mitarbeiter 30 Tage Jahresurlaub haben, dann stehen dem TCC in 18 Wochen, also neun Planungsintervallen sowieso nur zwei Drittel der Kapazität zur Verfügung. Um ein Arbeitspaket von 21 Personentagen Umfang zu bewältigen, müssten dann rechnerisch sogar acht Überstunden gemacht werden (wenn man der Einfachheit halber mit einer Wochenarbeitszeit von 40 Stunden rechnet). Wenn man nach dieser 70 %-Regel arbeitet, dann können die Mitarbeiter z.B. Überstunden »abbummeln«, einzelne Urlaubstage nehmen, Seminare besuchen usw.

Ein anderer Vorteil der 70 %-Regel ist der, dass jeder TCC automatisch einen Aufwandspuffer hat. Sollte ein Aufwand erforderlich werden, der 50 % höher liegt als das, was man geplant hat, dann würde der TCC eine Gesamtkapazität von 150 % benötigen. Statt 21 Personentagen also 31,5 Personentage. In den zwei Wochen müsste dann das TCC-Team 12 Überstunden leisten, was ohne Probleme möglich ist. Hat ein TCC einmal Leerlauf, so kann man diese Kapazität z.B. für Aufträge nutzen.

Der TCC-Ansatz führt zu folgender Philosophie der Projektarbeit:

- Die TCC-Teams arbeiten weitgehend selbststeuernd.
- Alle zwei Wochen werden Ergebnisse geliefert. Diese Liefertermine müssen von allen Beteiligten zwingend eingehalten werden.
- Die Zusatzaufgaben müssen zeitlich flexibel sein (alles, was die 70 %-Marke der Kapazitätsauslastung überschreitet).
- Endgültige Arbeitspakete werden TCC-gerecht gebildet.
- Hat ein TCC Kapazitätsbedarf, den er nicht selbst decken kann, dann kann er eigenverantwortlich Kapazität von anderen TCCs »zukaufen«.
- Hat ein TCC freie Kapazität, so kann er diese an andere TCCs abgeben oder zusätzliche Aufgaben übernehmen.

Mit dem TCC-Ansatz kann man die Projekt- und insbesondere die Multiprojektsteuerung deutlich stabilisieren. Da Kontrollpunkte regelmäßig gesetzt und für alle Projekte zeitlich synchronisiert sind, kann die Multiprojektsteuerung systematisiert werden. Reibungspunkte bei den Ressourcenwechseln zwischen Projekten kann es nur noch zu diesen Punkten geben – also bei 2×n-TCCs 26-mal pro Jahr, nicht mehr und nicht weniger. Insofern liefern die Herausforderungen der Portfoliosteuerung weitere Argumente für ein Timebox-orientiertes Vorgehen in der Projektarbeit.

5.3.2 Fragen des Controllings

Bezüglich der Portfolioplanung muss das Controlling die folgenden Fragen stellen und durch geeignete Antworten Transparenz schaffen:

- Ist sichergestellt, dass alle qualifizierten Projektanträge den Portfolioprozess ordnungsgemäß durchlaufen?
- Sind die Ergebnisse des Portfolioprozesses qualitätsgesichert und freigegeben?
- Sind die Ergebnisse des Portfolioprozesses vom verantwortlichen Gremium (IT-Ausschuss, IT-Projektausschuss) angenommen worden und können sie an die betroffenen Projektauftraggeber bzw. Projektantragsteller kommuniziert werden?
- Wo sind ggf. noch freie Kapazitäten vorhanden und wie können diese genutzt werden?
- Wo fehlen noch Kapazitäten und können diese noch rechtzeitig für die betroffenen Projekte beschafft und bereitgestellt werden?
- Sind die Rahmenbedingungen des Projektportfolios klar, z.B. die verfügbare Personalkapazität?
- Wurde die Portfolioplanung ordnungsgemäß durchgeführt? Sind die Betroffenen über das Ergebnis informiert und haben sie das Ergebnis akzeptiert?
- Ist allen Beteiligten und Betroffenen klar, wie die Portfolioplanung durchgeführt wurde und wie sich Zeiten und Termine daraus ergeben haben?
- Wurde die Portfolioplanung qualitätsgesichert und vom obersten IT-Lenkungsgremium abgenommen?
- Ist sichergestellt, dass die geplanten und benötigten Ressourcen dann in hinreichender Menge und Qualität verfügbar sind, wenn sie benötigt werden?
- Welche Konfliktfälle (z.B. terminlich, hinsichtlich des Ressourceneinsatzes) sind aufgetreten und wurden sie mit allen Betroffenen einvernehmlich geregelt?

- Wurde eine Sensitivitätsanalyse der Portfolioplanung durchgeführt?
- Welche Ressourcenengpässe gibt es und wie können sie abgefedert werden? Zum einen durch Variation der verfügbaren Ressourcen? Zum anderen durch Änderungen in einzelnen Projekten?
- Welche Leerkapazitäten gibt es? Können sie durch Aufträge, Projekte, andere Maßnahmen (z.B. Ausbildung) genutzt werden?

5.3.3 Empfehlungen für die Praxis

Portfolioplanung ist eine komplexe Aufgabenstellung und aufgrund der vielen Einflussfaktoren praktisch nicht geschlossen darstellbar. Gleichwohl gibt es klare Empfehlungen, wie man diese Aufgabenstellung angehen sollte:

- Etablieren Sie einen Portfolioprozess und stellen Sie sicher, dass alle qualifizierten Projektanträge diesen Prozess durchlaufen (müssen), einschließlich der Muss-Projekte. Nur qualifizierte Projekte werden zum Portfolioprozess zugelassen.
- Versichern Sie sich, dass alle Verantwortlichen und Betroffenen die Parameter und Randbedingungen der Projektauswahl und -priorisierung kennen.
- Sorgen Sie dafür, dass die letztendliche Projektauswahl für das Portfolio in einem hochrangigen Gremium erfolgt, in dem Projektauftraggeber und oberste Leitung angemessen vertreten sind (oberstes IT-Lenkungsgremium, z.B. in Form eines IT-Ausschusses). Das gilt auch für Umplanungen des Portfolios.
- Sofern Sie keine quantitativen Verfahren einsetzen können oder wollen, stellen Sie eine intensive inhaltliche Diskussion der beantragten Projekte sicher und dokumentieren Sie die Argumente für das Bewertungsergebnis.
- Lassen Sie das Ergebnis des Portfolioprozesses vom obersten IT-Lenkungsgremium (IT-Ausschuss) freigeben.
- Sorgen Sie dafür, dass nachträgliche Änderungen des Portfolios eine Ausnahme bleiben und im Falle eines Eintritts auf jeden Fall durch das oberste IT-Lenkungsgremium laufen müssen.
- Die Rentabilitätsbewertung eines Projektes entscheidet über seine Position in der Projektwarteschlange. Je niedriger seine Positionsnummer ist, desto früher sollte es realisiert werden, um den erwarteten (hohen) Nutzen frühestmöglich realisieren zu können.
- Minimieren Sie die Ressourcenwechsel für Ihre Projekte, indem Sie Ihre Projektteams umfassend qualifizieren. Jeder Ressourcenwechsel erschwert die Optimierung des Portfolios.

- Lassen Sie Ihre Projektteams möglichst konzentriert an einem Projekt arbeiten und vermeiden Sie die parallele Bearbeitung von mehreren Projekten durch ein Team in einer Berichtsperiode. Parallelisierungen optimieren zwar die Ressourcenauslastung, führen aber zu längeren Projektlaufzeiten.
- Lassen Sie nur eine Projektwarteschlange zu, selbst wenn Sie aufgrund der Ressourcenausstattung Projekte parallel durchführen können.
- Sorgen Sie in Ihren Projekten für absolute Termindisziplin. Jede Terminverzögerung führt durch die daraus entstehenden Dominoeffekte dazu, dass Sie im Extremfall das gesamte Portfolio neu planen müssen.

5.4 Umsetzung der Portfoliosteuerung

Regelkreis

Ist der Ablauf eines Projektportfolios geplant, beginnt nach der Freigabe durch die oberste Leitung seine Umsetzung und damit die Steuerung des Portfolios. Auch hier geht man vom Regelkreisgedanken (vgl. Abschnitt 4.1, Abb. 4–2) aus, muss aber die starke Vernetzung des Portfolioregelkreises mit den einzelnen Steuerungsregelkreisen der Projekte beachten (vgl. Abb. 5–16).

Abb. 5–16 *Regelkreis Portfoliosteuerung*

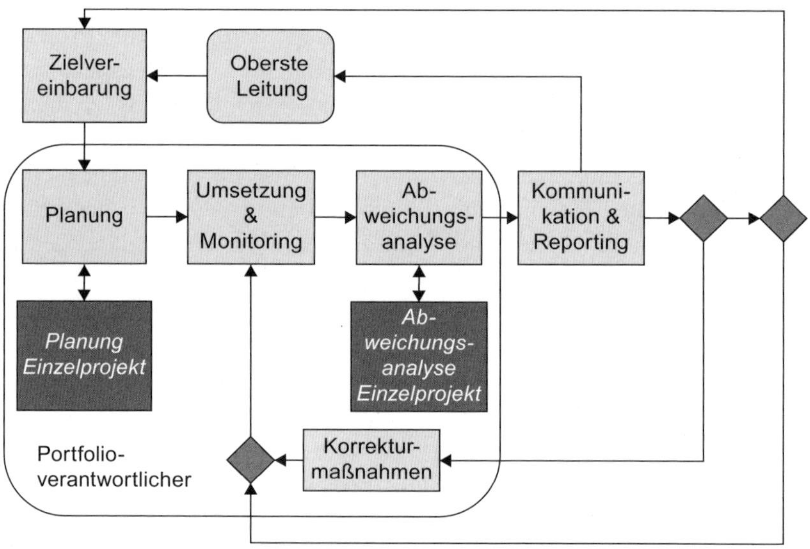

Portfolioverantwortlicher

Die Steuerung des Projektportfolios obliegt dem Portfolioverantwortlichen (vgl. Abschnitt 3.7). In der Regel ist das diejenige Person, die für die Projekte des Portfolios die erforderlichen Personalressourcen projektübergreifend führt (im Fall von Anwendungsprojekten also typischerweise die Leiter von Entwicklungsbereichen oder Kompetenzzentren).

Bereitstellungsverantwortung

Die Portfolioverantwortung muss nicht zwingend an Personalführung gekoppelt sein. Es ist gut vorstellbar, dass der Portfolioverantwortliche selbst keine Personalverantwortung hat, sondern für die von ihm betreuten Projekte das benötigte Personal intern und extern beschaffen muss. Dann wäre er organisatorisch sinnvollerweise in der Regelorganisation anzusiedeln. Stets ist aber die Portfolioverantwortung eng mit einer Zuordnung von knappen Ressourcen, insbesondere Personal, auf die in das Portfolio eingestellten Projekte verbunden. Der Portfolioverantwortliche muss dafür sorgen, dass die Projekte durch eine »richtige« Versorgung mit Ressourcen (qualitativ und zeitlich) gemäß Planung ablaufen können.

Effiziente Ressourcennutzung

Ein wichtiges Nebenziel des Portfolioverantwortlichen ist es, die verfügbaren Ressourcen möglichst effizient zu nutzen. Er muss dafür Sorge tragen, dass er für »sein« Portfolio zu jedem Zeitpunkt so wenig Ressourcen wie möglich, aber zugleich auch so viele Ressourcen wie nötig bereitstellt. In der Praxis besteht die Gefahr, dass diese Nebenbedingung zur Zielsetzung wird, also der Verantwortliche eine maximale Ressourcenauslastung anstrebt, die letztlich den Projekten schadet.

Trennung von Personal- und Portfolioverantwortung

Das spricht eigentlich dafür, die Portfolioverantwortung organisatorisch von der eigentlichen Personalverantwortung zu trennen. Der Portfolioverantwortliche würde so zum Ressourcen-»Händler«, der seine Projekte zeitgerecht mit Ressourcen in der erforderlichen Menge und Qualität versorgen muss. Dazu kann er sich einen eigenen »Vorrat« an Ressourcen anlegen, z.B. in Form immer wieder benötigter Fachleute wie Projektleiter, QS-Experten usw., wenn ihm das hilft, die Gesamtkapitalrentabilität zu maximieren. Kann er die reservierten Ressourcen dann aber nicht einsetzen, trägt er auch die Verantwortung für die daraus entstehenden Leerkosten.

Beschaffungsverantwortung

In logischer Konsequenz folgt daraus, dass der Portfolioverantwortliche entscheiden muss, aus welcher Quelle die einzusetzenden Ressourcen stammen, im personellen Bereich also darüber, ob eigene Mitarbeiter oder externe Kräfte eingesetzt werden.

Leistungsverrechnung

Daraus wiederum ergibt sich beinahe zwangsläufig, dass personelle Ressourcen den Projekten kostenrechnerisch nach Leistungsprofil und Qualifikation zugeordnet werden, nicht aber nach Herkunft. Die externe Kraft wird in vielen Fällen in der Beschaffung teurer sein als ein Mitarbeiter der eigenen Organisation. Allerdings kann es gerade bei niedrigen Qualifikationsstufen passieren, dass externe Mitarbeiter – eventuell aus dem lohnkostengünstigen Ausland – preiswerter sind als vergleichbar qualifizierte, z.B. ältere Mitarbeiter der eigenen Organisation. Bei international agierenden Organisationen treten solche Effekte aufgrund unterschiedlicher Lohnkostenniveaus schon innerhalb der eigenen Mitarbeiterschaft auf.

Einheitliche Kostensätze

Das führt dazu, dass Ressourcen einer bestimmten Qualität den Projekten zu einem einheitlichen Kostensatz zugeordnet werden, dieser Kostensatz im Rahmen einer Mischkalkulation entsteht und sich aus den unterschiedlichen Beschaffungspreisen der jeweiligen Ressource ergibt. Auf diese Weise übernimmt die Portfoliosteuerung das Risiko der Beschaffungspreise und entlastet die Projekte entsprechend.

Portfoliomanagement und oberste Leitung

Schließlich ist noch die Frage zu beantworten, wie die oberste Leitung im Portfoliomanagement repräsentiert werden sollte. Im Projekt war die Projektlenkung übergeordnete Stelle für den Projektleiter. Gibt es analog dazu eine Portfoliolenkung? Gemäß den Überlegungen in Abschnitt 3.8 ist das der IT-Ausschuss oder Projektausschuss. Die Rolle des CIO wird je nach Organisation unterschiedlich ausfallen (müssen). Ist der Portfolioverantwortliche Mitarbeiter des IT-Bereiches oder der CIO-Organisation (mit oder ohne Personalverantwortung), so vertritt der CIO, eventuell in Kombination mit dem IT-Ausschuss, die oberste Leitung der Organisation gegenüber dem Portfolioverantwortlichen. Ist der CIO selbst Portfolioverantwortlicher, so muss er in dieser Eigenschaft an den IT-Ausschuss berichten.

Portfolio als Superprojekt

Zur Steuerung eines Portfolios kann man ggf. Ansätze und Methoden aus der Projektsteuerung verwenden. Hier bietet es sich zunächst an, das Portfolio als »Superprojekt« zu betrachten, dessen Teilprojekte die Projekte im Portfolio sind. Bei dieser Sichtweise könnte man alle Techniken der Projektsteuerung 1:1 auf die Portfoliosteuerung übertragen. Man würde also Steuerungsdimensionen analog zu den Dimensionen der Projektsteuerung betrachten. Hinzu kommen jedoch portfoliospezifische Steuerungsdimensionen: einerseits der Portfoliostatus mit Rentabilität und Kapitalbedarf, andererseits die (projektübergreifende) Ressourcensteuerung. Tabelle 5–6 fasst die Steuerungsdimensionen eines Projektportfolios zusammen.

Tab. 5–6
Dimensionen der Portfoliosteuerung

Projektsicht		Portfoliosicht
Leistung	Änderungen	Portfoliostatus
Qualität	Probleme	Ressourcensteuerung
Aufwand	Risiken	
Termine		

Unterschied Portfolio – Projekt

Ist damit die Frage nach der Portfoliosteuerung erschöpfend beantwortet? Das kann man klären, wenn man eine andere Frage beantwortet, nämlich die, ob ein Portfolio wirklich »nur« ein Superprojekt ist oder sich doch in charakteristischer Weise von einem einzelnen Projekt unterscheidet.

Merkmale eines Projektes

Es sei dazu noch einmal ein einzelnes Projekt betrachtet. Dieses Projekt soll bei Abschluss ein bestimmtes, definiertes Ergebnis vorlegen. Würde man einzelne Aufgaben oder Arbeitspakete aus diesem Projekt eliminieren, so könnte auch das angestrebte Projektergebnis nicht mehr realisiert werden, jedenfalls nicht vollständig mit der gewünschten Funktionalität und in der geforderten Qualität. Für das Projektergebnis werden also im Zweifelsfall sämtliche Elemente des Projektstrukturplans benötigt. Anderenfalls würde ja das Projekt Aufgaben enthalten, die nicht zwingend erforderlich sind und daher die Rentabilität beeinträchtigen.

Merkmale eines Portfolios

Wie stellt sich das auf der Portfolioebene dar? Es wurde bereits festgestellt, dass es zwischen den Projekten eines Portfolios Verbundeffekte geben kann, also Projekte nur dann durchgeführt werden können, wenn Ergebnisse anderer Projekte vorliegen. Würde man diese Projekte zusammenfassen und sie als jeweils ein Projekt betrachten, dann hätte man ein verbundfreies Portfolio. Technisch könnte man dann die Projekte in beliebiger Reihenfolge durchführen lassen oder beliebige Projekte aus dem Portfolio wieder entfernen. Die Realisierung der übrigen Projekte würde dadurch nicht gefährdet.

Inhaltliche Vernetzung

Portfolio und Einzelprojekt unterscheiden sich also dadurch, dass im ersten Fall die Elemente des (verbundfreien) Portfolios inhaltlich nicht miteinander verbunden sind und im zweiten Fall ein vollständiger Verbund aller Projektaufgaben besteht. Zwar kann sich ein Projekt in seinem Verlauf erheblich verändern, aber die Projektaufgabe wird im Wesentlichen stabil bleiben. Im Portfolio hingegen muss man permanent umschichten und umstrukturieren. Im Extremfall kann man sämtliche noch nicht begonnene Projekte aus dem Portfolio nehmen und durch beliebige andere Projekte ersetzen. Ein Portfolio kann sich also sehr viel stärker als ein Projekt ändern.

Zeitliche Befristung

Ein weiterer Unterschied zwischen Projekt und Portfolio besteht darin, dass ein Projekt immer einen klar definierten Start- und Endpunkt hat. Ein Portfolio ist hingegen zeitlich unbefristet, auch wenn man es in Planungsperioden (Jahresscheiben) betrachtet. Natürlich kann man sich vorstellen, dass ein Portfolio einmalig aus einer Gruppe von Projekten aufgebaut wird und sich dann über die Abarbeitung dieser Projekte nach und nach wieder auflöst. Praktisch ist es aber eher so, dass ein Portfolio in dem Maße, wie Projekte abgeschlossen werden, kontinuierlich oder periodisch wieder mit neuen Projekten aufgefüllt wird. In der Praxis laufen nicht wenige Projekte über Periodenenden hinweg, z.B. aufgrund von Verzögerungen oder Änderungen. Darüber hinaus gibt es große Projekte, die schon von der Planung her länger als eine Periode dauern. Das Portfolio existiert also unabhängig von konkreten Projekten und überdauert einzelne Planungsperioden.

Sofern alle Projekte so zugeschnitten sind, dass sie innerhalb einer Periode abgewickelt werden können, »atmet« das Portfolio periodenweise. Jeweils zum Periodenende sind sämtliche Projekte der beendeten Planungsperiode abgeschlossen und eine völlig neue Gruppe von Projekten repräsentiert das Portfolio zu Beginn der neuen Planungsperiode.

5.4.1 Organisation der Portfoliosteuerung

Portfoliocontrolling

Das Portfoliomanagement benötigt (natürlich) ein geeignetes Portfoliocontrolling. Die Informationen, die zur Portfoliosteuerung notwendig sind, kommen zum einen aus den eingesetzten Ressourcen, deren Kapazität, Verfügbarkeit und Auslastung zu verfolgen sind, zum anderen aber aus den Projekten des Portfolios, deren Abwicklung vom Portfoliomanagement übergreifend koordiniert werden muss. Die Projekte müssen Leistungs- und Verbrauchsinformationen bereitstellen.

Project Management Office

Vor diesem Hintergrund bietet es sich an, dass das Portfoliocontrolling nicht nur dem Portfoliomanagement zuarbeitet, sondern darüber hinaus Dienstleistungen für das Projektcontrolling erbringt und dieses entlastet. Sofern Organisationen ein Project Management Office (PMO) etabliert haben (vgl. [Sandrino-Arndt/Thomas/Becker 2010]), sollte hier ein zentraler Controllerdienst für Projekt- und Portfoliocontrolling eingerichtet werden.

Zentraler Service

Bei der damit einhergehenden Zentralisierung des Projektcontrollings besteht die Gefahr, dass die Interessen des Portfoliomanagements dominieren und die einzelnen Projekte diese zentrale Instanz nicht als Serviceinstanz, sondern als Kontrollinstanz wahrnehmen, daher meiden und unterlaufen. Das muss man vermeiden, indem man die Controllingaufgaben wirklich als Dienstleistung für das Projektmanagement betreibt und nicht als operativen Arm des Portfoliomanagements missbraucht.

Konflikte zwischen der Portfolioebene und der Projektebene sind unvermeidbar. Aber das Controlling kann (und muss) sie transparent machen und den daraus resultierenden Entscheidungsbedarf an die betroffenen Verantwortlichen kommunizieren.

Die Dienstleistungen eines zentralen Projektcontrollerdienstes sollten die in Tabelle 5–7 dargestellten Aufgaben umfassen.

Tab. 5–7
Zentraler Controllingdienst für Projekte

Zentraler Controllerdienst für Projekte
Zentrale Erhebung und Qualitätssicherung aller Steuerungsdaten der Projekte
Übernahme administrativer Aufgaben für die einzelnen Projekte, z.B. Buchhaltung, Reiseplanung, Prüfung von Eingangsrechnungen, Abwicklung von Bestellungen, Beschaffung und Verwaltung von Projektinfrastruktur wie Räume, Kopierer, Telekommunikationsanlagen usw.
Durchführung des Reportings für die Projekte, Erstellung und Bereitstellung der definierten Berichte (mit übergreifender Standardisierung, die Vergleichbarkeit unterschiedlicher Projekte herstellt und sichert)
Vorabanalyse der vorliegenden Daten für die Projektverantwortlichen
Zentrale Annahme, Prüfung und Abstimmung von Änderungsanforderungen
Zentrale Registrierung von auftretenden Problemen und Koordinierung der Problemlösungsaktivitäten
Zentrale Dokumentation von Projektrisiken einschließlich der übergreifenden Koordination von Maßnahmen zur Verbesserung der Risikolage
Zentrale Annahme und Beantwortung von Informationsanfragen betroffener und interessierter Stellen bezüglich geplanter oder laufender Projekte (»Pressestelle«)
Information der Organisation über Projekte und Entwicklungen
Aufbau und Verwaltung einer Erfahrungsdatenbank, die von allen Projektmitarbeitern genutzt werden kann
Durchführung der Erfahrungsauswertung im Rahmen der Projektabschlüsse
Kontinuierlicher Aufbau von Zeitreihen zu Projekten und Ressourcen, die von allen Projektmitarbeitern genutzt werden kann
Zentrale Bereitstellung von projektrelevanten Daten aus externen Quellen (z.B. Projekt-Benchmarks)
Vorhaltung und Bereitstellung von qualifizierten Mitarbeitern für Aufgaben des Projektcontrollings (in großen Organisationen)
Zentrale Koordination der Projektbesprechungen
Regelmäßige Portfoliobesprechungen unter Teilnahme aller Projektleiter, synchronisiert mit den Projektbesprechungen, z.B. vierzehntäglich am Dienstagnachmittag
Selektive Besprechungen unter Teilnahme betroffener Projektleiter, z.B. bei Ressourcenproblemen und daraus resultierenden Dominoeffekten
Begleitung von Projektbesprechungen, z.B. bei großen oder kritischen Projekten
Unterstützung bei Projektabbruch oder Projektsanierung

5.4.2 Kennzahlen der Portfoliosteuerung

Anforderungen an das Berichtssystem

Für die Realisierung eines Berichtswesens zur Portfoliosteuerung müssen folgende Fragen beantwortet werden:

- Wer sind die Adressaten der Berichte bzw. Informationen?
- Welche Informationen benötigen diese Adressaten?

Grundlagen des Berichtswesens sind – wie bei der Einzelprojektsteuerung – Kennzahlen und daraus gebildete Kennzahlensysteme. Auch auf der Portfolioebene gelten die weiter vorne für Einzelprojekte angestellten Überlegungen hinsichtlich der Kennzahlenausprägungen (vgl. Tab. 4–82, Abschnitt 4.5.8.1) und der Organisation (vgl. Abschnitt 4.5.8.2).

Adressaten

Adressat der Portfolioberichte ist primär der Portfoliomanager. Er benötigt kennzahlenbasierte Informationen, um einerseits gegenüber der obersten Leitung oder dem von ihr eingesetzten Gremium Rechenschaft abzulegen, andererseits aber auch, um Projekte und Ressourcen aufeinander abzustimmen, die Aktivitäten der Projekte übergreifend zu koordinieren und Konflikte frühzeitig zu erkennen, um sie dann eingrenzen und schließlich gezielt lösen zu können.

Weitere Adressaten sind die verschiedenen Projektauftraggeber, die für die Projekte ihres Verantwortungsbereiches ebenfalls übergreifende Informationen über das jeweilige Teilportfolio fordern.

Auch auf der Portfolioebene müssen Kennzahlen zeitnah und qualitätsgesichert bereitgestellt werden und Prognosen zur weiteren Entwicklung müssen aus der Kombination von aktuellen und früheren Messwerten abgeleitet werden können.

Vor diesem Hintergrund werden im Folgenden relevante Kennzahlen für die oben genannten Steuerungsdimensionen eines Projektportfolios skizziert. Weitere Informationen zu möglichen Kennzahlen findet der Leser in [Kütz 2011].

Portfoliostatus

Die Zusammensetzung des Portfolios lässt sich mit den in Tabelle 5–8 dargestellten Indikatoren gut beschreiben. Die genannten Sollwerte (in den nachfolgenden Tabellen) sind Empfehlungen und können in einer spezifischen Organisation durchaus anders gesetzt werden. Man findet jedoch Sollwerte in den genannten Größenordnungen in vielen Organisationen.

Tab. 5–8
Kennzahlen Portfoliostatus

Kennzahlen Portfoliostatus	Typ	Sollwerte
Anzahl der im Portfolio enthaltenen Projekte (nach Kategorien, z. B. Großprojekte, Standardprojekte, Projekte mit/ohne Betriebsphase, Aufträge)	I	Organisations-spezifische Obergrenze
Kapitalbedarf der im Portfolio enthaltenen Projekte (nach Kategorien, z. B. Großprojekte, Standardprojekte, ergebnisoffene Projekte, Aufträge)	I	Organisations-spezifische Obergrenze
Anzahl der qualifizierten Projekte	I	Keine Angabe
Anzahl der in das Portfolio übernommenen Projekte	I	Keine Angabe
Anzahl der zurückgestellten Projekte	I	Keine Angabe
Anzahl der endgültig abgelehnten Projekte	I	Organisations-spezifische Obergrenze
Anzahl nachträglich zugegangener/gestrichener Projekte	I	Organisations-spezifische Obergrenze
Anzahl der Projektabbrüche	I	Obergrenze: Null
Anzahl der Projektsanierungen	I	Obergrenze: Null
Anzahl der Projekte mit Vorgängerprojekten (auf deren Ergebnisse diese Projekte angewiesen sind)	I	Obergrenze: Null
Gesamtkapitalrentabilität aller Projekte im Portfolio, bezogen auf das von diesen Projekten benötigte Kapital	I	Bezogen auf ein Jahr der Kalkulationsspanne: >15%
Höhe des nicht genutzten Kapitals	I	<5%
S = Steuerungskennzahl; I = Informationskennzahl		

Ressourcensteuerung

Der Portfoliomanager ist verantwortlich dafür, dass die Projekte im Portfolio in der geplanten und zugesagten Menge und Qualität mit den benötigten Ressourcen versorgt werden. Gleichzeitig muss er die Beschaffung und Bereitstellung von Ressourcen wirtschaftlich durchführen. Auf dieser Basis sind die in Tabelle 5–9 dargestellten Kennzahlen von Bedeutung.

Tab. 5–9
Kennzahlen Ressourcensteuerung (Portfolio)

Ressourcensteuerung im Portfolio	Typ	Sollwerte
Auslastungsgrad der bereitgestellten Ressourcen (Kapital, Personal, technische Ressourcen, Räumlichkeiten)	S	>90%
Anteil der eigenen/fremden Kapazität an der Gesamtkapazität einer Ressource, insbesondere bei den Personalressourcen	S	<30%
Kapazitäten (eigene/fremde) einer Ressource nach Quellen	S	Ressourcenspezifische Obergrenze, für externes Personal z.B. 30%
Reichweite einer Ressource auf Basis des aktuellen Auslastungsgrades (Wie lange kann die betrachtete Ressource auf Basis der aktuell verfügbaren/geplanten Kapazität noch – theoretisch – ununterbrochen beschäftigt werden?)	S	>6 Monate
Ausschöpfungsgrad eines Ressourcenbudgets nach den Kategorien: bereits verbraucht, bereits verschwendet (i.S. Leerkosten), bereits disponiert/geplant	S	Zeitabhängig gemäß Projektplanung
Liefertreue fremder Ressourcenquellen (Wurden vereinbarte Ressourcenmengen vereinbarungsgemäß bereitgestellt?)	S	>95%
Kapazitätsauslastung der verfügbaren Ressourcen in der Berichtsperiode	S	>80%
S = Steuerungskennzahl; I = Informationskennzahl		

Leistung

Für die Leistungsdimension bieten sich auf Portfolioebene die in Tabelle 5–10 genannten Kennzahlen an.

Tab. 5–10
Kennzahlen Leistungssteuerung (Portfolio)

Leistungssteuerung im Portfolio	Typ	Sollwerte
Periodenspezifischer Fertigstellungsgrad als Quotient aus tatsächlich in der Berichtsperiode fertiggestellten Arbeitspaketen und zur Fertigstellung in der Berichtsperiode geplanten Arbeitspaketen	S	>90%
Anteil der Projekte an den laufenden Projekten (die also zum Ende der Berichtsperiode noch laufen und nicht abgeschlossen sind), die erstmals/zum wiederholten Mal Leistungsprobleme aufweisen	S	<20%
Anteil der Projekte an den laufenden Projekten mit einem SPI < 1 bzw. SPI > 1	S	<20%
S = Steuerungskennzahl; I = Informationskennzahl		

Für die Steuerung der Ergebnisqualität bieten sich die in Tabelle 5–11 genannten Kennzahlen an.

Qualität

Tab. 5–11 *Kennzahlen Qualitätssteuerung (Portfolio)*

Qualitätssteuerung im Portfolio	Typ	Sollwerte
Anzahl der in der Berichtsperiode bei QS-Maßnahmen festgestellten Fehler	S	Organisations-spezifische Obergrenze
Anteil der Projekte mit Fehlern in der QS	S	<30%
Anteil der Projekte an den laufenden Projekten (die also zum Ende der Berichtsperiode noch laufen und nicht abgeschlossen sind), die erstmals/zum wiederholten Mal Qualitätsprobleme aufweisen	S	Erstmals: <30% Wiederholt: <10%
Anzahl der in der Berichtsperiode durchgeführten Wiederholungsprüfungen	S	Anteil an den QS-Prüfungen <10%
Anteil der Projekte mit Wiederholungsprüfungen	S	<10%
Anteil der im ersten Durchlauf fehlerfrei durchgeführten QS-Prüfungen an den insgesamt in der Berichtsperiode durchgeführten Erstprüfungen	S	>70%
Anzahl der nachträglich (also außerhalb von QS-Prüfungen) festgestellten Fehler	I	<15% des gesamten Fehler-aufkommens
Anteil der Projekte mit nachträglich festgestellten Fehlern	I	<10%
Anzahl der in der Berichtsperiode erfolgten Abnahme-verweigerungen	S	<5% aller Abnahmen
Anteil der Projekte mit Abnahmeverweigerungen	S	<5%
S = Steuerungskennzahl; I = Informationskennzahl		

In der Aufwandssteuerung kann man ähnlich vorgehen wie in der Leistungssteuerung (vgl. Tab. 5–12).

Aufwand

Tab. 5–12 *Kennzahlen Aufwandssteuerung (Portfolio)*

Aufwandssteuerung im Portfolio	Typ	Sollwerte
Periodenspezifische Budgetausschöpfung/perioden-spezifischer Aufwand als Quotient aus tatsächlichem Verbrauch in der Berichtsperiode und dem für diese Berichtsperiode geplanten Verbrauch	S	Zeitabhängig gemäß Projektplanung
Anteil der Projekte an den laufenden Projekten, die erstmals/wiederholt Aufwandsabweichungen aufweisen	S	Erstmals: <30% Wiederholt: <30%
Anteil der Projekte an den laufenden Projekten mit CPI > 1 bzw. CPI < 1	S	<20%
S = Steuerungskennzahl; I = Informationskennzahl		

Termine

Für die Terminsteuerung sind die in Tabelle 5–13 genannten Kennzahlen zu empfehlen.

Tab. 5–13
Kennzahlen Terminsteuerung (Portfolio)

Terminsteuerung im Portfolio	Typ	Sollwerte
Anteil der in der Berichtsperiode termingerecht eingehaltenen Termine, bezogen auf die in der Berichtsperiode insgesamt erreichten Termine	S	>90%
Anteil der in der Berichtsperiode überschrittenen Termine bezogen auf die in der Berichtsperiode insgesamt erreichten Termine	S	<10%
Anzahl der in der Berichtsperiode nicht erreichten Termine, deren Erreichung aber für die Berichtsperiode geplant war	S	<10%
Ausmaß der Terminüberschreitung in der Berichtsperiode als Anzahl der Verspätungstage, bezogen auf die Anzahl der nicht eingehaltenen Termine (gezählt werden nur die in der Periode erreichten Termine)	S	<5 Arbeitstage
Anzahl der Terminüberschreitungen in der Berichtsperiode um mehr als X Tage, bezogen auf die Anzahl der in der Berichtsperiode verspätet erreichten Termine	S	X=20: <5%
Anteil der Projekte an den laufenden Projekten (die also zum Ende der Berichtsperiode noch laufen und nicht abgeschlossen sind), die erstmals/zum wiederholten Mal Terminprobleme aufweisen	S	Erstmals: <30% Wiederholt: <30%
S = Steuerungskennzahl; I = Informationskennzahl		

Besonderheiten beim TCC-Ansatz

Es ist darauf hinzuweisen, dass eine Überwachung der Termineinhaltung nur dann sinnvoll ist, wenn die Projekte ergebnisgetrieben gesteuert werden. In diesem Fall kann man streng genommen auf die zuvor beschriebene Verfolgung des Leistungsgrades verzichten. Wird hingegen termingetrieben gesteuert (wie z.B. beim TCC-Verfahren), dann steht der Leistungsgrad im Vordergrund und die Termine sind durch die »Timeboxen« vorgegeben und eine Berichtsperiode umfasst stets eine oder mehrere Zeiteinheiten.

Änderungen

Für die Änderungssteuerung kommen die in Tabelle 5–14 genannten Kennzahlen infrage.

Tab. 5–14
Kennzahlen Änderungssteuerung (Portfolio)

Änderungssteuerung im Portfolio	Typ	Sollwerte
Anzahl der in der Berichtsperiode eingegangenen/übernommenen/abgelehnten Änderungsanträge, ggf. unterteilt nach den einbringenden Stellen oder Organisationseinheiten	I	Organisations-spezifische Obergrenze
Geplanter Aufwand für die in der Berichtsperiode übernommenen Änderungen	I	Organisations-spezifische Obergrenze
S = Steuerungskennzahl; I = Informationskennzahl		

Für die Problemsteuerung kommen die in Tabelle 5–15 genannten Kennzahlen infrage.

Probleme

Problemsteuerung im Portfolio	Typ	Sollwerte
Anzahl der in der Berichtsperiode neu identifizierten/noch aus der Vorperiode offenen Probleme, ggf. unterteilt nach unterschiedlichen Problemkategorien	I	Organisations-spezifische Obergrenze
Anzahl der offenen Probleme, die seit mehr als X Zeiteinheiten offen sind	S	Organisations-spezifische Obergrenze
Anteil der Projekte an den laufenden Projekten (die also zum Ende der Berichtsperiode noch laufen und nicht abgeschlossen sind), die erstmals/zum wiederholten Mal Auffälligkeiten in der Problembearbeitung aufweisen	S	Erstmals: <15% Wiederholt: <15%
S = Steuerungskennzahl; I = Informationskennzahl		

Tab. 5–15 *Kennzahlen Problemsteuerung (Portfolio)*

Für die Risikosteuerung bieten sich die in Tabelle 5–16 genannten Kennzahlen an.

Risiken

Risikosteuerung im Portfolio	Typ	Sollwerte
Anzahl der insgesamt identifizierten Risiken, ggf. unterschieden nach unterschiedlichen Risikokategorien	I	Organisations-spezifische Obergrenze
Risikowert des gesamten Portfolios	I	Organisations-spezifische Obergrenze
Anteil der Projekte an den laufenden Projekten (die also zum Ende der Berichtsperiode noch laufen und nicht abgeschlossen sind), die erstmals/zum wiederholten Mal Auffälligkeiten in der Risikolage aufweisen	S	Erstmals: <20% Wiederholt: <20%
S = Steuerungskennzahl; I = Informationskennzahl		

Tab. 5–16 *Kennzahlen Risikosteuerung (Portfolio)*

Ausprägungen der Kennzahlen

Auch für die Aufbereitung von Kennzahlen in einem Portfolio-Kennzahlensystem benötigt man von jeder Kennzahl die in Tabelle 4–82 (vgl. Abschnitt 4.5.8.1) genannten Ausprägungen.

Ampeln

Es ist sinnvoll, den Portfolioverantwortlichen durch ein zusätzliches Signal (z.B. eine Ampel »grün – gelb – rot« oder Richtungspfeile »↓«, »→«, »↑«) auf besonders auffällige Istwerte oder Istwertveränderungen hinzuweisen. Folgende Beispiele mögen das demonstrieren:

- Der Risikoindex hat sich um mehr als 10 Punkte verändert.
- Die Anzahl der Projekte, die zum wiederholten Mal Terminprobleme haben, ist gestiegen.
- Mehr als 3 Portfolioprojekte haben erstmals Budgetprobleme.
- Die Kapazitätsauslastung einer Ressource hat die 100%-Marke überschritten.

Portfolio-Cockpit

Vor diesem Hintergrund könnte man ein Portfolio-Cockpit analog zum Projekt-Cockpit (vgl. Abb. 4–19, Abschnitt 4.5.8.1) gestalten (vgl. Abb. 5–17).

Abb. 5–17
Struktur eines Portfolio-Cockpits (exemplarisch)

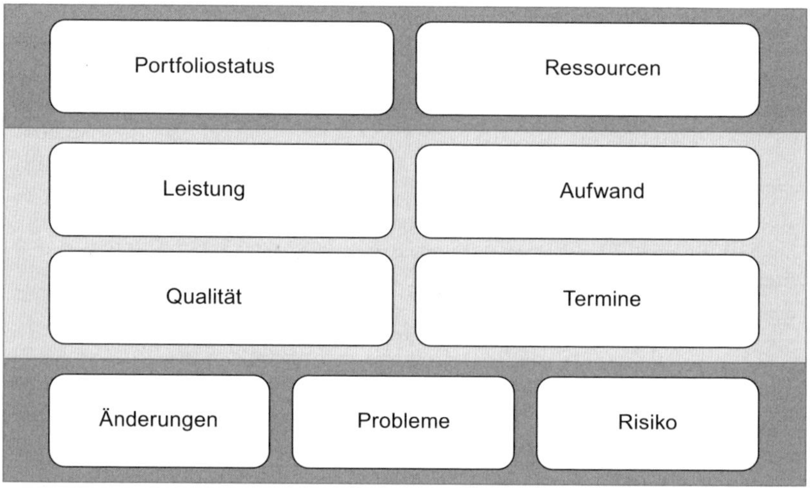

Eine Zelle in diesem Portfolio-Cockpit könnte eine bestimmte Struktur haben (vgl. Abb. 5–18).

Abb. 5–18
Struktur einer Zelle im Portfolio-Cockpit

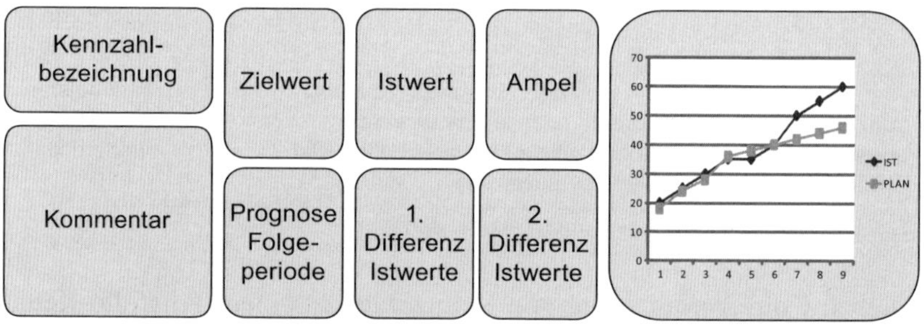

Umfasst das Portfolio-Cockpit nur wenige Kennzahlen, so können die Kennzahlenzellen gemäß Abbildung 5–18 möglicherweise vollständig angezeigt werden. Ist das aus Platzgründen oder weil viele Kennzahlen definiert sind, nicht möglich, so können auf der in Abbildung 5–17 gezeigten Ebene nur Teile der Kennzahlenzellen dargestellt werden, z.B. Kennzahlenbezeichnung, Istwert und Ampel. Wenn der Adressat mehr Informationen sehen will, muss er auf eine Detailebene verzweigen und erhält dort sämtliche Informationen der Kennzahlenzellen.

Darüber hinaus muss der Portfolioverantwortliche die Möglichkeit haben, zu jeder Kennzahl im Portfolio-Cockpit weiter gehende, detaillierte Informationen abzufragen (Drill-down-Möglichkeit). Das können einerseits weitere Kennzahlen sein, aus der die Portfoliokennzahl erst entstanden ist, andererseits aber auch klassische Berichte. Vor allem muss der Portfolioverantwortliche bei allen Kennzahlen der Form »Anzahl der Projekte mit Eigenschaft X« eine Liste genau dieser Projekte vorgelegt bekommen. Folgende Beispiele mögen das illustrieren:

- Anzahl aller Projekte im Portfolio – Liste der Projekte in der Rangreihenfolge oder nach Starttermin oder nach geplantem Abschlusstermin
- Anzahl der Verbundprojekte – Matrix der Abhängigkeiten zwischen den verschiedenen Projekten des Portfolios
- Anteil der Projekte mit Leistungsproblemen – Liste der Projekte mit Leistungsproblemen
- Anzahl der Projekte mit einer verschlechterten Risikolage – Liste der Projekte mit den jeweils zugeordneten Risiken und Ausweis der Veränderungen gegenüber dem vorangegangenen Berichtszeitpunkt
- Anteil der Projekte mit Abnahmeverweigerungen – Liste der betroffenen Projekte und entsprechende Abnahmeprotokolle
- Ausmaß der Terminüberschreitung – Liste der Termine, sortiert nach dem Ausmaß der Überschreitung und Verweis auf die jeweils betroffenen Projekte

Portfoliodiagramm

Anders als bei einzelnen Projekten kommt bei Portfolios noch eine weitere Darstellungsform infrage, das Portfoliodiagramm. Diese Darstellung wählt aus den Projektkennzahlen zwei Kennzahlen aus und trägt für jedes Projekt das Paar der Kennzahlenwerte (z.B. Istwerte) in ein zweidimensionales Koordinatensystem ein (vgl. [Kütz 2005, S. 267-269]). Macht man das für alle Projekte des Portfolios, so hat man in dem Koordinatensystem die Punktwolke der Portfolioprojekte. Beispiele entsprechender Portfoliodiagramme sind:

- Fertigstellungsgrad/Budgetausschöpfungsgrad (vgl. Abb. 5–19)
- CPI/SPI (Earned Value Management) (vgl. Abb. 5–20)

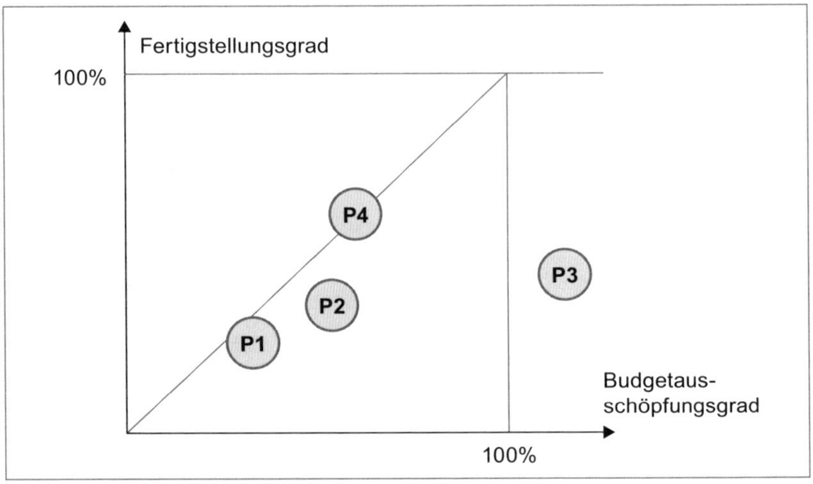

Abb. 5–19
Portfoliodiagramm: Fertigstellung/ Budgetausschöpfung

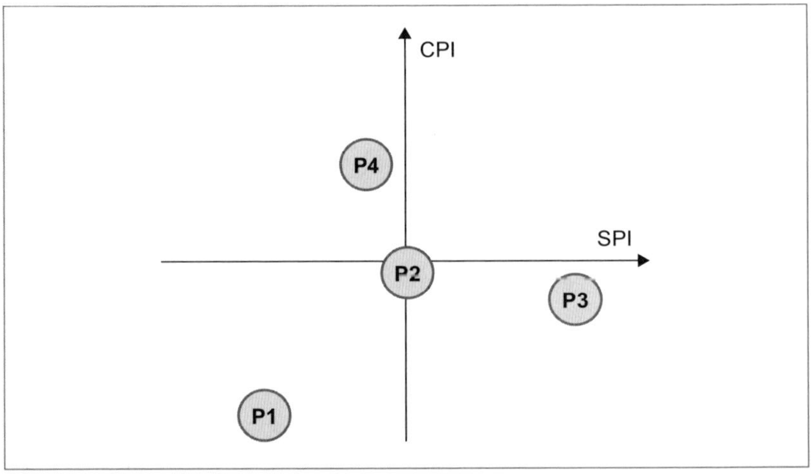

Abb. 5–20
Portfoliodiagramm: CPI/SPI

Radarchart

Will man mehr als zwei Dimensionen darstellen, z.B. Änderungen, Probleme und Risiken, dann muss man auf die in Abbildung 5–21 dargestellten »Radarcharts« ausweichen (vgl. [Kütz 2005, S. 269-270]). Hier entspricht jedem Projekt ein charakteristisches Dreieck (bei n Dimensionen ein charakteristisches n-Eck). Diese Darstellungsform wird aber schnell unübersichtlich.

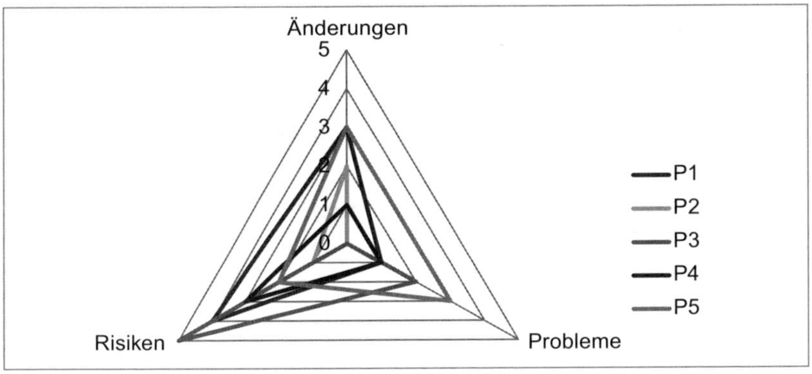

Abb. 5–21
Radarchart
(3 Dimensionen)

Polaritätsdiagramm

Besser ist das Polaritätsdiagramm (bei dem das Problem der Unübersichtlichkeit früher oder später auch eintritt; vgl. Abb. 5–22 und [Kütz 2005, S. 271-272]).

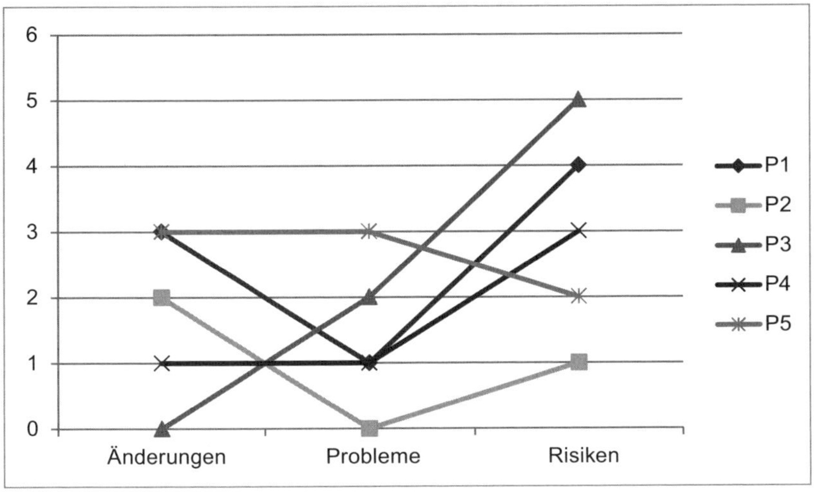

Abb. 5–22
Polaritätsdiagramm
(3 Dimensionen)

Jedem Projekt entspricht hier ein charakteristischer Linienzug. Vorteil dieser Darstellungsform ist es, dass man beliebige Dimensionen gemeinsam darstellen kann, wenn sie von der Skalierung aufeinander angepasst wurden.

Balkendiagramm

Im Falle einzelner Kennzahlen kann man für das Portfolio die Darstellungsform des Balkendiagramms (vgl. Abb. 5–23) wählen.

Abb. 5–23
Portfolioübersicht »Risiken« (unsortiert)

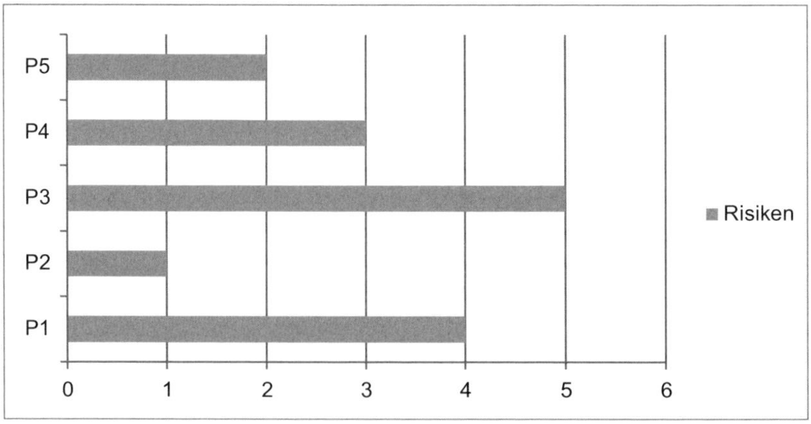

So kann man optisch die »kranken« Projekte leicht identifizieren, insbesondere dann, wenn man die Toleranzwerte als vertikale Linien in diese Darstellung noch eintragen würde. Lehnt man diese Darstellung an die ABC-Analyse an (vgl. [Kütz 2005, S. 235-238]), dann stehen die auffälligen Projekte am oberen und am unteren Ende der Darstellung. Im vorstehenden Beispiel erhält man das geänderte Diagramm in Abbildung 5–24.

Die sortierte Darstellung wäre eingängiger, da sie die auffälligen Projekte klar und sofort erkennbar an das obere oder untere Ende der Auflistung platziert. Nachteil dieser Darstellungsform ist allerdings, dass ein bestimmtes Projekt für verschiedene Kennzahlen an unterschiedlichen Positionen in den jeweiligen Kennzahlengrafiken erscheint und sich darüber hinaus seine Positionierung für eine Kennzahl im Verlauf der Zeit ändern wird.

Abb. 5–24
Portfolioübersicht »Risiken« (sortiert)

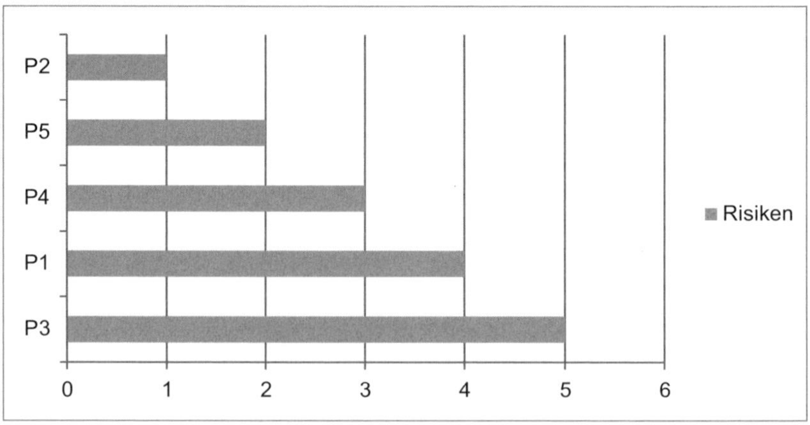

5.4.3 Fragen des Controllings

Aus der »unendlichen« Dauer eines Portfolios ergibt sich, dass die Portfoliosteuerung weniger zeitraumorientiert sein kann als vielmehr zeitpunktorientiert arbeiten muss. Was bedeutet das für die einzelnen Steuerungsdimensionen des Projektportfolios?

Leistung

Da zwischen verbundfreien Projekten definitionsgemäß keine Leistungszusammenhänge bestehen, ist es wenig sinnvoll, von der kumulierten Gesamtleistung des Portfolios zu sprechen (Leistung = Arbeit pro Zeiteinheit). Aber der Portfolioverantwortliche wird folgende Fragen stellen und mittels geeigneter Antworten Transparenz schaffen:

- Erfolgte die Leistungserbringung in der Berichtsperiode (der betrachteten Zeiteinheit) planmäßig?
- Welche Projekte hatten in der Berichtsperiode Leistungsstörungen?
- Welche Projekte hatten bereits in früheren Berichtsperioden Leistungsstörungen?
- Welche Projekte hatten in der Berichtsperiode erstmals Leistungsstörungen?
- Welches Ausmaß haben die festgestellten Leistungsstörungen? Sind sie lokaler Natur, d.h. auf einzelne Projekte beschränkt? Oder handelt es sich um einen »Flächenbrand«, der praktisch alle Projekte betrifft?
- Welche signifikanten Veränderungen gab es in den Leistungsstörungen zwischen der vorhergehenden und der aktuell betrachteten Berichtsperiode?

Qualität

Da Qualität einen Leistungsaspekt darstellt, sind hier gleichartige Fragen zu stellen:

- Entwickelte sich die Qualitätssituation in der Berichtsperiode wie geplant oder erwartet?
- Welche Projekte hatten in der Berichtsperiode Qualitätsstörungen?
- Welche Projekte hatten bereits in früheren Berichtsperioden Qualitätsstörungen?
- Welche Projekte hatten in der Berichtsperiode erstmals Qualitätsstörungen?
- Welches Ausmaß haben die festgestellten Qualitätsstörungen? Sind sie lokaler Natur, d.h. auf einzelne Projekte beschränkt? Oder handelt es sich um einen »Flächenbrand«, der praktisch alle Projekte betrifft?
- Welche signifikanten Veränderungen gab es in den Qualitätsstörungen zwischen der vorhergehenden und der aktuell betrachteten Berichtsperiode?

Termine Die Terminsituation unterliegt der besonderen Aufmerksamkeit der Portfoliosteuerung. Denn bei Nichteinhaltung von Terminen ist stets nicht nur ein einzelnes Projekt betroffen, sondern schlimmstenfalls sind es sämtliche Projekte des Portfolios. Bei einer absoluten Engpassressource kann es passieren, dass das gesamte Portfolio warten muss, bis diese Ressource wieder frei wird. Vor diesem Hintergrund muss der Portfolioverantwortliche die folgenden Fragen stellen:

- Entwickelte sich die Terminsituation in der Berichtsperiode wie geplant oder erwartet?
- Welche Projekte hatten in der Berichtsperiode Terminstörungen?
- Welche Projekte hatten bereits in früheren Berichtsperioden Terminstörungen?
- Welche Projekte hatten in der Berichtsperiode erstmals Terminstörungen?
- Welches Ausmaß haben die festgestellten Terminstörungen? Sind sie lokaler Natur, d.h. auf einzelne Projekte beschränkt? Oder handelt es sich um einen »Flächenbrand«, der praktisch alle Projekte betrifft?
- Welche Auswirkungen haben einzelne Terminstörungen auf das Portfolio insgesamt?
- Welche signifikanten Veränderungen gab es in den Terminstörungen zwischen der vorhergehenden und der aktuell betrachteten Berichtsperiode?

Besonderheiten beim TCC-Ansatz Arbeitet eine Organisation nach dem TCC-Ansatz, dann verblasst die Terminfrage, da ja sämtliche Aktivitäten in einem vorgegebenen Zeitraster durchgeführt werden. Die Terminfrage reduziert sich auf die Leistungsfrage, denn die Kernfrage lautet: Wurde im TCC die geplante Leistung erbracht?

Aufwand Auch der Aufwand, der im Portfolio entsteht, unterliegt der besonderen Aufmerksamkeit des Portfolioverantwortlichen, denn dahinter steht auch die Auslastung der von ihm bereitgestellten Ressourcen. Hier stellen sich folgende Fragen:

- Entwickelte sich der Aufwand in der Berichtsperiode wie geplant oder erwartet?
- Welche Projekte hatten in der Berichtsperiode Aufwandsstörungen?
- Welche Projekte hatten bereits in früheren Berichtsperioden Aufwandsstörungen?
- Welche Projekte hatten in der Berichtsperiode erstmals Aufwandsstörungen?

- Welches Ausmaß haben die festgestellten Aufwandsstörungen? Sind sie lokaler Natur, d.h. auf einzelne Projekte beschränkt? Oder handelt es sich um einen »Flächenbrand«, der praktisch alle Projekte betrifft?
- Welche Ressourcen sind betroffen?
- Welche Auswirkungen haben die festgestellten Aufwandsstörungen auf das Portfolio insgesamt?
- Welche signifikanten Veränderungen gab es in den Aufwandsstörungen zwischen der vorhergehenden und der aktuell betrachteten Berichtsperiode?

Da ein Portfolio über die gemeinsame Nutzung von Ressourcen definiert ist, sind darüber hinaus folgende Fragen zu stellen:

- Entwickelt sich die Kapazitätsauslastung der bereitgestellten Ressourcen insgesamt wie geplant oder erwartet?
- Für welche Ressourcen besteht eine Überlastung?
- Welche Auswirkungen hat diese Überlastung auf die Projekte im Portfolio?
- Welche Ressourcen sind unzureichend ausgelastet?
- Können die Ressourcen mit schlechter Auslastung zur Entlastung von (aktuellen) Engpassressourcen genutzt werden? Oder muss ihre Kapazität reduziert werden?
- Welche signifikanten Veränderungen gab es in der Kapazitätsauslastung zwischen der vorhergehenden und der aktuell betrachteten Berichtsperiode?

Änderungen

Wie für das einzelne Projekt, so sind Änderungen auch auf der Ebene des Portfolios ein Frühindikator für Leistungs-, Qualitäts-, Termin- und Aufwandsprobleme. Dementsprechend sind folgende Fragen zu stellen:

- Gibt es Auffälligkeiten in der Entwicklung des Änderungsaufkommens (stark steigende bzw. sinkende Anzahl von Änderungsanträgen, starke Zunahme bzw. Abnahme des Änderungsaufwandes, Schwerpunkte der Änderungsthemen)?
- Welche Projekte sind zum ersten Mal von Änderungen betroffen?
- Welche Projekte sind zum wiederholten Mal von Änderungen betroffen?
- Verläuft die Bearbeitung der eingehenden Änderungsanträge planmäßig (d.h. innerhalb der definierten Fristen)?
- Welcher Anteil der Änderungen wird in Projekte übernommen?

- Welcher Anteil der Änderungen wird abgelehnt und nicht in Projekte übernommen?
- Wie wirken sich die übernommenen Änderungen auf das Portfolio aus (Terminlage, Aufwand)?

Probleme Auch die Entwicklung des Problemaufkommens ist projektübergreifend von erheblichem Interesse. Hier sind folgende Fragen zu stellen:

- Gibt es Auffälligkeiten bei der Entwicklung des Problemaufkommens (starke Zunahme bzw. Abnahme, inhaltliche Schwerpunkte)?
- Welche Projekte haben zum ersten Mal Probleme?
- Welche Projekte haben zum wiederholten Mal Probleme?
- Konnten die in früheren Berichtsperioden identifizierten Probleme wie geplant bearbeitet werden?
- Welche Veränderungen im Problembestand gab es in der Berichtsperiode gegenüber der Vorperiode?
- Wo liegen die Ursachen der neu identifizierten Probleme: in den einzelnen Projekten selbst, im Umfeld der Projekte (z.B. auf Seite der Projektauftraggeber) oder auf der Portfolioebene (z.B. in der Nichtverfügbarkeit benötigter Ressourcen)?

Risiken Für den Portfolioverantwortlichen ist nicht nur die Risikolage der einzelnen Projekte von Interesse, sondern auch die Risikolage des Portfolios insgesamt. Daher sind hier folgende Fragen zu stellen:

- Gibt es Auffälligkeiten bei der Entwicklung der Risikolage in den Projekten (starke Zunahme bzw. Abnahme von Risiken oder Risikowerten, inhaltliche Schwerpunkte)?
- Für welche Projekte hat sich die Risikolage verbessert bzw. verschlechtert?
- Wurden die vom Risikomanagement beschlossenen Maßnahmen wie geplant umgesetzt?
- Hat sich die Risikolage des Portfolios in der Berichtsperiode wie erwartet entwickelt?
- Welche Portfoliorisiken wurden neu identifiziert, also Risiken, bei deren Eintritt mehrere oder sogar alle Projekte des Portfolios betroffen sind?
- Welche Portfoliorisiken mussten bzw. konnten in ihrer Bewertung verändert werden?
- Gab es Auffälligkeiten in den unterschiedlichen Risikokategorien?
- Was sind die Ursachen der Rentabilitätsveränderung? Gibt es Änderungen bei einzelnen Projekten oder ändern sich Struktur und Zusammensetzung des Projektportfolios?

Zur Struktur des Projektportfolios sind folgende Fragen zu beantworten:

Portfoliostatus

- Hat sich die Zusammensetzung des Portfolios im Berichtszeitraum auffällig verändert?
- Welche Projekte wurden in das Portfolio übernommen, zurückgestellt, endgültig abgelehnt, aus dem Portfolio genommen, abgebrochen, saniert?
- Hat sich die Anzahl und die Struktur der Verbundprojekte geändert?
- Hat sich die Anzahl der Terminprojekte geändert?
- Was sind die Ursachen der geänderten Portfoliostruktur?

Zur Rentabilität des Projektportfolios sind folgende Fragen zu beantworten:

Portfoliorentabilität

- Gibt es Auffälligkeiten in der Entwicklung der Gesamtrentabilität des Portfolios, z. B. eine starke Zunahme bzw. Abnahme?
- Für welche Projekte hat sich die Rentabilität verbessert bzw. verschlechtert?
- Was sind die Ursachen der Rentabilitätsveränderung? Liegen sie in der Projektphase oder in der Betriebsphase?
- Für welche Projekte besteht die Gefahr oder Notwendigkeit eines Projektabbruchs oder einer Projektsanierung bzw. einer wesentlichen Umplanung?

Zum Kapitalbedarf des Projektportfolios sind folgende Fragen zu beantworten:

Portfoliokapitalbedarf

- Hat sich der Kapitalbedarf des Portfolios in der Berichtsperiode wie geplant entwickelt?
- Für welche Projekte ist der Kapitalbedarf gestiegen/gesunken?
- Muss beim Projektinvestor weiterer Kapitalbedarf angemeldet werden?
- Wie soll mit (eventuell) freigesetztem Kapital verfahren werden?
- Was sind die Ursachen für gestiegenen bzw. gesunkenen Kapitalbedarf?

Für die projektübergreifende Ressourcensteuerung sind folgende Fragen zu beantworten:

Ressourcensteuerung

- Haben sich Anzahl und Kapazität der vorzuhaltenden Ressourcen in der Berichtsperiode verändert?
- Hat sich die Auslastung der vorgehaltenen Ressourcen in der Berichtsperiode verändert?

- Hat sich das Verhältnis von eigenen und fremden Ressourcen in der Berichtsperiode verändert?
- Welche Ressourcen sind überlastet (Engpassressourcen)?
- Welche Ressourcen sind nicht ausgelastet?
- Welche Ressourcen sind erstmalig überlastet bzw. nicht ausgelastet?
- Welche Ressourcen sind zum wiederholten Mal überlastet/nicht ausgelastet?
- Stehen dem Portfolio bestimmte Ressourcen nicht mehr zur Verfügung?
- Was sind die Ursachen für Überlastungen bzw. schlechte Auslastungen?
- Was sind die Ursachen, dass bestimmte Ressourcen nicht mehr zur Verfügung stehen?

Berichtswesen

Für das projektübergreifende Berichtswesen sind folgende Fragen zu beantworten:

- Kann der Portfolioverantwortliche schnell erkennen, in welchem Bearbeitungszustand sich die Projekte des Portfolios befinden?
- Wird die oberste Leitung der Organisation geeignet über den Portfoliostatus informiert?
- Werden die Projektauftraggeber geeignet über den Status »ihrer« Projekte informiert?
- Werden alle Informationen zeitnah bereitgestellt?
- Können Verantwortliche und Betroffene erkennen, welche Projekte nicht planmäßig laufen und welche Projekte hinsichtlich der planmäßigen Durchführung gefährdet sind?
- Kann der Portfolioverantwortliche den (aktuellen) Auslastungsgrad der verschiedenen Ressourcen schnell erkennen? Kann er insbesondere (drohende) Überlastungen und schlechte Auslastungen einzelner Ressourcen erkennen?
- Werden die Kennzahlen und daraus erstellte Berichte in den Projektbesprechungen durchgesprochen und diskutiert? Werden erforderliche Maßnahmen definiert und ihre Umsetzung initiiert?
- Werden die Ergebnisse der Durchsprachen protokolliert?
- Werden die abgeleiteten Maßnahmen konsequent umgesetzt und verfolgt (nach dem 3-W-Prinzip)?
- Werden die Möglichkeiten der Informations- und Kommunikationstechnik konsequent für das Portfolioberichtswesen genutzt?

5.4.4 Empfehlungen für die Praxis

Eine Portfoliosteuerung kann mit folgenden Maßnahmen wirksam verbessert werden:

- Führen Sie für alle Projekte eine einheitliche Erfassung der Leistungs- und Verbrauchsmessungen durch und sorgen Sie dafür, dass diese Daten nach einem einheitlichen Verfahren termingerecht gemeldet werden. Nutzen Sie dazu ein geeignetes IT-System, z.B. in Form eines Internetportals.
- Wählen Sie als kleinste Erfassungseinheit für Personalaufwand die Stunde oder besser noch den halben Tag. Kleinere Einheiten bewähren sich in der Praxis nicht.
- Stimmen Sie die Zeiterfassung der Mitarbeiter in Projekten mit den Mitbestimmungsorganen Ihrer Organisation ab.
- Beziehen Sie auch Mitarbeiter der Fachbereiche in die Zeiterfassung Ihrer Projekte mit ein.
- Üben Sie seitens des zentralen Projekt- und Portfoliocontrollings absolute Termindisziplin bei der Bereitstellung der periodischen Statusberichte und Abweichungsanalysen. Nutzen Sie die Möglichkeiten der Informations- und Kommunikationstechnologie.
- Synchronisieren Sie die Termine für Datenabgabe, Berichterstattung und Durchsprache projektübergreifend, denn nur dann können Sie die möglichen Synergien realisieren.
- Organisieren Sie das Änderungsmanagement für Ihre Projekte zentral und übergreifend. Änderungsanträge müssen zentral erfasst und bearbeitet werden. Nur dann können Sie Redundanzen der Anforderungsinhalte erkennen und negative Auswirkungen auf andere laufende Projekte vermeiden.
- Organisieren Sie das Problemmanagement für Ihre Projekte zentral und übergreifend. Probleme werden zentral erfasst und ihre Bearbeitung wird projektübergreifend koordiniert. Nur dann können Sie Querwirkungen zwischen den verschiedenen Projekten frühzeitig und rechtzeitig feststellen und eine wirksame »lernende Organisation« aufbauen, die aus ihren Fehlern lernt.
- Organisieren Sie das Risikomanagement für Ihre Projekte zentral und übergreifend. Risiken und Risikoveränderungen werden an eine zentrale Stelle gemeldet und dort erfasst und verfolgt. Nur dann realisieren Sie eine über alle Projekte hinweg gleiche Bewertung und Behandlung von Risiken und können projektübergreifende Verbundrisiken rechtzeitig erkennen.

- Kommunizieren Sie Abweichungen auf der Projektebene möglichst schnell auf die Portfolioebene, weil nicht nur das betroffene Projekt gegensteuern muss, sondern auch alle potenziell durch Folgewirkungen betroffenen Projekte sich auf Störungen ihres Projektablaufs frühzeitig vorbereiten müssen.
- Machen Sie Ihre Personalressourcen flexibel, indem Sie Ihre Mitarbeiter so aufstellen, das sie in Projekten mehrere Rollen übernehmen und verschiedene Aufgaben wahrnehmen können. So vermeiden Sie Ressourcenwechsel, Schnittstellen und daraus resultierende Transaktionskosten.
- Stellen Sie sicher, dass Ihren Projekten die benötigten technischen Ressourcen (Hardware, Software, Kommunikations- und Bürotechnik, Facilities) in ausreichender Menge zur Verfügung stehen. Leichte Überkapazitäten können ökonomisch sinnvoll sein. Schließen Sie ggf. geeignete Verträge mit Lieferanten und Dienstleistern, damit kurzfristig entstehende Bedarfe schnell gedeckt werden können.
- Nutzen Sie die Möglichkeiten der aktuellen Informations- und Kommunikationstechnologien konsequent! Stellen Sie den Projektverantwortlichen alle Informationen elektronisch zur Verfügung (z.B. über ein Portal). Lassen Sie sämtliche Verbrauchs- und Leistungsdaten zentral über entsprechende Internetportale erfassen, die praktisch weltweit von allen (internen und externen) Projektmitarbeitern genutzt werden können.
- Etablieren Sie eine professionelle Qualitätssicherung aller Daten, die von den Projekten gemeldet werden. Nur dann können Sie Projekte vergleichen, Erhebungsfehler erkennen oder sogar Manipulationsversuchen auf die Spur kommen.
- Etablieren Sie ein Project Management Office als zentralen Dienstleister für Ihre Projekte, um sie im Steuerungsbereich und bei administrativen Aufgaben zu entlasten.
- Etablieren Sie eine zentrale Beschaffung und Koordination von Ressourcen, insbesondere Fremdpersonal.
- Stellen Sie sicher, dass sich das zentrale Projekt- und Portfoliocontrolling als Dienstleister für die Projektverantwortlichen versteht und diese Personen durch seine Arbeit unterstützt und wirksam entlastet. Erfragen Sie regelmäßig das Feedback der Projektverantwortlichen und etablieren Sie einen kontinuierlichen Verbesserungsprozess (KVP).

- Nehmen Sie die oberste Leitung Ihrer Organisation in die Pflicht. Sie ist letztlich »Eigentümer« des Projektportfolios und muss in der Organisation verdeutlichen, dass (auch) das IT-Projektportfolio eine wichtige Komponente der strategischen Entwicklung der Organisation darstellt. Sie muss insbesondere Konflikte zwischen verschiedenen Projekten schlichten und über das weitere Vorgehen entscheiden.
- Kommunizieren Sie Abweichungen auf Portfolioebene zeitnah an die oberste Leitung Ihrer Organisation bzw. das zuständige Gremium.
- Allgemein gilt im Berichtswesen: Machen Sie weniger, das aber konsequenter! Reduzieren Sie im Zweifelsfall die verwendeten Kennzahlen und konzentrieren Sie sich auf wenige Kerngrößen, die Sie zeitnah, qualitätsgesichert und in kurzen Abständen bereitstellen können.
- Stellen Sie den Projektverantwortlichen und den Ressourcenverantwortlichen geeignete Werkzeuge zur Verfügung, damit diese Personen die benötigten Daten dezentral erfassen und eingeben können.
- Stellen Sie die aus den gemeldeten Daten erzeugten Kennzahlen zeitnah den Adressaten und Betroffenen zur Verfügung. Nutzen Sie die Möglichkeiten der verfügbaren Informations- und Kommunikationstechnologien.
- Synchronisieren Sie Projekt- und Portfolioberichtswesen. Lassen Sie das Berichtswesen über das Project Management Office betreiben. Für alle Projekte und Ressourcen sollten die Daten zu vorgegebenen Stichtagen vorliegen und die Bereitstellung der abgeleiteten Kennzahlen sollte ebenfalls stichtagsgenau erfolgen. Termintreue muss für alle Beteiligten oberstes Gebot sein.
- Erstellen Sie einheitliche Berichte für alle Projekte.
- Sorgen Sie dafür, dass alle Kennzahlen und Berichte aktiv und regelmäßig von und mit den Verantwortlichen durchgesprochen werden. Wenn das nicht erfolgt, ist das Berichtswesen fragwürdig und unwirtschaftlich.
- Achten Sie darauf, dass notwendige Entscheidungen nicht durch Schwachstellen im Berichtswesen hinausgezögert werden. Halten Sie die Menge der Sonderauswertungen in Grenzen. Es ist meistens effektiver, wenn die Verantwortlichen auf Grundlage der Standardberichte diskutieren und abgestimmt entscheiden, als wenn Bericht nach Bericht erstellt wird, aber keine Entscheidungen fallen.

- Vermeiden Sie Kennzahlen, die auf subjektiven Einschätzungen der jeweils Verantwortlichen beruhen (z.B. die berühmte Projektstatusampel), denn die Verantwortlichen sind in der Regel Zweckoptimisten oder Zweckpessimisten.
- Seien Sie in der Wahl von Darstellungsformen konservativ: Wenn in Ihrer Organisation eine bestimmte Darstellungsform bereits bekannt ist und eventuell auch genutzt wird, dann wählen Sie diese – auch wenn Sie persönlich eine andere Darstellungsform bevorzugen würden. Ihr »Wurm« (Bericht) muss nicht dem »Angler« (Ihnen) schmecken, sondern dem »Fisch« (Ihrem Adressaten).
- Bewahren Sie bei Ihren Darstellungsformen Kontinuität: Wenn Sie sich einmal für eine bestimmte Darstellungsform entschieden haben, dann nutzen Sie diese konsequent. Wechseln Sie die Darstellungsform nicht mehr! Das sorgt bei den Adressaten oftmals für erhebliche Irritation.

6 Fazit Projektcontrolling

Projektsteuerung

Die Steuerung von IT-Projekten ist eine herausfordernde Aufgabe, die immer wieder neu bewältigt werden muss. Die verschiedenen Fragestellungen sind wohlbekannt, Methoden und Werkzeuge stehen in großer Menge zur Verfügung. In der Praxis gibt es daher kein Methoden- oder Werkzeugproblem, sondern nach wie vor ein erhebliches Umsetzungsproblem. Die Verantwortlichen müssen (endlich) erkennen, dass Projektcontrolling kein lästiger administrativer Ballast ist, sondern Kernbestandteil ihrer eigenen Managementaufgabe. Wer seine Projekte fundiert vorbereitet, sorgfältig plant und dann aktiv steuert, wird im Projektmanagement erfolgreicher sein als jene, die in ihre Projekte »hineinstolpern« und Projektmanagement mit Improvisation verwechseln.

Zu wenig wird in der Praxis immer noch beachtet, dass in IT-Projekten teures Kapital eingesetzt werden muss und über die Kapitalverwendung Rechenschaft abzulegen ist. Nur wenn IT-Verantwortliche ihrer Organisation klarmachen können, dass Investitionen in IT sinnvoll und in einem ganz klassischen Sinne lohnend sind, wird es der IT gelingen, sich aus der einengenden Betrachtung als Kostenfaktor zu lösen und mit der gesamten IT als Leistungsfaktor auftreten zu können – und auch so gesehen zu werden. Das hier vorgestellte rentabilitätsorientierte Projektcontrolling unterstützt dabei.

Portfoliosteuerung

Die Steuerung von Projektportfolios ist eine schwierige und ebenfalls herausfordernde Aufgabenstellung. Die unterschiedlichen Einflussfaktoren und die Eigendynamik der einzelnen Projekte führen zu vielfältigen Dominoeffekten zwischen den Projekten eines Portfolios. Diese Effekte müssen von den Verantwortlichen möglichst frühzeitig erkannt und dann aktiv angegangen werden, im Verbund des Portfoliomanagements mit allen betroffenen Projektmanagern. Wesentliche Aufgabe des Portfoliocontrollings ist es hier, die benötigte Transparenz aufzubauen und dauerhaft zu erhalten.

Die größte Schwierigkeit liegt wohl im Aufbau von Portfolios und der damit zusammenhängenden Ablaufplanung. Die in diesem Buch dargestellten Überlegungen können Anregungen geben, aber es besteht nach wie vor ein Defizit an praxisgerechten Methoden. Mit der TCC-Methode wurde ein Ansatz vorgestellt, der die Komplexität der Portfolioplanung auf ein beherrschbares Maß reduziert und sich zugleich in die modernen Philosophien der Projektdurchführung (Timebox-Ansätze) und Softwareentwicklung (agile Entwicklung) integriert. Gleichwohl bleibt festzuhalten, dass es im Bereich von Portfoliomanagement und Portfoliosteuerung noch viel zu tun gibt.

Anhang

A Abkürzungsverzeichnis

Abkürzung	Bedeutung
AHP	Analytischer Hierarchieprozess
AHK	Anschaffungs- und Herstellkosten
BDSG	Bundesdatenschutzgesetz
BGB	Bürgerliches Gesetzbuch
BilMoG	Bilanzmodernisierungsgesetz
BP	Betriebsperiode
CAPEX	Capital Expenditures
CIO	Chief Information Officer
CPI	Cost Performance Index
DEA	Data Envelopment Analysis
DIN	Deutsche Industrienorm
DKSA	Durchschnittlicher kumulierter Sollaufwand
ETC	Estimate to Complete
EVA	Earned Value Analysis
FC	Forecast
FG	Fertigstellungsgrad
FPY	First Pass Yield
GA	Gesamtabweichung
HGB	Handelsgesetzbuch
IAS	International Accounting Standards
IASB	International Accounting Standards Board
IFRS	International Financial Reporting Standards
IRR	Internal Rate of Return
ISM	Information Security Management
KIA	Kumulierter Istaufwand
KPA	Kumulierter Planaufwand

Abkürzung	Bedeutung
KSA	Kumulierter Sollaufwand
KVP	Kontinuierlicher Verbesserungsprozess
MTA	Meilensteintrendanalyse
NPV	Net Present Value
NWA	Nutzwertanalyse
OPEX	Operational Expenditures
PLA	Projektlenkungsausschuss
PMO	Project Management Office
PP	Projektperiode
PSP	Projektstrukturplan
QMS	Qualitätsmanagementsystem
QS	Qualitätssicherung
RB	Relativer Barwert
ROI	Return on Investment
RW	Risikowert
SIC	Standing Interpretations Committee
SLA	Service Level Agreement
SPI	Schedule Performance Index
STK	Stabilitätskennzahl
TCC	Time & Capacity Container
TOPSIS	Technique for Order Preference by Similarity to Ideal Solution
VOFI	Vollständiger Finanzplan
VORE	Vollständiger Ressourcenplan
WBS	Work Breakdown Structure
ZVP	Zahlungs- und Vermögensplan

B Symbolverzeichnis

a(t)	Auszahlungen eines Projektes zum Zeitpunkt t	Abschnitt 4.3
a*(t)	Auf den Startzeitpunkt diskontierte Auszahlungen eines Projektes zum Zeitpunkt t	Abschnitt 4.3.10
A(t)	Kumulierte Auszahlungen eines Projektes bis zum Zeitpunkt t, beginnend mit t = 0	Abschnitt 4.3
A*(t)	Kumulierte und auf den Startzeitpunkt diskontierte Auszahlungen eines Projektes bis zum Zeitpunkt t, beginnend mit t = 0	Abschnitt 4.3.10
A	Kumulierte Auszahlungen eines Projektes über die gesamte Kalkulationsspanne hinweg	Abschnitt 4.3
A*	Kumulierte und auf den Startzeitpunkt diskontierte Auszahlungen eines Projektes über die gesamte Kalkulationsspanne hinweg	Abschnitt 4.3.10
A_B	Kumulierte Auszahlungen in der Betriebsphase	Abschnitt 4.3.9
A_P	Kumulierte Auszahlungen in der Projektphase	Abschnitt 4.3.9
B(t)	Kumulierter Barwert eines Projektes zum Zeitpunkt t	Abschnitt 4.3.3
B	Barwert eines Projektes	Abschnitt 4.3.3
B*	Auf den Startzeitpunkt diskontierter Barwert eines Projektes	Abschnitt 4.3.10
C	Aktivierungsrelevante Auszahlung in der Projektperiode	Abschnitt 4.3.6
CPI(t)	Cost Performance Index eines Projektes zum Zeitpunkt t	Abschnitt 4.5.7 (Seite 170)
$D^{\sim}$	Näherungswert für die Amortisationsdauer	Abschnitt 4.3.3
Δt_S	Verschiebung des Starttermins eines Projektes (Zeitspanne)	Abschnitt 4.5.2
e(t)	Einzahlungen eines Projektes zum Zeitpunkt t	Abschnitt 4.3
e*(t)	Auf den Startzeitpunkt diskontierte Einzahlungen eines Projektes zum Zeitpunkt t	Abschnitt 4.3.10
E(t)	Kumulierte Einzahlungen eines Projektes t bis zum Zeitpunkt t, beginnend mit t = 0	Abschnitt 4.3

$E^*(t)$	Kumulierte und auf den Startzeitpunkt diskontierte Einzahlungen eines Projektes t bis zum Zeitpunkt t, beginnend mit $t = 0$	Abschnitt 4.3.10
E	Über die gesamte Kalkulationsspanne kumulierte Einzahlungen eines Projektes	Abschnitt 4.3
E^*	Auf den Startzeitpunkt diskontierte und über die gesamte Kalkulationsspanne kumulierte Einzahlungen eines Projektes	Abschnitt 4.3.10
$ETC_{Aufwand}(t)$	Zum Zeitpunkt t geschätzter Restaufwand eines Projektes	Abschnitt 4.5.1
$ETC_{Dauer}(t)$	Zum Zeitpunkt t geschätzte Restdauer eines Projektes	Abschnitt 4.5.2
$FC_{Aufwand}(t)$	Zum Zeitpunkt t prognostizierter Aufwand eines Projektes	Abschnitt 4.5.1
$FC_{Dauer}(t)$	Zum Zeitpunkt t prognostizierte Dauer eines Projektes	Abschnitt 4.5.2
$FC_e(t)$	Zum Zeitpunkt t prognostizierter Abschlusstermin eines Projektes	Abschnitt 4.5.2
FG(t)	Fertigstellungsgrad eines Projektes zum Zeitpunkt t	Abschnitt 4.5.7
GA(t)	Gesamtabweichung eines Projektes zum Zeitpunkt t	Abschnitt 4.5.7 (Seite 170)
K	Das vom Projekt benötigte Kapital	Abschnitt 4.3.3
K^*	Das vom Projekt benötigte und auf den Startzeitpunkt diskontierte Kapital	Abschnitt 4.3.10
K_{ges}	Kapitalbedarf des gesamten Projektportfolios	Abschnitt 5.2.1
KIA(t)	Kumulierter Istaufwand eines Projektes für den Zeitpunkt t	Abschnitt 4.5.7 (Seite 170)
KPA(t)	Kumulierter Planaufwand eines Projektes für den Zeitpunkt t	Abschnitt 4.5.7 (Seite 170)
KSA(t)	Kumulierter Sollaufwand eines Projektes für den Zeitpunkt t	Abschnitt 4.5.7 (Seite 170)
M	Miete pro Periode	Abschnitt 4.3.5
N	Kumulierter nicht finanzieller Nutzen eines Projektes	Abschnitt 4.3.7
q	(Kredit-)Zinssatz	Abschnitt 4.3.10
Q	Korrekturfaktor bei der Berechnung des dynamischen ROI	Abschnitt 4.3.10
p	Anlagezinssatz	Abschnitt 4.3.10
p	Eintrittswahrscheinlichkeit	Abschnitt 4.5.6
P	Gewinnrelevante Auszahlungen in der Projektperiode	Abschnitt 4.3.6
R	Rentabilität eines Projektes	Abschnitt 4.3.3
RA	Kumulierte Auszahlungen A, bezogen auf das eingesetzte Kapital K	Abschnitt 4.3.8
RB	Relativer Barwert eines Projektes, bezogen auf das eingesetzte Kapital K	Abschnitt 4.3.3
RB^*	Relativer und auf den Startzeitpunkt diskontierter Barwert eines Projektes, bezogen auf das eingesetzte Kapital K	Abschnitt 4.3.10

RE	Kumulierte Einzahlungen E, bezogen auf das eingesetzte Kapital K	Abschnitt 4.3.8
RN	Kumulierter nicht finanzieller Nutzen, bezogen auf das eingesetzte Kapital K	Abschnitt 4.3.8
ROI	Mittlerer Kapitalrückfluss eines Projektes pro Periode der Kalkulationsspanne	Abschnitt 4.3.3
ROI*	Mittlerer Kapitalrückfluss eines Projektes pro Periode der Kalkulationsspanne bei Diskontierung der Zahlungen auf den Startzeitpunkt	Abschnitt 4.3.10
RS(i)	Ressourcenbedarf des Projektes mit der Nummer i	Abschnitt 5.2.2
RS_{ges}	Ressourcenbedarf des gesamten Projektportfolios	Abschnitt 5.2.2
RW	Risikowert	Abschnitt 4.5.6
S	Nummerierung der Projektperioden (Nummerierung beginnt mit 0, Anzahl der Projektperioden: S + 1)	Abschnitt 4.3
s(i)	Schaltervariable	Abschnitt 5.2.1
S_E	Ergebnisschaden eines Projektes	Abschnitt 4.5.6
S_K	Kostenschaden eines Projektes	Abschnitt 4.5.6
SPI(t)	Schedule Performance Index eines Projektes zum Zeitpunkt t	Abschnitt 4.5.7 (Seite 170)
st	Steuersatz	Abschnitt 4.3.6
STK	Stabilitätskennzahl eines Projektes	Abschnitt 4.3.3
S_Z	Zeitschaden eines Projektes	Abschnitt 4.5.6
t	Zeitvariable/Zeitpunkt	
T	Anzahl der Betriebsperioden nach Abschluss eines Projektes	Abschnitt 4.3
t_s	Starttermin eines Projektes	Abschnitt 4.5.2
W	Wirtschaftlichkeit eines Projektes	Abschnitt 4.3.3
Z	Kaufpreis eines Anlagegutes	Abschnitt 4.3.5

C Literatur

[Aigner 2004] Martin Aigner: Diskrete Mathematik, Wiesbaden, 2004 (5., überarbeitete und erweiterte Auflage)

[Bea/Scheurer/Hesselmann 2008] Franz Xaver Bea, Steffen Scheurer, Sabine Hesselmann: Projektmanagement, Stuttgart, 2008

[Brabandt 2000] Mark Brabandt: Programmcontrolling, S. 135-153, in [von Dobschütz/Barth/Jäger-Goy/Kütz/Möller 2000]

[Brooks 1974] Frederick P. Brooks: How does a project get to be a year late? The mythical manmonth. Datamation, Dezember 1974, zitiert nach [Heilmann 2003]

[Brugger 2009] Ralph Brugger: Der IT Business Case, Berlin, Heidelberg, 2009 (2., korrigierte und erweiterte Auflage)

[Burgartz/Röhrig 2011] Dieter Burgartz, Ralf Röhrig (Hrsg.): Information Security Management, Köln, 2011 (30. Aktualisierung März 2011)

[Cook/Zhu 2005] Wade D. Cook, Joe Zhu: Modeling Performance Measurement, New York, 2005

[Demleitner 2006] Klaus Demleitner: Projekt-Controlling, Renningen, 2006

[Deyhle 2003] Albrecht Deyhle: Controller-Handbuch, Offenburg, 2003

[Dillerup/Stoi 2008] Ralf Dillerup, Roman Stoi: Unternehmensführung, München, 2008 (2., überarbeitete Auflage),

[von Dobschütz/Barth/Jäger-Goy/Kütz/Möller 2000] Leonhard von Dobschütz, Manfred Barth, Heide Jäger-Goy, Martin Kütz, Hans-Peter Möller (Hrsg.): IV-Controlling, Wiesbaden, 2000

[Dohle/Schmidt/Zielke/Schürmann 2009] Helge Dohle, Rainer Schmidt, Frank Zielke, Thomas Schürmann: ISO 20000, Heidelberg, 2009

[Fiedler 2008] Rudolf Fiedler: Controlling von Projekten, Wiesbaden, 2008 (4., verbesserte Auflage)

[Fleming/Koppelman 2000] Quentin W. Fleming, Joel M. Koppelman: Earned Value Project Management, Newtown Square, Pennsylvania, USA, 2000

[Goldratt 2002] Eliyahu Goldratt: Die kritische Kette, Frankfurt (Main), 2002

[Götze 2006] Uwe Götze: Investitionsrechnung, Berlin, Heidelberg, 2006 (5., überarbeitete Auflage)

[Grob/Reepmeyer/Bensberg 2004] Heinz Lothar Grob, Jan-Armin Reepmeyer, Frank Bensberg: Einführung in die Wirtschaftsinformatik, München, 2004 (5., vollständig überarbeitete und erweiterte Auflage)

[Grupp 2002] Bruno Grupp: Professionelles Revisionsmanagement, Renningen, 2002

[Heilmann 2003] Heidi Heilmann: Erfolgsfaktoren des IT-Projektmanagements, S. 3-56, in [Heilmann/Etzel/Richter 2003]

[Heilmann/Etzel/Richter 2003] Heidi Heilmann, Hans-Joachim Etzel, Reinhard Richter (Hrsg.): IT-Projektmanagement – Fallstricke und Herausforderungen, Heidelberg, 2003 (2., überarbeitete und erweiterte Auflage)

[Heyd/Lutz-Ingold 2005] Reinhard Heyd, Martin Lutz-Ingold: Immaterielle Vermögenswerte und Goodwill nach IFRS, München, 2005

[Hirzel/Kühn/Wollmann 2006] Matthias Hirzel, Frank Kühn, Peter Wollmann (Hrsg.): Projektportfoliomanagement, Wiesbaden, 2006

[Hommel/Scholich/Vollrath 2001] Ulrich Hommel, Martin Scholich, Robert Vollrath (Hrsg.): Realoptionen in der Unternehmenspraxis, Berlin, Heidelberg, 2001

[Kargl 2007] Herbert Kargl: Hurra – Dem Erbsenzählen entwachsen, S. 4-5, in [Kütz/Meier 2007]

[Kellner 2001] Hedwig Kellner: Die Kunst, IT-Projekte zum Erfolg zu führen, München, Wien, 2001 (2., aktualisierte Auflage)

[Klein/Gleich 2009] Andreas Klein, Ronald Gleich (Hrsg.): Der Controlling-Berater, Band 5, Projekt-Controlling, Freiburg, 2009

[Königs 2006] Hans-Peter Königs: IT-Risikomanagement mit System, Wiesbaden, 2006 (2., korrigierte Auflage)

[Kütz 2005] Martin Kütz: IT-Controlling für die Praxis, Heidelberg, 2005

[Kütz 2011] Martin Kütz: Kennzahlen in der IT, Heidelberg 2011 (4., überarbeitete und erweiterte Auflage)

[Kütz/Meier 2007] Martin Kütz, Andreas Meier (Hrsg.): IT-Controlling, HMD 254, Heidelberg, 2007

[Laux 2007] Helmut Laux: Entscheidungstheorie, Berlin, Heidelberg, 2007 (7., überarbeitete und erweiterte Auflage)

[Lörz/Techt 2007] Holger Lörz, Uwe Techt: Critical Chain, Planegg, 2007

[**Meixner/Haas 2002**] Oliver Meixner, Rainer Haas: Computergestützte Entscheidungsfindung, Frankfurt (Main), Wien, 2002

[**Möller/Campana/Gemünden/Lange/Mayer 2011**] Thor Möller, Christophe Campana, Hans Georg Gemünden, Dietmar Lange, Peter Eduard Mayer (Hrsg.): Projekt erfolgreich managen, Köln, 2011 (44. Aktualisierungs-/Ergänzungs-Lieferung Mai 2011)

[**Oestereich/Weiss 2008**] Bernd Oestereich, Christian Weiss: APM – Agiles Projektmanagement, Heidelberg, 2008

[**Patzak/Rattay 2004**] Gerold Patzak, Günter Rattay: Projektmanagement, Wien, 2004 (4., wesentlich überarbeitete und ergänzte Auflage)

[**Peters/Zelewski 2007**] Malte Peters, Stephan Zelewski: TOPSIS als Technik zur Effizienzanalyse, WiSt 1/2007

[**Rohrschneider 2006**] Uwe Rohrschneider: Risikomanagement in Projekten, Planegg, 2006

[**de Rooij 2008**] Carlo de Rooij: Organisation des Multiprojektmanagements und -controlling – Erfahrungen aus der Praxis, S. 15-29, in [Steinle/Eßeling/Eichenberg 2008]

[**Ruf/Fittkau 2008**] Walter Ruf, Thomas Fittkau: Ganzheitliches IT-Projektmanagement, München, Wien, 2008

[**Sandrino-Arndt/Thomas/Becker 2010**] Bop Sandrino-Arndt, Rüdiger L. Thomas, Lutz Becker (Hrsg.): Handbuch Project Management Office, Düsseldorf, 2010

[**Schelle 2011**] Heinz Schelle: Die Lehre vom Projektmanagement: Entwicklung und Stand, Abschnitt 1.2 in [Möller/Campana/Gemünden/Lange/Mayer 2011]

[**Setzwein/Setzwein 2008**] Christian Setzwein, Monika Setzwein (Hrsg.): Turnaround-Management von IT-Projekten, Heidelberg, 2008

[**Spillner/Linz 2010**] Andreas Spillner, Tilo Linz: Basiswissen Softwaretest, Heidelberg, 2010 (4., überarbeitete und aktualisierte Auflage)

[**Steinle/Eßeling/Eichenberg 2008**] Claus Steinle, Verena Eßeling, Timm Eichenberg (Hrsg.): Handbuch Multiprojektmanagement und -controlling, Berlin, 2008

[**Stiefl/von Westerholt 2008**] Jürgen Stiefl, Kolja von Westerholt: Wertorientiertes Management, München, Wien, 2008

[**Stöger 2011**] Roman Stöger: Wirksames Projektmanagement, Stuttgart, 2011

[**Stoll 2008**] Stefan Stoll: IT-Management, München, 2008

[**Strohmeier 2000**] Helmut Strohmeier: Rechtzeitig die richtigen Projekte finden, Köln, 2000

[Techt/Passenberg 2011] Uwe Techt, Jörg Passenberg: Critical- Chain-Projektmanagement in Einzelprojekten, Abschnitt 4.4.5, in [Möller/Campana/Gemünden/Lange/Mayer 2011]

[Techt/Simon 2011] Uwe Techt, Claudia Simon: Critical Chain – Projekt- und Multiprojektplanung, Abschnitt 4.4.7, in [Möller/Campana/Gemünden/Lange/Mayer 2011]

[Wöhe/Döring 2008] Günter Wöhe, Ulrich Döring: Einführung in die Allgemeine Betriebswirtschaftslehre, München, 2008 (23., vollständig neu bearbeitete Auflage)

[Wischnewski 2001] Erik Wischnewski: Modernes Projektmanagement, Wiesbaden, 2001 (7., vollständig überarbeitete Auflage)

Stichwortverzeichnis

A

B

C

M

N

O

P

Q

R

S